Elemente nachrichtentechnischer Systeme

Von Dr. sc. techn. Dr. h. c. mult. Alfred Fettweis
o. Professor an der Ruhr-Universität Bochum

Mit 150 Bildern

B. G. Teubner Stuttgart 1990

Prof. Dr. sc. techn. Dr. h. c. mult. Alfred Fettweis

Geboren 1926 in Eupen (Belgien). Von 1946 bis 1951 Studium der Elektrotechnik an der Katholischen Universität Löwen (Belgien), danach verschiedene Tätigkeiten als Entwicklungsingenieur in Belgien und USA. 1963 Promotion, ebenfalls an der Université Catholique de Louvain. Von 1963 bis 1967 o. Professor für Theoretische Elektrotechnik an der Technischen Hochschule Eindhoven (Niederlande), seit 1967 o. Professor für Nachrichtentechnik an der Ruhr-Universität Bochum. Unter vielen Preisen und Ehrungen für das wissenschaftliche Werk seien hier erwähnt: Ehrendoktor (Dr. h. c.) der Linköping University (Schweden 1986), der Faculté Polytechnique de Mons (Belgien 1988) und der Katholieke Universiteit Leuven (Belgien 1988); „Technical Achievement Award" der IEEE Circuits and Systems Society 1988; „Fellow" des IEEE seit 1975; „Karl-Küpfmüller-Preis" der ITG 1988; „VDE-Ehrenring" des VDE 1984; ordentliches Mitglied der Rheinisch-Westfälischen Akademie der Wissenschaften seit 1976.

CIP-Titelaufnahme der Deutschen Bibliothek

Fettweis, Alfred:
Elemente nachrichtentechnischer Systeme /
von Alfred Fettweis. –
Stuttgart : Teubner, 1990
  (Teubner Studienbücher : Elektrotechnik)
  ISBN 3-519-06131-7

Das Werk einschließlich aller seiner Teile ist urheberrechtlich geschützt. Jede Verwendung außerhalb der engen Grenzen des Urheberrechtsgesetzes ist ohne Zustimmung des Verlages unzulässig und strafbar. Das gilt besonders für Vervielfältigungen, Übersetzungen, Mikroverfilmungen und die Einspeicherung und Verarbeitung in elektronischen Systemen.
© B. G. Teubner, Stuttgart 1990

Printed in Germany
Gesamtherstellung: Druckhaus Beltz, Hemsbach/Bergstraße
Umschlaggestaltung: M. Koch, Ostfildern 1 (Ruit)

Vorwort

Seit langem bestand die Absicht, den Inhalt der Vorlesungen, die ich seit etlichen Jahren an der Ruhr-Universität Bochum über nachrichtentechnische Systeme halte, in angemessen erweiterter Gestalt als Buch verfügbar zu machen. Leider hat sich die Verwirklichung dieses Plans wegen der großen Fülle anderer Verpflichtungen immer wieder verzögert, und auch jetzt habe ich gegenüber meinen ursprünglichen Vorstellungen, wie ein solches Buch aussehen sollte, stark zurückstecken müssen, damit es zumindest in der vorliegenden Fassung erscheinen kann. Es ist zunächst als Begleittext für unsere Studenten gedacht; darüber hinaus soll es aber auch anderen Interessierten die Möglichkeit bieten, sich mit dem behandelten Stoff vertraut zu machen oder aber aus den Besonderheiten der gewählten Darstellung Anregung zu schöpfen.

Freilich kann man sehr unterschiedlicher Meinung darüber sein, welche Stoffauswahl für eine Vorlesung in unserem Fach am zweckmäßigsten ist. Dies ist auch gut so, denn erst dadurch, daß verschiedene Autoren auch verschiedene Akzente setzen und andere Aspekte betonen und herausstellen, ist es bei der Riesenfülle des heutigen Wissens überhaupt möglich, zumindest insgesamt eine etwas größere Breite zu erreichen. Die hier getroffene Wahl wurde bestimmt zum einen durch die gegebenen äußeren Beschränkungen und Vorgaben, die aus dem hiesigen Studienplan für das Fach Elektrotechnik folgen, zum anderen aber auch durch spezifische Neigungen und Erfahrungen des Autors. Insbesondere sollte angestrebt werden, die eigentlichen Grundlagen auf möglichst saubere und physikalisch einsichtige Weise darzulegen. Ein solches Vorhaben bedeutet nicht, daß mathematische Strenge in jeder Hinsicht angestrebt werden muß, denn dies würde den Rahmen bei weitem sprengen. Außerdem ist es vielfach so, daß mit zunehmender Ausfeilung der zugrundeliegenden mathematischen Zusammenhänge das Verständnis für die physikalische Begründung der gewählten Vorgehensweise immer schwieriger wird. Was also auf der einen Seite an mathematischer Strenge gewonnen wird, geht auf der anderen Seite wieder verloren, wenn es um die Einsicht in die tatsächliche Anwendbarkeit auf physikalische Gegebenheiten geht. Eine allseits befriedigende Lösung für dieses Dilemma dürfte grundsätzlich nicht möglich sein.

Dennoch war es das Ziel, unter den gegebenen Umständen ein möglichst hohes Maß an Strenge der Darstellung zu erreichen. Daher schien es wesentlich, den Aufbau so zu gestalten, daß alle benötigten grundlegenden Begriffe auf einfache physikalische Gegebenheiten zurückgeführt werden können. Dies erfordert, daß die Begriffsbildung in Fällen, in denen ein direkter Bezug auf konkrete physikalische Experimente nicht möglich ist, zumindest an Hand von Gedankenexperimenten erfolgen kann. Die Bedeutung dieses Prinzips wird in der Technik nicht immer ausreichend gewürdigt, ist aber gerade für die Systemtheorie wichtig, denn diese stellt in gewissem Sinne weniger eine spezielle technische als vielmehr eine allgemeine physikalische Disziplin dar. Daher muß sie sich auch an den für solche Disziplinen geltenden Regeln messen lassen. Insbesondere müssen also alle entscheidenden Schritte zumindest in Gedanken durchführbar sein.

Der aufmerksame Leser wird erkennen, wie versucht worden ist, die sich daraus ergebenden Folgerungen an verschiedenen Stellen zum Tragen zu bringen. Auch schien es wichtig, die jeweiligen Grundüberlegungen so zu formulieren, daß sie nicht nur für die üblicherweise betrachteten Sonderfälle gültig sind, sondern im Grundkonzept auch auf allgemeinere Fälle angewendet werden können. Andererseits ist klar, daß der vorliegende Text viele Einzelheiten und Ergänzungen und sogar ganze Kapitel enthält, die in der eigentlichen Vorlesung aus Zeitmangel nicht behandelt werden können. Zum Teil sind solche Einzelheiten und Ergänzungen zum Vortrag vor einem größeren, heterogenen Hörerkreis ohnehin weniger geeignet.

Bei der Ausarbeitung einzelner Kapitel habe ich in großem Umfang auf ältere Vorlagen, die im Zusammenhang mit den von mir in Bochum gehaltenen Vorlesungen entstanden sind, zurückgreifen müssen, denn eine vollständige Neuschrift hätte die verfügbare Zeit bei weitem überschritten. Manche Passagen mögen daher eine etwas weniger ausgereifte Form zeigen. Dies trifft auch auf das Kapitel über zeitvariante Systeme (10. Kapitel) zu; es bestand aber der dringende Wunsch, den darin enthaltenen Stoff zugänglich zu machen, da er trotz seiner großen Bedeutung nur in vergleichsweise wenigen Texten behandelt wird und somit auch Fachleuten nicht immer ausreichend bekannt ist. Gerade aus diesen Gründen schien es sinnvoll, auch diejenigen Teile des 10. Kapitels beizubehalten, die sich nicht im engeren Sinne mit der allgemeinen Theorie linearer zeitvarianter Systeme befassen, sondern den physikalisch-technischen Hintergrund dieser Systeme erhellen sollen.

Ich bedaure es außerordentlich, daß vieles, das sicherlich ebenso wichtig und interessant, eventuell sogar von noch weit größerer Bedeutung ist als das, was ich habe behandeln können, unberücksichtigt hat bleiben müssen. Das Kapitel über nichtlineare Systeme besteht sogar nur aus dem ersten der Abschnitte, die eigentlich vorgesehen waren; insbesondere fehlt hier die geplante Behandlung mit Hilfe von Volterrareihen, die in der Tat das angemessenste Hilfsmittel sind für die natürliche Erweiterung der dargelegten Behandlung linearer konstanter und zeitvarianter Systeme. Auch fehlen wichtige mathematische Präzisierungen, die eigentlich beabsichtigt waren, sowie Übungsaufgaben. Einige aus heutiger Sicht besonders wichtige Gebiete fehlen noch gänzlich. Zu diesen gehören nicht nur etwa statistische Verfahren, Beschreibung im Zustandsraum, Kodierungsfragen usw., sondern auch die gerade mir persönlich so nahestehende Theorie zeitdiskreter Systeme. Ob es mir vergönnt sein wird, zu einem späteren Zeitpunkt entsprechende Ergänzungen vorzunehmen, eventuell sogar einen vollständigen weiteren Band folgen zu lassen, liegt wohl nicht nur in meiner Hand.

Auf jeden Fall wäre es nicht sinnvoll, das Erscheinen des Buches weiter hinauszuschieben. Es soll ja auch Hilfe und Anregung bieten können, was nicht im Widerspruch dazu steht, daß alles menschliche Tun letztlich unvollkommen ist und bleibt. Es würde mich freuen, wenn nicht nur interessierte Studenten aus der gewählten Darstellung Gewinn ziehen, sondern einige Aspekte derselben trotz der verbleibenden Unzulänglichkeiten auch die Aufmerksamkeit erfahrener Fachleute finden könnten. Vielleicht wird sich unter diesen sogar jemand finden, der das Vorliegende, das seinerseits auf den Schultern so vieler bedeutender Meister ruht, aufgreifen und verbessern und eventuell sogar erweitern wird.

Ein kurzes Wort möchte ich zur Rechtschreibung hinzufügen. Abgesehen von den Fehlern, die — vermeidlich oder unvermeidlich — sicherlich auch jetzt noch vorhanden sind, bin ich bewußt in einigen Zusammenhängen von sonst verbreiteten Schreibweisen abgewichen. Das betrifft insbesondere die Schreibung "null" statt, wie meist üblich, "Null", und zwar in allen Fällen, in denen nach meiner Auffassung die Interpretation, daß es sich um ein Substantiv statt eines eigentlichen Zahlworts handele, einer strengen Überprügung nicht standhalten kann.

Der vorliegenden Ausgabe des Verlags B.G. Teubner in Stuttgart sind frühere Ausgaben des Studienverlags Dr. N. Brockmeyer, Bochum, voraufgegangen. Für Hinweise auf Fehler und Unstimmigkeiten in diesen vorigen Ausgaben bin ich vielen Studenten und Mitarbeitern sowie insbesondere meinem Paderborner Kollegen Prof. K. Meerkötter sehr zu Dank verpflichtet. Frau K. Seidl hat die Reinschriften sowie das für den Druck benutzte Original erstellt, Frau G. Genge und Frau A. Tauber haben die Zeichnungen angefertigt. Die Herren Dipl.-Ing. T. Leickel und cand. ing. R. Bernhardt haben zu unterschiedlichen Zeiten die Koordination der Arbeiten und insbesondere die mühsame Durchsicht des Textes übernommen; zu den vielen Detailaufgaben von Herrn Bernhardt gehörte auch die mit großer Gewissenhaftigkeit vorgenommene Besorgung des Sachregisters. Ihnen und allen anderen, die durch ihr Engagement und ihre Sorgfalt zum Gelingen des Buches beigetragen haben, danke ich auf das herzlichste. Herzlichen Dank schulde ich weiterhin Herrn Dr. N. Brockmeyer für seine verständnisvolle Haltung sowie Herrn Dr. J. Schlembach vom Teubner-Verlag für die gute Zusammenarbeit. Mein tiefempfundener Dank gilt schließlich meiner lieben Frau Janie für ihre aufopfernde Geduld und ihre treue Unterstützung.

Alfred Fettweis
Bochum, im Januar 1990

Inhaltsverzeichnis

1. **Einführung** — 1

2. **Beschreibung von Signalen im Zeitbereich** — 4
   - 2.1 Reale und idealisierte Signale — 4
   - 2.2 Sinusförmige und verwandte Signale — 7
   - 2.3 Sprungfunktion und Signumfunktion — 8
   - 2.4 Die Impulsfunktion (Deltaimpuls) — 12
   - 2.5 Weitere Operationen; Zusammenhang zwischen Sprung- und Impulsfunktion — 19
   - 2.6 Die Ausblendeigenschaft der Impulsfunktion — 24
   - 2.7 Ergänzungen zur Ausblendeigenschaft — 27
     - 2.7.1 Andersartige Funktionenfolgen zur Darstellung der Deltafunktion — 27
     - 2.7.2 Verallgemeinerung der Ausblendeigenschaft — 31
   - 2.8 Impulsmoment und Energie — 33
   - 2.9 Verallgemeinerte Funktionen mit Sprungstellen und Deltaanteilen — 34
     - 2.9.1 Funktionen mit Sprungstellen ab einer endlichen Stelle — 34
     - 2.9.2 Verallgemeinerte Funktionen mit Sprungstellen und Deltaanteilen beliebiger Ordnung — 39

3. **Beschreibung von Signalen im Frequenzbereich** — 43
   - 3.1 Bedeutung sinusförmiger und verwandter Signale — 43
   - 3.2 Periodische Signale; Fourierreihen — 44
   - 3.3 Herleitung der Fourier-Integrale — 46
   - 3.4 Darstellungsweisen bei der Fouriertransformation — 49
   - 3.5 Ergänzungen zur Herleitung der Fourier-Integrale — 52
   - 3.6 Grundlegende Eigenschaften der Fouriertransformation — 55
   - 3.7 Beispiele zur Fouriertransformation — 71
   - 3.8 Weitere Eigenschaften der Fouriertransformation — 81
     - 3.8.1 Unvereinbarkeit von strenger Zeit- und Frequenzbegrenzung — 81
     - 3.8.2 Unschärfebeziehungen — 83
     - 3.8.3 Stetigkeit und Verhalten im Unendlichen — 88

3.9 Fouriertransformation verallgemeinerter Funktionen	89
3.9.1 Allgemeine Grundlagen	89
3.9.2 Deltafunktionen	90
3.9.3 Einheitssprung und Signumfunktion	91
3.9.4 Allgemeine periodische Funktionen	95
3.9.5 Multiplikationen zweier verallgemeinerter Funktionen	97
3.9.6 Faltung zweier Deltafunktionen	98
3.9.7 Verallgemeinerung der Integrationsregeln für Funktionen im klassischen Sinne	100
3.9.8 Verallgemeinerung wichtiger Regeln auf Funktionen mit Sprungstellen und δ-Anteilen	101
4. Übertragung von Signalen durch lineare konstante Systeme	**106**
4.1 Antwort und Grundantwort	106
4.2 Lineare konstante Systeme	111
4.3 Berechnung der Grundantwort durch Betrachtung des Frequenzbereichs	114
4.3.1 Berechnung bei streng stabilen Systemen	114
4.3.2 Grenzstabile Systeme	119
4.3.3 Instabile Systeme	124
4.4 Berechnung der Grundantwort durch Betrachtung des Zeitbereichs	125
4.4.1 Allgemeine Zusammenhänge	125
4.4.2 Bemerkungen über grenzstabile und instabile Systeme	129
4.5 Kausalität	132
4.6 Herleitung weiterer Zusammenhänge; Sprungantwort	134
4.7 Berechnung der Impulsantwort	137
4.8 Stabilitätsfragen	138
4.8.1 Strenge Stabilität	138
4.8.2 Verwandte Stabilitätsaspekte	140
4.8.3 Erweiterung und vergleichende Betrachtungen	141
4.8.4 Instabile Systeme	144
4.9 Systeme mit mehreren Eingängen und Ausgängen	147

5. Eigenschaften einiger spezieller Signalklassen — 150

- 5.1 Analytisches Signal — 150
  - 5.1.1 Reelle Signale und zugehöriges analytisches Signal — 150
  - 5.1.2 Übertragung des analytischen Signals durch ein lineares konstantes System — 154
- 5.2 Abtasttheorem für tiefpaßbegrenzte Signale — 154
  - 5.2.1 Erzeugung tiefpaßbegrenzter Signale durch Interpolation — 154
  - 5.2.2 Herleitung des Abtasttheorems für tiefpaßbegrenzte Signale — 157
- 5.3 Abtasttheoreme für bandpaßbegrenzte Signale — 162
  - 5.3.1 Spezielle bandpaßbegrenzte Signale — 162
- 5.4 Frequenzabtastung — 166
- 5.5 Korrelationsfunktion — 167
  - 5.5.1 Grundlegende Beziehungen — 167
  - 5.5.2 Weitere Ergebnisse — 173

6. Grundprinzipien der Laplacetransformation — 177

- 6.1 Grundbegriffe der einseitigen Laplacetransformation — 177
- 6.2 Grundbegriffe der zweiseitigen Laplacetransformation — 183
- 6.3 Einige Eigenschaften der Laplacetransformation — 185
- 6.4 Berechnung von Übertragungseigenschaften mit Hilfe der Laplacetransformation — 197
- 6.5 Behandlung von Anfangswertproblemen — 202
- 6.6 Berechnung der Zeitfunktion bei rationaler Funktion in p — 207
- 6.7 Abschließende Bemerkungen — 210

7. Einige Eigenschaften von Systemen — 211

- 7.1 Genaue Definition der Phase — 211
- 7.2 Minimalphasige Systeme — 219
- 7.3 Nichtminimalphasige Systeme — 225
- 7.4 Ideale Filter — 231
  - 7.4.1 Idealer Tiefpaß — 231
  - 7.4.2 Idealer Bandpaß — 235
  - 7.4.3 Übertragung durch einen idealen oder idealisierten Bandpaß — 236

8. Modulierte Signale — 240

- 8.1 Amplitudenmodulierte Signale — 240
  - 8.1.1 Elementare Betrachtungen — 240
  - 8.1.2 Allgemeine amplitudenmodulierte Signale — 243
  - 8.1.3 Demodulationsverfahren — 246
  - 8.1.4 Einseitenband-amplitudenmodulierte Signale — 249
  - 8.1.5 Restseitenband-amplitudenmodulierte Signale — 252
- 8.2 Winkelmodulierte Signale — 256
  - 8.2.1 Allgemeines über winkelmodulierte Signale — 256
  - 8.2.2 Spektralanalyse von FM-Signalen — 260
  - 8.2.3 Übertragung von FM-Signalen durch lineare Systeme — 272
- 8.3 Frequenzmultiplex — 273
- 8.4 Pulsamplitudenmodulierte Signale — 274
- 8.5 Pulscodemodulierte Signale — 281
  - 8.5.1 Grundlegende Eigenschaften — 281
  - 8.5.2 Spektralanalyse — 289
- 8.6 Zeitmultiplex — 293

9. Weitere Eigenschaften von Übertragungssystemen — 296

- 9.1 Ideale Übertragungseigenschaften von Systemen — 296
  - 9.1.1 Ideale Übertragungskennlinien — 296
  - 9.1.2 Laufzeit in Übertragungssystemen — 302
- 9.2 Übertragung impulsförmiger Signale — 309
  - 9.2.1 Minimale Bandbreite — 309
  - 9.2.2 Augendiagramme — 310
  - 9.2.3 Die Nyquist-Bedingungen — 314
- 9.3 Thermisches Widerstandsrauschen — 323
  - 9.3.1 Thermisches Rauschen eines Einzelwiderstandes — 323
  - 9.3.2 Weitere Ergebnisse — 327
- 9.4 Signalangepaßte Filter — 330

10. Zeitvariante lineare Übertragungssysteme — 335

10.1 Einführung — 335
- 10.1.1 Entstehung zeitvarianter Systeme — 335
- 10.1.2 Grundeigenschaften der Differentialgleichungen linearer zeitvarianter Systeme — 336
- 10.1.3 Berechnung linearer zeitvarianter Systeme unter Verwendung komplexer Exponentialschwingungen — 339

10.2 Übertragung von Signalen durch lineare zeitvariante Systeme — 344
- 10.2.1 Einführende Betrachtungen — 344
- 10.2.2 Berechnung der Grundantwort durch Betrachtung des Frequenzbereichs — 344
- 10.2.3 Berechnung der Grundantwort durch Betrachtung des Zeitbereichs — 346

10.3 Periodisch zeitvariante lineare Systeme — 349
- 10.3.1 Impulsantwort und Übertragungsfunktion — 349
- 10.3.2 Fourierzerlegung der Übertragungsfunktion — 351
- 10.3.3 Antwort auf ein beliebiges Signalspektrum — 354
- 10.3.4 Bestimmung der Fouriertransformierten des Ausgangssignals — 361

10.4 Technische Realisierung periodisch zeitvarianter linearer Systeme — 362
- 10.4.1 Einführende Bemerkungen — 362
- 10.4.2 Näherungsdarstellung eines gesteuerten nichtlinearen Systems durch ein zeitvariantes lineares System mit Hilfe einer Störungsrechnung — 364
- 10.4.3 Schaltungen mit besonderen Symmetriebedingungen — 370

11. Nichtlineare Systeme — 374

11.1 Nichtreaktive nichtlineare Systeme — 374

Sachverzeichnis — 378

1. Einführung

Die *Aufgabe* der *Nachrichtentechnik* besteht darin, eine Information (Nachricht) möglichst unverfälscht von einem Sender zu einem Empfänger zu übermitteln. Hierzu werden im wesentlichen zwei Arten Vorgänge benötigt. Zum einen ist eine gewisse Lenkung erforderlich, durch die sichergestellt wird, daß die Information zum gewünschten Bestimmungsort gelangt. Zum anderen muß dafür gesorgt werden, daß die Information, oder zumindest der entsprechende relevante Informationsinhalt, den Bestimmungsort möglichst unverändert erreicht. Daher gibt es innerhalb der elektrischen Nachrichtentechnik zwei grundlegende Aufgabenbereiche, die mit den Begriffen *Vermittlungstechnik* und *Übertragungstechnik* umschrieben werden können. Übrigens kann auch bereits bei einfachen nichtelektrischen Arten der Nachrichtenübermittlung zwischen ähnlichen Aufgabenbereichen unterschieden werden.

Dieser Text befaßt sich im engeren Sinne nur mit dem zweiten der angegebenen Bereiche. Dies schließt nicht aus, daß zumindest implizit auch die Vermittlungstechnik angesprochen wird, denn die elektronische Vermittlungstechnik benutzt in erheblichem Umfang Methoden, die aus der Übertragungstechnik stammen. Wegen des enormen Umfangs, den die Methoden der Übertragungstechnik inzwischen angenommen haben, müssen wir uns dabei auf Untersuchungen über die grundlegendsten der theoretischen Zusammenhänge beschränken.

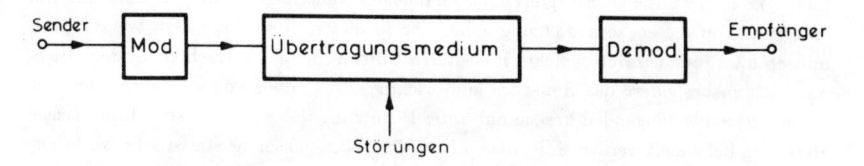

Bild 1.1: Grundaufbau einer Nachrichtenverbindung

Der Grundaufbau einer Nachrichtenverbindung ist in Bild 1.1 gezeigt. Er umfaßt zunächst einen Sender, ein Übertragungsmedium (Übertragungsstrecke, auch kurz Strecke genannt) und einen Empfänger. Das Übertragungsmedium kann z.B. ein Kabel, eine Funkverbindung (eventuell Richtfunk oder Satellitenfunk), oder eine Glasfaser (optische Nachrichtenverbindung) sein. Zur Anpassung des Signals an das Übertragungsmedium ist im allgemeinen eine Umsetzung erforderlich, und zwar sowohl am Eingang (Modulation, Codierung, im Bild mit Mod. bezeichnet) als auch am Ausgang (Demodulation, Decodierung, im Bild mit Demod. bezeichnet). Auf dem Wege von Sender zum Empfänger ist das Signal Störungen ausgesetzt, so daß neben dem Nutzsignal auch Störsignale (Rauschen, Nebensprechen, Klirrgeräusche) zu betrachten sind.

Ein Signal wird mit einem gewissen Pegel (Maß für die mittlere Leistung an der betrachteten Stelle) auf den Anfang der Strecke gegeben. Auf seinem Wege wird es allmählich gedämpft, oder anders ausgedrückt, der Signalpegel sinkt entlang der Strecke ab. Hat er sich bis an das minimal zulässige Maß dem unvermeidlichen Störpegel genähert, so ist eine Verstärkung (Anhebung des Signalpegels) erforderlich. Die Möglichkeit der Verstärkung ist jedoch beschränkt, da sonst unzulässige nichtlineare Verzerrungen und schließlich Sättigung auftreten. Insgesamt ergibt sich somit entlang der Strecke ein Pegelverlauf etwa wie in Bild 1.2 skizziert.

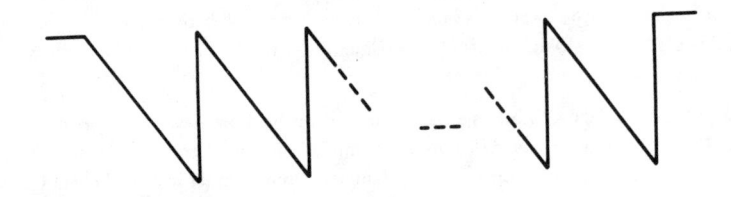

Bild 1.2: Verlauf des Signalpegels entlang einer Übertragungsstrecke

Für Signale, die sich in dem auf diese Weise spezifizierten normalen Pegelbereich befinden, können wir die Übertragungsanlagen in erster Näherung als linear und störungsfrei ansehen. Von dieser Voraussetzung gehen wir in diesem Text aus. Selbstverständlich müssen die störenden Nebeneffekte in weiteren Untersuchungen betrachtet werden. Hierbei spielt insbesondere das Rauschen eine wichtige Rolle, doch können die meisten der damit zusammenhängenden Fragen nur unter Benutzung wahrscheinlichkeitstheoretischer Methoden behandelt werden. Mit diesem Komplex befassen sich die statistische Nachrichtentheorie und die Informationstheorie, auf die wir hier aber nicht im einzelnen eingehen können. Erwähnt sei jedoch, daß sich die verschiedenen Störungen sehr unterschiedlich auf die einzelnen Modulationsverfahren auswirken und daß sich hierdurch wichtige Kriterien für die Auswahl des jeweils bevorzugten Verfahrens ergeben.

Neben der Anpassung des Signals an die Eigenschaften des Übertragungsmediums hat die Modulation und Demodulation noch eine weitere wichtige Funktion. Es zeigt sich nämlich, daß das Übertragungsmedium meist eine Kapazität hat, die weit über das hinausgeht, was zur Übertragung eines einzelnen Signals benötigt wird. Hiervon läßt sich durch geeignete Modulation und Demodulation Gebrauch machen, um eine Vielfachausnutzung des Mediums zu erreichen.

Tatsächliche Übertragungssysteme sind meist wesentlich komplexer aufgebaut, als in Bild 1.1 gezeigt. Sie bestehen meist aus einer Vielzahl von Anordnungen dieser Art, die hintereinandergeschaltet sind. Auch bestehen Modulation und Demodulation aus einer gewissen Anzahl aufeinander folgender Stufen. Für unsere Zwecke ist jedoch der einfache Aufbau aus Bild 1.1 ausreichend, da sich die allgemeineren Fälle auf Anordnungen der angegebenen Art zurückführen lassen.

2. Beschreibung von Signalen im Zeitbereich

2.1 Reale und idealisierte Signale

Wir betrachten allgemeine Signale

$$x = x(t),$$

ohne daß wir auf die genaue Natur derselben eingehen müssen. Die unabhängige Variable t stellt dabei üblicherweise die Zeit dar, während x meist eine Spannung oder ein Strom ist. Die Variable x kann jedoch auch eine andere Größe sein, z.B. eine elektrische oder magnetische Feldstärke, eine Wellengröße (wie bei der Theorie der Streumatrix) usw. Da die Theorie auch auf nichtelektrische Signale anwendbar ist, kann x auch einem Druck, einer Ablenkung oder einer Geschwindigkeit entsprechen (akustische Signale) oder auch z.B. einer Lichtstärke usw. (optische Signale). Das Signal x kann jedoch auch etwa das Ergebnis einer Aufzeichnung auf Magnetband oder Schallplatte sein. In diesem Fall ist x die für die Aufzeichnung charakteristische magnetische bzw. mechanische Größe, t hingegen die Koordinate entlang der Aufzeichnungsspur. Im letzten Fall ist also t keine Zeit, sondern eine räumliche Koordinate. Der Einfachheit halber wollen wir aber im nachfolgenden die Variable t stets als Zeit bezeichnen. Insbesondere ist t stets reell.

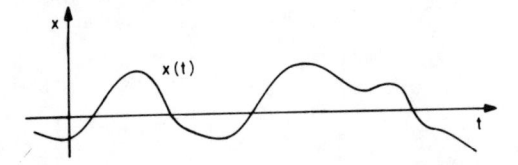

Bild 2.1.1: Ausschnitt aus dem Verlauf eines zur Informationsübertragung benutzten Signals.

Reale Signale, d.h. die Signale, die bei der Übermittlung von Nachrichten auftreten, sind stets sehr unregelmäßig (Bild 2.1.1), also sehr unvorhersehbar. Ein sehr regelmäßiges Signal ist ja bereits für alle Zeiten bekannt, sobald uns nur wenige Angaben, z.B. der Verlauf in einem beliebig kurzen Zeitintervall, zur Verfügung stehen. Die weitere Beobachtung des Signals kann somit nichts Neues mehr liefern. Gerade in der angesprochenen Unvorhersehbarkeit liegt die Möglichkeit begründet, Information übertragen zu können. Ganz allgemein ist die Informationsmenge, die man aus dem Eintreffen eines Ereignisses gewinnt, um so größer, je unwahrscheinlicher das Ereignis a priori gewesen ist. Diese Überlegung stellt übrigens einen der entscheidenden Ausgangspunkte der Informationstheorie dar.

2.1 Reale und idealisierte Signale

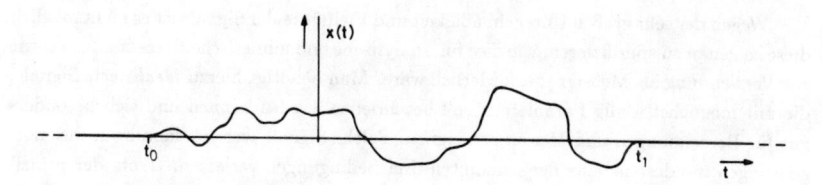

Bild 2.1.2: Darstellung des Gesamtverlaufs eines realen Signals.

Neben der Unregelmäßigkeit besitzen reale Signale (Bild 2.1.2) aber noch einige wichtige allgemeine Eigenschaften:

1. Sie sind von *endlicher Dauer*, d.h., sie besitzen einen *Anfang* und ein *Ende*. Hiermit wollen wir sagen, daß es Zeiten t_0 und t_1 (mit $t_1 > t_0$) gibt derart, daß gilt

$$x(t) = 0 \quad \text{für} \quad t < t_0 \quad \text{und} \quad t > t_1. \tag{2.1.1}$$

In mathematischer Terminologie sagt man auch, das Signal habe einen *endlichen Träger*.

2. Sie sind *stetig* für alle $t \in (-\infty, \infty)$. Diese Aussage setzt freilich in gewissem Sinne voraus, daß das System, in dem das Signal auftritt, schon unendlich lange verfügbar ist und ebenso auch weiterhin unendlich lange verfügbar sein wird. Eine solche Annahme entspricht im strengen Sinne zwar nicht den Gegebenheiten, doch ist sie infolge der unter Punkt 1 gemachten Annahme zumindest als Gedankenexperiment nachvollziehbar. (Wegen der später zu diskutierenden Kausalität ist die Eigenschaft (2.1.1) für $t > t_1$ ohnehin unkritisch.)

3. Sie sind ausreichend oft *differenzierbar*. Insbesondere können wir sie stets als so oft differenzierbar ansehen, wie dies auf Grund der durchzuführenden Analyse erforderlich ist. Hier gilt die unter Punkt 2 gemachte Bemerkung entsprechend.

Zu dem zuletzt genannten Punkt sei angemerkt, daß eine Funktion $f(t)$ durchaus die Bedingung (2.1.1) erfüllen und im Intervall (t_0, t_1) einen beliebigen Verlauf haben, trotzdem aber in $(-\infty, \infty)$ beliebig oft differenzierbar sein kann, also auch an den Stellen t_0 und t_1. Ein einfaches Beispiel hierfür ist die durch

$$f(t) = \begin{cases} \varphi(t) \cdot e^{\alpha/(t-t_0)(t-t_1)} & \text{für } t_0 < t < t_1 \\ 0 & \text{für } t \leq t_0 \text{ und } t \geq t_1 \end{cases} \tag{2.1.2}$$

definierte Funktion, wo $\varphi(t)$ irgendeine beliebig oft differenzierbare Funktion und α eine positive Konstante ist. Man kann in der Tat nachprüfen, daß $f(t)$ und alle ihre Ableitungen auch an den Stellen t_0 und t_1 stetig sind (sie nehmen dort den Wert null an).

Wegen der sehr großen Unregelmäßigkeit und Vielfalt realer Signale ist es nicht möglich, diese so genau zu spezifizieren, wie dies für analytische und numerische Berechnungen sowie zur Verwendung als Meßsignal erforderlich wäre. Man benötigt hierzu *idealisierte* Signale, die mit möglichst wenig Parametern voll beschrieben werden können und sich besonders gut für Berechnungen und Messungen eignen. Solche Signale werden dann zwar fast notgedrungen mindestens eine der genannten drei Bedingungen verletzen. Trotz der prinzipiellen Einfachheit, die man bei Benutzung idealisierter Signale erhält, kann es dadurch leicht dazu kommen, daß gewisse Schwierigkeiten, insbesondere Konvergenzschwierigkeiten (im mathematischen Sinne) auftreten.

In solchen Fällen muß man sich daran erinnern, daß idealisierte Signale eine vereinfachende Approximation darstellen. Man muß also das idealisierte Signal auf geeignete Weise abwandeln, so daß die Eigenschaft, durch deren Fehlen die Schwierigkeiten entstanden waren, danach vorhanden ist. Mit dem so abgewandelten Signal kann dann die Analyse durchgeführt und anschließend der Grenzübergang zum ursprünglich vorhandenen idealisierten Signal vorgenommen werden. Der so erhaltene Grenzwert entspricht dem gewünschten Ergebnis.

Eine solche Vorgehensweise ist in der Tat sowohl aus physikalischer als auch aus mathematischer Sicht geboten und entspricht der auch in anderen physikalischen Bereichen üblichen Vorgehensweise. Jede Theorie eines physikalisch realen Systems setzt nämlich eine Modellbildung voraus. Ein solches Modell ist aber immer nur eine mehr oder weniger grobe Annäherung der Realität. Einerseits muß das Modell kompliziert genug sein, damit die relevanten Vorgänge mit ausreichender Genauigkeit erfaßt werden können. Andererseits muß man das Modell so einfach wie möglich wählen, um zu durchführbaren und überschaubaren analytischen und numerischen Berechnungen zu gelangen. Daher ist es unvermeidlich, daß man mit einem gewählten Modell irgendwann an eine Grenze stößt. Ist es jedoch erforderlich, diese Grenze zu überschreiten, so muß man zunächst das Modell ausreichend erweitern und nach erfolgter Analyse gegebenenfalls wieder einen Grenzübergang zum ursprünglichen Modell hin machen. Entscheidend ist jedenfalls, daß der letztgenannte Grenzübergang nicht zu früh erfolgt.

Die dargelegte Vorgehensweise entspricht der aus der Mathematik bekannten Tatsache, daß das Vertauschen von Grenzübergängen untereinander oder mit anderen mathematischen Operationen nicht immer erlaubt ist. Durch die Festlegung auf ein bestimmtes Modell hat man aber den Grenzübergang, der an sich am Schluß hätte kommen sollen, bereits vorweggenommen, denn zur genaueren Beschreibung hätte ja eigentlich ein entsprechend kompliziertes Modell gewählt werden müssen. Die vorzunehmende Analyse wird somit nach statt vor diesem Grenzübergang durchgeführt. Durch das vorhin erwähnte Verfahren wird also eine richtigere Reihenfolge der Operationen hergestellt.

2.2 Sinusförmige und verwandte Signale

Das wohl wichtigste idealisierte Signal ist die Sinusschwingung, also das Signal

$$x(t) = \hat{x} \cdot \cos(\omega t + \alpha), \qquad (2.2.1)$$

wobei der Scheitelwert $\hat{x}$, die Frequenz (Kreisfrequenz) ω, die Periode $T = 2\pi/\omega$ und die Phase α reelle Konstanten sind (Bild 2.2.1). Bekanntlich ist es häufig günstiger, statt (2.2.1)

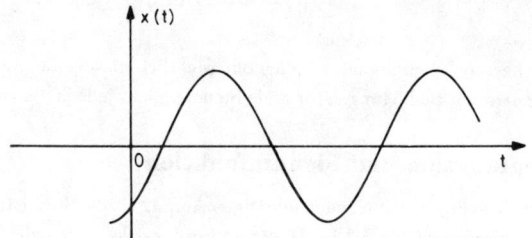

Bild 2.2.1: Sinusförmiges Signal.

die komplexe Exponentialschwingung (auch kurz z. B. komplexe Schwingung genannt)

$$x(t) = A e^{j\omega t} \qquad (2.2.2)$$

zu benutzen, wo

$$A = |A| e^{j\alpha}$$

eine komplexe Konstante ist. Der Übergang auf (2.2.1) kann dann durch Realteilbildung erfolgen, also durch entweder

$$x(t) = \operatorname{Re} A\, e^{j\omega t} \quad \text{oder} \quad x(t) = \sqrt{2}\, \operatorname{Re} A\, e^{j\omega t}, \qquad (2.2.3a,b)$$

je nachdem ob A die komplexe Amplitude oder den komplexen Effektivwert darstellt. Wir werden hier stets die erste dieser beiden Möglichkeiten wählen, so daß auf den sonst auftretenden Faktor $\sqrt{2}$ verzichtet werden kann. Es gilt somit insbesondere

$$|A| = \hat{x}.$$

Man achte darauf, daß eine Schreibweise wie $\operatorname{Re} A e^{j\omega t}$ gleichbedeutend ist mit $\operatorname{Re}\{A e^{j\omega t}\}$. Ähnliches gilt an entsprechenden Stellen in diesem Text.

Statt den Übergang von (2.2.2) auf (2.2.1) mit Hilfe von (2.2.3a) zu bewirken, kann man äquivalent auch

$$x(t) = \frac{1}{2} A\, e^{j\omega t} + \frac{1}{2} A^* e^{-j\omega t} \qquad (2.2.4)$$

schreiben, wo A^* die zu A konjugiert komplexe Zahl ist. In diesem Fall wird also das reelle Signal (2.2.1) als Überlagerung zweier Signale der Form (2.2.2), jedoch mit der komplexen Amplitude $A/2$ und der Frequenz ω sowie der komplexen Amplitude $A^*/2$ und der Frequenz $-\omega$ dargestellt. Als Sonderfall des sinusförmigen Signals erhalten wir für $\omega = 0$ das konstante Signal. Wir nehmen dann an, daß $\alpha = 0$ oder $\alpha = \pi$ gewählt ist, was wir ja ohne Beschränkung der Allgemeinheit tun können, und es gilt dann

$$x(t) = A = \pm |A|.$$

Die hier besprochenen Signale erfüllen offensichtlich die zweite und dritte der in Abschnitt 2.1 genannten Bedingungen für reale Signale, nicht jedoch die erste.

2.3 Sprungfunktion und Signumfunktion

Das einfachste Signal mit einem eindeutigen Anfang ist die Sprungfunktion, insbesondere der Einheitssprung (Bild 2.3.1). Dieser ist für negative Zeiten gleich 0, für positive

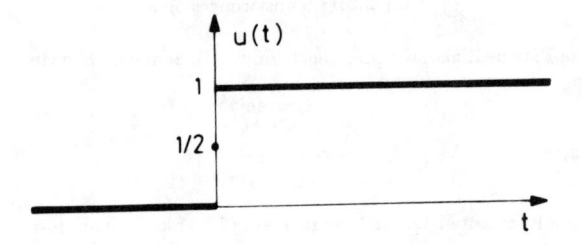

Bild 2.3.1: Verlauf des Einheitssprungs $u(t)$ (gemäß Gl. (2.3.2)).

gleich 1. An der Stelle $t = 0$ liegt somit eine Sprungstelle. Der genaue dortige Wert ist meist unwichtig. Ist eine Festlegung erforderlich, so wählt man entweder $u(0) = 1$ oder $u(0) = 1/2$. Letzteres ist bei mathematischen Untersuchungen meist günstiger. Je nach Lage der Dinge wird man somit den Einheitssprung (auch Einssprung genannt) vollständig entweder durch

$$u(t) = \begin{cases} 0 & \text{für } t < 0 \\ 1 & \text{für } t \geq 0 \end{cases} \qquad (2.3.1)$$

oder durch

$$u(t) = \begin{cases} 0 & \text{für } t < 0 \\ 1/2 & \text{für } t = 0 \\ 1 & \text{für } t > 0 \end{cases} \qquad (2.3.2)$$

2.3 Sprungfunktion und Signumfunktion

definieren, doch werden wir im folgenden nur die Definition (2.3.2) benutzen. Wir haben hier das Symbol $u(t)$ verwendet, weil dessen Gebrauch im internationalen Schrifttum weitgehend eingebürgert ist. Man achte jedoch darauf, daß man $u(t)$ nicht mit einer allgemeinen Spannung verwechsele, für die ja das gleiche Symbol verwendet wird.

Offensichtlich erfüllt der Einheitssprung keine der drei Bedingungen, die in Abschnitt 2.1 für reale Signale angegeben worden sind. Am auffallendsten ist hierbei die Sprungstelle bei $t = 0$. Ein reales Signal, das wir idealisiert durch einen Einheitssprung annähern wollen, würde somit einer Funktion $f_n(t)$ entsprechen, die in der Nähe von $t = 0$ sehr rasch, doch stetig von 0 nach 1 ansteigt. Wenn sich bei Verwendung des Einheitssprungs Schwierigkeiten ergeben, müßten wir also $u(t)$ durch $f_n(t)$ ersetzen und nach Durchführung der beabsichtigten Analyse $f_n(t)$ sich immer mehr dem idealen Verlauf anschmiegen lassen. Dies läuft darauf hinaus, daß wir $u(t)$ durch eine Folge von Funktionen

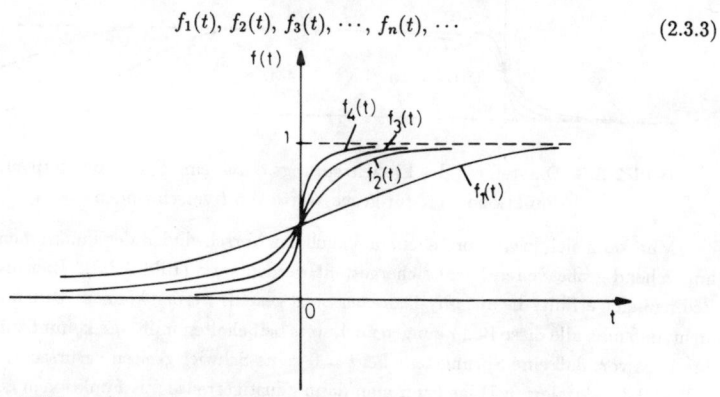

$$f_1(t), f_2(t), f_3(t), \cdots, f_n(t), \cdots \qquad (2.3.3)$$

Bild 2.3.2: Funktionenfolge zur Darstellung des Einheitssprungs.

darstellen, die sich mit wachsendem n immer mehr $u(t)$ nähern, jedoch alle auch in $t = 0$ stetig sind (Bild 2.3.2). Diese Darstellung von $u(t)$ drücken wir auch symbolisch aus durch

$$u(t) = \{f_n(t)\}, \qquad (2.3.4)$$

und wir können sogar

$$u(t) = \lim_{n \to \infty} f_n(t) \qquad (2.3.5)$$

schreiben. Offensichtlich kommt es in den Fällen, in denen sich das beschriebene Verfahren sinnvoll anwenden läßt, nicht auf den genauen Verlauf der Funktionen $f_n(t)$ an, so daß insbesondere auch voneinander durchaus verschiedene Folgen benutzt werden können. Man kann davon ausgehen, daß alle solchen Folgen zum gleichen Ziele führen.

2. Beschreibung von Signalen im Zeitbereich

Mathematisch entspricht der beschriebene Sachverhalt der Darstellung von $u(t)$ durch eine *verallgemeinerte Funktion*, speziell auch *Distribution* genannt. Im vorliegenden Fall entspricht diese Distribution noch einer Funktion im üblichen Sinne, nämlich $u(t)$; wir werden aber im nächsten Abschnitt einen wichtigen Fall kennenlernen, für den dies nicht mehr zutrifft. Einfache Funktionen, mit deren Hilfe die Darstellung von $u(t)$ möglich ist, sind offensichtlich

$$f_n(t) = \frac{1}{2} + \frac{1}{\pi} \arctan(n\,\alpha\,t)$$

sowie

$$f_n(t) = \frac{1}{1+e^{-2n\alpha t}} = \frac{1}{2} + \frac{1}{2}\tanh(n\,\alpha\,t),$$

wo n eine natürliche Zahl und α eine positive Konstante ist.

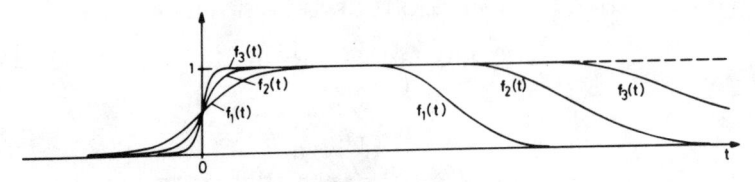

Bild 2.3.3: Darstellung des Einheitssprungs durch eine Folge von stetigen Funktionen, die für große Werte von t verschwinden.

Man kann sich leicht vorstellen, daß auch das Verschwinden der Funktionen $f_n(t)$ für hinreichend große Zeiten leicht sichergestellt werden kann (Bild 2.3.3). Hiermit sind alle Bedingungen erfüllt, die aus physikalischer Sicht gestellt werden können. Dies heißt jedoch nicht, daß man alle diese Bedingungen auch stets beibehalten muß. Es kommt zum Beispiel durchaus vor, daß eine Sprungstelle bei $t=0$ keine Schwierigkeiten verursacht. Statt der in Bild 2.3.3 skizzierten Folge kann man dann günstigerweise mit Funktionen gemäß Bild 2.3.4 arbeiten, die für $t>0$ durch Exponentialfunktionen gegeben sind, insgesamt also durch

$$f_n(t) = \begin{cases} 0 & \text{für } t < 0 \\ 1/2 & \text{für } t = 0 \\ e^{-\alpha t/n} & \text{für } t > 0, \end{cases} \qquad (2.3.6)$$

wo n wieder eine natürliche Zahl und α eine positive Konstante ist. In diesem Fall werden zwar die $f_n(t)$ für endliches t nie streng gleich null, doch bereitet dies wiederum keine Schwierigkeit, während andererseits die einfache analytische Form von (2.3.6) besonders vorteilhaft ist.

2.3 Sprungfunktion und Signumfunktion

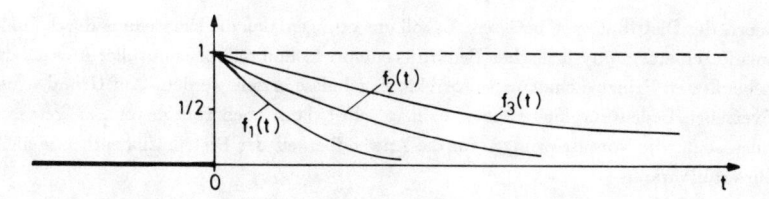

Bild 2.3.4: Darstellung eines Einheitssprungs durch Funktionen, die bei $t = 0$ unstetig sind und für $t > 0$ exponentiell abnehmen.

Eng verwandt mit dem Einheitssprung ist die sogenannte *Signumfunktion* (Vorzeichenfunktion) $\operatorname{sgn} t$, die durch

$$\operatorname{sgn} t = \begin{cases} -1 & \text{für } t < 0 \\ 0 & \text{für } t = 0 \\ 1 & \text{für } t > 0 \end{cases} \qquad (2.3.7)$$

definiert ist (Bild 2.3.5). Offensichtlich gilt

$$u(t) = \frac{1}{2} + \frac{1}{2}\operatorname{sgn} t. \qquad (2.3.8)$$

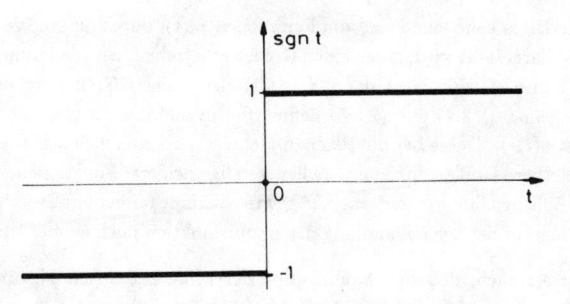

Bild 2.3.5: Darstellung der Signumfunktion.

Beispiele für Funktionenfolgen zur Darstellung von $\operatorname{sgn} t$ lassen sich also leicht aus den obigen Ergebnissen herleiten, wenngleich jetzt gegebenenfalls zusätzlich das Problem auftritt, auch beim Übergang $t \to -\infty$ für ein hinreichend schnelles Verschwinden der Funktion sorgen zu müssen.

Die Frage der Äquivalenz von Darstellungen mit unterschiedlichen Folgen spielt in der mathematischen Theorie der Distributionen eine wichtige Rolle. Sind zwei Folgen in dem dort definierten Sinne äquivalent, so liefern sie unter jeweils genauer spezifizierten Bedingungen die gleichen Ergebnisse. Wir können uns hier allerdings nicht mit der exakten

Theorie der Distributionen befassen. Es soll uns genügen, daß die Darstellung durch Funktionenfolgen einem physikalischen Bedürfnis entspricht und daß bei sinnvoller Anwendung des benutzten Prinzips eindeutige, korrekte Ergebnisse erzielt werden. Auf Grund seiner universellen Bedeutung bliebe dieses Prinzip selbst dann noch gültig, wenn an gewissen Stellen sogar die Voraussetzungen für die Anwendbarkeit der Distributionentheorie nicht mehr erfüllt wären.

Erwähnt sei schließlich noch, daß die auf L. Schwartz zurückgehende mathematische Theorie der Distributionen meist in sehr abstrakter oder zumindest physikalisch wenig ansprechender Form gebracht wird. Die Behandlung mit Hilfe von Funktionenfolgen wurde insbesondere von J. Mikusiński exakt begründet. In dessen Theorie werden einerseits Voraussetzungen verlangt, die bei den Funktionenfolgen, die wir hier benutzen, nicht immer erfüllt sind; dies betrifft insbesondere die Stetigkeit der Funktionen $f_n(t)$. Andererseits verlangt die Mikusińskische Theorie nicht, daß die $f_n(t)$ für $|t| \to \infty$ verschwinden, wie wir dies z. B. bei Bild 2.3.3 im Gegensatz zu Bild 2.3.2 angenommen haben. Um Verwechselung zu vermeiden, wollen wir vorzugsweise den in gewisser Hinsicht weniger präzisen Ausdruck "verallgemeinerte Funktionen" anstatt "Distributionen" verwenden. Häufig wird allerdings zur Vereinfachung auch noch der Zusatz "verallgemeinerte" weggelassen.

In Sonderfällen kann eine Folge von Funktionen $f_n(t)$, durch die eine verallgemeinerte Funktion $f(t)$ dargestellt wird, gegen einen Grenzwert streben, der wiederum eine Funktion im üblichen Sinne ist. Wir sagen dann, daß $f(t)$ gleich dieser Grenzfunktion ist, wie dies etwa für die gemäß (2.3.4) und (2.3.5) definierte Sprungfunktion $u(t)$ der Fall ist ($f(t)$ ersetzt durch $u(t)$). Da es bei physikalisch-technischen Untersuchungen letztlich immer auf quantifizierbare Größen ankommt, stellen verallgemeinerte Funktionen, die nicht einer Funktion im üblichen Sinne entsprechen, in gewissem Sinne immer nur Zwischenglieder dar. Wir werden hierauf bei der Behandlung der Impulsfunktion noch einmal zurückkommen.

Erwähnt sei auch, daß eine Modifikation der Mikusińskischen Theorie auf Temple und Lighthill zurückgeht und weit verbreitet ist. Unsere stark vereinfachende Darstellung schließt jedoch näher an die ursprünglichen Vorstellungen Mikusińskis an.

2.4 Die Impulsfunktion (Deltaimpuls)

In der Elektrotechnik (Nachrichtentechnik, Regelungstechnik, Datenverarbeitung, Meßtechnik usw.) werden häufig Signale verwendet, die impulsförmig sind, d.h. die außerhalb eines kurzen Zeitraums gleich null sind, während dieses Zeitraums jedoch hinreichend große Werte annehmen, um eine bleibende Wirkung erzeugen zu können. Ein solcher Impuls der Dauer 2ε ist in Bild 2.4.1 gezeigt. Je schmaler ein solcher Impuls ist, um so mehr wird in vielen Fällen die von ihm erzeugte Wirkung nur von dem entsprechenden Impulsmoment

2.4 Die Impulsfunktion (Deltaimpuls)

(Impulsstärke), d.h. von der Fläche

$$\int_{-\infty}^{\infty} x(t)dt = \int_{-\varepsilon}^{\varepsilon} x(t)dt \qquad (2.4.1)$$

des Impulses abhängen, nicht jedoch von den Details des Impulsverlaufs.

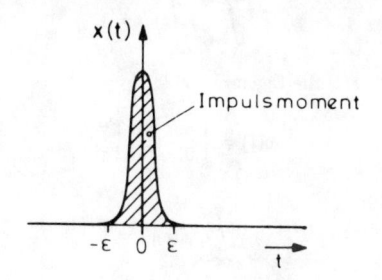

Bild 2.4.1: Beispiel eines Impulses.

Es bietet sich daher an, einen idealisierten Impuls $\delta(t)$, auch Deltaimpuls (δ-Impuls), Deltafunktion oder Impulsfunktion genannt, zu definieren, und zwar mit Hilfe einer Folge von Funktionen $f_n(t)$ wie in Bild 2.4.2 skizziert:

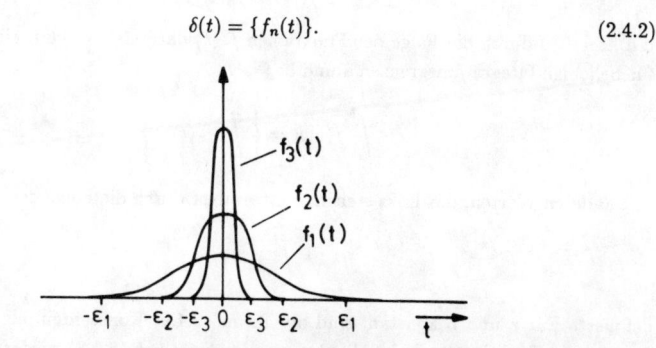

$$\delta(t) = \{f_n(t)\}. \qquad (2.4.2)$$

Bild 2.4.2: Drei Funktionen aus einer Folge zur Darstellung von $\delta(t)$ gemäß (2.4.2).

Der reale Impuls $f_n(t)$ habe die Breite $2\varepsilon_n$ und es gelte

$$\lim_{n\to\infty} \varepsilon_n = 0. \tag{2.4.3}$$

Die Einzelimpulse sollen alle die gleiche Fläche haben, die wir auf 1 normieren, also

$$\int_{-\infty}^{\infty} f_n(t)dt = 1. \tag{2.4.4}$$

Somit ist man geneigt, $\delta(t)$ die Eigenschaft

$$\delta(t) = \begin{cases} \infty & \text{für } t = 0 \\ 0 & \text{für } t \neq 0, \end{cases} \tag{2.4.5}$$

zuzusprechen und auch

$$\int_{-\infty}^{\infty} \delta(t)dt = 1 \tag{2.4.6}$$

zu schreiben.

Letzteres ist zunächst noch nicht gerechtfertigt, da wegen (2.4.5) das in (2.4.6) stehende Integral im Sinne der klassischen Analysis nicht existiert. Allgemein kann man jedoch für eine beliebige verallgemeinerte Funktion $f(t)$ die Integration auf einfache Weise definieren. Sei nämlich

$$f(t) = \{f_n(t)\}, \tag{2.4.7}$$

d.h., sei $f(t)$ durch die Folge der Funktionen $f_n(t)$ dargestellt. Dann gilt per Definition, für beliebige Integrationsgrenzen a und b,

$$\int_a^b f(t)dt = \left\{\int_a^b f_n(t)dt\right\}. \tag{2.4.8}$$

Mit anderen Worten, das links stehende Integral ist durch die Folge der

$$\int_a^b f_n(t)dt \tag{2.4.9}$$

definiert. Für a und b konstant sind die Terme (2.4.9) Konstanten, also immerhin Sonderfälle von Funktionen, so daß durch die rechte Seite von (2.4.8) wiederum eine verallgemeinerte Funktion dargestellt wird. Letzteres wäre aber offensichtlich auch dann der Fall, wenn z.B. $b = t$ ist.

Wenden wir dieses Ergebnis auf den zuvor diskutierten Fall an, so haben wir

$$\int_{-\infty}^{\infty} \delta(t)dt = \left\{\int_{-\infty}^{\infty} f_n(t)dt\right\} = \{1\} = 1, \tag{2.4.10}$$

2.4 Die Impulsfunktion (Deltaimpuls)

wobei die vorletzte Gleichheit aus (2.4.4) folgt. Die letzte Gleichheit entspricht unserer zuvor getroffenen Konvention, daß eine Funktionenfolge, welche gegen eine Funktion $f(t)$ strebt, eine mit $f(t)$ übereinstimmende verallgemeinerte Funktion darstellt (vorletzter Absatz von Abschnitt 2.3).

Falls die Funktionen $f_n(t)$ gemäß (2.4.2) die Deltafunktion darstellen, dann gilt das gleiche offensichtlich auch für die $f_n(-t)$, d.h.,

$$\delta(t) = \{f_n(-t)\}.$$

Somit ist auch

$$\delta(-t) = \delta(t), \qquad (2.4.11)$$

d.h., daß $\delta(t)$ gerade ist. Insbesondere können zur Darstellung von $\delta(t)$ stets gerade Funktionen benutzt werden, d.h., Funktionen $f_n(t)$ für die

$$f_n(-t) = f_n(t)$$

ist.

Ist für $\delta(t)$ eine Darstellung gemäß (2.4.2) gegeben, so können wir den an der Stelle t_0 auftretenden Deltaimpuls durch

$$\delta(t - t_0) = \{f_n(t - t_0)\}$$

darstellen. Es gilt dann noch stets

$$\int_{-\infty}^{\infty} \delta(t - t_0) dt = \left\{ \int_{-\infty}^{\infty} f_n(t - t_0) dt \right\} = 1 \qquad (2.4.12)$$

und weiterhin

$$\delta(t - t_0) = \begin{cases} \infty & \text{für } t = t_0 \\ 0 & \text{für } t \neq t_0. \end{cases}$$

Außerdem ist leicht einzusehen, daß wir unter der Voraussetzung $-\infty \leq a < b \leq \infty$ und in Anbetracht der Annahmen, die wir für die Funktionen $f_n(t)$ gemacht haben, die gefundene Integralbeziehung noch in der Form

$$\int_a^b \delta(t - t_0) dt = -\int_b^a \delta(t - t_0) dt = \begin{cases} 1 & \text{für } t_0 \in (a, b) \\ 0 & \text{für } t_0 \notin [a, b] \end{cases} \qquad (2.4.13)$$

verallgemeinern können. Hierbei ist (a, b) das offene und $[a, b]$ das geschlossene Intervall, das sich von a bis b erstreckt.

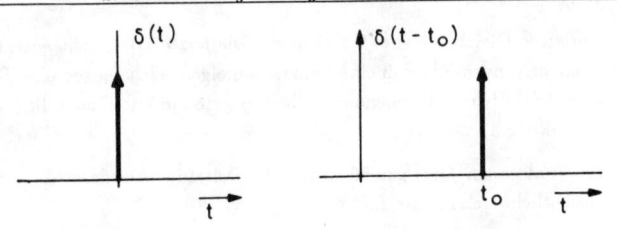

Bild 2.4.3: Graphische Darstellung von Deltaimpulsen an den Stellen $t = 0$ und $t = t_0$.

Zur graphischen Darstellung von $\delta(t)$ benutzt man gewöhnlich einen Pfeil. In Bild 2.4.3 ist dies sowohl für $\delta(t)$ als auch für den an der Stelle t_0 auftretenden Impuls $\delta(t - t_0)$ angegeben. Offensichtlich sind die allgemein verbreiteten Bezeichnungen Impulsfunktion und Deltafunktion nicht unproblematisch, da es sich nicht um eine Funktion im eigentlichen Sinne handelt.

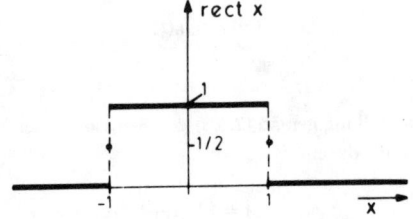

Bild 2.4.4: Rechteckfunktion rect x.

Man kann ohne Schwierigkeit Funktionen $f_n(t)$ angeben, die zur Darstellung von $\delta(t)$ gemäß (2.4.2) geeignet sind. Am einfachsten geschieht dies mit Hilfe der Rechteckfunktion, die durch

$$\text{rect } x = \begin{cases} 1 & \text{für } |x| < 1 \\ 1/2 & \text{für } x = \pm 1 \\ 0 & \text{für } |x| > 1 \end{cases} \qquad (2.4.14)$$

definiert ist (Bild 2.4.4). Die gewünschten $f_n(t)$ ergeben sich dann durch

$$f_n(t) = \frac{n}{2T} \text{rect}\left(\frac{nt}{T}\right), \qquad (2.4.15)$$

doch kann es für solche Funktionen von Nachteil sein, daß sie bei $t = \pm T/n$ unstetig sind. Dies wird durch die Dreiecksfunktionen

$$\Delta(x) = \begin{cases} 1 - |x| & \text{für } |x| \leq 1 \\ 0 & \text{für } |x| \geq 1 \end{cases} \qquad (2.4.16)$$

2.4 Die Impulsfunktion (Deltaimpuls)

vermieden, mit deren Hilfe sich die Funktionen

$$f_n(t) = \frac{n}{T}\Delta\left(\frac{nt}{T}\right)$$

ergeben (Bild 2.4.5). Funktionen $f_n(t)$, die ohne Ausnahme für alle t beliebig oft differenzierbar sind, lassen sich z. B. durch eine Vorgehensweise konstruieren, die ähnlich derjenigen ist, die wir in (2.1.2) benutzt haben.

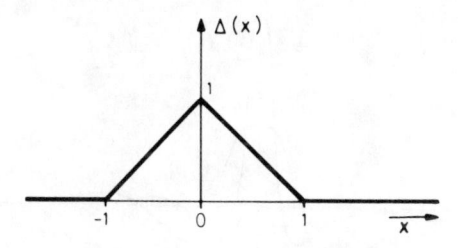

Bild 2.4.5: Dreiecksfunktion $\Delta(x)$.

Bisher sind wir davon ausgegangen, daß die benutzten Funktionen $f_n(t)$ von endlicher Dauer sind. Man wird intuitiv leicht einsehen, daß dies nicht streng erforderlich ist und daß man allgemeiner auch Funktionen $f_n(t)$ benutzen kann, die zumindest außerhalb eines kleinen, bei $t = 0$ gelegenen Intervalls für $n \to \infty$ gegen null streben, d.h., für die

$$\lim_{n\to\infty} f_n(t) = 0 \quad \text{für} \quad t \neq 0 \tag{2.4.17}$$

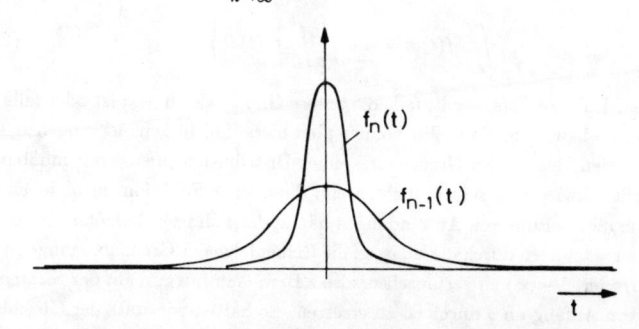

Bild 2.4.6: Illustration einer Folge von Funktionen, die zwar nicht von endlicher Dauer sind, aber dennoch zur Darstellung von $\delta(t)$ geeignet sein können.

ist (Bild 2.4.6). Auch braucht (2.4.4) nicht einmal für alle n erfüllt zu sein, solange nur streng

$$\lim_{n\to\infty} \int_{-\infty}^{\infty} f_n(t)dt = 1 \tag{2.4.18}$$

ist. Auch haben wir bisher stillschweigend angenommen, daß $f_n(t)$ für alle t und alle n nicht negativ ist. Es ergeben sich jedoch zumindest dann keine Schwierigkeiten, wenn die Gesamtfläche der eventuell vorhandenen negativen Bereiche für wachsendes n gegen null strebt, im übrigen jedoch (2.4.18) gilt (Bild 2.4.7).

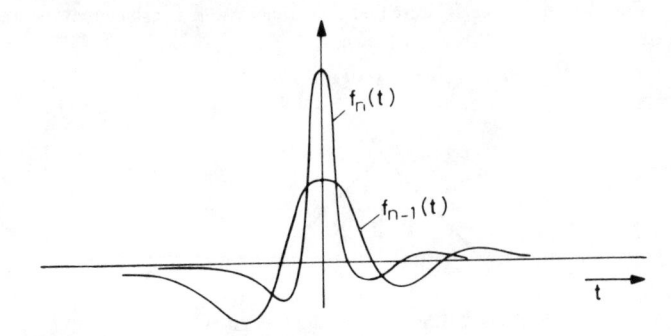

Bild 2.4.7: Illustration einer Folge von Funktionen, die zwar negative Bereiche umfassen, aber dennoch zur Darstellung von $\delta(t)$ geeignet sein können.

Erwähnt sei auch, daß (2.4.8) in der angegebenen Form allgemein zunächst nur dann gilt, wenn a und b endlich sind. Falls die obere Integrationsgrenze gleich ∞ ist, müßte (2.4.8) also eigentlich durch

$$\int_a^\infty f(t)dt = \lim_{b\to\infty} \left\{ \int_a^b f_n(t)dt \right\} \qquad (2.4.19)$$

ersetzt werden. Entsprechendes gilt, falls die untere Grenze gleich $-\infty$ ist oder falls beide Grenzen gleich ∞ bzw. $-\infty$ sind. Wir können aber hierauf nicht genauer eingehen, zumal wir dazu auch den Begriff des Grenzwertes einer Distribution präzisieren müßten (was allerdings nicht schwierig zu sein braucht, wenn diese einer Funktion im üblichen Sinne entspricht, wie dies bei unseren Anwendungen häufig der Fall ist). Jedenfalls ist es unter gewissen Voraussetzungen durchaus zulässig, die Reihenfolge der Grenzübergänge ($n \to \infty$ sowie $-a$ und/oder $b \to \infty$) zu vertauschen, also z.B. in dem Integral auf der rechten Seite von (2.4.19) von Anfang an b durch ∞ zu ersetzen. So hätten wir statt der Gleichheit in (2.4.10) zunächst eigentlich

$$\int_{-\infty}^\infty \delta(t)dt = \lim_{\substack{a\to -\infty \\ b\to\infty}} \left\{ \int_a^b f_n(t)dt \right\}$$

schreiben müssen, doch ergibt dies für die aus den betrachteten $f_n(t)$ bestehenden Funktionenfolgen in der Tat keine Änderung gegenüber dem in (2.4.10) erhaltenen Resultat.

Entsprechend werden wir auch bei späteren Situationen die Reihenfolge der erwähnten Grenzübergänge vertauschen, gegebenenfalls auch ohne hierauf noch weiter einzugehen. Das gilt insbesondere für die in Abschnitt 2.6 behandelten Ausblendeigenschaften der Impulsfunktion sowie die in Abschnitt 3.9 zu besprechende Fouriertransformation verallgemeinerter Funktionen.

2.5 Weitere Operationen; Zusammenhang zwischen Sprung- und Impulsfunktion

Will man gewisse Operationen, die für übliche Funktionen bekannt sind, auf verallgemeinerte Funktionen übertragen, so liegt es auf der Hand, dies dadurch zu tun, daß wir die betrachtete Operation auf die Funktionen $f_n(t)$ anwenden, durch die die verallgemeinerte Funktion dargestellt wird. Im Absatz 2.4 haben wir dies bereits für das (bestimmte) Integral getan (vgl. (2.4.8)). Entsprechend definieren wir für eine gemäß (2.4.7) dargestellte verallgemeinerte Funktion $f(t)$ die Ableitung durch

$$\frac{df(t)}{dt} = \left\{ \frac{df_n(t)}{dt} \right\} \qquad (2.5.1)$$

und folgerichtig auch die höheren Ableitungen durch

$$\frac{d^k f(t)}{dt^k} = \left\{ \frac{d^k f_n(t)}{dt^k} \right\}. \qquad (2.5.2)$$

Auf gleiche Weise läßt sich auch (2.4.8) auf den Fall mehrfacher Integration erweitern.

Die Multiplikation einer verallgemeinerten Funktion $f(t)$ mit einer üblichen Funktion $\varphi(t)$ ist durch

$$\varphi(t) \cdot f(t) = \{\varphi(t) \cdot f_n(t)\} \qquad (2.5.3)$$

definiert. Im Sonderfall $\varphi(t) = K$ (K eine Konstante) ist also

$$Kf(t) = \{Kf_n(t)\}.$$

Ist weiterhin $g(t)$ eine durch

$$g(t) = \{g_n(t)\} \qquad (2.5.4)$$

dargestellte verallgemeinerte Funktion, so verwenden wir die Definition

$$f(t) + g(t) = \{f_n(t) + g_n(t)\}. \qquad (2.5.5)$$

Alle diese Ergebnisse sind selbstverständlich auf den Einheitssprung $u(t)$ und die Deltafunktion $\delta(t)$ anwendbar.

Man könnte auch geneigt sein, das Produkt der verallgemeinerten Funktionen $f(t)$ und $g(t)$ durch

$$f(t) \cdot g(t) = \{f_n(t) \cdot g_n(t)\} \qquad (2.5.6)$$

zu definieren, doch braucht eine solche Produktbildung keine sinnvollen Ergebnisse zu liefern. In der Distributionentheorie wird daher auch eine generelle Multiplikation von Distributionen nicht zugelassen.

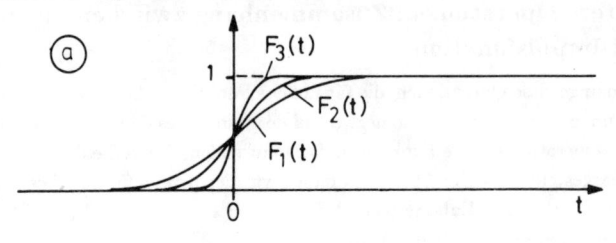

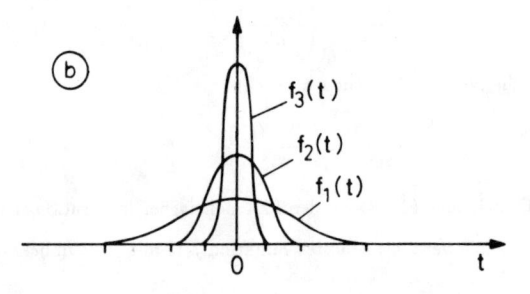

Bild 2.5.1: Zur Erläuterung des Zusammenhangs zwischen (a) $u(t)$ (Funktionenfolge der $F_n(t)$) und (b) $\delta(t)$ (Funktionenfolge der $f_n(t)$).

Wir betrachten jetzt wieder Bild 2.3.2, schreiben jedoch $F_1(t)$, $F_2(t)$ usw. anstatt $f_1(t)$, $f_2(t)$ usw., wie in Bild 2.5.1a gezeigt. Wir haben also

$$u(t) = \{F_n(t)\}, \qquad (2.5.7)$$

wo $u(t)$ wiederum der in Abschnitt 2.3 definierte Einheitssprung ist. Entsprechend (2.5.1) können wir somit schreiben

$$\frac{du(t)}{dt} = \left\{\frac{dF_n(t)}{dt}\right\}. \qquad (2.5.8)$$

Definieren wir die $f_n(t)$ noch durch

$$f_n(t) = \frac{dF_n(t)}{dt}, \qquad (2.5.9)$$

2.5 Weitere Operationen; Zusammenhang zwischen Sprung- und Impulsfunktion

so gilt also auch

$$\frac{du(t)}{dt} = \{f_n(t)\}. \qquad (2.5.10)$$

Aus Bild 2.5.1b ergibt sich leicht, daß die $f_n(t)$ den gleichen Verlauf haben wie in Bild 2.4.2. Außerdem ist wegen (2.5.9)

$$\int_{-\infty}^{\infty} f_n(t)dt = F_n(\infty) - F_n(-\infty) = 1 - 0 = 1, \qquad (2.5.11)$$

was (2.4.4) entspricht. Somit stellt die Folge der durch (2.5.9) gewonnenen $f_n(t)$ tatsächlich gemäß

$$\delta(t) = \{f_n(t)\}$$

die Deltafunktion dar (vgl. (2.4.2)), d.h., daß (2.5.10) äquivalent ist mit

$$\delta(t) = \frac{du(t)}{dt}. \qquad (2.5.12)$$

Umgekehrt folgt aus (2.5.9)

$$\int_{-\infty}^{t} f_n(t)dt = F_n(t) - F_n(-\infty) = F_n(t), \qquad (2.5.13)$$

wegen (2.4.8) also auch

$$\int_{-\infty}^{t} \delta(t)dt = \{\int_{-\infty}^{t} f_n(t)dt\} = \{F_n(t)\}. \qquad (2.5.14)$$

Aus (2.5.7) und (2.5.14) ergibt sich damit

$$\int_{-\infty}^{t} \delta(t)dt = u(t). \qquad (2.5.15)$$

Ergänzend sei erwähnt, daß auf Grund der in (2.3.2) für $t = 0$ getroffenen Festlegung das Ergebnis (2.5.15) auch gültig bleibt, wenn für die obere Integrationsgrenze $t = 0$ gewählt wird. Dies trifft zumindest dann zu, wenn wir für die Funktionen $f_n(t)$ die Festlegung (2.4.4) durch

$$\int_{-\infty}^{0} f_n(t)dt = \int_{0}^{\infty} f_n(t)dt = \frac{1}{2} \qquad (2.5.16)$$

präzisieren.

Zusammenfassend stellen wir also fest, daß zwischen $u(t)$ und $\delta(t)$ ein enger Zusammenhang besteht. Selbstverständlich lassen sich entsprechend (2.5.1) und (2.5.2) auch Ableitungen beliebiger höherer Ordnungen definieren. So gilt also für $k \geq 1$

$$\frac{d^{k+1}u(t)}{dt^{k+1}} = \frac{d^k\delta(t)}{dt^k} = \left\{\frac{d^k f_n(t)}{dt^k}\right\}. \qquad (2.5.17)$$

Da andererseits $u(t)$ bereits eine Funktion im üblichen Sinne ist, sind die weiteren Integrationen im klassischen Sinne durchführbar. So erhält man unter Zugrundelegung einer geeigneten Schreibweise für die Doppelintegration (vgl. die später im Anschluß an (6.5.3) gemachte diesbezügliche Bemerkung)

$$\int_{-\infty}^{t} dt \int_{-\infty}^{t} \delta(t)dt = \int_{-\infty}^{t} u(t)dt = tu(t) = \begin{cases} t & \text{für } t \geq 0 \\ 0 & \text{für } t \leq 0 \end{cases}$$

und allgemeiner bei k-facher Integration ($k \geq 1$)

$$\underbrace{\int_{-\infty}^{t} dt \int_{-\infty}^{t} dt \ldots \int_{-\infty}^{t}}_{k-fach} \delta(t)dt = \underbrace{\int_{-\infty}^{t} dt \int_{-\infty}^{t} dt \ldots \int_{-\infty}^{t}}_{(k-1)-fach} u(t)dt = \frac{t^{k-1}}{(k-1)!}u(t)$$

Anstatt von $\delta(t)$ auszugehen, können wir auch die Integration von Ableitungen von $\delta(t)$ betrachten. So folgt aus der zweiten Gleichung in (2.5.17)

$$\int_{-\infty}^{t} \frac{d^k \delta(t)}{dt^k} dt = \left\{ \int_{-\infty}^{t} \frac{d^k f_n(t)}{dt^k} dt \right\} = \left\{ \frac{d^{k-1} f_n(t)}{dt^{k-1}} - \frac{d^{k-1} f_n(t)}{dt^{k-1}} \bigg|_{t=-\infty} \right\} = \left\{ \frac{d^{k-1} f_n(t)}{dt^{k-1}} \right\}.$$

Dies bedeutet aber, daß für $k \geq 1$

$$\int_{-\infty}^{t} \frac{d^k \delta(t)}{dt^k} dt = \frac{d^{k-1} \delta(t)}{dt^{k-1}} = \frac{d^k u(t)}{dt^k} \qquad (2.5.18)$$

ist.

Zur kompakteren Darstellung empfiehlt es sich, für eine Funktion $f(t)$ und ganzzahliges k eine Notation $f^{(k)}(t)$ durch

$$f^{(k)}(t) = \begin{cases} \dfrac{d^k f(t)}{dt^k} & \text{für } k \geq 1 \\ f(t) & \text{für } k = 0 \\ \underbrace{\int_{-\infty}^{t} dt \int_{-\infty}^{t} dt \ldots \int_{-\infty}^{t}}_{|k|-fach} f(t)dt & \text{für } k \leq -1 \end{cases}$$

zu definieren. Man kann dann die vorigen Ergebnisse in der allgemeinen Form

$$\int_{-\infty}^{t} \delta^{(k+1)}(t)dt = \delta^{(k)}(t) = u^{(k+1)}(t) = \frac{du^{(k)}(t)}{dt}$$

2.5 Weitere Operationen; Zusammenhang zwischen Sprung- und Impulsfunktion

zusammenfassen. Hierin ist k eine beliebige ganze Zahl ($k \gtreqless 0$).

Man kann diejenigen der gefundenen Ergebnisse, die eine Integration beinhalten, noch dadurch erweitern, daß man für die untere Integrationsgrenze statt $-\infty$ eine beliebige Zahl t_0 mit $-\infty \leq t_0 < \infty$ zuläßt. So findet man aus (2.5.15)

$$\int_{t_0}^{t} \delta(t)dt = \int_{-\infty}^{t} \delta(t)dt - \int_{-\infty}^{t_0} \delta(t)dt = u(t) - u(t_0). \qquad (2.5.19)$$

Durch nochmalige Integration erhalten wir

$$\int_{t_0}^{t} dt \int_{t_0}^{t} \delta(t)dt = \int_{t_0}^{t}[u(t) - u(t_0)]dt = \int_{-\infty}^{t} u(t)dt - \int_{-\infty}^{t_0} u(t)dt - u(t_0)\int_{t_0}^{t} dt$$
$$= tu(t) - t_0 u(t_0) - u(t_0)(t - t_0) = t \cdot [u(t) - u(t_0)]$$

und allgemeiner, wie man sich durch vollständige Induktion leicht klarmachen kann, für $k \geq 1$

$$\underbrace{\int_{t_0}^{t} dt \int_{t_0}^{t} dt \ldots \int_{t_0}^{t}}_{k-fach} \delta(t)dt = \frac{t^{k-1}}{(k-1)!}[u(t) - u(t_0)].$$

Alle diese Beziehungen gelten auch für $t = 0$ oder/und $t_0 = 0$, wenn man die im Anschluß an (2.5.15) erwähnte Präzisierung vornimmt.

Auch hier müßten wir wieder eine ähnliche Diskussion anschließen wie im letzten Absatz von Abschnitt 2.4. Wir wollen jedoch nur ganz kurz darauf eingehen, und zwar auch nur in einem einzigen Zusammenhang. Wenn wir nämlich statt der Folge gemäß Bild 2.3.2 z. B. diejenige gemäß Bild 2.3.3 benutzt hätten (wiederum mit $f_1(t)$ usw. ersetzt durch $F_1(t)$ usw.), so würde in Anbetracht des Umstands, daß $F_n(t)$ für große t abnimmt ($F_n(\infty) = 0$), eine Umstimmigkeit gegenüber dem Integrationsergebnis (2.5.11) entstanden sein. Man kann dies jedoch dadurch vermeiden, daß man (2.5.11) bzw. (2.4.18) durch

$$\lim_{t \to \infty} \lim_{n \to \infty} \int_{-\infty}^{t} f_n(t)dt = \lim_{t \to \infty} \lim_{n \to \infty} [F_n(t) - F_n(-\infty)] = \lim_{t \to \infty}(1 - 0) = 1$$

ersetzt, d.h., daß man erst den Grenzübergang $n \to \infty$ durchführt und dann erst die obere Integrationsgrenze gegen unendlich gehen läßt; hierbei haben wir für $\lim_{n \to \infty} F_n(t)$ den Wert 1 benutzt, was ja zulässig ist, sobald nur $t > 0$ ist. Eine entsprechende Modifikation bezüglich der unteren Integrationsgrenze bewirkt im vorliegenden Fall keine Änderung des Ergebnisses.

Auf ähnliche Weise findet man für $k \geq 1$ und $t_0 \neq 0$

$$\int_{t_0}^{t} \frac{d^k \delta(t)}{dt^k} dt = \int_{-\infty}^{t} \frac{d^k \delta(t)}{dt^k} dt - \int_{-\infty}^{t_0} \frac{d^k \delta(t)}{dt^k} dt = \frac{d^k u(t)}{dt^k} - \frac{d^k u(t)}{dt^k}\bigg|_{t=t_0}. \qquad (2.5.20)$$

Hierbei ist die Bedingung $t_0 \neq 0$ erforderlich, um sicherzustellen, daß etwa der Ausdruck $d^k u(t)/dt^k$ für $t = t_0$ sinnvoll ist. Für $k = 0$ bleibt (2.5.20) allerdings auch für $t_0 = 0$ noch gültig.

Es sei nochmals nachdrücklich betont, daß $\delta(t)$ und seine Ableitungen nur als verallgemeinerte Funktionen erklärbar sind. Insbesondere haben wir sie mittels Funktionenfolgen erklärt, so daß wir sie in diesem Sinne nur in voller Abhängigkeit von t definieren können. Im strengen Sinne können sie somit nicht dadurch charakterisiert werden, daß man ihnen für alle t, oder zumindest für fast alle t, einen jeweils bestimmten Wert zuordnet. So können wir zwar sagen, daß für $k \geq 0$

$$\frac{d^k \delta(t)}{dt^k} = 0 \quad \text{für} \quad t \neq 0$$

ist, doch wird damit das eigentlich Wesentliche nicht erfaßt. Dies steht im Einklang mit der Tatsache, daß es sich als nicht möglich erwiesen hat, die Eigenschaften von $\delta(t)$ auch nur einigermaßen richtig durch (2.4.5) festzulegen.

2.6 Die Ausblendeigenschaft der Impulsfunktion

Sei $\varphi(t)$ eine an der Stelle $t = t_0$ stetige Funktion, wo t_0 eine Konstante ist. In Übereinstimmung mit der allgemeinen Vorgehensweise, die wir zu Anfang des Abschnitts 2.5 erläutert haben, definieren wir das hiernach links stehende Integral durch

$$\int_{-\infty}^{\infty} \varphi(t) \delta(t - t_0) dt = \{ \int_{-\infty}^{\infty} \varphi(t) f_n(t - t_0) dt \}, \qquad (2.6.1)$$

wobei die $f_n(t)$ wieder eine Folge von Funktionen zur Darstellung von $\delta(t)$ gemäß (2.4.2) bilden. Falls die $f_n(t)$ entsprechend Bild 2.4.2 gewählt werden, gilt offensichtlich

$$\int_{-\infty}^{\infty} \varphi(t) f_n(t - t_0) dt = \int_{t_0 - \varepsilon_n}^{t_0 + \varepsilon_n} \varphi(t) f_n(t - t_0) dt. \qquad (2.6.2)$$

Mit wachsendem n wird das Intervall von $t_0 - \varepsilon_n$ bis $t_0 + \varepsilon_n$ beliebig schmal, so daß wir dort $\varphi(t)$ durch den konstanten Wert $\varphi(t_0)$ ersetzen können. Damit wird das rechts in (2.6.2) stehende Integral zu

$$\varphi(t_0) \int_{t_0 - \varepsilon_n}^{t_0 + \varepsilon_n} f_n(t - t_0) dt = \varphi(t_0) \int_{-\varepsilon_n}^{\varepsilon_n} f_n(t) dt = \varphi(t_0),$$

wie in Bild 2.6.1 erläutert. Genauer ausgedrückt ergibt sich somit

$$\lim_{n \to \infty} \int_{-\infty}^{\infty} \varphi(t) f_n(t - t_0) dt = \varphi(t_0) \qquad (2.6.3)$$

2.6 Die Ausblendeigenschaft der Impulsfunktion

und damit gemäß (2.6.1)

$$\int_{-\infty}^{\infty} \varphi(t)\delta(t-t_0)dt = \{\varphi(t_0)\} = \varphi(t_0). \tag{2.6.4}$$

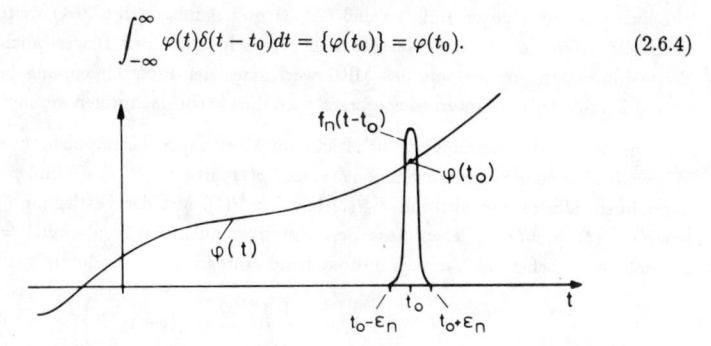

Bild 2.6.1: Erläuterung der Ausblendeigenschaft der Impulsfunktion.

Durch die Integralbildung in (2.6.4) wird also der Wert von $\varphi(t)$ genau an der Stelle, an der der Deltaimpuls auftritt, ausgeblendet. Zur Herleitung hätten wir übrigens genauso gut zunächst $t_0 = 0$ setzen und anschließend den allgemeinen Fall (2.6.4) durch die Substitution $t \to t+t_0$ hierauf zurückführen können. Andererseits läßt sich (2.6.4) ähnlich dem Ergebnis (2.4.13) und unter den dort gemachten Annahmen in der Form

$$\int_a^b \varphi(t)\delta(t-t_0)dt = \begin{cases} \varphi(t_0) & \text{für} \quad t_0 \in (a,b) \\ 0 & \text{für} \quad t_0 \notin [a,b] \end{cases} \tag{2.6.5}$$

verallgemeinern.

Das gefundene Ergebnis zeigt, daß es bei der Multiplikation von $\delta(t-t_0)$ mit der Funktion $\varphi(t)$ nur auf deren Wert an der Stelle t_0 ankommt. Wir können daher auch schreiben

$$\varphi(t)\delta(t-t_0) = \varphi(t_0)\delta(t-t_0), \tag{2.6.6}$$

denn beide Seiten dieser Gleichung sind gleich null für $t \neq t_0$, und es gilt

$$\int_{-\infty}^{\infty} \varphi(t)\delta(t-t_0)dt = \int_{-\infty}^{\infty} \varphi(t_0)\delta(t-t_0)dt,$$

da beide Seiten in dieser Gleichung den Wert $\varphi(t_0)$ ergeben. Im Sinne von (2.5.3) läßt sich die Beziehung (2.6.6) auch interpretieren gemäß

$$\{\varphi(t)f_n(t-t_0)\} = \{\varphi(t_0)f_n(t-t_0)\}.$$

Statt der $f_n(t)$ gemäß Bild 2.4.2 hätte man auch allgemeinere Funktionen, wie in Abschnitt 2.4 im Anschluß an (2.4.18) erwähnt, wählen können. Dann hätten wir zwar zur rechten Seite von (2.6.2) noch einen kleinen Fehler hinzufügen müssen; dieser geht aber mit wachsendem n gegen null, so daß (2.6.3) und damit auch (2.6.4) weiterhin gelten. Schließlich könnten wir den zwar etwas heuristisch erbrachten Beweis auch auf präzise Weise führen, indem wir uns des Mittelwertsatzes der Integralrechnung bedienen, um (2.6.3) herzuleiten; der interessierte Leser wird dies leicht nachprüfen können.

Die Ausblendeigenschaft läßt sich leicht auf Ableitungen der Impulsfunktion erweitern. Wir wollen hierzu die Ableitungen von $\delta(t)$ und $\varphi(t)$ mit $\delta'(t), \delta''(t), \cdots$ und $\varphi'(t), \varphi''(t), \cdots$ bezeichnen, allgemeiner also mit $\delta^{(k)}(t)$ bzw. $\varphi^{(k)}(t)$. Mit der Festlegung $\delta^{(0)}(t) = \delta(t)$ bzw. $\varphi^{(0)}(t) = \varphi(t)$ schließen diese Bezeichnungen auch den Sonderfall $k = 0$ ein. Wir betrachten zunächst das hiernach links stehende Integral, das wir durch

$$\int_{-\infty}^{\infty} \varphi(t)\delta'(t-t_0)dt = \left\{ \int_{-\infty}^{\infty} \varphi(t)f_n'(t-t_0)dt \right\}$$

definieren. Für den in geschweiften Klammern stehenden Ausdruck erhalten wir durch partielle Integration

$$\int_{-\infty}^{\infty} \varphi(t)f_n'(t-t_0)dt = [\varphi(t)f_n(t-t_0)]_{-\infty}^{\infty} - \int_{-\infty}^{\infty} \varphi'(t)f_n(t-t_0)dt. \qquad (2.6.7)$$

Hier ist der erste Term auf der rechten Seite gleich null, da ja $f_n(t)$ für $t = \pm\infty$ gleich null ist. Nehmen wir jetzt noch an, daß $\varphi'(t)$ an der Stelle $t = t_0$ stetig ist und wenden das Ergebnis (2.6.3) an, jedoch mit $\varphi(t)$ ersetzt durch $\varphi'(t)$, so erkennt man, daß die rechte Seite von (2.6.7) für wachsendes n gegen $-\varphi'(t_0)$ strebt. Somit gilt

$$\int_{-\infty}^{\infty} \varphi(t)\delta'(t-t_0)dt = -\varphi'(t_0). \qquad (2.6.8)$$

Allgemein gilt, wie man offensichtlich leicht schrittweise nachprüfen kann,

$$\int_{-\infty}^{\infty} \varphi(t)\delta^{(k)}(t-t_0)dt = (-1)^k \varphi^{(k)}(t_0) \qquad (2.6.9)$$

und weiterhin entsprechend (2.4.13) und (2.6.5)

$$\int_a^b \varphi(t)\delta^{(k)}(t-t_0)dt = \begin{cases} (-1)^k \varphi^{(k)}(t_0) & \text{für} \quad t_0 \in (a,b) \\ 0 & \text{für} \quad t_0 \notin [a,b] \end{cases}. \qquad (2.6.10)$$

Hierbei ist die Stetigkeit von $\varphi^{(k)}(t)$ an der Stelle $t = t_0$ vorausgesetzt.

Um (2.6.6) zu verallgemeinern, gehen wir von der Beziehung

$$\varphi(t)\delta'(t-t_0) = \frac{d(\varphi(t)\delta(t-t_0))}{dt} - \varphi'(t)\delta(t-t_0)$$

aus, wo die Striche Ableitung nach der Zeit bedeuten. Unter Verwendung von (2.6.6) ergibt sich daraus

$$\varphi(t)\delta'(t-t_0) = \varphi(t_0)\delta'(t-t_0) - \varphi'(t_0)\delta(t-t_0). \tag{2.6.11}$$

Ebenso führt der Ansatz

$$\varphi(t)\delta''(t-t_0) = \frac{d(\varphi(t)\delta'(t-t_0))}{dt} - \varphi'(t)\delta'(t-t_0)$$

unter Verwendung von (2.6.6) und (2.6.11) auf

$$\varphi(t)\delta''(t-t_0) = \varphi(t_0)\delta''(t-t_0) - 2\varphi'(t_0)\delta'(t-t_0) + \varphi''(t_0)\delta(t-t_0).$$

Allgemeiner erhält man, wie man durch vollständige Induktion zeigen kann,

$$\varphi(t)\delta^{(k)}(t-t_0) = \sum_{i=0}^{k}(-1)^i \binom{k}{i}\varphi^{(i)}(t_0)\delta^{(k-i)}(t-t_0), \tag{2.6.12}$$

wo $\varphi^{(0)}(t)$ und $\delta^{(0)}(t)$ für $\varphi(t)$ bzw. $\delta(t)$ stehen.

2.7 Ergänzungen zur Ausblendeigenschaft

2.7.1 Andersartige Funktionenfolgen zur Darstellung der Deltafunktion

Wir betrachten Funktionen der Art

$$f_n(t) = \frac{\sin n\alpha t}{\pi t}, \tag{2.7.1}$$

in denen n eine natürliche Zahl und α eine positive Konstante ist und die sich auch in der Form

$$f_n(t) = \frac{n\alpha}{\pi} \cdot \text{si}(n\alpha t) \tag{2.7.2}$$

schreiben lassen. Hierbei haben wir die durch

$$\text{si}\, x = \frac{\sin x}{x} \tag{2.7.3}$$

definierte, sogenannte si-Funktion verwendet, der wir noch häufiger begegnen werden. Ihr Verlauf ist in Bild 2.7.1 gezeigt. An der Stelle $x = 0$, an der ja eine Unbestimmtheit vorliegt, ist sie definiert durch

$$\text{si}(0) = \lim_{x\to 0}\frac{\sin x}{x} = \lim_{x\to 0}\frac{\cos x}{1} = 1, \tag{2.7.4}$$

wobei wir für den Übergang vom zweiten auf den dritten Ausdruck die Regel von de l'Hospital benutzt haben.

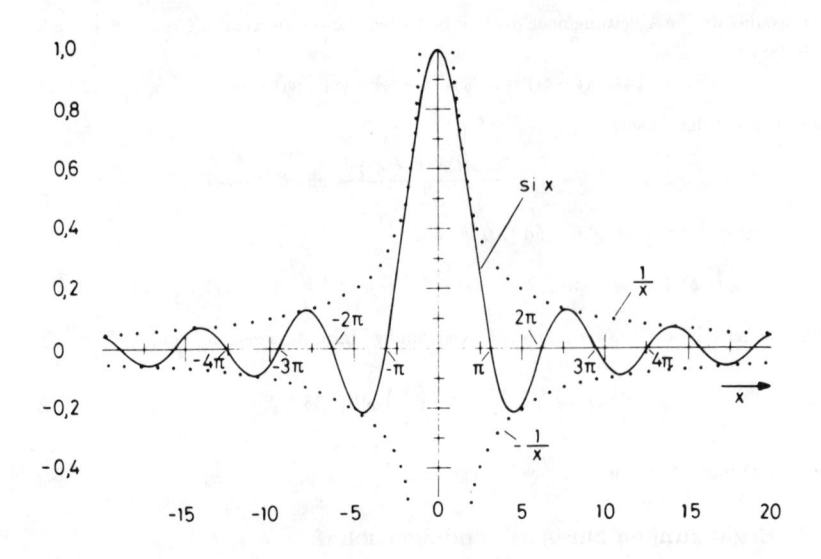

Bild 2.7.1: Darstellung der Funktion si x.

In Bild 2.7.2 sind eine Funktion $\varphi(t)$ sowie eine gemäß (2.7.1) definierte Funktion $f_n(t-t_0)$ skizziert. Man erkennt, daß die Einhüllende von $f_n(t-t_0)$ durch $\pm 1/\pi(t-t_0)$ gegeben, also unabhängig von n ist. Daher werden die $f_n(t-t_0)$ für $t \neq t_0$ mit wachsendem n nicht mehr gegen null gehen, sondern ständig zwischen den Werten $\pm 1/\pi(t-t_0)$ schwanken. Obgleich somit insbesondere (2.4.17) nicht mehr gilt, läßt sich zeigen, daß trotzdem (2.6.3) noch stets Gültigkeit hat.

Nun wird aber in der mathematischen Distributionentheorie gerade diese Ausblendeigenschaft zur eigentlichen Definition von $\delta(t)$ verwendet, so daß im mathematischen Sinne noch stets (2.4.2) geschrieben werden kann, wenn darin die $f_n(t)$ durch (2.7.1) gegeben sind. Offensichtlich gelten somit auch weiterhin (2.6.8) und (2.6.9) (geeignete Stetigkeitsbedingungen vorausgesetzt), denn die Herleitung dieser Gleichungen bleibt auch jetzt noch gültig. Man beachte aber, daß wir die mittels (2.7.1) definierte Folge nicht mehr als Folge von Impulsen im physikalischen Sinne auffassen können. Es empfiehlt sich daher, bei einer Folge wie der hier diskutierten — oder auch in ähnlich gelagerten Fällen — nicht mehr von einer Impulsfunktion zu sprechen, doch bleibt die Bezeichnung Deltafunktion (Deltadistribution) korrekt.

2.7 Ergänzungen zur Ausblendeigenschaft

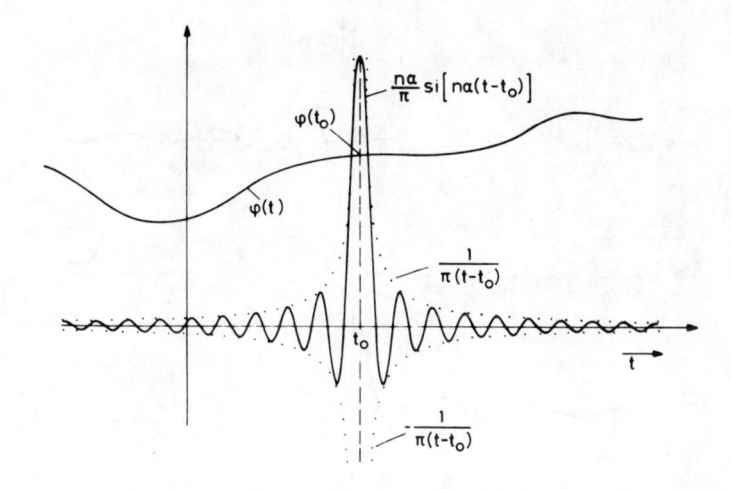

Bild 2.7.2: Zur Erläuterung der Ausblendeigenschaft bei Darstellung der Deltafunktion durch si-Funktionen.

Auf einen genauen Beweis der Gültigkeit von (2.6.3) unter den jetzigen Bedingungen können wir hier nicht eingehen; wir wollen uns daher mit einem Plausibilitätsargument begnügen. Aus Bild 2.7.2 ersehen wir, daß für $t \neq t_0$ bei wachsendem n stets dichter beieinander liegende Bereiche von $\varphi(t)$ mit einer positiven und einer nahezu gleichen negativen Halbwelle gewichtet werden und daher für $n \to \infty$ keinen Beitrag mehr zum Integral in (2.6.3) liefern. Dies bedeutet, daß im Grenzfall der Wert von $\varphi(t)$ für $t \neq t_0$ keinen Einfluß auf das Integral hat, so daß wir dann auch einfach $\varphi(t)$ durch $\varphi(t_0)$ ersetzen können. Damit geht das in (2.6.3) stehende Integral über in

$$\varphi(t_0) \int_{-\infty}^{\infty} f_n(t-t_0)dt = \varphi(t_0) \int_{-\infty}^{\infty} f_n(t)dt = \varphi(t_0),$$

wobei die letzte Gleichheit aus

$$\frac{1}{\pi} \int_{-\infty}^{\infty} \frac{\sin(n\alpha t)}{t}dt = \frac{1}{\pi} \int_{-\infty}^{\infty} \frac{\sin x}{x}dx = 1$$

folgt, und zwar unter Benutzung des aus der Analysis bekannten uneigentlichen Integrals

$$\int_{-\infty}^{\infty} \frac{\sin x}{x}dx = 2\int_{0}^{\infty} \frac{\sin x}{x}dx = \pi. \qquad (2.7.5)$$

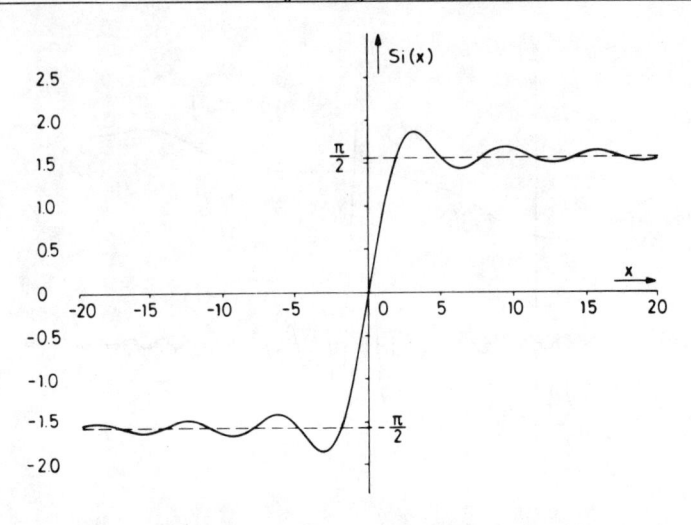

Bild 2.7.3: Verlauf der Funktion Si (x).

Eine anschauliche Bestätigung der Tatsache, daß die durch (2.7.1) gegebenen Funktionen die Deltafunktion darzustellen gestatten, erhält man auch durch Berechnung der durch (2.5.14) gegebenen Funktionen $F_n(t)$. Dies geschieht am einfachsten unter Verwendung der sogenannten Si-Funktion, die durch

$$\text{Si}(x) = \int_0^x \text{si}(x)dx \qquad (2.7.6)$$

definiert ist. Der Verlauf dieser Funktion ist in Bild 2.7.3 gezeigt, und wir haben

$$\text{Si}(-x) = -\text{Si}(x) \qquad (2.7.7)$$

$$\text{Si}(\infty) = \pi/2, \quad \text{Si}(-\infty) = -\pi/2. \qquad (2.7.8)$$

Die Funktionen $F_n(t)$ ergeben sich damit zu

$$F_n(t) = \frac{1}{2} + \frac{1}{\pi}\text{Si}(n\alpha t) \qquad (2.7.9)$$

Ein entsprechender Verlauf ist in Bild 2.7.4 dargestellt. Man erkennt daraus, daß die Funktionen $F_n(t)$ tatsächlich geeignet sind, den Einheitssprung darzustellen. Der Bereich, in dem sich nennenswerte Über- und Unterschwinger sowie der eigentliche Übergang von Werten in der Nähe von 0 auf solche in der Nähe von 1 abspielen, wird nämlich mit wachsendem n immer dichter auf die unmittelbare Nachbarschaft des Punktes $t = 0$ eingeengt.

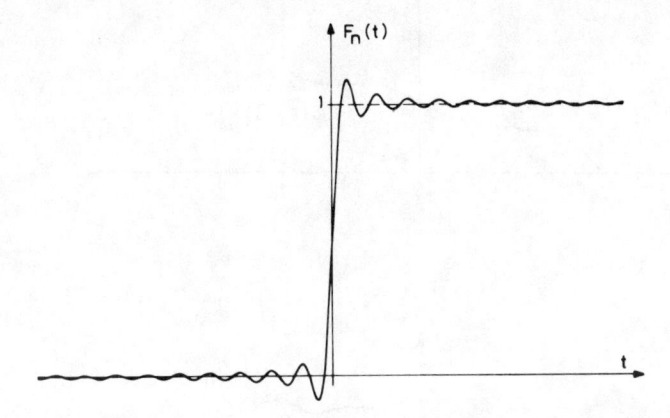

Bild 2.7.4: Verlauf einer gemäß (2.7.9) definierten Funktion $F_n(t)$.

2.7.2 Verallgemeinerung der Ausblendeigenschaft

Schließlich wollen wir noch eine Verallgemeinerung der Ausblendeigenschaft (2.6.3) auf den Fall betrachten, daß t_0 eine Sprungstelle der Funktion $\varphi(t)$ ist, diese also dort von einem linksseitigen Grenzwert $\varphi(t_0-0)$ auf einen rechtsseitigen Grenzwert $\varphi(t_0+0)$ springt (Bild 2.7.5a). Wir setzen jedoch voraus, daß wir nur solche Funktionen $f_n(t)$ verwenden, die gerade sind, also der Bedingung (2.4.12) genügen, wie dies ja auch für die Funktionen (2.7.1) der Fall ist. Wir definieren dann eine neue Funktion $\varphi_1(t)$ durch

$$\varphi_1(t) = \begin{cases} \varphi(t) + K & \text{für } t < t_0 \\ \frac{1}{2}[\varphi(t_0-0) + \varphi(t_0+0)] & \text{für } t = t_0 \\ \varphi(t) - K & \text{für } t > t_0, \end{cases} \qquad (2.7.10)$$

$$K = \frac{1}{2}\left[\varphi(t_0+0) - \varphi(t_0-0)\right], \qquad (2.7.11)$$

wie in Bild 2.7.5b erläutert. Für $t \neq t_0$ folgt aus der ersten und letzten der Beziehungen (2.7.10)

$$\varphi(t) = \varphi_1(t) + K \operatorname{sgn}(t - t_0), \qquad (2.7.12)$$

wo $\operatorname{sgn} t$ die durch (2.3.7) definierte Signumfunktion ist. Die Gleichung (2.7.12) gilt auch noch an der Stelle $t = t_0$, wenn wir der Funktion $\varphi(t)$ an der Sprungstelle einen Wert gleich dem arithmetischen Mittelwert zwischen den beiden Grenzwerten zuordnen.

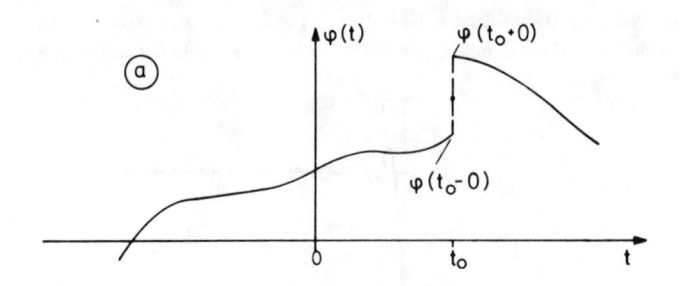

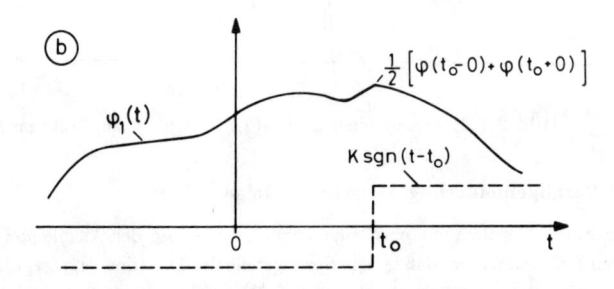

Bild 2.7.5: (a) Eine Funktion $\varphi(t)$ mit einer Sprungstelle bei $t = t_0$.
(b) Zerlegung von $\varphi(t)$ in eine Funktion $\varphi_1(t)$, die an der Stelle t_0 stetig ist, und eine Signumfunktion.

Offensichtlich ist $\varphi_1(t)$ stetig an der Stelle $t = t_0$, während andererseits

$$\int_{-\infty}^{\infty} \operatorname{sgn}(t - t_0) \cdot f_n(t - t_0) dt = \int_{-\infty}^{\infty} \operatorname{sgn} t \cdot f_n(t) dt$$

$$= -\int_{-\infty}^{0} f_n(t) dt + \int_{0}^{\infty} f_n(t) dt = \int_{0}^{\infty} [f_n(t) - f_n(-t)] \, dt = 0 \qquad (2.7.13)$$

ist, also

$$\int_{-\infty}^{\infty} \varphi(t) f_n(t - t_0) dt = \int_{-\infty}^{\infty} \varphi_1(t) f_n(t - t_0) dt + K \int_{-\infty}^{\infty} \operatorname{sgn}(t - t_0) \cdot f_n(t - t_0) dt$$

$$= \int_{-\infty}^{\infty} \varphi_1(t) f_n(t - t_0) dt.$$

Unter Berücksichtigung der für die stetige Funktion $\varphi_1(t)$ gültigen Ausblendeigenschaft (2.6.3) (mit $\varphi(t)$ ersetzt durch $\varphi_1(t)$) erhalten wir daher aus (2.7.10) und (2.7.12)

$$\lim_{n\to\infty}\int_{-\infty}^{\infty}\varphi(t)f_n(t-t_0)dt = \frac{1}{2}\left[\varphi(t_0-0)+\varphi(t_0+0)\right]. \qquad (2.7.14)$$

Unter der im Anschluß an (2.7.12) gemachten Annahme bezüglich des Wertes von $\varphi(t_0)$ gilt damit (2.6.3) auch noch an der Sprungstelle, und das gleiche trifft dann ebenfalls auf (2.6.4) und (2.6.6) zu. Übrigens gilt das Ergebnis auch dann, wenn die $f_n(t)$ nicht unbedingt gerade sind, die Beziehung (2.7.13) aber zumindest für $n \to \infty$ zutrifft.

2.8 Impulsmoment und Energie

Bei unseren Betrachtungen haben wir jeweils die Gültigkeit von (2.4.4), also von

$$\int_{-\infty}^{\infty}f_n(t)dt = 1 \quad \text{für alle} \quad n$$

zugrunde gelegt (zumindest abgesehen von der ziemlich unwesentlichen Verallgemeinerung (2.4.18)). Dies bedeutet, daß die Stärke des Impulses unabhängig ist von n.

Betrachten wir z.B. einen Stromimpuls

$$i = Q \cdot \delta(t). \qquad (2.8.1)$$

Dieser stelle eine Idealisierung des tatsächlichen Stromes dar, so daß wir auch schreiben können

$$i = Q \cdot f_n(t). \qquad (2.8.2)$$

Hierbei gehen wir davon aus, daß der tatsächliche Verlauf des Stroms einem ganz bestimmten Index n entspricht, obgleich wir (2.8.2) für alle Funktionen $f_n(t)$ der Folge anschreiben können, durch die $\delta(t)$ dargestellt wird. Die reelle Konstante Q gibt die Ladung an, die durch den Impuls übertragen wird.

Nehmen wir jetzt an, daß wir die Wirkung eines solchen Impulses auf ein System untersuchen. Falls diese Wirkung primär nur durch die Stärke des Impulses (im vorliegenden Fall also durch Q) bestimmt wird, ist die genaue Wahl der Funktion $f_n(t)$ unwichtig, so daß wir (2.8.2) problemlos durch (2.8.1) ersetzen können. Bei Energiebetrachtungen ist jedoch Vorsicht geboten. Für die übertragene Energie gilt ja

$$\int_{-\infty}^{\infty} u\, i\, dt,$$

wo u jetzt die Spannung (also nicht den Einheitssprung) bedeutet. Es kommt dann entscheidend auf den Verlauf von $u = u(t)$ an.

Fließt der Stromimpuls nämlich in eine zuvor ungeladene Kapazität, so gilt

$$\int_{-\infty}^{\infty} u\,i\,dt = Q^2/2C,$$

d.h., daß dann auch die abgegebene Energie korrekt durch Verwendung von Q berechnet werden kann. Fließt der Stromimpuls jedoch durch einen Widerstand R, so ist $u = Ri$, also

$$\int_{-\infty}^{\infty} u\,i\,dt = RQ^2 \int_{-\infty}^{\infty} f_n^2(t)dt, \qquad (2.8.3)$$

wo wir von (2.8.2) Gebrauch gemacht haben. Das hierin rechts stehende Integral ist aber keineswegs unabhängig von n. Man kann sich hiervon leicht überzeugen, wenn wir z.B. die durch (2.4.14) und (2.4.15) definierte Form eines Rechteckimpulses verwenden. Man erhält dann

$$\int_{-\infty}^{\infty} f_n^2(t)dt = \left(\frac{n}{2T}\right)^2 \int_{-T/n}^{T/n} dt = \frac{n}{2T}.$$

Für $n \to \infty$ geht dieser Ausdruck tatsächlich gegen unendlich. Dieses Ergebnis hängt mit der Bemerkung im dritten Absatz aus Abschnitt 2.5 zusammen, daß im Rahmen der Distributionentheorie die Produktbildung nicht allgemein zulässig ist.

Spannungsimpulse sind etwas schwieriger zu visualisieren als Stromimpulse. Wird ein solcher Impuls durch eine Spannungsquelle in Reihe mit einer Induktivität erzeugt, so bewirkt er eine Änderung des Magnetflusses, die gleich der Impulsstärke ist. Ansonsten sind die Verhältnisse ähnlich wie bei Stromimpulsen.

2.9 Verallgemeinerte Funktionen mit Sprungstellen und Deltaanteilen

2.9.1 Funktionen mit Sprungstellen ab einer endlichen Stelle

Wir betrachten zunächst Funktionen, die in jedem endlichen Intervall *stückweise glatt* sind, d.h. Funktionen $f(t)$ (im klassischen Sinne) mit der Eigenschaft, daß $f(t)$ sowie die zugehörige Ableitung $f'(t)$ in jedem endlichen Intervall stückweise stetig sind. Dabei heißt eine Funktion $f(t)$ in einem Intervall *stückweise stetig*, wenn sie dort bis auf höchstens endlich viele Sprungstellen stetig ist. Eine *Sprungstelle* t' wiederum ist eine Unstetigkeitsstelle mit endlichen Grenzwerten $f(t' + 0)$ und $f(t' - 0)$. Wie bisher nehmen wir an, daß an einer Sprungstelle t' einer Funktion $f(t)$ der Wert dieser Funktion durch

$$f(t') = \frac{1}{2}[f(t' + 0) + f(t' - 0)] \qquad (2.9.1)$$

2.9 Verallgemeinerte Funktionen mit Sprungstellen und Deltaanteilen

erklärt ist; eine solche Beziehung ist offensichtlich auch an allen Stetigkeitsstellen erfüllt. Eine Stelle, an der mindestens eine der Funktionen $f(t)$ oder $f'(t)$ eine Sprungstelle hat, nennen wir eine *kritische Stelle*. (Wir werden den Begriff der kritischen Stelle später noch erweitern.)

Man beachte, daß wir zur Zeit auch die Funktion $f'(t)$ nur im klassischen Sinne betrachten, denn die gemachten Angaben beziehen sich nur auf das Verhalten von $f'(t)$ zwischen aufeinanderfolgenden kritischen Stellen bzw. bei Annäherung an solche Stellen. Hat also etwa $f(t)$ an der Stelle t' eine Sprungstelle, so existiert die Ableitung $f'(t)$ zunächst nicht an der Stelle t', doch müssen gemäß unserer Annahme die Grenzwerte $f'(t' \pm 0)$ existieren. Wir können somit auch von einer Sprungstelle von $f'(t)$ an der Stelle $t = t'$ sprechen. Dies wird sich deutlich ändern, wenn wir hier unten $f(t)$ und damit $f'(t)$ nicht mehr im Sinne klassischer Funktionen interpretieren, sondern im Sinne verallgemeinerter Funktionen.

Die Anzahl kritischer Stellen kann endlich oder unendlich sein. Im letzteren Fall können die kritischen Stellen sich sowohl nach $+\infty$ als auch nach $-\infty$ hin erstrecken. Für die Anwendungen ist insbesondere der Fall interessant, daß es eine kleinste kritische Stelle t_0 gibt, selbstverständlich mit $t_0 > -\infty$. Im weiteren wollen wir zunächst nur diesen Fall betrachten. Die übrigen kritischen Stellen wollen wir dann mit $t_1, t_2, \cdots$, die kritischen Stellen allgemein also mit $t_i, i = 0, 1, 2, \cdots, n$, bezeichnen, wo n entweder endlich oder unendlich ist. Sind t_i und t_{i+1} zwei kritische Stellen mit aufeinanderfolgenden Indizes, so soll stets

$$t_i < t_{i+1} \tag{2.9.2}$$

sein. Für endliches i ist auch t_i endlich.

Die *Sprunghöhe* Δ_i der Funktion $f(t)$ an der Stelle t_i ist durch

$$\Delta_i = f(t_i + 0) - f(t_i - 0) \tag{2.9.3}$$

definiert. Eine kritische Stelle t_i mit $\Delta_i = 0$ ist also keine Sprungstelle von $f(t)$, muß gemäß unserer Definition also eine Sprungstelle von $f'(t)$ sein. Offensichtlich gibt es für jede kritische Stelle t_i einer in jedem endlichen Intervall stückweise glatten Funktion eine Nachbarschaft, also ein nicht leeres, hinreichend schmales und t_i im Innern enthaltendes Intervall, dem außer t_i keine weitere kritische Stelle angehört.

Wir wollen jetzt $f(t)$ gemäß

$$f(t) = g(t) + h(t) \tag{2.9.4}$$

in eine stetige Funktion $g(t)$ und eine Funktion $h(t)$, die als Summe von Sprungfunktionen darstellbar ist (Treppenfunktion), zerlegen. Es zeigt sich, daß $h(t)$ hierzu gemäß

$$h(t) = \sum_{i=0}^{n} \Delta_i u(t - t_i) \qquad (2.9.5)$$

gewählt werden kann, wo $u(t)$ der Einheitssprung und die Δ_i die durch (2.9.3) gegebenen Größen sind (und somit nicht notwendigerweise $\neq 0$ zu sein brauchen). Dann ist nämlich

$$g(t) = f(t) - \sum_{k=0}^{n} \Delta_k u(t - t_k),$$

woraus in Anbetracht von

$$u(t_i - t_k + 0) = \begin{cases} 1 & \text{für} \quad k \leq i \\ 0 & \text{für} \quad k > i, \end{cases} \qquad (2.9.6)$$

$$u(t_i - t_k - 0) = \begin{cases} 1 & \text{für} \quad k < i \\ 0 & \text{für} \quad k \geq i \end{cases} \qquad (2.9.7)$$

die Beziehungen

$$g(t_i + 0) = f(t_i + 0) - \sum_{k=0}^{i} \Delta_k, \qquad (2.9.8)$$

$$g(t_i - 0) = f(t_i - 0) - \sum_{k=0}^{i-1} \Delta_k \qquad (2.9.9)$$

folgen. Wegen (2.9.3) ist damit aber in der Tat

$$g(t_i + 0) = g(t_i - 0). \qquad (2.9.10)$$

Wir fassen jetzt die zu betrachtenden Funktionen als verallgemeinerte Funktionen auf und berechnen entsprechend die Ableitung $f'(t)$. Aus (2.9.4) und (2.9.5) erhalten wir

$$f'(t) = g'(t) + \sum_{i=0}^{n} \Delta_i \delta(t - t_i), \qquad (2.9.11)$$

wo wir von der aus (2.5.12) folgenden Beziehung

$$\delta(t - t_i) = \frac{du(t - t_i)}{dt} \qquad (2.9.12)$$

2.9 Verallgemeinerte Funktionen mit Sprungstellen und Deltaanteilen

Gebrauch gemacht haben und wo $f'(t)$ und $g'(t)$ die Ableitungen von $f(t)$ bzw. $g(t)$ bedeuten. Andererseits ist aber wegen (2.9.5)

$$h'(t) = 0 \quad \text{für} \quad t \neq t_i, \quad i = 0 \text{ bis } n,$$

und somit

$$g'(t) = f'(t) \quad \text{für} \quad t \neq t_i,$$

also auch

$$g'(t_i + 0) = f'(t_i + 0), \qquad g'(t_i - 0) = f'(t_i - 0),$$

was wir freilich auch direkt aus (2.9.11) hätten entnehmen können. Da $g(t)$ stetig ist und $f'(t)$ außerhalb der kritischen Stellen ebenfalls stetig ist, folgt aus den soeben gefundenen Ergebnissen, daß $g'(t)$ außerhalb der kritischen Stellen stetig ist und an einer kritischen Stelle t_i entweder eine Sprungstelle hat, nämlich wenn dort $\Delta'_i \neq 0$ ist, oder aber stetig ist, nämlich wenn dort $\Delta'_i = 0$ ist; hierbei ist Δ'_i durch

$$\Delta'_i = f'(t_i + 0) - f'(t_i - 0) \tag{2.9.13}$$

definiert.

Insgesamt besteht also die Ableitung $f'(t)$ aus einer Funktion gleicher Art wie die ursprüngliche sowie aus einer Summe von δ-Funktionen. Wir sagen auch, daß $f'(t)$ Sprungstellen und δ-*Anteile* umfaßt. Diese δ-Anteile bestehen im vorliegenden Fall nur aus einfachen δ-Funktionen, d.h., sie umfassen keine Ableitungen von δ-Funktionen. Man beachte, daß die Ableitung $g'(t)$ auch an denjenigen kritischen Stellen t_i definiert ist, an denen $g'(t)$ springt, denn dort soll weiterhin eine (2.9.1) entsprechende Konvention gelten, also

$$g'(t_i) = \frac{1}{2}[g'(t_i + 0) + g'(t_i - 0)]$$

sein.

Wir wollen an dieser Stelle auf einen entscheidenden Vorteil der Verwendung von δ-Funktionen in dem Ausdruck für $f'(t)$ (vgl. (2.9.11)) hinweisen. Im Sinne der klassischen Analysis hätten wir in der Tat einfach $f'(t) = g'(t)$ geschrieben, jedoch mit der Maßgabe, daß diese Beziehung überall gilt außer an den kritischen Stellen t_i. An diesen muß man im klassischen Sinne zwischen zwei Fällen unterscheiden: Wenn die Funktion $f(t)$ an der Stelle t_i stetig ist ($\Delta_i = 0$), so ist sie dort zwar nicht mehr differenzierbar, wohl aber gibt es dann entsprechend der gemachten Annahme eine linksseitige Ableitung $f'(t_i - 0)$ und eine rechtsseitige Ableitung $f'(t_i + 0)$. Hat $f(t)$ hingegen bei t_i eine Sprungstelle, so treffen die letztgenannten Feststellungen zwar immer noch zu, doch ist $f(t)$ dann unstetig für $t = t_i$; diesem Umstand wird in unserem jetzigen Sinne durch das Auftreten der δ-Anteile in (2.9.11) Rechnung getragen.

Es gilt aber mehr. Gibt es nämlich (im klassischen Sinne) zu einer Funktion $\varphi(t)$ eine Stammfunktion $f(t)$ derart, daß $\varphi(t) = f'(t)$ ist, so läßt sich bekanntlich das Integral über $f'(t)$ gemäß

$$\int_a^t f'(t')dt' = f(t) - f(a) \quad . \tag{2.9.14}$$

berechnen, wobei wir $-\infty \le a < \infty$ annehmen dürfen. Für die Gültigkeit von (2.9.14) muß allerdings vorausgesetzt werden, daß $f(t)$ im gesamten Intervall $[a,t]$ stetig ist. Genau diese Voraussetzung ist in unserer jetzigen Interpretation aber nicht mehr notwendig.

Aus (2.9.11) erhalten wir nämlich zunächst

$$\int_a^t f'(t')dt' = \int_a^t g'(t')dt' + \int_a^t \left[\sum_{i=0}^n \Delta_i \delta(t' - t_i)\right] dt', \tag{2.9.15}$$

denn dies entspricht der Vorgehensweise, die wir für verallgemeinerte Funktionen festgelegt haben (vgl. (2.4.8) und (2.5.5)). Andererseits können wir auf jeden Fall

$$\int_a^t g'(t')dt' = g(t) - g(a) \tag{2.9.16}$$

schreiben, denn $g(t)$ erfüllt die Stetigkeitsvoraussetzungen, die die Gültigkeit dieses Ergebnisses (im klassischen Sinne) sicherstellen. Weiterhin ist wegen (2.5.19)

$$\int_a^t \delta(t' - t_i)dt' = u(t - t_i) - u(a - t_i). \tag{2.9.17}$$

Damit erhalten wir aus (2.9.15)

$$\int_a^t f'(t')dt' = g(t) - g(a) + \sum_{i=0}^n \Delta_i [u(t-t_i) - u(a-t_i)]. \tag{2.9.18}$$

Dieses Ergebnis ist wegen (2.9.4) und (2.9.5) aber in der Tat äquivalent mit (2.9.14). Diese Beziehung ist also jetzt uneingeschränkt gültig. Für $a = -\infty$ nimmt sie die Form

$$\int_{-\infty}^t f'(t) = f(t) - f(-\infty) \tag{2.9.19}$$

an, die für die Anwendungen häufig zweckmäßiger ist. Andererseits dürfen wir in (2.9.14) und (2.9.19) für die obere Integrationsgrenze statt t durchaus einen festen Wert, etwa b, einsetzen. Dies gilt sogar dann, wenn b mit einem der kritischen Werte zusammenfällt, wie sich aus der Tatsache schließen läßt, daß auch (2.5.15) gültig bleibt, wenn die obere Integrationsgrenze gleich null ist (wie wir im Anschluß an (2.5.15) präzisiert haben, vgl. (2.5.16)). Ähnliches gilt übrigens auch, wenn in dem ursprünglichen Integral (2.9.15) der Wert von a mit einem der t_i zusammenfällt.

2.9.2 Verallgemeinerte Funktionen mit Sprungstellen und Deltaanteilen beliebiger Ordnung

Wir wollen jetzt den Begriff der kritischen Stelle, den wir in Unterabschnitt 2.9.1 eingeführt haben, dahingehend erweitern, daß wir in $f(t)$ neben Sprungstellen auch δ-Funktionen und deren Ableitungen zulassen; ansonsten wollen wir jedoch die zuvor bezüglich der Stetigkeit von $f(t)$ genannten Forderungen aufrechterhalten. Unter Beibehaltung von (2.9.4) sowie der Bedeutung von $g(t)$ können wir somit (2.9.5) durch

$$h(t) = \sum_{i=0}^{n} \sum_{m=0}^{n_i} \Delta_{im} u^{(m)}(t - t_i) \qquad (2.9.20)$$

ersetzen. Hierbei gilt

$$u^{(m)}(t) = \delta^{(m-1)}(t), \qquad (2.9.21)$$

wo $u^{(m)}(t)$ und $\delta^{(m)}(t)$ (in Übereinstimmung mit unserer früheren Festlegung) wieder durch

$$u^{(m)}(t) = \begin{cases} u(t) & \text{für} \quad m = 0 \\ \dfrac{d^m u(t)}{dt^m} & \text{für} \quad m \geq 1 \end{cases} \qquad (2.9.22)$$

$$\delta^{(m)}(t) = \begin{cases} \delta(t) & \text{für} \quad m = 0 \\ \dfrac{d^m \delta(t)}{dt^m} & \text{für} \quad m \geq 1 \\ \int_{-\infty}^{t} \delta(t) dt & \text{für} \quad m = -1 \end{cases} \qquad (2.9.23)$$

definiert sind. Weiterhin sind die Parameter Δ_{im} Konstanten, und zwar ist Δ_{i0} gleich der durch (2.9.3) gegebenen Größe, also

$$\Delta_{i0} = f(t_i + 0) - f(t_i - 0). \qquad (2.9.24)$$

Von einer so definierten Funktion $f(t)$ sagen wir, daß sie Sprungstellen hat, wenn es mindestens ein i gibt mit $\Delta_{i0} \neq 0$ und $\Delta_{im} = 0$ für $m > 1$, und daß sie *Deltaanteile* (δ-Anteile) hat, wenn es mindestens ein i und ein $m \geq 1$ mit $\Delta_{im} \neq 0$ gibt. Die Ordnung des entsprechenden δ-Anteils ist gleich n_i (wobei selbstverständlich $\Delta_{in_i} \neq 0$ angenommen ist).

Eine Funktion $f(t)$, die die genannten Voraussetzungen erfüllt, also auf die dargelegte Weise Sprungstellen und δ-Anteile enthalten kann, nennen wir eine Funktion mit *Sprungstellen und δ-Anteilen*. (Wir benutzen diese Bezeichnung also auch dann, wenn in Wirklichkeit keine Sprungstellen und/oder Deltafunktionen vorhanden sind.) Unstetigkeitsstellen, d.h., Stellen, an denen Sprungstellen und/oder δ-Anteile auftreten, sind *kritische Stellen*. Die Funktion $f(t)$ kann jedoch auch weitere kritische Stellen haben, denn zur Bestimmung aller kritischen Stellen müssen wir auch $f'(t)$ (weiter unten auch noch Ableitungen höherer Ordnung) betrachten. Auf jeden Fall bleibt aber die Forderung bestehen, daß in einem beliebigen endlichen Intervall nur endlich viele kritische Stellen liegen dürfen.

Statt (2.9.11) erhalten wir jetzt aus (2.9.4), (2.9.20) und (2.9.21)

$$f'(t) = g'(t) + \sum_{i=0}^{n} \sum_{m=0}^{n_i} \Delta_{im} \delta^{(m)}(t - t_i). \qquad (2.9.25)$$

Die Beziehungen (2.9.6) und (2.9.7) müssen um die Beziehungen

$$u^{(m)}(t_i - t_k + 0) = u^{(m)}(t_i - t_k - 0) = 0 \quad \text{für} \quad m \geq 1 \qquad (2.9.26)$$

ergänzt werden, die für alle zu betrachtenden i und k gelten (also auch für $i = k$). Dann werden (2.9.8) und (2.9.9) durch

$$g(t_i + 0) = f(t_i + 0) - h(t_i + 0) = f(t_i + 0) - \sum_{k=0}^{i} \Delta_{k0}$$

$$g(t_i - 0) = f(t_i - 0) - h(t_i - 0) = f(t_i - 0) - \sum_{k=0}^{i-1} \Delta_{k0}$$

ersetzt. Damit folgt wegen (2.9.24) aber erneut die Stetigkeitsbeziehung (2.9.10).

Wie in Unterabschnitt 2.9.1 verlangen wir, daß $g'(t)$ keine anderen Unstetigkeitsstellen hat als Sprungstellen, und zwar in einem beliebigen endlichen Intervall höchstens endlich viele. Damit ist auch $f'(t)$ eine Funktion mit Sprungstellen und δ-Anteilen. Die Gesamtheit der zu betrachtenden kritischen Stellen umfaßt die Unstetigkeitsstellen von $f(t)$ sowie diejenigen Sprungstellen von $f'(t)$, die keine Unstetigkeitsstellen von $f(t)$ sind.

Da $g(t)$ stetig ist, finden wir aus (2.9.25)

$$\int_a^t f'(t') dt' = g(t) - g(a) + \int_a^t \left[\sum_{i=0}^{n} \sum_{m=0}^{n_i} \Delta_{im} \delta^{(m)}(t' - t_i) \right] dt'. \qquad (2.9.27)$$

Hierbei soll zunächst a nicht mit einer der kritischen Stellen übereinstimmen. Damit ergibt sich mit (2.5.20)

$$\int_a^t f'(t) dt = g(t) - g(a) + \sum_{i=0}^{n} \sum_{m=0}^{n_i} \Delta_{im} \left[u^{(m)}(t - t_i) - u^{(m)}(a - t_i) \right].$$

2.9 Verallgemeinerte Funktionen mit Sprungstellen und Deltaanteilen 41

Dieses Ergebnis ist wegen (2.9.4) und (2.9.20) aber wiederum äquivalent mit der Gültigkeit von (2.9.14).

Wir können die bezüglich a gemachte Einschränkung teilweise entschärfen. So darf a durchaus mit einer kritischen Stelle übereinstimmen, vorausgesetzt, daß zumindest $f(t)$ dort stetig ist, also dort weder eine Sprungstelle noch δ-Anteile aufweist. Selbst diese Bedingung kann noch zu streng sein, wie ja die Tatsache zeigt, daß wir in Abschnitt 2.9.1 eine solche Bedingung nicht stellen mußten.

Ergänzend sei erwähnt, daß wir für die obere Integrationsgrenze in (2.9.27) nicht etwa eine Konstante, sondern die Variable t verwendet haben. Dies hat seinen Grund darin, daß wir in $f(t)$ δ-Anteile zugelassen haben. Entsprechend der am Ende von Abschnitt 2.5 gegebenen Diskussion sind diese aber nur dann vollständig erklärt, wenn wir sie nicht lediglich an festen Stellen auswerten. Anders ist es mit dem in Unterabschnitt 2.9.1 betrachteten Fall, wo in der Tat — wie wir gesehen haben — die obere Integrationsgenze durch einen festen Wert ersetzt werden darf.

Aus (2.9.14) läßt sich noch ein weiteres Ergebnis herleiten, von dem wir später Gebrauch machen werden. Sei nämlich $\varphi(t)$ eine Funktion im klassischen Sinne, die stetig und deren Ableitung $\varphi'(t)$ ebenfalls stetig ist. Dann erfüllen $f(t)\varphi(t)$ und $f(t)\varphi'(t)$ die gleichen allgemeinen Voraussetzungen wie $f(t)$ selber und $f'(t)\varphi(t)$ erfüllt die gleichen allgemeinen Voraussetzungen wie $f'(t)$. Damit erfüllt auch die Ableitung

$$(f(t)\varphi(t))' = \frac{d(f(t)\varphi(t))}{dt} = f'(t)\varphi(t) + f(t)\varphi'(t)$$

die gleichen allgemeinen Voraussetzungen wie bisher, so daß alle gefundenen Ergebnisse anwendbar bleiben. Insbesondere finden wir, daß die klassische Regel für partielle Integration

$$\int_a^t f'(t)\varphi(t)dt = f(t)\varphi(t) - f(a)\varphi(a) - \int_a^t f(t)\varphi'(t)dt \tag{2.9.28}$$

noch stets anwendbar ist. (Ergänzend sei erwähnt, daß wir die Annahme der Stetigkeit von $\varphi'(t)$ nur der Einfachheit halber gemacht haben; sie reicht für unsere Zwecke aus, ist aber nicht uneingeschränkt notwendig.)

Die gefundenen Ergebnisse lassen sich insbesondere noch in zweifacher Hinsicht verallgemeinern, die wir hier aber nur andeuten wollen. Zum einen kann man auf die Annahme verzichten, daß es eine kleinste kritische Stelle, t_0, gibt. In diesem Fall können wir irgendeine der kritischen Stellen, die wir dann mit t_0 bezeichnen, als Bezugspunkt wählen und unter Beibehaltung von (2.9.4) für $h(t)$ statt (2.9.20) den Ansatz

$$h(t) = \sum_{i=0}^{n}\sum_{m=0}^{n_i} \Delta_{im} u^{(m)}(t-t_i) - \sum_{i=-1}^{-\infty}\sum_{m=0}^{n_i} \Delta_{im} u^{(m)}(t_i - t) \tag{2.9.29}$$

machen. Ansonsten bleiben alle Annahmen erhalten wie bisher.

Zum anderen können wir aber auch höhere Ableitungen von $f(t)$ in die Betrachtungen einbeziehen. Wir nehmen dann selbstverständlich an, daß auch in diesen höheren Ableitungen keine anderen Unstetigkeiten auftreten außer solchen, die Sprungstellen und δ-Anteilen (beliebiger Ordnung) entsprechen. Die Gesamtheit aller Unstetigkeitsstellen, die somit vorhanden sind, bilden dann die kritischen Stellen in unserem obigen Sinne, und für die Häufigkeit des Auftretens solcher Stellen entlang der t-Achse gelten wieder die früher gemachten Annahmen. Für eine genaue Festlegung der kritischen Stellen ist auf jeden Fall die Kenntnis der Ordnung k erforderlich, bis zu der gegebenenfalls Ableitungen von $f(t)$ zu berücksichtigen sind. Hierbei würde $k = 0$ bedeuten, daß nur $f(t)$ (also deren "Ableitung nullter Ordnung") zu betrachten ist.

Auch empfiehlt es sich, die oben eingeführte Terminologie zu erweitern. In Übereinstimmung mit unserer früheren Definition sagen wir, eine Funktion sei in einem Intervall *stückweise bis auf δ-Anteile stetig*, wenn sie dort als Summe von zwei Funktionen geschrieben werden kann, von denen die erste stückweise stetig ist und die zweite entweder null ist oder nur aus δ-Anteilen besteht (also die Form (2.9.29) annimmt, mit u ersetzt durch δ und mit n endlich oder unendlich); hierbei darf selbstverständlich in jedem endlichen Intervall die Zahl der Stellen, an denen δ-Anteile liegen, nur endlich sein. Ist neben $f(t)$ auch $f'(t)$ stückweise bis auf δ-Anteile stetig, so sagen wir, $f(t)$ sei *stückweise bis auf δ-Anteile glatt*. In Übereinstimmung mit dieser Terminologie haben wir also im vorliegenden Abschnitt insbesondere Funktionen betrachtet, die in jedem endlichen Intervall stückweise bis auf δ-Anteile stetig bzw. glatt sind.

3. Beschreibung von Signalen im Frequenzbereich
3.1 Bedeutung sinusförmiger und verwandter Signale

Sinusförmige Signale (vgl. (2.2.1)) sind sowohl zur theoretischen Analyse und numerischen Berechnung von linearen Systemen als auch zur Durchführung von Messungen an solchen Systemen besonders gut geeignet. Dies liegt an folgenden Eigenschaften:

1. Sie ändern ihre Form weder bei Addition noch bei Differentiation. Genauer ausgedrückt: Werden zwei sinusförmige Signale gleicher Frequenz addiert oder wird ein sinusförmiges Signal differenziert, so ist das so entstehende Signal noch stets sinusförmig und mit gleicher Frequenz. Ändern können sich nur die Amplitude und die Phase, wobei eine Phasenänderung auch einfach einer Zeitverschiebung entspricht.

2. Wegen der unter 1. genannten Eigenschaften ändern sinusförmige Signale ihre Form nicht, wenn sie durch ein lineares System übertragen werden (siehe auch 4. Kapitel). Ändern kann sich lediglich die Amplitude und die Phase (Zeitverschiebung). Dies ist auch für Meßzwecke besonders wichtig, da es genügt, Frequenz, Amplitude und Phase zu bestimmen, bei bekannter Frequenz sogar nur die beiden letztgenannten Parameter.

3. Sinusschwingungen lassen sich besonders einfach technisch erzeugen. Ein Grund hierfür ist, daß Sinusschwingungen Eigenschwingungen verlustfreier konstanter linearer Systeme sind.

Bekanntlich ist es für theoretische Untersuchungen noch einfacher, anstelle von sinusförmigen Signalen komplexe Exponentialschwingungen, also Schwingungen der Form (2.2.2) zu verwenden. Abgesehen von der Möglichkeit der einfachen Durchführung von Messungen gelten die genannten Vorteile auch noch für die allgemeineren komplexen Exponentialschwingungen

$$x(t) = A e^{pt}, \qquad (3.1.1)$$

wo also nicht nur A, sondern auch p eine allgemeine komplexe Konstante sein kann. Daher sind solche allgemeinen Schwingungen für manche theoretischen Untersuchungen sehr wichtig, nicht jedoch in gleichem Umfang für den hier beabsichtigten Zweck.

Diesen Vorteilen stehen gewichtige Nachteile gegenüber. Sinusförmige Signale erfüllen nämlich nicht die im Abschnitt 2.1 genannten Bedingungen für reale Signale. Insbesondere aber läßt sich mit sinusförmigen Signalen keine Information übertragen, wie bereits im Abschnitt 2.1 diskutiert worden ist. Will man somit die Vorteile sinusförmiger Signale auch für reale Signale nutzen, so ist es wichtig, die letzteren auf die ersteren zurückzuführen. Das entscheidende Hilfsmittel hierzu ist die sogenannte Fouriertransformation. Ein wichtiger Schritt zu dieser wiederum ist die Fourierreihe, die wir hier als bekannt voraussetzen, deren wichtigste Eigenschaft wir jedoch in Abschnitt 3.2 rekapitulieren werden. Fourierreihen sind natürlich nur bei periodischen Signalen anwendbar.

3.2 Periodische Signale; Fourierreihen

Ein Signal $f(t)$ heißt periodisch, wenn es eine reelle Konstante T gibt derart, daß

$$f(t+T) = f(t) \quad \text{für alle} \quad t \qquad (3.2.1)$$

ist. Die Konstante T kann stets positiv gewählt werden, und die kleinste solche Konstante, für die (3.2.1) gilt, heißt die Periode des Signals.

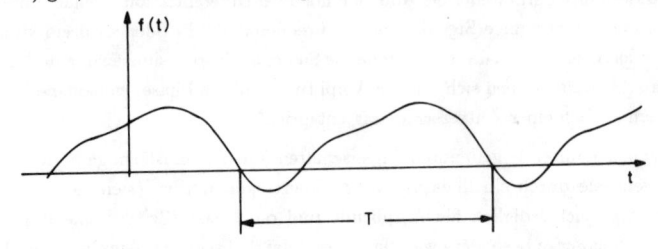

Bild 3.2.1: Darstellung eines reellen periodischen Signals mit der Periode T.

Wir nehmen zunächst an, daß $f(t)$ reell ist (Bild 3.2.1). Dann kann $f(t)$ unter sehr allgemeinen Bedingungen in eine Fourierreihe entwickelt werden, die wir in der Form

$$f(t) = F_0 + 2\sum_{n=1}^{\infty} \operatorname{Re} F_n \, e^{jn\Omega t} = F_0 + 2\sum_{n=1}^{\infty} |F_n| \cos(n\Omega t + \varphi_n) \qquad (3.2.2)$$

schreiben können. Hier ist

$$\Omega = 2\pi/T \qquad (3.2.3)$$

die Grundfrequenz (genauer: Grundkreisfrequenz) von $f(t)$. Ferner sind die

$$F_n = |F_n| e^{j\varphi_n} \qquad (3.2.4)$$

komplexe Konstanten, jedoch ist die Konstante F_0 reell. Wir setzen die Darstellung (3.2.2) als bekannt voraus. Den Faktor 2 hätten wir in die Konstanten F_n mit aufnehmen können, doch haben wir ihn eingeführt, um einen entsprechenden Faktor bei den nachfolgenden Betrachtungen vermeiden zu können.

Definieren wir nämlich Konstanten F_n auch für negative n, und zwar mit Hilfe von

$$F_n = F_{-n}^*, \quad n < 0 \qquad (3.2.5)$$

(wo der Stern — wie immer in diesem Text — den konjugiert komplexen Wert bezeichnet), dann läßt sich (3.2.2) auch wie folgt schreiben:

$$f(t) = \sum_{n=-\infty}^{\infty} F_n e^{jn\Omega t}. \qquad (3.2.6)$$

3.2 Periodische Signale; Fourierreihen

Die darin auftretenden Konstanten lassen sich entweder über die bekannten Formeln bei reeller Schreibweise zusammen mit (3.2.5) oder aber direkt ausgehend von (3.2.6) bestimmen. Durch Multiplikation von (3.2.6) mit $e^{-jm\Omega t}$, anschließender Integration und Ersetzen von m durch n erhält man in der Tat

$$F_n = \frac{1}{T} \int_{-T/2}^{T/2} f(t) e^{-jn\Omega t} dt. \qquad (3.2.7)$$

Statt der symmetrisch gewählten Integrationsgrenzen kann man genauso gut die allgemeinere Formel

$$F_n = \frac{1}{T} \int_{t_0}^{t_0+T} f(t) e^{-jn\Omega t} dt \qquad (3.2.8)$$

verwenden, die auch bei beliebigem t_0 das gleiche Resultat ergibt wie (3.2.7). Dies läßt sich z.B. dadurch nachweisen, daß wir das Integral in (3.2.8) in eine Summe aus einem Integral von t_0 bis $T/2$ und ein solches von $T/2$ bis $t_0 + T$ aufspalten, in dem zweiten Integral die Substitution $t \to t_0 + t$ vornehmen und von (3.2.1) Gebrauch machen und das so entstandene Integral mit dem erstgenannten zusammenfassen.

Als nächstes sei $f(t)$ eine komplexe Funktion der reellen Variablen t. Wir spalten diese auf in ihren Realteil (Re) und ihren Imaginärteil (Im) gemäß

$$f(t) = f_a(t) + j\, f_b(t), \qquad (3.2.9)$$

wo $f_a(t) = \mathrm{Re} f(t)$ und $f_b(t) = \mathrm{Im} f(t)$ reelle Funktionen von t sind. Wir können dann sowohl $f_a(t)$ als auch $f_b(t)$ in je eine Fourierreihe entwickeln, und zwar mit Konstanten F_{an} und F_{bn}. Durch Zusammenfassung der Ergebnisse gemäß (3.2.9) läßt sich dann schließlich $f(t)$ wieder in der Form (3.2.6) schreiben, wenn wir darin die F_n durch

$$F_n = F_{an} + jF_{bn} \qquad (3.2.10)$$

definieren. Man beachte, daß nicht nur die F_n, sondern im allgemeinen auch die F_{an} und F_{bn} komplexwertig sind. Es ist aber nicht erforderlich, die Zerlegung (3.2.9) explizit vorzunehmen und die F_n unter Benutzung von (3.2.10) mit Hilfe der F_{an} und F_{bn} zu bestimmen. Man erhält nämlich auch jetzt wieder die Formeln (3.2.7) und (3.2.8), und zwar sowohl, wenn man den Weg über die Zerlegung gemäß (3.2.9) und (3.2.10) beschreitet, als auch, wenn man wieder einfach (3.2.6) mit $e^{-jm\Omega t}$ multipliziert und anschließend integriert.

Trotzdem war der Umweg über die reelle Darstellung nicht ganz unwichtig. Bei einer reellen Funktion galt ja zunächst (3.2.2) und damit (3.2.6). Wir erkennen aber auch, daß (3.2.6) in diesem Fall eigentlich durch

$$f(t) = \lim_{N \to \infty} \sum_{n=-N}^{N} F_n e^{jn\Omega t} \qquad (3.2.11)$$

gegeben ist, d.h., daß im Prinzip beide Grenzübergänge, also sowohl derjenige nach $+\infty$ als auch derjenige nach $-\infty$, gleichzeitig erfolgen müssen. Hierauf ist immer dann zu achten, wenn sonst keine eindeutige Konvergenz erzielt würde. Da bei komplexem $f(t)$ das (3.2.11) entsprechende Ergebnis aber sowohl für $f_a(t)$ als auch für $f_b(t)$ gilt, trifft das gleiche auch für $f(t)$ selbst zu, so daß also auch im komplexen Fall die Summe (3.2.6) im Sinne von (3.2.11) zu verstehen ist.

3.3 Herleitung der Fourier-Integrale

Wir betrachten eine allgemeine *aperiodische* Funktion $f(t)$ der reellen Variablen t. Die Funktion $f(t)$ kann wieder reell oder komplex sein. Für den reellen Fall ist ein Beispiel einer solchen Funktion in Bild 3.3.1a skizziert. Die Fouriertransformierte von $f(t)$ definieren wir durch

$$F(j\omega) = \int_{-\infty}^{\infty} f(t) e^{-j\omega t} dt. \tag{3.3.1}$$

Symbolisch wird dieser Zusammenhang auch durch

$$F(j\omega) = \mathcal{F}\{f(t)\} \tag{3.3.2}$$

ausgedrückt. Bei $f(t)$ soll es sich um eine Funktion im üblichen Sinne handeln; auf verallgemeinerte Funktionen kommen wir erst in Abschnitt 3.9 zu sprechen.

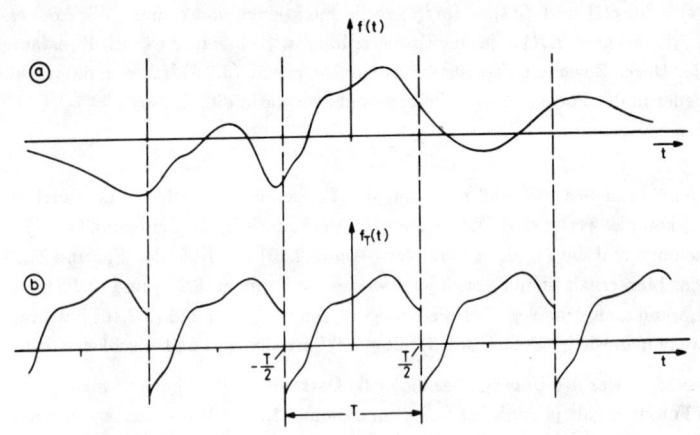

Bild 3.3.1: (a) Eine aperiodische Funktion $f(t)$.
(b) Eine periodische Funktion $f_T(t)$, die im Grundintervall der Breite T mit $f(t)$ übereinstimmt.

3.3 Herleitung der Fourier-Integrale

Die Fouriertransformierte $F(j\omega)$ wird auch die zu $f(t)$ gehörige *Spektralfunktion* oder *Frequenzfunktion* genannt. Sie ist eine Funktion der reellen Variablen ω und ist im allgemeinen komplexwertig, also auch dann, wenn $f(t)$ reell ist. Statt $F(j\omega)$ hätten wir auch einfacher $F(\omega)$ schreiben können, was auch in der Tat häufig getan wird. Die hier gewählte Schreibweise ist zwar etwas umständlicher, hat jedoch auch Vorteile. Zum einen deutet sie an, daß ω in dem Definitionsintegral (3.3.1) nur multipliziert mit j auftritt. Wie wir später sehen werden, führt sie darüber hinaus zu einer einheitlicheren Darstellungsweise, wenn auch Übertragungsfunktionen bzw. Zusammenhänge mit der Laplacetransformation berücksichtigt werden müssen.

Das Integral (3.3.1) entspricht in gewissem Sinne demjenigen in (3.2.7), die Funktion $F(j\omega)$ also den Koeffizienten F_n. Diese waren gewissermaßen nur für die diskreten Werte $\omega = n\Omega$ definiert, während jetzt alle Werte von ω zugelassen sind. Bei periodischen Funktionen hatten wir die ursprüngliche Zeitfunktion mit Hilfe von (3.2.6) aus den F_n rekonstruieren können, und wir wollen zeigen, wie man im jetzt vorliegenden Fall die Rekonstruktion vornehmen kann. Zu diesem Zweck wollen wir uns auf die früheren Ergebnisse stützen und anschließend einen geeigneten Grenzübergang vornehmen.

Sei also T eine beliebig große positive Konstante. Wir führen eine periodische Funktion $f_T(t)$ ein, die wir dadurch definieren, daß wir denjenigen Ausschnitt von $f(t)$ periodisch wiederholen, der dem Grundintervall $(-T/2, T/2)$ entspricht (Bild 3.3.1b). Mathematisch entspricht diese Definition den Beziehungen

$$f_T(t) = f(t) \quad \text{für} \quad -T/2 < t < T/2,$$

$$f_T(t+T) = f_T(t) \quad \text{für alle} \quad t.$$

Offensichtlich gilt

$$f(t) = \lim_{T \to \infty} f_T(t). \tag{3.3.3}$$

Weiterhin definieren wir eine Funktion $F_T(j\omega)$ durch

$$F_T(j\omega) = \int_{-T/2}^{T/2} f_T(t) e^{-j\omega t} dt = \int_{-T/2}^{T/2} f(t) e^{-j\omega t} dt, \tag{3.3.4}$$

und durch Vergleich mit (3.3.1) findet man

$$F(j\omega) = \lim_{T \to \infty} F_T(j\omega). \tag{3.3.5}$$

Wir können $f_T(t)$ in eine Fourierreihe gemäß

$$f_T(t) = \sum_{n=-\infty}^{\infty} F_n e^{jn\Omega t} \tag{3.3.6}$$

zerlegen, wo Ω noch stets die Bedeutung (3.2.3) hat und

$$F_n = \frac{1}{T}\int_{-T/2}^{T/2} f_T(t)e^{-jn\Omega t}dt = \frac{1}{T}F_T(jn\Omega)$$

gilt; die zweite Gleichheit folgt dabei durch Vergleich mit (3.3.4).

Schließlich wollen wir noch folgende Notationsänderung vornehmen:

$$\omega_n = n\Omega,\ \Delta\omega = \omega_n - \omega_{n-1} = \Omega = 2\pi/T.$$

Damit können wir (3.3.6) in der Form

$$f_T(t) = \frac{1}{2\pi}\sum_{n=-\infty}^{\infty}[F_T(j\omega_n)e^{j\omega_n t}]\Delta\omega \qquad (3.3.7)$$

schreiben, die uns sehr an die Herleitung des Riemannschen Integrals erinnert, zumal ja $\Delta\omega$ für $T \to \infty$ gegen null geht. Führen wir also diesen Grenzübergang durch und berücksichtigen (3.3.3) und (3.3.5), so folgt schließlich

$$f(t) = \frac{1}{2\pi}\int_{-\infty}^{\infty}F(j\omega)e^{j\omega t}d\omega, \qquad (3.3.8)$$

welches die gesuchte Formel darstellt.

Man bezeichnet (3.3.8) als das Fouriersche Umkehrintegral oder als die Fourierrücktransformation, was man symbolisch auch durch

$$f(t) = \mathcal{F}^{-1}\{F(j\omega)\} \qquad (3.3.9)$$

ausdrückt. Aus $f(t)$ folgt somit eindeutig $F(j\omega)$ durch Anwendung von (3.3.1), und aus $F(j\omega)$ folgt eindeutig $f(t)$ durch Anwendung von (3.3.8). Beide Integrale bilden somit ein Transformationspaar, was auch durch das Symbol

$$f(t)\ \circ\!\!-\!\!\bullet\ F(j\omega) \qquad (3.3.10)$$

zum Ausdruck gebracht werden soll.

Die Gültigkeit des Grenzübergangs, den wir zur Herleitung von (3.3.8) vorgenommen haben, ist allerdings mathematisch nicht ohne weiteres gesichert, so daß wir hier eher von einem Plausibilitätsbeweis sprechen müssen. Dieser hat aber nicht nur den Vorzug der Einfachheit, sondern verschafft uns auch Einblick in die Art, wie (3.3.8) als Grenzfall der Fourierreihe erhalten wird. Wir kommen in Abschnitt 3.5 noch einmal auf diese Fragen zurück.

Von Interesse ist auch eine Darstellung des Integrals in (3.3.8) als Grenzwert einer unendlichen Summe von Teilfunktionen. Dies entspricht in gewissem Sinne dem Modus der Herleitung dieses Integrals, doch empfiehlt es sich, diesmal direkt von (3.3.8) auszugehen. Ein solcher Ausdruck kann ja als ein Grenzwert der Art

$$f(t) = \frac{1}{2\pi} \lim_{\Delta\omega \to 0} \sum_{\omega} F(j\omega)e^{j\omega t} \Delta\omega$$

aufgefaßt werden (unendliche Summe erstreckt über alle Werte von ω im Abstand $\Delta\omega$), was wir auch in der Form

$$f(t) = \lim_{\Delta\omega \to 0} \sum_{\omega} [\frac{1}{2\pi} F(j\omega) \cdot \Delta\omega] e^{j\omega t} \qquad (3.3.11)$$

schreiben können. Dies zeigt, daß $f(t)$ als eine unendliche Summe von komplexen Exponentialschwingungen der Art $A\,e^{j\omega t}$ (vgl. (2.2.2)) aufgefaßt werden kann, wo die komplexe Amplitude der Teilschwingung mit der Frequenz ω durch

$$A = A(\omega) = \frac{1}{2\pi} F(j\omega) \cdot \Delta\omega \qquad (3.3.12)$$

gegeben ist. Somit setzt sich $f(t)$ nicht mehr aus diskreten Einzelschwingungen zusammen wie im Falle einer periodischen Funktion, sondern aus einer unendlich dichten Folge elementarer Teilschwingungen. Entsprechend ist $f(t)$ nicht mehr durch ein Linienspektrum charakterisiert, sondern durch eine *Spektraldichte* gleich $F(j\omega)/2\pi$.

3.4 Darstellungsweisen bei der Fouriertransformation

Aus (3.3.1) ergibt sich, daß $F(j\omega)$ nur in Sonderfällen reell sein kann, obgleich ω reell ist. Im allgemeinen wird also $F(j\omega)$ komplexwertig sein, und zwar selbst dann, wenn $f(t)$ reell ist.

Manchmal ist es zweckmäßig, den Real- und den Imaginärteil von $F(j\omega)$ getrennt zu betrachten. Wir schreiben dann

$$F(j\omega) = M(\omega) + jN(\omega) \qquad (3.4.1)$$

mit

$$M(\omega) = \operatorname{Re} F(j\omega), \quad N(\omega) = \operatorname{Im} F(j\omega). \qquad (3.4.2)$$

Eine graphische Beschreibung von $F(j\omega)$ kann daher durch zwei entsprechende Diagramme erfolgen (Bild 3.4.1).

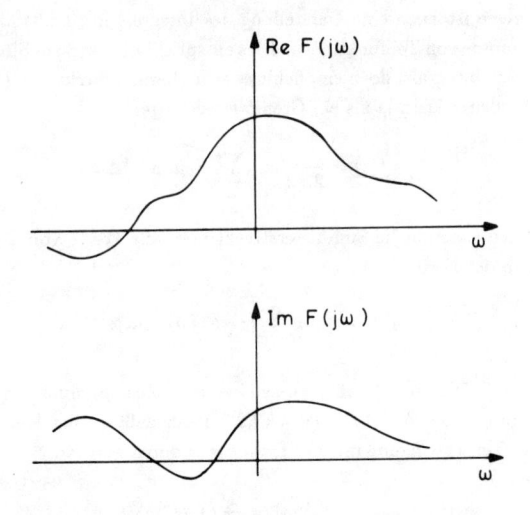

[Figure: Re F(jω) and Im F(jω) plotted against ω]

Bild 3.4.1: Beispiel einer graphischen Darstellung einer Spektralfunktion $F(j\omega)$ durch Angabe von Realteil und Imaginärteil.

Statt (3.4.1) benutzt man auch häufig eine Zerlegung nach Betrag und Phase gemäß

$$F(j\omega) = |F(j\omega)|e^{j\varphi(\omega)}, \tag{3.4.3}$$

wie in Bild 3.4.2 erläutert. Es gilt

$$|F(j\omega)| = \sqrt{M^2(\omega) + N^2(\omega)}, \quad \tan\varphi(\omega) = \frac{N(\omega)}{M(\omega)}, \tag{3.4.4}$$

wobei allerdings $\varphi(\omega)$ im Intervall $[-\pi, \pi]$ nur dann eindeutig festgelegt werden kann, wenn die spezielleren Beziehungen

$$\cos\varphi(\omega) = M(\omega)/|F(j\omega)|, \quad \sin\varphi(\omega) = N(\omega)/|F(j\omega)|$$

berücksichtigt werden. Man beachte auch, daß man etwa aus $F(\pm j\infty) = 0$ keineswegs auf $\varphi(\pm\infty) = 0$ schließen darf.

Wie wir später sehen werden, kommt es bei vielen Betrachtungen nicht auf den genauen numerischen Verlauf von Re $F(j\omega)$ und Im $F(j\omega)$ an, sondern nur auf einige grundsätzliche Aspekte des Verlaufs dieser Funktionen. Wir werden in solchen Fällen einfach ein Diagramm der Art von Bild 3.4.3b angeben, das wir auch als eine symbolische Darstellung bezeichnen. Diese würde natürlich der tatsächlichen Funktion $F(j\omega)$ entsprechen, wenn letztere reell ist. Ist hingegen $F(j\omega)$ komplexwertig, so müssen wir uns vorstellen, daß eigentlich zwei Diagramme gezeichnet werden müßten, von denen etwa das eine dem Realteil und das andere dem Imaginärteil entspricht.

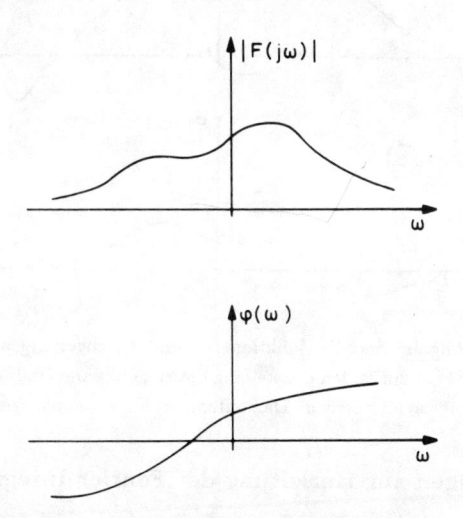

Bild 3.4.2: Beispiel der graphischen Darstellung einer Spektralfunktion $F(j\omega)$ durch Angabe von Betrag und Phase.

Ähnliches gilt selbstverständlich auch für die ursprüngliche Funktion $f(t)$, die ja ebenfalls komplexwertig sein kann. Genau wie im Fall periodischer Funktionen können wir daher auch jetzt schreiben

$$f(t) = f_a(t) + j\, f_b(t), \qquad (3.4.5)$$

wobei

$$f_a(t) = \operatorname{Re} f(t) \quad \text{und} \quad f_b = \operatorname{Im} f(t) \qquad (3.4.6)$$

der Real- bzw. Imaginärteil sind. Auch hier müßten wir je ein getrenntes Diagramm für $f_a(t)$ und $f_b(t)$ angeben, doch genügt in manchen Fällen wiederum eine symbolische Darstellung wie in Bild 3.4.3a. In diesem Sinne kann man übrigens auch Bild 3.3.1 interpretieren, denn im Abschnitt 3.3 haben wir ausdrücklich auch komplexwertige $f(t)$ zugelassen.

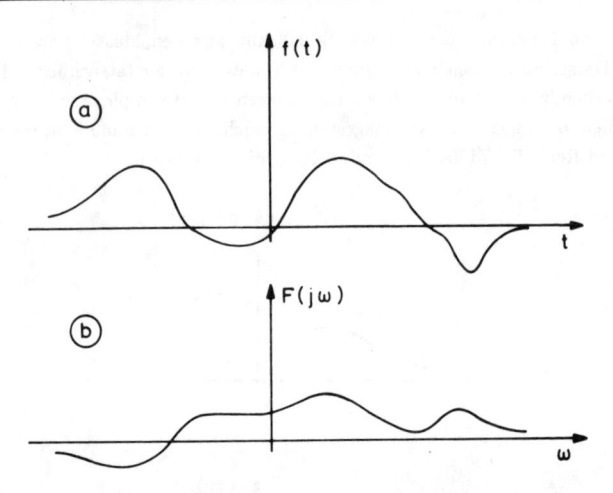

Bild 3.4.3: Angabe einer Zeitfunktion $f(t)$ und der zugehörigen Spektralfunktion $F(j\omega)$ zur vollen Darstellung dieser Funktionen falls diese reell sind, bzw. zur "symbolischen" Darstellung im Falle komplexwertiger Funktionen.

3.5 Ergänzungen zur Herleitung der Fourier-Integrale

Auf mathematisch einwandfreie Beweise zur Rechtfertigung des aus (3.3.1) und (3.3.8) bestehenden Transformationspaares können wir hier nicht eingehen. Wir verweisen zu diesem Zweck auf die mathematische Fachliteratur. Wir wollen aber hier zumindest mehrere Bedingungen anführen, die zusammen hinreichend dafür sind, daß dieses Transformationspaar gültig ist, und zwar in dem Sinne, daß für das vorliegende $f(t)$ das durch (3.3.1) gegebene Integral für alle ω konvergiert und umgekehrt das ursprüngliche $f(t)$ sich durch (3.3.8) aus $F(j\omega)$ wiedergewinnen läßt. Diese Bedingungen sind hiernach zusammengestellt; dabei müssen entweder 1a, 2, 3a und 4 oder 1b, 2, 3b und 4 erfüllt sein, und es ist wichtig, darauf zu achten, daß wir nur Funktionen im klassischen Sinne (also nicht etwa verallgemeinerte Funktionen) betrachten und damit auch alle Angaben nur im Sinne der bei klassischen Funktionen üblichen Ausdrucksweise zu interpretieren sind:

1a. In jedem endlichen Intervall ist $f(t)$ stückweise glatt (siehe die zu Anfang von Unterabschnitt 2.9.1 gegebene Definition).

1b. In jedem endlichen Intervall ist $f(t)$ stückweise glatt und monoton. Dabei heißt eine Funktion $f(t)$ in einem Intervall stückweise glatt und monoton, wenn dieses Intervall in endlich viele Teilintervalle unterteilt werden kann derart, daß $f(t)$ und die Ableitung

$f'(t)$ in jedem dieser Teilintervalle stetig und monoton sind und an jeder Grenze t_i zwischen Teilintervallen die Grenzwerte $f(t_i \pm 0)$ und $f'(t_i \pm 0)$ existieren (also endlich sind). (Man beachte: Bedingung 1b schließt Bedingung 1a ein.)

2. Die Funktion $f(t)$ verschwindet im Unendlichen, d.h., es gilt

$$f(\infty) = f(-\infty) = 0. \tag{3.5.1}$$

3a. Die Funktion $f(t)$ ist absolut integrierbar, d.h.,

$$\int_{-\infty}^{\infty} |f(t)|dt < \infty. \tag{3.5.2}$$

3b. Es gibt reelle Konstanten $\mu, \lambda, T_0 > 0, \eta > 0$ und eine Funktion $g(t)$ derart, daß gilt

$$f(t) = \begin{cases} g(t) \cdot \cos(\lambda t + \mu) & \text{für } t > T_0 \\ -g(-t) \cdot \cos(\lambda t + \mu) & \text{für } t < -T_0 \end{cases} \tag{3.5.3}$$

und außerdem

$$\lim_{t \to \infty} t^\eta g(t) = 0. \tag{3.5.4}$$

4. Die Funktion $f(t)$ genügt für alle t der Bedingung

$$f(t) = \frac{1}{2}[f(t+0) + f(t-0)], \tag{3.5.5}$$

wo die beiden in eckigen Klammern stehenden Ausdrücke durch

$$f(t+0) = \lim_{\varepsilon \downarrow 0} f(t+\varepsilon) \quad \text{und} \quad f(t-0) = \lim_{\varepsilon \downarrow 0} f(t-\varepsilon)$$

definiert sind.

Allgemeiner genügt es freilich, daß $f(t)$ sich als eine Summe aus endlich vielen Funktionen darstellen läßt, die alle einzeln entweder die Bedingungen 1a, 2, 3a und 4 oder die Bedingungen 1b, 2, 3b und 4 erfüllen.

Offensichtlich ist (3.5.5) an allen Stetigkeitsstellen stets erfüllt. An Sprungstellen braucht eigentlich (3.5.5) nicht erfüllt zu sein, um die Fouriertransformation anwenden zu können, doch ergibt der auf der rechten Seite von (3.3.8) stehende Integralausdruck stets den durch die rechte Seite von (3.5.5) gegebenen Wert. Trifft also (3.5.5) auch an den Sprungstellen zu, so gilt das Umkehrintegral (3.3.8) ohne Ausnahme von $t = -\infty$ bis $t = \infty$.

Übrigens ist (3.5.1) nicht unabhängig von den beiden alternativen Bedingungen 3a und 3b. Trotzdem haben wir nicht auf die Angabe der Bedingung 2 verzichtet, weil wir diese wegen ihrer besonderen Bedeutung hervorheben wollten. Es sei aber betont, daß sie einerseits durch 3b vollständig gesichert wird, andererseits auch aus der Bedingung 3a folgt, wenn wir diese um eine geeignete zusätzliche Annahme ergänzen. Eine solche ist etwa, daß $|f(t)|$ für hinreichend große $|t|$ monoton verläuft. Eine andere, die ebenfalls ausreicht, besteht darin anzunehmen, daß $|f(t)|$ für hinreichend große $|t|$ stetig verläuft und es für jedes beliebig kleine $\varepsilon > 0$ und jedes endliche $b > 0$ ein $A > 0$ gibt, derart, daß für $a > A$

$$||f(t_1)| - |f(t_2)|| < \varepsilon \quad \text{für} \quad \forall\, t_1, t_2 \in [a, a+b]$$

gilt. Solche Annahmen stellen keine Einschränkung für unsere Anwendungen dar.

Es sei noch einmal betont, daß die aufgeführten Bedingungen hinreichend, aber nicht notwendig sind. Das Transformationspaar (3.3.1) und (3.3.8) bleibt also auch in einigen anderen Fällen erhalten. Gegebenenfalls müßten diese uneigentlichen Integrale im Sinne des Cauchyschen Hauptwerts, d.h. entsprechend

$$F(j\omega) = \lim_{T \to \infty} \int_{-T}^{T} f(t) e^{-j\omega t} dt \quad (3.5.6)$$

und

$$f(t) = \frac{1}{2\pi} \lim_{\Omega \to \infty} \int_{-\Omega}^{\Omega} F(j\omega) e^{j\omega t} d\omega \quad (3.5.7)$$

genommen werden. Dies folgt zum einen aus dem Übergang von (3.3.3) und (3.3.5), zum anderen aus der Tatsache, daß die doppelt unendliche Summe in (3.3.6) entsprechend (3.2.11) interpretiert werden muß. Eine Interpretation gemäß (3.5.6) ist z.B. erforderlich, wenn auf die obige Bedingung 3b zurückgegriffen wird. Darüber hinaus kann die Gültigkeit des Transformationspaares (3.3.1)/(3.3.8) bzw. (3.5.6)/(3.5.7) sogar in Fällen gesichert bleiben, in denen mindestens eine der Funktionen $f(t)$ und $F(j\omega)$ Unstetigkeitsstellen hat, wo die Funktion unendlich wird.

Zum Schluß wollen wir noch zumindest andeutungsweise zeigen, auf welchem Wege eine exakte Beweisführung der hier diskutierten Zusammenhänge erbracht werden kann. Hierzu greifen wir auf die in Abschnitt 2.7 besprochenen Ergebnisse zurück und bemerken zunächst, daß die durch (2.7.1) gegebene Funktion $f_n(t)$ auch in der Form

$$f_n(t) = \frac{1}{2\pi} \int_{-n\alpha}^{n\alpha} e^{j\omega t} d\omega$$

geschrieben werden kann. Einsetzen dieses Ausdrucks in (2.6.3), Ersetzen von φ durch f, Vertauschen von t und t_0 sowie Vertauschen der Reihenfolge der beiden Integrationen ergibt daher unter Zugrundelegung der in diesem Text verwendeten Schreibweise für Doppel- und Mehrfachintegrale (vgl. die entsprechende Bemerkung später im Anschluß an (3.6.53)

$$\lim_{n\to\infty} \frac{1}{2\pi} \int_{-n\alpha}^{n\alpha} e^{j\omega t} d\omega \int_{-\infty}^{\infty} f(t_0) e^{-j\omega t_0} dt_0 = f(t).$$

Das zweite Integral in diesem Ausdruck kann aber durch $F(j\omega)$ ersetzt werden (vgl. (3.3.1)), wonach der dann entstehende Ausdruck sofort als äquivalent mit (3.5.7) erkannt wird. Somit würde der Rest einer strengen Beweisführung darauf hinauslaufen, zum einen die Rechtmäßigkeit der vorhin erwähnten Vertauschung der Reihenfolge der beiden Integrationen, zum anderen die Gültigkeit der Ausblendeigenschaft für die durch (2.7.1) festgelegte Funktionenfolge einwandfrei nachzuweisen. Schließlich können wir auch die Gültigkeit von (3.5.5) dadurch rechtfertigen, daß wir von (2.7.14) anstatt von (2.6.3) ausgehen.

Übrigens hätte man die ganze Aufgabe auch von einem anderen Standpunkt aus in Angriff nehmen können. Gerade im Hinblick auf das gegen Ende von Abschnitt 3.3 besprochene Ergebnis hätte man nach einer Möglichkeit suchen können, eine gegebene Funktion $f(t)$ durch ein Integral der Art (3.3.8) darzustellen. Die Gleichung (3.3.8) stellt dann eine Integralgleichung in der noch unbekannten Funktion $F(j\omega)$ dar. Die Lösung dieser Integralgleichung wird genau durch (3.3.1) gegeben. Umgekehrt stellt (3.3.8) die Lösung der Integralgleichung (3.3.1) dar, wenn dort $F(j\omega)$ als gegeben und $f(t)$ als gesucht aufgefaßt wird.

3.6 Grundlegende Eigenschaften der Fouriertransformation

Wir werden in diesem Abschnitt eine Reihe von Eigenschaften der Fouriertransformation nachweisen, die meist vergleichsweise elementarer Natur, jedoch alle für die Anwendungen von Wichtigkeit sind. Einige dieser Eigenschaften haben auch eine mehr oder weniger unmittelbare physikalische Bedeutung. Zur besseren Übersicht setzen wir die beiden Grundformeln (3.3.1) und (3.3.8) noch einmal an den Anfang

$$F(j\omega) = \int_{-\infty}^{\infty} f(t) e^{-j\omega t} dt \tag{3.6.1}$$

$$f(t) = \frac{1}{2\pi} \int_{-\infty}^{\infty} F(j\omega) e^{j\omega t} d\omega \tag{3.6.2}$$

Wenn wir im nachfolgenden Funktionen $f(t)$ und $F(j\omega)$ verwenden, so setzen wir stets voraus, daß diese ein Transformationspaar

$$f(t) \circ\!\!-\!\!\bullet\, F(j\omega) \tag{3.6.3}$$

gemäß (3.6.1) und (3.6.2) bilden.

1. *Symmetrie.* Offensichtlich sind (3.6.1) und (3.6.2) ganz ähnlich aufgebaut. Diese Symmetrie wird noch deutlicher, wenn man gemäß $\omega = 2\pi\nu$ statt der Kreisfrequenz ω die einfache Frequenz ν einführt und statt $F(j2\pi\nu)$ die Funktion

$$\tilde{F}(\nu) = F(j2\pi\nu) \tag{3.6.4}$$

benutzt:

$$\tilde{F}(\nu) = \int_{-\infty}^{\infty} f(t) e^{-j2\pi\nu t} dt, \tag{3.6.5}$$

$$f(t) = \int_{-\infty}^{\infty} \tilde{F}(\nu) e^{j2\pi\nu t} d\nu. \tag{3.6.6}$$

Man kann daher erwarten, daß jeder Eigenschaft bei der Transformation $t \to \omega$ eine ganz ähnliche Eigenschaft bei der Transformation $\omega \to t$ entspricht. Daß bei Verwendung von ν statt ω kein Term 2π auftritt, entspricht übrigens einer allgemeinen Regel und gilt also auch bei allen später herzuleitenden Ergebnissen; sie kann dazu benutzt werden, die eventuelle Notwendigkeit des Auftretens eines solchen Terms zu rekonstruieren. (Siehe auch Eigenschaft Nr. 27.)

2. *Grenzverhalten von $F(j\omega)$.* Unter sehr allgemeinen Bedingungen gilt

$$F(j\infty) = F(-j\infty) = 0. \tag{3.6.7}$$

Daß dies der Fall sein muß, kann man in Anbetracht von (3.5.1) schon auf Grund der soeben besprochenen Symmetrieeigenschaften erwarten. Auf einen genauen Beweis wollen wir hier nicht eingehen, wohl aber auf ein Plausibilitätsargument verweisen, das ähnlich demjenigen ist, welches wir im Abschnitt 2.7 verwendet haben. Wegen

$$e^{-j\omega t} = \cos\omega t - j\sin\omega t$$

wird nämlich $f(t)$ in (3.6.1) bei wachsendem ω durch immer dichter aufeinander folgende positive und negative Halbwellen gewichtet, so daß sich im Grenzfall die Teilbeträge gegenseitig aufheben. Die Eigenschaft (3.6.7) wird auch als Riemann-Lebesguesches Lemma bezeichnet.

3. *Linearität.* Seien a_1 und a_2 zwei Konstanten und sei

$$f_1(t) \circ\!\!-\!\!\bullet F_1(j\omega), \quad f_2(t) \circ\!\!-\!\!\bullet F_2(j\omega).$$

Sei ferner

$$f(t) = a_1 f_1(t) + a_2 f_2(t), \tag{3.6.8}$$

3.6 Grundlegende Eigenschaften der Fouriertransformation

dann ist auch
$$F(j\omega) = a_1 F_1(j\omega) + a_2 F_2(j\omega) \qquad (3.6.9)$$
und umgekehrt. Der Beweis hiervon folgt sofort durch Einsetzen in (3.6.1) bzw. (3.6.2).

4. **Konjugiert komplexe Zeitfunktion.** Aus (3.6.3) folgt
$$f^*(t) \circ\!\!-\!\!\bullet\, F^*(-j\omega) \qquad (3.6.10)$$
und umgekehrt. Für die Richtung von (3.6.3) nach (3.6.10) läßt sich dies z.B. sofort aus (3.6.1) ablesen, wenn man dort auf beiden Seiten den konjugiert komplexen Wert nimmt und ω durch $-\omega$ ersetzt. Die Umkehrung der Aussage folgt z.B. durch Anwendung der zunächst bewiesenen Regel auf den Ausdruck (3.6.10) selbst.

5. Die Funktion $f(t)$ ist genau dann *reell*, d.h., genügt genau dann der Bedingung
$$f^*(t) = f(t), \qquad (3.6.11)$$
wenn entweder
$$F(-j\omega) = F^*(j\omega) \qquad (3.6.12)$$
oder
$$M(-\omega) = M(\omega) \quad \text{und} \quad N(-\omega) = -N(\omega) \qquad (3.6.13)$$
oder aber
$$|F(-j\omega)| = |F(j\omega)| \quad \text{und} \quad \varphi(-\omega) = -\varphi(\omega) \qquad (3.6.14)$$
ist. Hierbei ist die letzte Beziehung so zu verstehen, daß diese zumindest stets erfüllt werden kann, wenn das bei der genauen Festlegung der Phase $\varphi(\omega)$ zunächst noch unbestimmte Vielfache von 2π geeignet gewählt wird. Die Beziehungen (3.6.13) und (3.6.14) drücken aus, daß einerseits $M(\omega)$ und $|F(j\omega)|$ gerade und andererseits $N(\omega)$ und $\varphi(\omega)$ ungerade Funktionen von ω sind.

Beweis. Durch Vergleich von (3.6.3) und (3.6.10) folgt, daß (3.6.11) gleichwertig ist mit $F^*(-j\omega) = F(j\omega)$ und damit mit (3.6.12). Weiterhin folgt aus (3.4.1) einerseits
$$F^*(j\omega) = M(\omega) - j\,N(\omega) \qquad (3.6.15)$$
und andererseits (durch Ersetzen von ω durch $-\omega$)
$$F(-j\omega) = M(-\omega) + j\,N(-\omega). \qquad (3.6.16)$$
Daher ist (3.6.12) in der Tat gleichwertig mit (3.6.13). Wegen (3.4.3) ist schließlich (3.6.12) auch gleichwertig mit (3.6.14).

6. Auf gleiche Weise folgt, daß die Funktion $f(t)$ genau dann *imaginär* ist, d.h. der Bedingung

$$f^*(t) = -f(t) \qquad (3.6.17)$$

genügt, wenn gilt

$$F(-j\omega) = -F^*(j\omega). \qquad (3.6.18)$$

7. **Konjugiert komplexe Frequenzfunktion.** Aus (3.6.3) folgt

$$f^*(-t) \circ\!\!-\!\!\bullet F^*(j\omega) \qquad (3.6.19)$$

und umgekehrt. Der Beweis erfolgt ganz ähnlich wie für (3.6.10), indem wir diesmal den Ausdruck (3.6.2) durch den konjugiert komplexen und anschließend t durch $-t$ ersetzen.

8. **Spiegelung.** Aus (3.6.3) folgt

$$f(-t) \circ\!\!-\!\!\bullet F(-j\omega) \qquad (3.6.20)$$

und umgekehrt. Dies folgt sofort aus den (3.6.10) und (3.6.19) entsprechenden Regeln.

9. Wenn $f(t)$ *gerade* ist, dann ist auch $F(j\omega)$ *gerade* und umgekehrt. Aus (3.6.3) und (3.6.20) folgt in der Tat

$$f(-t) = f(t) \iff F(-j\omega) = F(j\omega). \qquad (3.6.21)$$

Es ist manchmal zweckmäßig, in diesem Fall die Integrale (3.6.1) und (3.6.2) etwas anders zu schreiben. Für (3.6.1) erhalten wir nämlich

$$F(j\omega) = \int_{-\infty}^{0} f(t)e^{-j\omega t}dt + \int_{0}^{\infty} f(t)e^{-j\omega t}dt. \qquad (3.6.22)$$

Wenden wir nun auf das erste dieser Teilintegrale die Substitution

$$t = -t', \quad \text{also mit} \quad dt = -dt',$$

an, ersetzen anschließend t' durch t und berücksichtigen die erste der Gleichungen (3.6.21), so erhalten wir

$$F(j\omega) = \int_{0}^{\infty} f(t)[e^{j\omega t} + e^{-j\omega t}]dt = 2\int_{0}^{\infty} f(t)\cos(\omega t)dt. \qquad (3.6.23)$$

Auf ganz ähnliche Weise findet man aus (3.6.2)

$$f(t) = \frac{1}{\pi}\int_{0}^{\infty} F(j\omega)\cos(\omega t)d\omega. \qquad (3.6.24)$$

10. Wenn $f(t)$ *ungerade* ist, dann ist auch $F(j\omega)$ *ungerade* und umgekehrt. Aus (3.6.3) und (3.6.20) folgt in der Tat

$$f(-t) = -f(t) \iff F(-j\omega) = -F(j\omega). \tag{3.6.25}$$

Auf ähnliche Weise wie bei geradem $f(t)$ erhält man jetzt aus (3.6.1) bzw. (3.6.2)

$$F(j\omega) = \int_0^\infty f(t)[-e^{j\omega t} + e^{-j\omega t}]dt = -2j \int_0^\infty f(t)\sin(\omega t)dt \tag{3.6.26}$$

$$f(t) = j\frac{1}{\pi}\int_0^\infty F(j\omega)\sin(\omega t)d\omega. \tag{3.6.27}$$

11. *Zerlegung in geraden und ungeraden Teil.* Eine allgemeine Funktion $f(t)$ kann stets auf genau eine Weise in eine Summe

$$f(t) = f_g(t) + f_u(t) \tag{3.6.28}$$

aus einem geraden Teil $f_g(t)$ und einem ungeraden Teil $f_u(t)$ zerlegt werden, wo

$$f_g(t) = \frac{1}{2}[f(t) + f(-t)], \quad f_u(t) = \frac{1}{2}[f(t) - f(-t)] \tag{3.6.29}$$

ist. Soll nämlich $f_g(t)$ und $f_u(t)$ in (3.6.28) gerade bzw. ungerade sein, so muß auch

$$f(-t) = f_g(t) - f_u(t)$$

und damit (3.6.29) gelten; umgekehrt sind die durch (3.6.29) definierten Funktionen in der Tat gerade bzw. ungerade und erfüllen (3.6.28).

Auf gleiche Weise läßt sich auch $F(j\omega)$ gemäß

$$F(j\omega) = F_g(j\omega) + F_u(j\omega) \tag{3.6.30}$$

eindeutig in einen geraden und einen ungeraden Teil

$$F_g(j\omega) = \frac{1}{2}[F(j\omega) + F(-j\omega)], \quad F_u(j\omega) = \frac{1}{2}[F(j\omega) - F(-j\omega)]$$

zerlegen. Es gilt dann

$$f_g(t) \circ\!\!-\!\!\bullet F_g(j\omega), \quad f_u(t) \circ\!\!-\!\!\bullet F_u(j\omega). \tag{3.6.31}$$

Dies folgt sofort aus der Eindeutigkeit der Zerlegungen von $f(t)$ und $F(j\omega)$ sowie aus den unter den Punten 9 und 10 besprochenen Ergebnissen. Die Beziehungen (3.6.23), (3.6.24), (3.6.26) und (3.6.27) ergeben somit

$$F_g(j\omega) = 2\int_0^\infty f_g(t)\cos(\omega t)dt, \quad f_g(t) = \frac{1}{\pi}\int_0^\infty F_g(j\omega)\cos(\omega t)d\omega \qquad (3.6.32)$$

$$F_u(j\omega) = -2j\int_0^\infty f_u(t)\sin(\omega t)dt, \quad f_u(t) = j\frac{1}{\pi}\int_0^\infty F_u(j\omega)\sin(\omega t)d\omega. \qquad (3.6.33)$$

12. Die Funktion $f(t)$ ist genau dann *reell und gerade*, wenn auch $F(j\omega)$ *reell und gerade* ist. Aus (3.6.12) und der rechten Gleichung in (3.6.21) folgen nämlich die Beziehungen

$$F^*(j\omega) = F(-j\omega) = F(j\omega)$$

und umgekehrt.

13. Die Funktion $f(t)$ ist genau dann *reell und ungerade*, wenn $F(j\omega)$ *imaginär und ungerade* ist. Aus (3.6.12) und der rechten Gleichung in (3.6.25) folgt nämlich

$$F^*(j\omega) = F(-j\omega) = -F(j\omega).$$

14. Wegen der beiden zuletzt besprochenen Eigenschaften tritt ein interessanter *Sonderfall der Zerlegung* gemäß Punkt 11 auf, wenn $f(t)$ reell ist, denn dann entspricht (3.6.30) offensichtlich der Zerlegung in den reellen und den imaginären Beitrag, d.h.,

$$F_g(j\omega) = \operatorname{Re} F(j\omega) = M(\omega) \qquad (3.6.34)$$

$$F_u(j\omega) = j\operatorname{Im} F(j\omega) = jN(\omega), \qquad (3.6.35)$$

was man auch leicht an Hand des Ergebnisses aus Punkt 5 nachprüfen kann.

15. *Rechtsseitige Funktion $f(t)$.* Wir nennen eine Funktion $f(t)$ rechtsseitig, wenn gilt

$$f(t) = 0 \quad \text{für} \quad t < 0. \qquad (3.6.36)$$

Aus (3.6.29) folgt dann

$$\text{für} \quad t > 0 : f_g(t) = f_u(t) = \frac{1}{2}f(t) \qquad (3.6.37)$$

$$\text{für} \quad t < 0 : f_g(t) = -f_u(t) = \frac{1}{2}f(-t) \qquad (3.6.38)$$

$$\text{für} \quad t = 0 : f_g(0) = f(0),\ f_u(0) = 0 \qquad (3.6.39)$$

(letzteres unter der auch hier gemachten Annahme, daß (3.5.5) für die Funktion $f(t)$ erfüllt ist). Es lassen sich also jetzt $f_g(t)$ und $f_u(t)$ besonders einfach bestimmen, wie in Bild 3.6.1 erläutert. Wegen (3.6.37) können wir andererseits die zweite der Beziehungen (3.6.33) in die erste der Beziehungen (3.6.32) und die zweite der Beziehungen (3.6.32) in die erste der Beziehungen (3.6.33) einsetzen. Dies zeigt, daß bei einer rechtsseitigen Funktion $f(t)$ gerader und ungerader Teil der Spektralfunktion $F(j\omega)$ nicht voneinander unabhängig sind: $F_g(j\omega)$ kann durch $F_u(j\omega)$ und andererseits $F_u(j\omega)$ durch $F_g(j\omega)$ ausgedrückt werden. Wegen des unter Punkt 13 diskutierten Ergebnisses bedeutet dies bei reellen rechtsseitigen Funktionen, daß dann $M(\omega)$ durch $N(\omega)$ ausgedrückt werden kann und umgekehrt.

Übrigens wird in der Literatur statt der Bezeichnung "rechtsseitige Funktion" meist die Bezeichnung "kausale Funktion" verwendet. Dies gibt jedoch leicht Anlaß zu Verwechselung, so daß wir eine solche Bezeichnungsweise vermeiden werden.

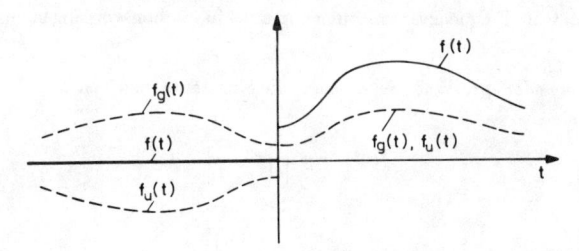

Bild 3.6.1: Zerlegung einer rechtsseitigen Funktion in ihren geraden Teil $f_g(t)$ und ihren ungeraden Teil $f_u(t)$.

16. *Zeitverschiebung.* Sei t_0 eine reelle Konstante, dann ist

$$f(t-t_0) \circ\!\!-\!\!\bullet\; e^{-j\omega t_0} F(j\omega). \tag{3.6.40}$$

Dies folgt z.B. aus der Definition der Fouriertransformierten von $f(t-t_0)$, also aus

$$\int_{-\infty}^{\infty} f(t-t_0) e^{-j\omega t} dt = \int_{-\infty}^{\infty} f(t') e^{-j\omega(t'+t_0)} dt' = e^{-j\omega t_0} \int_{-\infty}^{\infty} f(t) e^{-j\omega t} dt.$$

Hierbei haben wir zunächst die Substitution

$$t' = t - t_0, \quad dt' = dt$$

vorgenommen und anschließend wieder t' durch t ersetzt. Noch einfacher läßt sich das Ergebnis (3.6.40) direkt aus (3.6.2) entnehmen, wenn wir dort t durch $t - t_0$ ersetzen, also gemäß

$$f(t-t_0) = \frac{1}{2\pi} \int_{-\infty}^{\infty} F(j\omega) e^{j\omega(t-t_0)} d\omega = \frac{1}{2\pi} \int_{-\infty}^{\infty} \left[F(j\omega) e^{-j\omega t_0} \right] e^{j\omega t} d\omega.$$

Technisch entspricht die Zeitverschiebung einem zeitlich früher ($t_0 < 0$) oder später ($t_0 > 0$) auftretenden Signal.

17. Frequenzverschiebung. Sei ω_0 eine reelle Konstante. Dann ist

$$F(j\omega - j\omega_0) \circ\!\!-\!\!\bullet e^{j\omega_0 t} f(t). \qquad (3.6.41)$$

Dies folgt z.B. aus (3.6.1), wenn wir dort ω durch $\omega - \omega_0$ ersetzen, also aus

$$F(j\omega - j\omega_0) = \int_{-\infty}^{\infty} f(t) e^{-j(\omega-\omega_0)t} dt = \int_{-\infty}^{\infty} \left[f(t) e^{j\omega_0 t} \right] e^{-j\omega t} dt.$$

Technisch hängt die Frequenzverschiebung eng mit Modulationsvorgängen zusammen.

18. Zeitdehnung oder -pressung. Sei a eine reelle Konstante, dann ist

$$f(at) \circ\!\!-\!\!\bullet \frac{1}{|a|} F(j\frac{\omega}{a}). \qquad (3.6.42)$$

Dies folgt aus

$$\int_{-\infty}^{\infty} f(at) e^{-j\omega t} dt = \pm \frac{1}{a} \int_{-\infty}^{\infty} f(t') e^{-j\omega t'/a} dt' = \pm \frac{1}{a} \int_{-\infty}^{\infty} f(t) e^{-j(\omega/a)t} dt,$$

wo wir zunächst die Substitution

$$t' = at, \quad dt' = a \cdot dt$$

vorgenommen und anschließend wieder t' durch t ersetzt haben. Das obere Vorzeichen gilt für $a > 0$, das untere für $a < 0$. Letzteres kommt daher, daß für $a < 0$ die Grenzen $-\infty$ und ∞ in die Grenzen ∞ bzw. $-\infty$ übergehen.

Das Ergebnis (3.6.42) zeigt, daß einer Zeitdehnung ($|a| < 1$) eine Frequenzpressung entspricht und umgekehrt einer Zeitpressung ($|a| > 1$) eine Frequenzdehnung (wozu noch der Einfluß des Faktors $1/|a|$, der aber nur eine Skalierung bewirkt, kommt). Mit anderen Worten, wenn man den Zeitvorgang langsamer ($|a| < 1$) oder schneller ($|a| > 1$) ablaufen läßt, dann zieht sich die Spektralfunktion in entsprechendem Maße zusammen bzw. dehnt sich aus (Bild 3.6.2). Technisch bedeutet dies, daß schnelle Vorgänge ein breites Spektrum

3.6 Grundlegende Eigenschaften der Fouriertransformation

benötigen, langsame Vorgänge hingegen ein schmales.

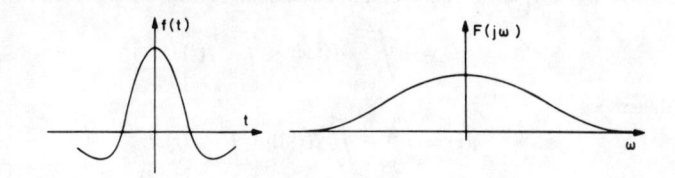

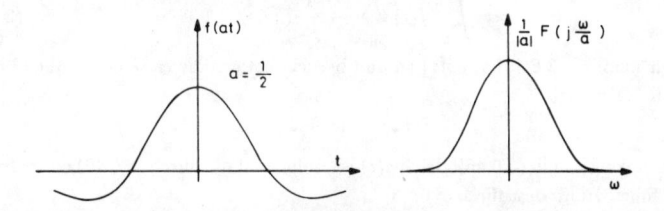

Bild 3.6.2: Beispiel zur Erläuterung der Zeitdehnung.

19. *Zeitdifferentiation.* Wenn $f(t)$ für alle t stetig ist und die Fouriertransformierten von $f(t)$ und $f'(t)$ existieren, dann gilt

$$f'(t) = \frac{df(t)}{dt} \circ\!\!-\!\!\bullet j\omega F(j\omega). \qquad (3.6.43)$$

Zum Beweis führen wir die Fouriertransformation von $f'(t)$ mittels partieller Integration und unter der Annahme aus, daß (3.5.1) erfüllt ist, also gemäß

$$\mathcal{F}\{f'(t)\} = \int_{-\infty}^{\infty} f'(t)e^{-j\omega t}dt = [f(t)e^{-j\omega t}]_{-\infty}^{\infty} + j\omega \int_{-\infty}^{\infty} f(t)e^{-j\omega t}dt.$$

Hierin verschwindet in der Tat der zwischen eckigen Klammern stehende Ausdruck (vgl. (3.5.1)), und das verbleibende Integral ist gleich $F(j\omega)$. Das Ergebnis (3.6.43) hätten wir auch durch Differentiation von (3.6.2) erhalten können, insofern dort die Differentiation unter dem Integral als zulässig erkannt ist.

20. *Zeitintegration.* Wir nehmen an, daß $f(t)$ und $g(t)$ Fouriertransformierte $F(j\omega)$ bzw. $G(j\omega)$ haben und daß $g(t)$ ein Integral von $f(t)$ ist. Letzteres bedeutet, daß wir auch

$$f(t) = g'(t), \quad g(t) = \int_0^t f(t)dt + C \qquad (3.6.44)$$

schreiben können, wo C eine Konstante ist. Diese kann aber nicht beliebig gewählt werden, denn es soll ja (3.5.1) auch für $g(t)$ erfüllt, insbesondere also $g(-\infty) = 0$ sein. Daraus folgt

$$C = -\int_0^{-\infty} f(t)dt = \int_{-\infty}^0 f(t)dt$$

und daher

$$g(t) = \int_{-\infty}^0 + \int_0^t f(t)dt = \int_{-\infty}^t f(t)dt. \qquad (3.6.45)$$

Die Funktion $g(t)$ muß also speziell durch das letzte Integral mit $f(t)$ zusammenhängen.

Dann gilt

$$\int_{-\infty}^t f(t)dt \;\circ\!\!-\!\!\bullet\; \frac{1}{j\omega}F(j\omega). \qquad (3.6.46)$$

Wenden wir nämlich (3.6.43) auf $g(t)$ an und berücksichtigen die erste Gleichung (3.6.44), so gilt auch

$$F(j\omega) = j\omega G(j\omega),$$

was, da der linke Term in (3.6.46) gleich $g(t)$ ist, sofort auf die durch (3.6.46) ausgedrückte Gleichung führt, zumindest für $\omega \neq 0$.

Daß der letzte Term in (3.6.46) auch für $\omega \to 0$ endlich bleibt, läßt sich erklären, wenn wir $F(0)$ berechnen. Aus (3.6.1) ergibt sich nämlich

$$F(0) = \int_{-\infty}^{\infty} f(t)dt = g(\infty) = 0.$$

Hierbei haben wir von (3.6.45) (für $t = \infty$) Gebrauch gemacht und wiederum (3.5.1) auf $g(t)$ angewendet. Andererseits ist die Gültigkeit von $g(\infty) = 0$ auch erforderlich zur Begründung von (3.6.46), denn $g(t)$ entspricht ja der Funktion $f(t)$ in (3.6.43), und für diese Funktion hatten wir beim Beweis von (3.6.43) in der Tat die Bedingung $f(\infty) = 0$ vorausgesetzt. Eine Verallgemeinerung von (3.6.46), für die diese Bedingung nicht mehr erfüllt zu sein braucht, werden wir im Unterabschnitt 3.9.7 besprechen; sie erfordert die Betrachtung verallgemeierter Funktionen, was wir ja noch zurückgestellt haben.

21. *Frequenzdifferentiation.* Wenn die Fouriertransformierte $F(j\omega)$ von $f(t)$ existiert und überall differenzierbar ist, dann gilt

$$tf(t) \;\circ\!\!-\!\!\bullet\; j\frac{dF(j\omega)}{d\omega}. \qquad (3.6.47)$$

Zum Beweis führen wir die Fourierrücktransformation von $dF(j\omega)/d\omega$ mittels partieller Integration und unter Berücksichtigung von (3.6.7) durch:

$$\mathcal{F}^{-1}\left\{\frac{dF(j\omega)}{d\omega}\right\} = \frac{1}{2\pi}\int_{-\infty}^{\infty}\frac{dF(j\omega)}{d\omega}e^{j\omega t}d\omega$$

3.6 Grundlegende Eigenschaften der Fouriertransformation

$$= \frac{1}{2\pi}[F(j\omega)e^{j\omega t}]_{-\infty}^{\infty} - jt\frac{1}{2\pi}\int_{-\infty}^{\infty} F(j\omega)e^{j\omega t}d\omega = -jt\,f(t).$$

Wir hätten das Ergebnis (3.6.47) auch direkt durch Differentiation von (3.6.1) erhalten können, sofern dort die Differentiation unter dem Integral als zulässig erkannt ist.

22. Frequenzintegration. Wir nehmen an, daß sowohl $F(j\omega)$ als auch die durch das nachstehende Integral definierte Funktion eine Fourierrücktransformierte haben. Auf ähnliche Weise wie bei der Zeitintegration findet man

$$\frac{1}{t}f(t) \circ\!\!-\!\!\bullet\; -j\int_{-\infty}^{\omega} F(j\omega)d\omega. \qquad (3.6.48)$$

Wie für (3.6.46) gilt auch hier, daß zur Gültigkeit von (3.6.48) vorausgesetzt werden muß, daß die durch das Integral in (3.6.48) definierte Funktion für $\omega \to \infty$ verschwindet. Wegen einer Verallgemeinerung, die diese Bedingung nicht benötigt, verweisen wir wieder auf Unterabschnit 3.9.7.

23. Faltung im Zeitbereich. Als Faltung zweier Zeitfunktionen $f_1(t)$ und $f_2(t)$ bezeichnet man die durch

$$f(t) = \int_{-\infty}^{\infty} f_1(\tau)f_2(t-\tau)d\tau = \int_{-\infty}^{\infty} f_1(t-\tau)f_2(\tau)d\tau \qquad (3.6.49)$$

definierte neue Funktion $f(t)$. Hierbei müssen wir freilich noch die Gleichheit der beiden Integralausdrücke nachweisen, was aber mit Hilfe der Substitution

$$\tau' = t - \tau, \quad d\tau' = -d\tau$$

und anschließendes Ersetzen von τ' durch τ leicht gelingt. Man beachte, daß hierbei die Integrationsgrenzen zunächst vertauscht werden, was sich aber mittels des ebenfalls auftretenden Minuszeichens wieder rückgängig machen lässt. Den durch ein Faltungsintegral ausgedrückten Zusammenhang bezeichnet man auch als *Faltungsprodukt* und drückt dieses symbolisch durch

$$f(t) = f_1(t) * f_2(t) = f_2(t) * f_1(t) \qquad (3.6.50)$$

aus. Das Faltungsprodukt ist also *kommutativ*.

Nehmen wir jetzt an, daß $f_1(t)$, $f_2(t)$ und $f(t)$ je eine Fouriertransformierte $F_1(j\omega)$, $F_2(j\omega)$ und $F(j\omega)$ haben. Dann gilt

$$F(j\omega) = F_1(j\omega) \cdot F_2(j\omega) \qquad (3.6.51)$$

oder, was auf das gleiche hinausläuft,

$$f_1(t) * f_2(t) \circ\!\!-\!\!\bullet F_1(j\omega) \cdot F_2(j\omega). \qquad (3.6.52)$$

Zum Beweis setzen wir z.B. das erste Integral (3.6.49) in (3.6.1) ein und vertauschen die Integrationsgrenzen (was wir als zulässig annehmen). Dann erhalten wir

$$\begin{aligned}F(j\omega) &= \int_{-\infty}^{\infty} f_1(\tau)d\tau \int_{-\infty}^{\infty} f_2(t-\tau)e^{-j\omega t}dt = \int_{-\infty}^{\infty} f_1(\tau)e^{-j\omega\tau}F_2(j\omega)d\tau\\&= F_2(j\omega) \cdot \int_{-\infty}^{\infty} f_1(\tau)e^{-j\omega\tau}d\tau = F_2(j\omega) \cdot F_1(j\omega),\end{aligned} \qquad (3.6.53)$$

wobei wir beim Übergang auf den zweiten Integralausdruck von der Zeitverschiebungsregel (vgl. (3.6.40)) Gebrauch gemacht haben. Man beachte, daß gemäß der in diesem Text benutzten Schreibweise das Doppelintegral in (3.6.53) im Sinne von

$$\int_{-\infty}^{\infty}\left[f_1(\tau)\int_{-\infty}^{\infty} f_2(t-\tau)e^{-j\omega t}dt\right]d\tau$$

zu interpretieren ist, wofür ja häufig auch die Schreibweise

$$\int_{-\infty}^{\infty} f_1(\tau) \int_{-\infty}^{\infty} f_2(t-\tau)e^{-j\omega t}dt \cdot d\tau$$

verwendet wird.

Der durch (3.6.52) dargestellte Zusammenhang ist von fundamentaler Bedeutung für die später zu behandelnde Frage der Übertragung von Signalen durch lineare Systeme.

24. Faltung im Frequenzbereich. Als Faltung zweier Frequenzfunktionen $F_1(j\omega)$ und $F_2(j\omega)$ bezeichnet man die durch

$$F(j\omega) = \int_{-\infty}^{\infty} F_1(ju)F_2(j\omega - ju)du = \int_{-\infty}^{\infty} F_1(j\omega - ju)F_2(ju)du \qquad (3.6.54)$$

definierte neue Funktion $F(j\omega)$. Die Gleichheit der beiden Integralausdrücke prüft man wieder leicht mit Hilfe der Substitution

$$u' = \omega - u, \quad du' = -du$$

nach, und man schreibt auch hier

$$F(j\omega) = F_1(j\omega) * F_2(j\omega) = F_2(j\omega) * F_1(j\omega). \qquad (3.6.55)$$

3.6 Grundlegende Eigenschaften der Fouriertransformation

Wir nehmen jetzt an, daß $F_1(j\omega), F_2(j\omega)$ und $F(j\omega)$ je eine Fourierrücktransformierte $f_1(t), f_2(t)$ und $f(t)$ haben. Dann gilt:

$$f_1(t) \cdot f_2(t) \circ\!\!-\!\!\bullet \frac{1}{2\pi} F_1(j\omega) * F_2(j\omega). \tag{3.6.56}$$

Der Beweis hiervon erfolgt ähnlich wie vorhin durch Einsetzen von (3.6.54) in (3.6.2) und Anwenden der Frequenzverschiebungsregel (vgl. (3.6.41)). Man beachte, daß der Faktor $1/2\pi$ in (3.6.56) wieder entfallen würde, wenn man statt ω die einfache Frequenz ν verwendete (vgl. (3.6.5)) (d.h., wenn man auch die Faltung bezüglich ν statt ω definiert hätte).

25. Parsevalsche Gleichung. Das Ergebnis (3.6.52) können wir auch explizit in der Form

$$\int_{-\infty}^{\infty} f_1(\tau) f_2(t-\tau) d\tau = \frac{1}{2\pi} \int_{-\infty}^{\infty} F_1(j\omega) F_2(j\omega) e^{j\omega t} d\omega \tag{3.6.57}$$

schreiben, wobei wir zum einen von der ersten Gleichung (3.6.49) und zum anderen von (3.6.2) Gebrauch gemacht haben. Für $t = 0$ und anschließendes Ersetzen von τ durch t ergibt (3.6.57)

$$\int_{-\infty}^{\infty} f_1(t) f_2(-t) dt = \frac{1}{2\pi} \int_{-\infty}^{\infty} F_1(j\omega) F_2(j\omega) d\omega. \tag{3.6.58}$$

Ersetzen wir nun in dem linken Ausdruck $f_2(-t)$ durch $f_2^*(t)$, so müssen wir gemäß der durch (3.6.19) ausgedrückten Regel $F_2(j\omega)$ durch $F_2^*(j\omega)$ ersetzen, wodurch (3.6.58) in

$$\int_{-\infty}^{\infty} f_1(t) f_2^*(t) dt = \frac{1}{2\pi} \int_{-\infty}^{\infty} F_1(j\omega) F_2^*(j\omega) d\omega \tag{3.6.59}$$

übergeht. Setzen wir hierin insbesondere

$$f_1(t) = f_2(t) = f(t), \quad \text{also} \quad F_1(j\omega) = F_2(j\omega) = F(j\omega),$$

so ergibt sich die im engeren Sinne als Parsevalsche Gleichung bezeichnete Formel

$$\int_{-\infty}^{\infty} |f(t)|^2 dt = \frac{1}{2\pi} \int_{-\infty}^{\infty} |F(j\omega)|^2 d\omega, \tag{3.6.60}$$

während (3.6.59) eine Verallgemeinerung derselben darstellt. Bei reellen $f_2(t)$ bzw. $f(t)$ können selbstverständlich die links in (3.6.59) bzw. in (3.6.60) stehenden Ausdrücke noch leicht vereinfacht werden, im allgemeinen jedoch nicht die rechts stehenden. Die gleichen Ergebnisse hätten wir übrigens auch erhalten können, wenn wir von (3.6.56) statt von (3.6.52) ausgegangen wären.

Den links in (3.6.60) stehenden Ausdruck bezeichnet man auch als die *Energie* des Signals. Diese kann also genausogut im Frequenzbereich berechnet werden, und man kann daher $|F(j\omega)|^2/2\pi$ auch als die *spektrale Energiedichte* auffassen.

Eine besonders einfache, unmittelbare Anwendung der Gleichung (3.6.60) ergibt sich, wenn wir diese auf die Differenz zweier Funktionen also auf

$$f(t) = f_1(t) - f_2(t), \quad \text{mit} \quad F(j\omega) = F_1(j\omega) - F_2(j\omega) \tag{3.6.61}$$

anwenden, wo $f_1(t)$ und $F_1(j\omega)$ sowie $f_2(t)$ und $F_2(j\omega)$ wieder Transformationspaare bilden und sich die zweite Beziehung (3.6.61) durch Anwendung der Regel (3.6.9) (mit $a_1=-a_2=1$) ergibt. Wir erhalten

$$\int_{-\infty}^{\infty} |f_1(t) - f_2(t)|^2 dt = \frac{1}{2\pi} \int_{-\infty}^{\infty} |F_1(j\omega) - F_2(j\omega)|^2 d\omega. \tag{3.6.62}$$

Sei z.B. $f_1(t)$ eine vorgegebene Funktion und $f_2(t)$ eine weitere Funktion, die zwar nicht exakt mit $f_1(t)$ übereinstimmen kann, jedoch einige Freiheitsgrade besitzt, die man dazu nutzen kann, eine möglichst gute Annäherung an $f_1(t)$ zu erzielen. Ein sehr nützliches Gütekriterium für das Maß der verbleibenden Abweichung ist dann der links in der Gleichung (3.6.62) stehende, integrierte quadratische Fehler. Diese Gleichung zeigt also, daß die Approximation genausogut im Frequenzbereich durchgeführt werden kann, und zwar wiederum unter Benutzung des entsprechenden quadratischen Fehlermaßes.

Zur Rechtfertigung der vorhin eingeführten Bezeichnung "Energie" nehmen wir z.B. an, daß es sich bei $f(t)$ um einen Strom $i = i(t)$ handelt, der durch einen Widerstand R fließt, oder um die dabei entstehende Spannung $u = u(t)$. Dann ist die gesamte Energie, die an R abgegeben wird, durch

$$\int_{-\infty}^{\infty} i^2 R \, dt = R \int_{-\infty}^{\infty} i^2 dt = \frac{1}{R} \int_{-\infty}^{\infty} u^2 dt$$

gegeben. Somit stimmen alle mit "Energie" bezeichneten Größen bis auf die Skalierungsfaktoren R bzw. $1/R$ miteinander überein. Man beachte jedoch, daß die zuvor eingeführte Größe trotz der identischen Bezeichnungsweise meist nicht die Dimension einer Energie hat. Letzteres wäre allerdings wohl der Fall, wenn wir für das gewählte Beispiel $f(t)$ durch

$$f(t) = \sqrt{R}\, i(t) = u(t)/\sqrt{R}$$

definierten.

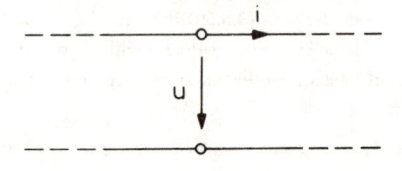

Bild 3.6.3: Spannung u und Strom i an einem Tor.

3.6 Grundlegende Eigenschaften der Fouriertransformation

Auch für den links in (3.6.59) stehenden Ausdruck kann man leicht eine Interpretation finden, wenn es sich nämlich gemäß

$$u = f_1(t) \quad \text{und} \quad i = f_2(t)$$

um eine Spannung und einen Strom an einem Tor handelt (Bild 3.6.3). Da jetzt u und i reell sind, ist der links in (3.6.59) stehende Ausdruck gleich

$$W = \int_{-\infty}^{\infty} ui\,dt,$$

also gleich der insgesamt durch das Tor hindurch übertragenen Energie W. Bezeichnen wir andererseits noch mit U und I die Frequenzfunktionen

$$U = \frac{1}{\sqrt{2\pi}}F_1(j\omega), \quad I = \frac{1}{\sqrt{2\pi}}F_2(j\omega),$$

so ergibt (3.6.59)

$$W = \int_{-\infty}^{\infty} U\,I^*\,d\omega = \int_{0}^{\infty}(U\,I^* + U^*I)d\omega = 2Re\int_{0}^{\infty} U\,I^*\,d\omega, \qquad (3.6.63)$$

wo der zweite Integralausdruck sich wie folgt rechtfertigen läßt: Man zerlege das erste Integral in je einen Teil von $-\infty$ bis 0 und von 0 bis ∞, ersetze in dem ersten Teilintegral ω durch $-\omega$ und wende die durch (3.6.12) ausgedrückte Regel an. Das gefundene Ergebnis (3.6.63) läßt sich offensichtlich auf ähnliche Weise interpretieren wie die bekannte Regel für die Berechnung der Leistungsübertragung bei periodischen Vorgängen.

26. Eng verwandt mit der Faltung sind noch einige *weitere Zusammenhänge*. Hierzu wenden wir z.B. auf das zweite der beiden Integrale (3.6.49) zunächst die Substitution

$$\tau = -\tau', \quad d\tau = -d\tau'$$

an und schreiben danach wieder τ statt τ'. Da sich Vorzeichenänderung und Vertauschung der Integrationsgrenzen gegenseitig aufheben, läuft dies lediglich darauf hinaus, in dem Integranden τ durch $-\tau$ zu ersetzen. Wenn wir anschließend noch $f_2(-t)$ durch $f_2^*(t)$ substituieren, so müssen wir auch $F_2(j\omega)$ durch $F_2^*(j\omega)$ ersetzen, wie wir dies ähnlich bei der Herleitung der Parsevalschen Gleichung getan haben. Aus der Regel (3.6.52) folgt somit

$$\varphi_{21}(t) = \int_{-\infty}^{\infty} f_1(t+\tau)f_2^*(\tau)d\tau \circ\!\!-\!\!\bullet F_1(j\omega)F_2^*(j\omega) \qquad (3.6.64)$$

und durch Vertauschen der Indizes

$$\varphi_{12}(t) = \int_{-\infty}^{\infty} f_1^*(\tau)f_2(t+\tau)d\tau \circ\!\!-\!\!\bullet F_1^*(j\omega)F_2(j\omega). \qquad (3.6.65)$$

Hierbei haben wir die Funktionen $\varphi_{21}(t)$ und $\varphi_{12}(t)$, die auch als Kreuzkorrelationsfunktion bezeichnet werden, durch die angegebenen Integrale definiert. Wie man sofort durch Vergleich der in (3.6.64) und (3.6.65) stehenden Fouriertransformierten erkennt, gilt wegen (3.6.19) auch

$$\varphi_{21}(t) = \varphi_{12}^*(-t). \tag{3.6.66}$$

Ein interessanter Sonderfall ergibt sich, wenn wir für beide Funktionen $f_1(t)$ und $f_2(t)$ die gleiche Funktion $f(t)$, für $F_1(j\omega)$ und $F_2(j\omega)$ also die zu $f(t)$ gehörige Fouriertransformierte $F(j\omega)$ verwenden. Dann folgt aus (3.6.64) oder (3.6.65)

$$\varphi(t) = \int_{-\infty}^{\infty} f^*(\tau) f(t+\tau) d\tau \circ\!\!-\!\!\bullet |F(j\omega)|^2 \tag{3.6.67}$$

Die hierbei durch den Integralausdruck definierte Funktion $\varphi(t)$ heißt die Autokorrelationsfunktion von $f(t)$. Diese hat offensichtlich die interessante Eigenschaft, daß die zugehörige Fouriertransformierte nur noch vom Betrag der Funktion $F(j\omega)$, jedoch nicht von deren Phase abhängt.

27. Mathematische Formulierung der Symmetrieeigenschaft. Sei t_0 eine beliebige reelle Konstante. Wir wenden z.B. auf (3.6.1) die Transformation

$$t = \omega' t_0^2, \quad \omega = -t'/t_0^2$$

an und schreiben anschließend wieder t und ω statt t' und ω'. Wegen $dt = t_0^2 d\omega'$ ergibt dies

$$F\left(-j\frac{t}{t_0^2}\right) = t_0^2 \int_{-\infty}^{\infty} f(\omega t_0^2) e^{j\omega t} d\omega.$$

In dem rechten Integral tritt jetzt die Frequenzfunktion $f(\omega t_0^2)$ auf, während links die Zeitfunktion $F(-jt/t_0^2)$ steht. Durch Vergleich mit einem Ausdruck der Art (3.6.2) folgt somit der Zusammenhang

$$\tilde{f}(t) = F(-jt/t_0^2) \circ\!\!-\!\!\bullet 2\pi t_0^2 f(\omega t_0^2) = \tilde{F}(j\omega), \tag{3.6.68}$$

wo die Zeitfunktion $\tilde{f}(t)$ und die zugehörige Spektralfunktion $\tilde{F}(j\omega)$ durch die angegebenen Ausdrücke definiert sind. In (3.6.68) darf man natürlich im Sonderfall auch einfach $t_0 = 1$ setzen. Daß der Faktor j jetzt in der Zeitfunktion statt in der Frequenzfunktion auftritt, ist unbedeutend (vgl. die Diskussion im Anschluß an (3.3.1) und (3.3.2)).

Man kann nachprüfen, daß wir (3.6.68) dazu hätten benutzen können, bei den in diesem Abschnitt behandelten Eigenschaften jeweils das eine Ergebnis aus dem anderen herzuleiten. Wegen der Einfachheit der Operationen, die wir durchgeführt haben, hätte diese aber keine wesentliche Vereinfachung bedeutet.

3.7 Beispiele zur Fouriertransformation

1. Die *Rechteckfunktion* rect x hatten wir durch (2.4.14) definiert, also durch

$$\text{rect}\, x = \begin{cases} 1 & \text{für } |x| < 1 \\ 1/2 & \text{für } |x| = 1 \\ 0 & \text{für } |x| > 1. \end{cases} \quad (3.7.1)$$

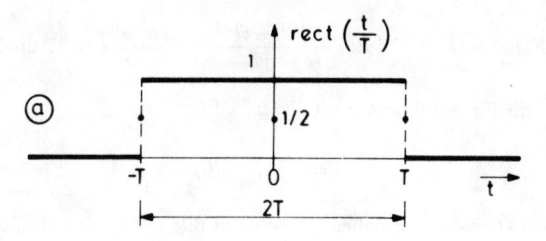

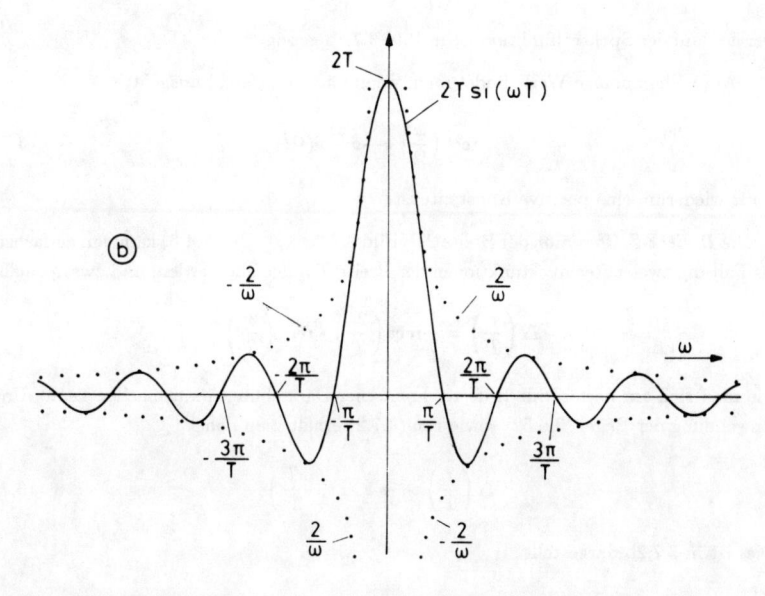

Bild 3.7.1: Rechteck-Zeitfunktion (a) und zugehörige Frequenzfunktion (b).

Zunächst betrachten wir die Zeitfunktion der Breite $2T$

$$f(t) = \text{rect}\left(\frac{t}{T}\right),$$

die in Bild 3.7.1a dargestellt und in der T also eine positive Konstante ist. Durch Anwendung von (3.6.1) finden wir für die zugehörige Spektralfunktion

$$F(j\omega) = \int_{-T}^{T} e^{-j\omega t} dt = \frac{e^{-j\omega T} - e^{j\omega T}}{-j\omega} = 2\frac{\sin(\omega T)}{\omega} = 2T\,\text{si}(\omega T),$$

wo wir wieder die für $x \neq 0$ bzw. $x = 0$ durch

$$\text{si}\,x = \frac{\sin x}{x}, \quad \text{si}(0) = 1$$

definierte si-Funktion benutzt haben. Diese ist in Bild 2.7.1 skizziert. Zusammenfassend haben wir also

$$\text{rect}\left(\frac{t}{T}\right) \circ\!\!-\!\!\bullet\; 2T\,\text{si}(\omega T). \tag{3.7.2}$$

Der Verlauf der Spektralfunktion ist in Bild 3.7.1b gezeigt.

Auf völlig analoge Weise findet man, wenn man von (3.6.2) ausgeht,

$$\text{rect}\left(\frac{\omega}{\Omega}\right) \bullet\!\!-\!\!\circ\; \frac{\Omega}{\pi}\,\text{si}(\Omega t) \tag{3.7.3}$$

wo Ω wiederum eine positive Konstante ist.

2. *Die Dreieck-Zeitfunktion* der Breite $2T$ (Bild 3.7.2a, vgl. Bild 2.4.5) kann am einfachsten als Faltung zweier Rechteckfunktionen der Breite T aufgefaßt werden, und zwar gemäß

$$\Delta\left(\frac{t}{T}\right) = \frac{1}{T}\text{rect}\left(\frac{2t}{T}\right) * \text{rect}\left(\frac{2t}{T}\right),$$

wie man sich am besten mit Hilfe zeichnerischer Darstellungen klarmachen kann. Unter Anwendung der Regel (3.6.52) sowie von (3.7.2) erhält man daher

$$\Delta\left(\frac{t}{T}\right) \circ\!\!-\!\!\bullet\; T\,\text{si}^2\left(\frac{\omega T}{2}\right). \tag{3.7.4}$$

Dies ist in 3.7.2b dargestellt.

3.7 Beispiele zur Fouriertransformation

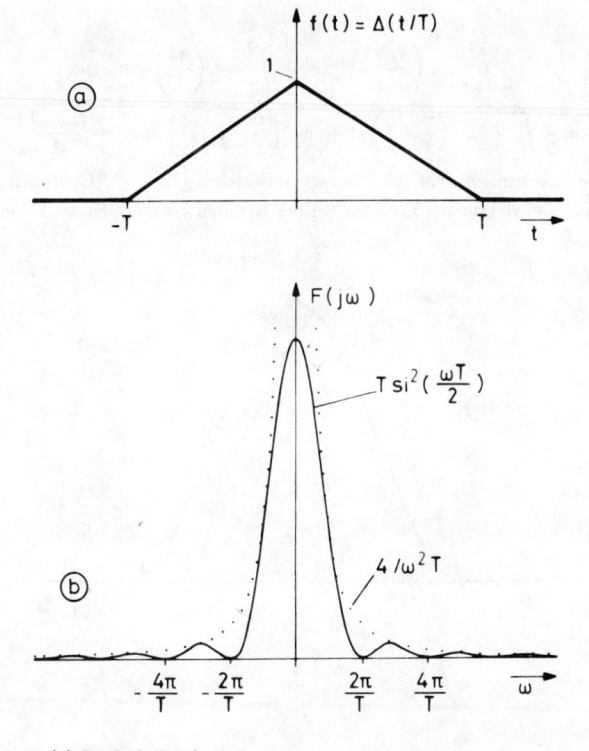

Bild 3.7.2: (a) Dreieck-Zeitfunktion.
(b) Zugehörige Frequenzfunktion.

3. Für einen $\cos^2$ - *Impuls* (Kosinusquadratimpuls) der Breite $2T$ (Bild 3.7.3) findet man

$$\cos^2\left(\frac{\pi t}{2T}\right) \cdot \text{rect}\left(\frac{t}{T}\right) \circ\!\!-\!\!\bullet \frac{\sin(\omega T)}{\omega[1 - (\omega T/\pi)^2]}. \tag{3.7.5}$$

Um dieses Ergebnis herzuleiten, bemerken wir zunächst, daß der linke Term (3.7.5) auch in der Form

$$\frac{1}{2}\text{rect}\left(\frac{t}{T}\right) + \frac{1}{2}\cos\left(\frac{\pi t}{T}\right) \cdot \text{rect}\left(\frac{t}{T}\right) \tag{3.7.6}$$

geschrieben werden kann. Um die Fouriertransformierte dieses gesamten Ausdrucks zu berechnen, benötigen wir daher neben dem Ergebnis (3.7.2) nur noch diejenige des zweiten Summanden in (3.7.6), nämlich

$$\frac{1}{2}\int_{-T}^{T}\cos\left(\frac{\pi t}{T}\right)e^{-j\omega t}dt = \int_{0}^{T}\cos\left(\frac{\pi t}{T}\right)\cos(\omega t)dt$$
$$= \frac{1}{2}\int_{0}^{T}\left\{\cos\left[\left(\frac{\pi}{T}+\omega\right)t\right] + \cos\left[\left(\frac{\pi}{T}-\omega\right)t\right]\right\}dt = \frac{\omega\sin(\omega T)}{(\pi/T)^2 - \omega^2}$$

Hierbei haben wir zunächst von der Eulerschen Beziehung für $e^{-j\omega t}$ Gebrauch gemacht und ansonsten nur die wichtigsten Etappen bei der Rechnung angegeben (vgl. auch (3.6.23)).

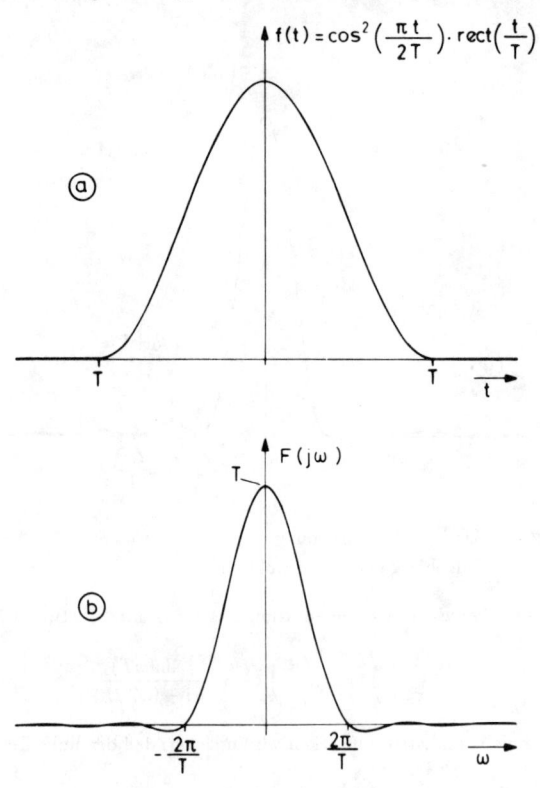

Bild 3.7.3: (a) Kosinusquadratimpuls der Breite $2T$.
(b) Zugehörige Frequenzfunktion.

Man beachte, daß beim Rechteckimpuls die Spektralfunktion mit wachsendem ω wie $1/\omega$ gegen null geht, beim Dreieckimpuls wie $1/\omega^2$ und beim $\cos^2$-Impuls wie $1/\omega^3$. Dies

3.7 Beispiele zur Fouriertransformation

zeigt, wie durch Abrundung der Übergänge ein schnelleres Abklingen der Spektralfunktion erreicht werden kann.

4. Ein *rechtsseitiges, exponentiell abklingendes Signal* (Bild 3.7.4) definieren wir durch

$$f(t) = e^{-\alpha t} \cdot u(t), \quad \alpha > 0, \tag{3.7.7}$$

wo α eine Konstante und $u(t)$ der durch (2.3.2) definierte Einheitssprung ist. Für die zu (3.7.7) gehörige Frequenzfunktion folgt aus (3.6.1)

$$F(j\omega) = \int_0^\infty e^{-(\alpha+j\omega)t} dt = \frac{-1}{\alpha + j\omega} \left[e^{-(\alpha+j\omega)t} \right]_0^\infty = \frac{1}{\alpha + j\omega}.$$

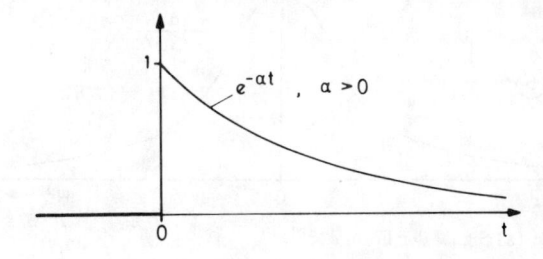

Bild 3.7.4: Rechtsseitiges, exponentiell abklingendes Signal.

Somit gilt

$$e^{-\alpha t} \cdot u(t) \circ\!\!-\!\!\bullet \frac{1}{\alpha + j\omega} = \frac{\alpha}{\alpha^2 + \omega^2} - j\frac{\omega}{\alpha^2 + \omega^2}. \tag{3.7.8}$$

Wenn wir noch $f(t)$ gemäß (3.6.37) bis (3.6.39) in geraden und ungeraden Teil zerlegen, erhalten wir

$$f_g(t) = \frac{1}{2} e^{-\alpha |t|} \tag{3.7.9}$$

$$f_u(t) = \frac{1}{2} e^{-\alpha |t|} \cdot \operatorname{sgn} t. \tag{3.7.10}$$

Hierin ist $\operatorname{sgn} t$ wiederum die durch (2.3.7) definierte Signumfunktion (Bild 2.3.5). Wegen der bereits in (3.7.8) vorgenommenen Zerlegung von $F(j\omega)$ und unter Benutzung von (3.7.9), (3.7.10) sowie der durch (3.6.31) angegebenen Zusammenhänge erhalten wir somit die beiden zusätzlichen Transformationspaare

$$e^{-\alpha |t|} \circ\!\!-\!\!\bullet \frac{2\alpha}{\alpha^2 + \omega^2} \tag{3.7.11}$$

$$e^{-\alpha |t|} \operatorname{sgn} t \circ\!\!-\!\!\bullet -j\frac{2\omega}{\alpha^2 + \omega^2} \tag{3.7.12}$$

Diese sind in Bild 3.7.5 bzw. 3.7.6 erläutert.

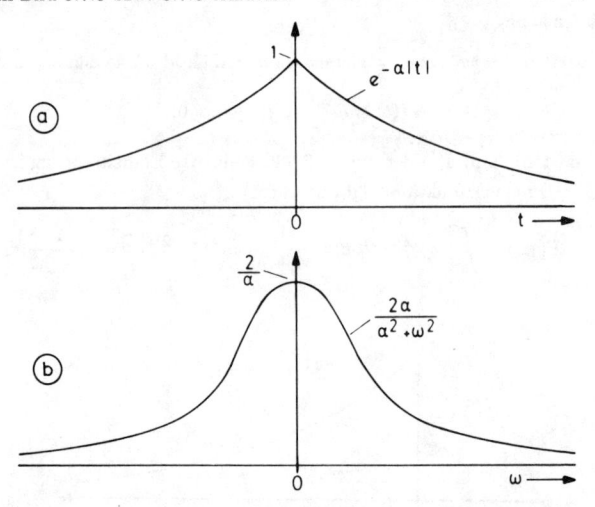

Bild 3.7.5: (a) Signal der Form $e^{-\alpha|t|}$.
(b) Zugehörige Spektralfunktion.

Unter Verwendung von (3.6.68) findet man für $t_0 = 1/\alpha$ auch

$$\frac{t_0}{t^2 + t_0^2} \circ\!\!-\!\!\bullet \pi e^{-t_0|\omega|}, \quad t_0 > 0, \qquad (3.7.13a)$$

$$\frac{t}{t^2 + t_0^2} \circ\!\!-\!\!\bullet -j\pi e^{-t_0|\omega|}\mathrm{sgn}\,\omega, \quad t_0 > 0. \qquad (3.7.13b)$$

5. *Gaußscher Impuls.* Dieser ist durch

$$f(t) = e^{-\alpha t^2}, \quad \alpha > 0 \qquad (3.7.14)$$

definiert, wo α wieder eine Konstante ist (Bild 3.7.7a), und wir erhalten

$$f'(t) = -2\alpha t f(t). \qquad (3.7.15)$$

Anwendung der Regeln (3.6.43) und (3.6.47) führt auf

$$j\omega F(j\omega) = -j2\alpha \frac{dF(j\omega)}{d\omega},$$

d.h.,
$$\frac{d\ln F(j\omega)}{d\omega} = -\frac{\omega}{2\alpha}.$$

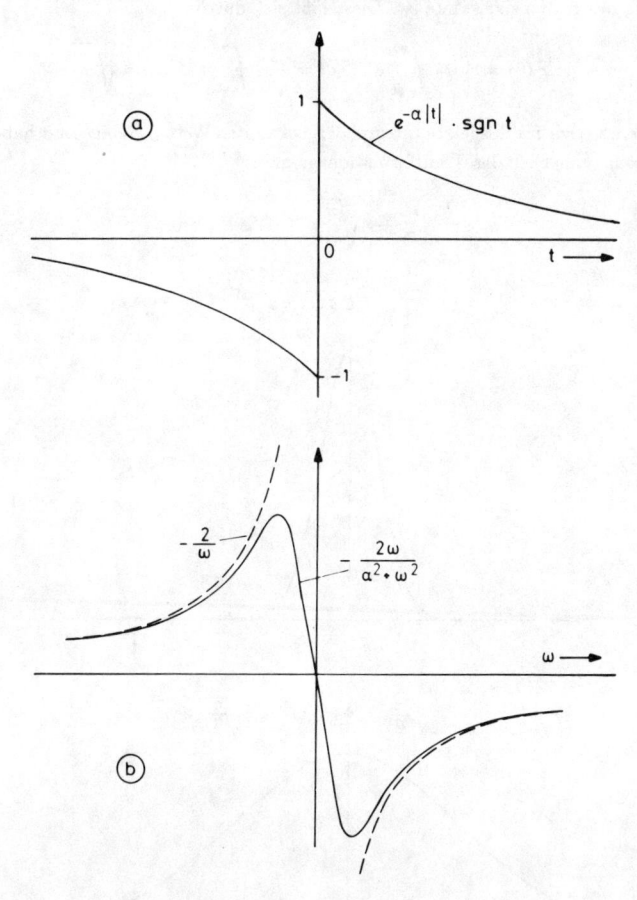

Bild 3.7.6: (a) Signal der Form $e^{-\alpha|t|} \cdot \mathrm{sgn}\, t$.
(b) Die durch j geteilte zugehörige Spektralfunktion.

Daraus folgt durch einfache Integration
$$\ln F(j\omega) = -\frac{\omega^2}{4\alpha} + C,$$

also auch
$$F(j\omega) = e^{-\omega^2/4\alpha} \cdot e^C$$

wo C eine Integrationskonstante ist. Diese läßt sich durch

$$F(0) = e^C = \int_{-\infty}^{\infty} e^{-\alpha t^2} dt = \frac{1}{\sqrt{\alpha}} \int_{-\infty}^{\infty} e^{-x^2} dx = \sqrt{\frac{\pi}{\alpha}}$$

bestimmen, wo wir für das letzte Integral den bekannten Wert $\sqrt{\pi}$ eingesetzt haben. Somit erhalten wir schließlich das Transformationspaar

$$e^{-\alpha t^2} \circ\!\!-\!\!\bullet \sqrt{\frac{\pi}{\alpha}} e^{-\omega^2/4\alpha}, \quad \alpha > 0. \qquad (3.7.16)$$

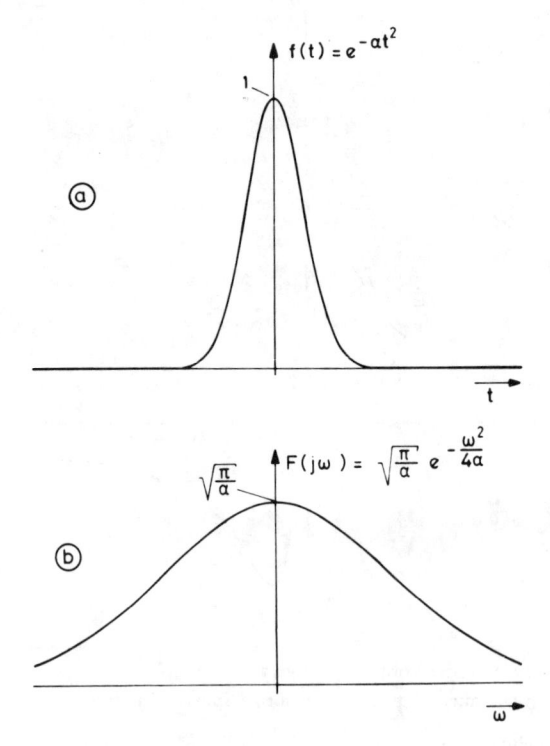

Bild 3.7.7: (a) Gaußscher Impuls.
(b) Zugehörige Spektralfunktion.

3.7 Beispiele zur Fouriertransformation

Die Fouriertransformierte der Gauß-Funktion ist also wiederum eine Gauß-Funktion (Bild 3.7.7b). Eine solche Funktion geht bekanntlich nach einer gewissen Übergangsphase besonders schnell gegen null (vgl. auch Bild 3.7.7a).

Ausgehend von (3.7.15) hätten wir das Ergebnis (3.7.16) auch mit Hilfe von

$$F(j\omega) = \int_{-\infty}^{\infty} e^{-\alpha(t^2 + j\frac{t\omega}{\alpha})} dt = e^{-\frac{\omega^2}{4\alpha}} \int_{-\infty}^{\infty} e^{-\alpha(t + j\frac{\omega}{2\alpha})^2} dt \qquad (3.7.17)$$

gewinnen können, wie wir kurz andeuten wollen. Hierzu wenden wir auf das zweite Integral in (3.7.17) die Transformation

$$z = \sqrt{\alpha}(t + j\omega/2\alpha), \quad dz = \sqrt{\alpha} dt$$

an und erhalten für dieses Integral den Wert

$$\frac{1}{\sqrt{\alpha}} \int_{-\infty+j\beta}^{\infty+j\beta} e^{-z^2} dz = \frac{1}{\sqrt{\alpha}} \cdot \lim_{X \to \infty} \int_{-X+j\beta}^{X+j\beta} e^{-z^2} dz \qquad (3.7.18)$$

wo $\beta = \omega/2\sqrt{\alpha}$ ist. Da aber e^{-z^2} in der ganzen z-Ebene holomorph ist, läßt sich der Integrationsweg in dem zweiten dieser Integrale gemäß Bild 3.7.8 abwandeln. Der Beitrag entlang der senkrechten Strecken (auf denen $z = -X + jy$ bzw. $z = X + jy$, mit $dz = j dy$, ist) ist dann

$$j \int_{\beta}^{0} e^{-(-X+jy)^2} dy + j \int_{0}^{\beta} e^{-(X+jy)^2} dy = 2 e^{-X^2} \int_{0}^{\beta} e^{y^2} \sin(2Xy) \cdot dy$$

und verschwindet also für $X \to \infty$. Somit kann in (3.7.18) auch $\beta = 0$ gesetzt und für das verbleibende Integral wiederum der bekannte Wert $\sqrt{\pi}$ benutzt werden.

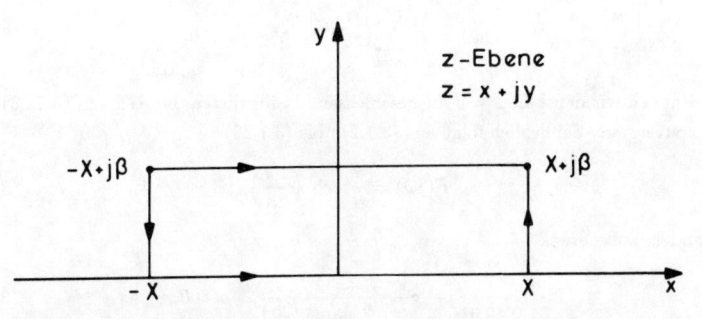

Bild 3.7.8: Integrationswege zur Herleitung der Fouriertransformierten von $e^{-\alpha t^2}$.

6. **Hyperbelsekans-Impuls.** Dieser ist durch

$$f(t) = \operatorname{sech} \alpha t, \quad \alpha > 0 \tag{3.7.19a}$$

definiert, wegen $\operatorname{sech} x = 1/\cosh x$ also durch

$$f(t) = 1/\cosh \alpha t, \quad \alpha > 0, \tag{3.7.19b}$$

wo α wiederum eine Konstante ist. Der Verlauf von $f(t)$ ist sehr ähnlich demjenigen von Bild 3.7.7a.

Um die zugehörige Spektralfunktion $F(j\omega)$ zu bestimmen, benutzen wir die bekannte Reihenentwicklung

$$\operatorname{sech} x = 4 \sum_{n=0}^{\infty} (-1)^n \frac{(2n+1)\pi}{(2n+1)^2 \pi^2 + 4x^2} \tag{3.7.20}$$

sowie die leicht herzuleitende Reihenentwicklung

$$\operatorname{sech} x = \frac{2}{e^x + e^{-x}} = 2e^{-x} \frac{1}{1 + e^{-2x}} = 2 \sum_{n=0}^{\infty} (-1)^n e^{-(2n+1)x}, \quad x > 0. \tag{3.7.21}$$

Mit Hilfe von (3.7.20) erhalten wir zunächst

$$F(j\omega) = \mathcal{F}\{\operatorname{sech} \alpha t\} = \frac{2}{\alpha} \sum_{n=0}^{\infty} (-1)^n \mathcal{F}\{\frac{t_n}{t^2 + t_n^2}\}$$

mit

$$t_n = (2n+1)\pi/2\alpha \tag{3.7.22}$$

und daher wegen (3.7.13a)

$$F(j\omega) = \frac{2\pi}{\alpha} \sum_{n=0}^{\infty} (-1)^n e^{-t_n \omega}, \quad \omega > 0; \tag{3.7.23}$$

hierbei haben wir den Fall $\omega = 0$ ausgeschlossen, da für diesen die Reihe in (3.7.23) nicht mehr konvergiert. Schließlich folgt aus (3.7.21) bis (3.7.23)

$$F(j\omega) = \frac{\pi}{\alpha} \operatorname{sech}\left(\frac{\omega \pi}{2\alpha}\right) \tag{3.7.24}$$

oder anders ausgedrückt:

$$\frac{1}{\cosh \alpha t} \circ\!\!\!-\!\!\!\bullet \frac{\pi}{\alpha} \cdot \frac{1}{\cosh(\omega \pi/2\alpha)}, \quad \alpha > 0. \tag{3.7.25}$$

Dies gilt zunächst für $\omega > 0$ und damit, da die Fouriertransformierte von sech αt gerade ist, auch für $\omega < 0$. Es gilt aber auch für $\omega = 0$, denn man überzeugt sich leicht durch folgende Rechnung, in der von der Substitution $y = e^{\alpha t}$ Gebrauch gemacht ist, daß

$$F(0) = 2\int_0^\infty \operatorname{sech} \alpha t \cdot dt = \frac{4}{\alpha}\int_1^\infty \frac{dy}{1+y^2} = \frac{4}{\alpha}[\arctan y]_1^\infty = \frac{\pi}{\alpha}$$

ist.

Aus (3.7.24) bzw. (3.7.25) folgt die wichtige Schlußfolgerung, daß sich auch im Falle des Hyperbelsekans durch Fouriertransformation wiederum eine Funktion gleichen Typs ergibt. Diese Eigenschaft, die wir zuvor für den Gaußschen Impuls gefunden haben, ist also keineswegs auf diesen beschränkt.

3.8 Weitere Eigenschaften der Fouriertransformation

3.8.1 Unvereinbarkeit von strenger Zeit- und Frequenzbegrenzung

Wir betrachten ein Signal $f(t)$, das streng zeitbegrenzt ist, d.h., das außerhalb eines gewissen Zeitintervalles gleich null ist. Ohne Beschränkung der Allgemeinheit können wir annehmen, daß dieses Intervall innerhalb der Grenzen von $-T$ bis T liegt (Bild **3.8.1**). Dann erfüllt $f(t)$ die Bedingung

$$f(t) = f(t)\operatorname{rect}\left(\frac{t}{T}\right), \qquad (3.8.1)$$

wobei wir von der durch (3.7.1) definierten Rechteckfunktion Gebrauch gemacht haben. Unter Benutzung von (3.6.56) und

$$\operatorname{rect}(t/T) \circ\!\!-\!\!\bullet 2T\operatorname{si}(\omega T)$$

(vgl. (3.7.2)) gilt damit für $F(j\omega) = \mathcal{F}\{f(t)\}$

$$F(j\omega) = \frac{T}{\pi}\int_{-\infty}^\infty F(ju) \cdot \operatorname{si}[(\omega - u)T]du. \qquad (3.8.2)$$

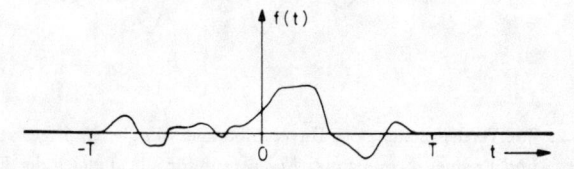

Bild 3.8.1: Eine zeitbegrenzte Zeitfunktion, die nur innerhalb des Intervalls $(-T, T)$ von null verschiedene Werte annimmt.

3. Beschreibung von Signalen im Frequenzbereich

Wir nehmen jetzt an, daß das Signal auch streng frequenzbegrenzt ist, d.h., daß es eine positive Konstante Ω gibt derart, daß

$$F(j\omega) = 0 \quad \text{für} \quad |\omega| > \Omega$$

ist. Dann können wir (3.8.2) auch in der Form

$$F(j\omega) = \frac{T}{\pi} \int_{-\Omega}^{\Omega} F(ju)\text{si}[(\omega - u)T]du \qquad (3.8.3)$$

schreiben. Wie wir aus Bild 3.8.2 entnehmen, widerspricht ein solches Ergebnis eindeutig unserer Intuition. Es würde nämlich bedeuten, daß z.B. für $\omega > \Omega$ die Multiplikation von $F(ju)$ mit $\text{si}(\omega - u)T$ die Fläche null ergibt. Für bestimmte isolierte Werte von ω würden wir dies sicherlich ohne weiteres akzeptieren, doch scheint es nicht plausibel, daß dies für alle $\omega > \Omega$ der Fall sein sollte, außer freilich wenn $F(ju)$ identisch null ist.

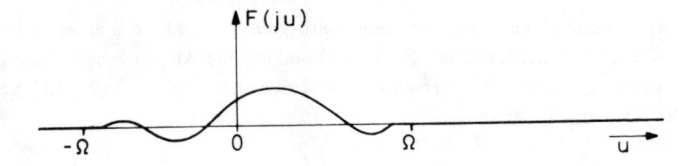

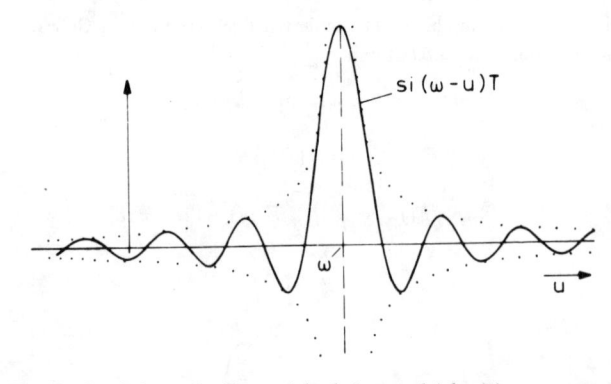

Bild 3.8.2: Zur Verdeutlichung der Unvereinbarkeit von gleichzeitiger strenger Zeit- und Frequenzbegrenzung: $F(j\omega)$ muß für alle ω gleich der Fläche des Produkts der beiden Kurven sein.

3.8 Weitere Eigenschaften der Fouriertransformation

Dieses Ergebnis läßt sich auch mathematisch einwandfrei bestätigen. Hierzu zeigt man zunächst, daß das in (3.8.3) stehende Integral eine analytische Funktion in ω darstellt. Aus der Funktionentheorie ist aber bekannt, daß eine analytische Funktion identisch null ist, sobald sie in allen Punkten eines beliebigen Intervalls gleich null ist. Anstatt von (3.8.3) auszugehen, ist es jedoch einfacher und allgemeiner, dieses mathematische Argument auf die Darstellung

$$F(j\omega) = \int_{-T}^{T} f(t)e^{-j\omega t} dt$$

anzuwenden. Man kann dann sogar schließen, daß die Funktion $F(j\omega)$ identisch null ist, sobald nur bekannt ist, daß es ein Intervall der Breite > 0 gibt, in dem $F(j\omega)$ verschwindet. (Es genügt sogar, daß letzteres in einem sogenannten Häufungspunkt der Fall ist.) Entsprechendes gilt für $f(t)$, wenn wir annehmen, daß strenge Frequenzbegrenzung vorliegt, wir also

$$f(t) = \frac{1}{2\pi} \int_{-\Omega}^{\Omega} F(j\omega) e^{j\omega t} d\omega$$

schreiben können, wo $\Omega < \infty$ ist.

Hieraus folgt, daß insbesondere eine gleichzeitige strenge Zeit- und Frequenzbegrenzung nicht möglich ist. Dies bedeutet jedoch nicht, daß wir in der Praxis nicht sogar sagen können, ein Signal besitze sowohl eine endliche Dauer D als auch eine endliche Bandbreite B. Spätestens dann, wenn die Spektralanteile so weit abgesunken sind, daß sie nicht einmal mehr meßbar sind, kann man die verbleibenden Anteile mit Sicherheit als gleich null ansehen.

Eine Abschätzung des Fehlers, den man erhält, wenn man die Spektralanteile außerhalb von $(-\Omega, \Omega)$ vernachlässigt, läßt sich leicht mit Hilfe des Ausdrucks (3.6.62) vornehmen. Wenn dort $f_1(t)$ das ursprüngliche Signal $f(t)$ und $f_2(t)$ das durch die Modifikation entstandene Signal $\tilde{f}(t)$ bedeuten, so erhält man

$$\int_{-\infty}^{\infty} |f(t) - \tilde{f}(t)|^2 dt = \frac{1}{2\pi} \int_{-\infty}^{-\Omega} |F(j\omega)|^2 d\omega + \frac{1}{2\pi} \int_{\Omega}^{\infty} |F(j\omega)|^2 d\omega.$$

3.8.2 Unschärfebeziehungen

Die soeben erhaltenen Ergebnisse legen es nahe, eine Definition für *Dauer D* und *Bandbreite B* eines Signals einzuführen, die auch dann einen sinnvollen Wert ergibt, wenn keine strengen Begrenzungen vorliegen. Es empfiehlt sich, gleichartige Definitionen für D und B zu wählen. Auch müssen diese Definitionen dergestalt sein, daß sich damit auf analytischem Wege zweckmäßige Ergebnisse gewinnen lassen.

3. Beschreibung von Signalen im Frequenzbereich

Unter Berücksichtigung dieser Überlegungen stellt sich heraus, daß geeignete Maße für D und B durch die Definitionen

$$D^2 = K^2 \frac{\int_{-\infty}^{\infty} t^2 |f(t)|^2 dt}{\int_{-\infty}^{\infty} |f(t)|^2 dt}, \quad B^2 = K^2 \frac{\int_{-\infty}^{\infty} \omega^2 |F(j\omega)|^2 d\omega}{\int_{-\infty}^{\infty} |F(j\omega)|^2 d\omega} \quad (3.8.4)$$

erhalten werden, wo K eine zunächst noch willkürliche positive Konstante ist. Von dieser abgesehen, entsprechen die Größen D und B (für die wir selbstverständlich den jeweils positiven Wert wählen) dem jeweiligen Trägheitsradius, wenn wir uns $|f(t)|^2$ und $|F(j\omega)|^2$ als Masseverteilungen entlang eines Stabes mit der Längskoordinate t bzw. ω vorstellen. Daher sind die Definitionen (3.8.4) zumindest dann zweckmäßig, wenn $f(t)$ und $F(j\omega)$ sich im wesentlichen gleichmäßig zu beiden Seiten des jeweiligen Nullpunktes erstrecken. Für $f(t)$ läßt sich dies meist durch geeignete Wahl dieses Zeitnullpunktes erreichen, während es für $F(j\omega)$ bedeutet, daß wir Signale betrachten, deren Spektralbereiche im wesentlichen nur nach hohen Frequenzen hin beschränkt sind und die wir als *tiefpaßgeformt* bezeichnen wollen (und zwar aus Gründen, die später deutlich werden).

Eine genaue Festlegung der Konstanten K ist für unsere Zwecke nicht erforderlich, doch könnte man sie auf solche Weise vornehmen, daß sich bei rechteckförmigem Signal (vgl. Bild 3.7.1a) bzw. rechteckförmigem Spektrum genau die Breite des jeweiligen Rechtecks ergibt. Dies würde bedeuten, daß wir z.B.

$$(2T)^2 = K^2 \frac{\int_{-T}^{T} t^2 dt}{\int_{-T}^{T} dt} = K^2 \frac{T^2}{3},$$

also $K = 2\sqrt{3}$ wählen müßten.

Den zweiten Ausdruck (3.8.4) können wir auf Beziehungen im Zeitbereich zurückführen, wenn wir die Parsevalsche Gleichung (3.6.60) einmal direkt und ein zweites Mal auf das Transformationspaar (3.6.43) anwenden. Letzteres ergibt ja

$$\int_{-\infty}^{\infty} |f'(t)|^2 dt = \frac{1}{2\pi} \int_{-\infty}^{\infty} \omega^2 |F(j\omega)|^2 d\omega,$$

und wir erhalten somit

$$B^2 = K^2 \frac{\int_{-\infty}^{\infty} |f'(t)|^2 dt}{\int_{-\infty}^{\infty} |f(t)|^2 dt} \quad (3.8.5)$$

Nun gilt aber für zwei Funktionen $g = g(t)$ und $h = h(t)$ die Schwarzsche Ungleichung (siehe weiter unten) in folgender Form

$$4 \int_a^b |g|^2 dt \cdot \int_a^b |h|^2 dt \geq \left[\int_a^b (g^* h + g h^*) dt \right]^2, \quad (3.8.6)$$

3.8 Weitere Eigenschaften der Fouriertransformation

wo a und b beliebige Integrationsgrenzen sind, mit $b > a$. Außerdem kann das Gleichheitszeichen nur dann auftreten, wenn für alle $t \in (a, b)$ entweder die Bedingung

$$h(t) = cg(t), \qquad (3.8.7)$$

in der c eine reelle Konstante ist, oder die Bedingung $g(t) = 0$ erfüllt ist.

Wenn wir (3.8.6) auf die Funktionen

$$g = t f(t) \quad \text{und} \quad h = f'(t) \qquad (3.8.8)$$

anwenden und $a = -\infty$ sowie $b = \infty$ setzen, so erhalten wir zunächst für das rechte Integral in (3.8.6)

$$\int_{-\infty}^{\infty} t \left[f^*(t) f'(t) + f(t) f'^*(t) \right] dt = \int_{-\infty}^{\infty} t \frac{d|f(t)|^2}{dt} dt$$

$$= [t|f(t)|^2]_{-\infty}^{\infty} - \int_{-\infty}^{\infty} |f(t)|^2 dt = -\int_{-\infty}^{\infty} |f(t)|^2 dt, \qquad (3.8.9)$$

wobei wir zunächst von $ff^* = |f|^2$ und anschließend nach der partiellen Integration von (3.5.1) Gebrauch gemacht haben (letzteres unter der in der Praxis stets erfüllten Annahme, daß $f(t)$ für $t \to \infty$ hinreichend schnell gegen null geht). Insgesamt ergibt sich also aus (3.8.6), (3.8.8) und (3.8.9) die Ungleichung

$$4 \int_{-\infty}^{\infty} t^2 |f(t)|^2 dt \cdot \int_{-\infty}^{\infty} |f'(t)|^2 dt \geq \left[\int_{-\infty}^{\infty} |f(t)|^2 dt \right]^2 \qquad (3.8.10)$$

und damit aus (3.8.4) und (3.8.5)

$$D \cdot B \geq K^2/2, \quad \text{d.h.} \quad (D/K) \cdot (B/K) \geq 1/2. \qquad (3.8.11)$$

Hiermit haben wir für die frühere Feststellung, daß Dauer und Bandbreite sich entgegengesetzt ändern (vgl. die 18. der in Abschnitt 3.6 besprochenen Eigenschaften), eine präzise mathematische Aussage erhalten. Diese besagt, daß das Produkt von D/K und B/K nicht kleiner werden kann als $1/2$, und zwar unabhängig von der jeweiligen Form des Signals.

In Abschnitt 3.7 hatten wir gesehen, daß ein gaußsches Signal wiederum eine Gauß-Funktion als Spektralfunktion ergibt, und wir hatten erwähnt, daß eine Gauß-Funktion nach einer gewissen Übergangsphase besonders schnell abfällt. Man kann daher erwarten, daß für ein gaußsches Signal das Dauer-Bandbreite-Produkt besonders klein wird. Tatsächlich wird in diesem Fall der Grenzwert in (3.8.11) erreicht, wie man mit Hilfe von (3.7.16) und (3.8.4) sowie unter Benutzung der bekannten Integrale

$$\int_{-\infty}^{\infty} e^{-x^2} dx = \sqrt{\pi} \quad \text{und} \quad \int_{-\infty}^{\infty} x^2 e^{-x^2} dx = \sqrt{\pi}/2 \qquad (3.8.12)$$

nachprüfen kann.

Andererseits folgt aus (3.8.7) usw. sowie aus (3.8.8), daß das Gleichheitszeichen in (3.8.11) nur auftreten kann, wenn für alle t entweder gilt

$$f'(t) = c\,t\,f(t), \qquad (3.8.13)$$

wo c eine beliebige reelle Konstante ist, oder $f(t) = 0$. Letzteres ist für unsere Zwecke aber bedeutungslos, so daß wir uns auf (3.8.13) beschränken können. Daraus folgt

$$\frac{d\ln f(t)}{dt} = c\,t, \quad \text{also} \quad \ln f(t) = \frac{c}{2}t^2 + \ln A,$$

wo A wieder eine beliebige Konstante ist, und damit

$$f(t) = A\,e^{ct^2/2}. \qquad (3.8.14)$$

Dies ist aber in der Tat ein Signal der Form (3.7.14), mit $\alpha = -c/2$, lediglich der allgemeine Amplitudenfaktor A ist hinzugetreten. Allerdings erkennt man, daß $c < 0$ sein muß, denn andernfalls würden wir ein Signal haben, das für $t \to \infty$ nicht gegen null geht und für das auch weder (3.6.1) noch die Integrale in dem ersten der Ausdrücke (3.8.4) konvergieren.

Zur Herleitung von (3.8.6) gehen wir von der Beziehung

$$\int_a^b |h - cg|^2 dt \geq 0 \qquad (3.8.15)$$

aus, die offensichtlich insbesondere für jede beliebige reelle Konstante c gilt. Wir können (3.8.15) auch in der Form

$$U\,c^2 - 2W\,c + V \geq 0 \qquad (3.8.16)$$

schreiben, wo die reellen Größen U, V und W durch

$$U = \int_a^b |g|^2 dt, \quad V = \int_a^b |h|^2 dt \qquad (3.8.17)$$

und

$$W = \frac{1}{2}\int_a^b (gh^* + g^*h)\,dt \qquad (3.8.18)$$

definiert sind und außerdem u.a. $U \geq 0$ gilt.

Da somit auch (3.8.16) für alle reellen c zutrifft, gibt es für den Fall $U > 0$ mit Sicherheit keine zwei unterschiedlichen reellen Werte von c, für die die Gleichung

$$Uc^2 - 2Wc + V = 0 \qquad (3.8.19)$$

3.8 Weitere Eigenschaften der Fouriertransformation

erfüllt wäre. Daraus können wir folgern, daß U, V und W der Ungleichung

$$UV \geq W^2 \qquad (3.8.20)$$

genügen. Ist jedoch $U = 0$, so ist mit Sicherheit auch $W = 0$, denn sonst gäbe es ja wieder reelle Werte von c, für die (3.8.16) verletzt wäre. Folglich gilt die Ungleichung (3.8.20), die aber gerade mit (3.8.6) identisch ist, ohne jede Einschränkung.

Gilt nun in (3.8.20) das Gleichheitszeichen, so muß entweder $U = 0$, also

$$\int_a^b |g|^2 dt = 0 \qquad (3.8.21)$$

sein oder aber es gibt genau eine reelle Zahl c derart, daß (3.8.19) erfüllt ist und somit auch

$$\int_a^b |h - cg|^2 dt = 0 \qquad (3.8.22)$$

ist. Aus (3.8.21) und (3.8.22) folgen jedoch genau die beiden Möglichkeiten für das Auftreten des Gleichheitszeichens in (3.8.6), die wir im Anschluß an diese Gleichung erwähnt haben. Dies ist in strenger Form zumindest dann der Fall, wenn wir voraussetzen, daß die Funktionen g und h als stetig bekannt sind. Darüber hinaus ist es aber offensichtlich auch dann noch zutreffend, wenn bekannt ist, daß g und h zumindest stückweise stetig sind und überall im Intervall (a, b) die (3.5.5) entsprechenden Bedingungen erfüllen.

Zum besseren Verständnis sei noch ergänzend hinzugefügt, daß wir in (3.8.15) auch komplexe Konstanten c hätten zulassen können. Dann hätten wir statt (3.8.20) und damit statt (3.8.6) die schärfere Ungleichung

$$\int_a^b |g|^2 dt \cdot \int_a^b |h|^2 dt \geq \left| \int_a^b g h^* dt \right|^2 \qquad (3.8.23)$$

erhalten, in der wir offensichtlich auch h^* durch h ersetzen dürfen und aus der sich (3.8.6) wieder herleiten läßt. Darüber hinaus gelten für das Auftreten des Gleichheitszeichens in (3.8.23) die gleichen Bedingungen wie im Falle von (3.8.6), außer daß wir für die Konstante c in (3.8.7) auch komplexe Werte zulassen müssen. Übrigens lassen sich diese Ergebnisse auch ausgehend von der offensichtlich gültigen Beziehung

$$\int_a^b \int_a^b |g(t)h(t') - h(t)g(t')|^2 dt\, dt' \geq 0$$

gewinnen.

3.8.3 Stetigkeit und Verhalten im Unendlichen

Wie wir in Unterabschnitt 3.8.1 gesehen haben, läßt sich aus der Tatsache, daß etwa eine Funktion $f(t)$ zeitbegrenzt ist, keineswegs schließen, daß die zugehörige Spektralfunktion frequenzbegrenzt wäre. Für die Rechteckfunktion (3.7.1) haben wir sogar gesehen, daß die zugehörige Spektralfunktion nur wie $1/\omega$ gegen unendlich geht, und dies trotz der sehr günstigen Konvergenzsituation für die Auswertung von (3.6.1). Für die Dreieckfunktion und den $\cos^2$-Impuls ergeben (3.7.4) bzw. (3.7.5) schon einen schnelleren Abfall für $\omega \to \infty$, während für den Gaußschen Impuls und den Hyperbelsekans der Abfall sogar exponentiell erfolgt. Man betrachte in diesem Zusammenhang auch die abklingende Exponentialschwingung (Gln. (3.7.8), (3.7.11) und (3.7.12)).

Wie wir zeigen wollen, haben diese unterschiedlichen Verhaltensweisen etwas mit dem Auftreten von Unstetigkeiten der Funktion $f(t)$ oder deren Ableitungen zu tun. Hierzu werten wir zunächst (3.6.2) zu zwei Zeitpunkten t_1 und $t_2 = t_1 + \Delta t$ aus. Dann ist

$$f(t_2) - f(t_1) = \frac{1}{2\pi} \int_{-\infty}^{\infty} F(j\omega)(e^{j\omega t_2} - e^{j\omega t_1})d\omega$$

$$= j\frac{1}{\pi} \int_{-\infty}^{\infty} F(j\omega) e^{j\omega(t_1+t_2)/2} \sin\left(\omega \frac{\Delta t}{2}\right) d\omega,$$

woraus unter Benutzung der Ungleichung $|\sin x| \leq |x|$

$$|f(t_1 + \Delta t) - f(t_1)| \leq \frac{1}{\pi} \int_{-\infty}^{\infty} |F(j\omega) e^{j\omega(t_1+\Delta t/2)} \sin\left(\omega \frac{\Delta t}{2}\right)| d\omega$$

$$\leq \frac{1}{2\pi} M_1 \Delta t$$

folgt, wo M_1 durch

$$M_1 = \int_{-\infty}^{\infty} |\omega F(j\omega)| d\omega$$

gegeben ist. Folglich ist $f(t)$ für alle t stetig, wenn $M_1 < \infty$ ist. Dies ist seinerseits der Fall, wenn $F(j\omega)$ für $\omega \to \infty$ mindestens wie $1/\omega^{2+\varepsilon}$ gegen null geht, wo ε eine (beliebig kleine) positive Konstante ist.

Wenn $f(t)$ stetig ist und eine Ableitung $f'(t)$ hat, deren Fouriertransformierte gemäß (3.6.43) gegeben ist, dann gilt auf ähnliche Weise wie zuvor

$$f'(t_2) - f'(t_1) = \frac{j}{2\pi} \int_{-\infty}^{\infty} \omega F(j\omega) \left(e^{j\omega t_2} - e^{j\omega t_1}\right) d\omega$$

und damit

$$|f'(t_1 + \Delta t) - f'(t_1)| \leq \frac{1}{2\pi} M_2 \Delta t,$$

wo M_2 durch

$$M_2 = \int_{-\infty}^{\infty} |\omega^2 F(j\omega)| d\omega$$

gegeben ist. Somit ist die Stetigkeit von $f'(t)$ sichergestellt, wenn $M_2 < \infty$ ist, insbesondere also wenn $F(j\omega)$ für $\omega \to \infty$ mindestens wie $1/\omega^{3+\varepsilon}$ gegen null geht, wo ε wie zuvor gegeben ist.

Diese Überlegungen lassen sich offensichtlich auf Ableitungen beliebiger Ordnung ausdehnen, wobei aus $M_n < \infty$, mit

$$M_n = \int_{-\infty}^{\infty} |\omega^n F(j\omega)| d\omega,$$

die Stetigkeit von $f^{(n-1)}(t)$ folgt. Freilich sind diese Bedingungen nur hinreichend, nicht notwendig, wie etwa das Beispiel (3.7.11) zeigt. Die dortige Zeitfunktion ist nämlich überall stetig (auch an der Stelle $t = 0$), obgleich $M_1 = \infty$ ist. Dennoch sind die gefundenen Ergebnisse wichtig, denn sie zeigen, daß ein Signal um so glatter verläuft (d.h., daß Ableitungen um so höherer Ordnung noch stetig sind), je schneller $F(j\omega)$ für $\omega \to \infty$ gegen null geht. Ähnliche Überlegungen gelten natürlich auch für die Stetigkeit der Funktion $F(j\omega)$ und ihrer Ableitungen und das Verhalten von $f(t)$ im Unendlichen.

3.9 Fouriertransformation verallgemeinerter Funktionen

3.9.1 Allgemeine Grundlagen

Die bisherigen Untersuchungen zur Fouriertransformation galten nur für Funktionen, die gewisse einschränkenden Eigenschaften erfüllen (vgl. Abschnitt 3.5). Wir wollen diese Untersuchungen jetzt auf verallgemeinerte Funktionen erweitern.

Sei $f(t)$ eine verallgemeinerte Funktion, die durch die Folge

$$f(t) = \{f_n(t)\} \tag{3.9.1}$$

dargestellt wird. Sei $F_n(j\omega)$ die zu $f_n(t)$ gehörige Fouriertransformierte, also

$$f_n(t) \circ\!\!-\!\!\bullet F_n(j\omega). \tag{3.9.2}$$

In Übereinstimmung mit unserer früher getroffenen Festlegung des Integrals einer verallgemeinerten Funktion (vgl. (2.4.8)) müssen wir die Fouriertransformierte von $f(t)$ durch

$$F(j\omega) = \{F_n(j\omega)\} \tag{3.9.3}$$

und umgekehrt, bei Vorgabe von (3.9.3), die zu $F(j\omega)$ gehörige Zeitfunktion $f(t)$ durch (3.9.1) definieren, und zwar unter Verwendung von (3.9.2). Entsprechend der in den ersten beiden Absätzen von Abschnitt 2.5 erläuterten allgemeinen Vorgehensweise können wir somit für die Zusammenhänge zwischen $f(t)$ und $F(j\omega)$ die gleichen Formelausdrücke benutzen wie bisher (vgl. (3.3.1), (3.3.2), (3.3.8) bis (3.3.10) bzw. (3.6.1) bis (3.6.3)).

3.9.2 Deltafunktionen

Für die Fouriertransformierte des an der Stelle t_0 auftretenden Deltaimpulses im Zeitbereich erhalten wir

$$\mathcal{F}\{\delta(t - t_0)\} = \int_{-\infty}^{\infty} \delta(t - t_0) e^{-j\omega t} dt = e^{-j\omega t_0}, \qquad (3.9.4)$$

wobei sich die letzte Gleichheit aus der Ausblendeigenschaft ergibt. Die Anwendung dieser Eigenschaft entspricht ja genau der im Unterabschnitt 3.9.1 erläuterten Vorgehensweise. Wir haben also

$$\delta(t) \circ\!\!-\!\!\bullet 1 \quad \text{bzw.} \quad \delta(t - t_0) \circ\!\!-\!\!\bullet e^{-j\omega t_0} \qquad (3.9.5a, b)$$

d.h., daß der Zeitfunktion $\delta(t)$ als Frequenzfunktion die Konstante 1 zugeordnet ist, und allgemeiner der Funktion $\delta(t - t_0)$ die Funktion $e^{-j\omega t_0}$, deren Betrag ja auch gleichmäßig gleich 1 ist. Dies stimmt sicherlich mit unserer Erwartung überein, daß einem Signal mit extrem kurzer Dauer eine Frequenzfunktion entsprechen muß, die sich gleichmäßig über das ganze Spektrum erstreckt.

Unter Anwendung von (3.6.2) erhalten wir auch aus (3.9.5a)

$$\delta(t) = \frac{1}{2\pi} \int_{-\infty}^{\infty} e^{j\omega t} d\omega = \frac{1}{2\pi} \int_{-\infty}^{\infty} \cos \omega t \, d\omega + j \frac{1}{2\pi} \int_{-\infty}^{\infty} \sin \omega t \, d\omega. \qquad (3.9.6)$$

Da $\delta(t)$ reell und $\cos \omega t$ eine gerade Funktion in ω ist, folgt aus (3.9.6) ebenfalls

$$\delta(t) = \frac{1}{\pi} \int_0^{\infty} \cos \omega t \, d\omega, \quad \int_{-\infty}^{\infty} \sin \omega t \, d\omega = 0. \qquad (3.9.7)$$

Der erste dieser Ausdrücke ergibt sich jedenfalls ohne Schwierigkeit aus (3.9.6), wenn wir die genauere Interpretation (3.5.7) benutzen; der zweite folgt ebenfalls aus (3.9.6) und ist aber in Anbetracht von (3.5.7) ohnehin selbstverständlich. Andererseits beachte man, daß die beiden ersten Integrale in (3.9.6) sowie das erste Integral in (3.9.7) im Sinne der konventionellen Analysis nicht konvergieren, während wir diesen Integralen jetzt eine klare Bedeutung haben geben können.

Als nächstes betrachten wir den im Frequenzbereich an der Stelle ω_0 auftretenden Impuls $\delta(\omega - \omega_0)$. Es gilt

$$\mathcal{F}^{-1}\{\delta(\omega - \omega_0)\} = \frac{1}{2\pi} \int_{-\infty}^{\infty} \delta(\omega - \omega_0) e^{j\omega t} d\omega = \frac{1}{2\pi} e^{j\omega_0 t} \qquad (3.9.8)$$

und damit
$$1 \circ\!\!-\!\!\bullet 2\pi\delta(\omega) \quad \text{bzw.} \quad e^{j\omega_0 t} \circ\!\!-\!\!\bullet 2\pi\delta(\omega-\omega_0). \tag{3.9.9}$$

Der sich über den ganzen Zeitbereich gleichförmig erstreckenden Konstanten 1 entspricht also die auf einen Punkt konzentrierte Spektralfunktion $2\pi\delta(\omega)$, und allgemeiner der Exponentialschwingung $e^{j\omega_0 t}$ die Spektralfunktion $2\pi\delta(\omega-\omega_0)$. Aus der zweiten Relation (3.9.9) folgt durch Ersetzen von ω_0 durch $-\omega_0$

$$e^{-j\omega_0 t} \circ\!\!-\!\!\bullet 2\pi\delta(\omega+\omega_0) \tag{3.9.10}$$

und damit unter Benutzung der Eulerschen Gleichungen auch

$$\cos\omega_0 t \circ\!\!-\!\!\bullet \pi[\delta(\omega+\omega_0)+\delta(\omega-\omega_0)], \tag{3.9.11}$$

$$\sin\omega_0 t \circ\!\!-\!\!\bullet j\pi[\delta(\omega+\omega_0)-\delta(\omega-\omega_0)]. \tag{3.9.12}$$

Den Zeitfunktionen $\cos\omega_0 t$ und $\sin\omega_0 t$ entsprechen also zwei Spektrallinien, eine bei $+\omega_0$ und eine bei $-\omega_0$, der Exponentialschwingung $e^{j\omega_0 t}$ jedoch nur die Spektrallinie bei ω_0.

Die Ergebnisse aus (3.9.4) und (3.9.5) bzw. (3.9.8) und (3.9.9) lassen sich unter Benutzung der verallgemeinerten Ausblendeigenschaft (2.6.9) auf einfache Weise erweitern. Man erhält

$$\delta^{(k)}(t-t_0) \circ\!\!-\!\!\bullet (j\omega)^k e^{-j\omega t_0} \tag{3.9.13}$$

bzw.

$$t^k e^{j\omega_0 t} \circ\!\!-\!\!\bullet 2\pi j^k \delta^{(k)}(\omega-\omega_0).$$

3.9.3 Einheitssprung und Signumfunktion

Wir gehen aus von der Gleichung (2.3.8), also von

$$u(t) = \frac{1}{2} + \frac{1}{2}\text{sgn}\,t. \tag{3.9.14}$$

Diese Gleichung entspricht der Zerlegung von $u(t)$ in geraden und ungeraden Teil. Da wir für die Konstante 1/2 gemäß (3.9.9)

$$1/2 \circ\!\!-\!\!\bullet \pi\delta(\omega) \tag{3.9.15}$$

schreiben können, müssen wir noch die Fouriertransformierte der durch (2.3.7) definierten Funktion $\text{sgn}\,t$ bestimmen. Die an der Stelle $t=0$ auftretende Sprungstelle bereitet hierbei keine Schwierigkeiten, wohl aber die fehlende Konvergenz gegen null für $t \to \pm\infty$. Wir stellen daher $\text{sgn}\,t$ durch

$$\text{sgn}\,t = \{f_n(t)\} \tag{3.9.16}$$

dar, mit

$$f_n(t) = \begin{cases} e^{-\alpha_n t} & \text{für } t > 0 \\ 0 & \text{für } t = 0 \\ -e^{\alpha_n t} & \text{für } t < 0 \end{cases} \tag{3.9.17}$$

$$\alpha_n = \alpha/n, \ \alpha > 0, \tag{3.9.18}$$

wo α eine Konstante ist. Die so definierten Funktionen $f_n(t)$ konvergieren in der Tat für $n \to \infty$ gegen sgn t und entsprechen den links in (3.7.12) stehenden und in Bild 3.7.6a dargestellten Funktionen, und zwar mit α ersetzt durch α/n.

Unter Verwendung des Ergebnisses (3.7.12) können wir somit schreiben

$$\text{sgn } t \circ\!\!-\!\!\bullet \{F_n(j\omega)\}, \quad F_n(j\omega) = -j\frac{2\omega}{\alpha_n^2 + \omega^2} \tag{3.9.19}$$

(vgl. Bild 3.7.6b) und es gilt

$$\lim_{n \to \infty} F_n(j\omega) = \frac{2}{j\omega} \quad \text{für } \omega \neq 0, \tag{3.9.20}$$

$$F_n(0) = 0 \quad \text{für alle } n. \tag{3.9.21}$$

Unter Benutzung von (3.9.19) erhalten wir also

$$\text{sgn } t \circ\!\!-\!\!\bullet \frac{2}{j\omega} \tag{3.9.22}$$

und daher wegen (3.9.14) und (3.9.15) auch

$$u(t) \circ\!\!-\!\!\bullet \pi\delta(\omega) + \frac{1}{j\omega}. \tag{3.9.23}$$

Allerdings ist hierbei zu berücksichtigen, daß $1/j\omega$ als verallgemeinerte Funktion aufgefaßt werden muß und daß für die dazu gemäß

$$\frac{1}{j\omega} = \{F_n(j\omega)\} \tag{3.9.24}$$

benötigten Funktionen $F_n(j\omega)$ die Beziehung (3.9.21) gelten muß. In diesem Sinne hätten wir in (3.9.22) und (3.9.23) statt $1/j\omega$ auch genauer $[1/j\omega]$ schreiben können, wobei wir mit der eckigen Klammer insbesondere

$$[1/j\omega] = \begin{cases} 1/j\omega & \text{für } \omega \neq 0 \\ 0 & \text{für } \omega = 0 \end{cases} \tag{3.9.25}$$

ausdrücken wollen, darüber hinaus aber den gesamten (3.9.24) entsprechenden Sachverhalt.

3.9 Fouriertransformation verallgemeinerter Funktionen

Durch Anwendung des Fourierschen Umkehrintegrals auf die rechte Seite von (3.9.22) erhalten wir auch

$$\operatorname{sgn} t = \frac{1}{j\pi} \int_{-\infty}^{\infty} \frac{1}{\omega} e^{j\omega t} d\omega \qquad (3.9.26)$$

und damit

$$\operatorname{sgn} t = \frac{1}{j\pi} \int_{0}^{\infty} \frac{1}{\omega} e^{j\omega t} d\omega + \frac{1}{j\pi} \int_{-\infty}^{0} \frac{1}{\omega} e^{j\omega t} d\omega$$

$$= \frac{1}{j\pi} \int_{0}^{\infty} \frac{1}{\omega}(e^{j\omega t} - e^{-j\omega t}) d\omega = \frac{2}{\pi} \int_{0}^{\infty} \frac{\sin \omega t}{\omega} d\omega. \qquad (3.9.27)$$

Dieses Ergebnis hätten wir auch direkt aus (2.7.5) erhalten können, nämlich durch Ersetzen von x durch $\omega|t|$. Es sei aber erwähnt, daß zur genauen Interpretation von (3.9.26) das dortige Integral an der Stelle $\omega = 0$ als Cauchyscher Hauptwert genommen werden muß und daß sich dadurch eigentlich erst der richtige Übergang auf (3.9.27) ergibt. Dies hängt mit der Eigenschaft zusammen, die wir gegen Ende des vorigen Absatzes diskutiert haben und auf die wir noch in den beiden letzten Absätzen des jetzigen Unterabschnitts hinweisen werden.

Aus (3.9.23) lassen sich unter Verwendung von (3.6.41) sofort die weiteren Beziehungen

$$e^{j\omega_0 t} \cdot u(t) \circ\!\!-\!\!\bullet \pi\delta(\omega - \omega_0) - j\frac{1}{\omega - \omega_0}, \qquad (3.9.28)$$

$$e^{-j\omega_0 t} \cdot u(t) \circ\!\!-\!\!\bullet \pi\delta(\omega + \omega_0) - j\frac{1}{\omega + \omega_0} \qquad (3.9.29)$$

und daher wiederum mit Hilfe der Eulerschen Gleichungen die Beziehungen

$$\cos(\omega_0 t) \cdot u(t) \circ\!\!-\!\!\bullet \frac{\pi}{2}[\delta(\omega + \omega_0) + \delta(\omega - \omega_0)] - j\frac{\omega}{\omega^2 - \omega_0^2}, \qquad (3.9.30)$$

$$\sin(\omega_0 t) \cdot u(t) \circ\!\!-\!\!\bullet j\frac{\pi}{2}[\delta(\omega + \omega_0) - \delta(\omega - \omega_0)] - \frac{\omega_0}{\omega^2 - \omega_0^2} \qquad (3.9.31)$$

herleiten. Die hierin links stehenden Zeitfunktionen entsprechen der zum Zeitpunkt $t = 0$ plötzlich einsetzenden Kosinus- bzw. Sinusschwingung.

Neben den Beziehungen (3.9.22) und (3.9.23) sind auch die Transformationspaare von Interesse, die sich für die Signumfunktion und den Einheitssprung im Frequenzbereich ergeben:

$$\operatorname{sgn} \omega \bullet\!\!-\!\!\circ j\frac{1}{\pi t}, \qquad (3.9.32)$$

$$u(\omega) \bullet\!\!-\!\!\circ \frac{1}{2}\delta(t) + j\frac{1}{2\pi t}. \qquad (3.9.33)$$

3. Beschreibung von Signalen im Frequenzbereich

Von diesen läßt sich die erste auf ähnliche Weise herleiten wie (3.9.22), doch ist es einfacher, den allgemeinen Zusammenhang (3.6.68) direkt auf (3.9.22) anzuwenden. Es gilt ja dann

$$f(t) = \operatorname{sgn} t \quad \text{und} \quad F(j\omega) = \frac{2}{j\omega},$$

also

$$f(\omega t_0^2) = \operatorname{sgn}(\omega t_0^2) = \operatorname{sgn} \omega \quad \text{und} \quad F(-j\frac{t}{t_0^2}) = j\frac{2t_0^2}{t}$$

und damit aus (3.6.68)

$$2\pi t_0^2 \operatorname{sgn} \omega \;\bullet\!\!-\!\!\circ\; j\frac{2t_0^2}{t},$$

woraus (3.9.32) unmittelbar folgt. Wegen

$$u(\omega) = \frac{1}{2} + \frac{1}{2}\operatorname{sgn}\omega \qquad (3.9.34)$$

ergibt sich dann auch (3.9.33) aus (3.9.32) und der ersten Beziehung (3.9.5a).

Wir wollen diesen Unterabschnitt mit eingen ergänzenden Bemerkungen abschließen. Zunächst hätte man wegen des Zusammenhangs (vgl. (2.5.15))

$$u(t) = \int_{-\infty}^{t} \delta(t)dt \qquad (3.9.35)$$

auch geneigt sein können, direkt das Ergebnis (3.6.46) auf die erste Beziehung (3.9.5) anzuwenden, woraus man statt der rechten Seite in (3.9.23) einfach $1/j\omega$ erhalten hätte. Es fehlt dann also der Term $\pi\delta(\omega)$, und dieser Fehler liegt darin begründet, daß $u(t)$ für $t \to \infty$ nicht verschwindet und daher die Anwendung der Zeitintegrationsregel in der Form (3.6.46) nicht mehr erlaubt ist. (Siehe auch Unterabschnitt 3.9.7.)

Schließlich sei noch kurz auf die im Anschluß an (3.9.27) angekündigte Frage eingegangen. Sei $a < 0$ und $b > 0$ (eventuell $a = -\infty$ und/oder $b = \infty$) und sei $\varphi(\omega)$ eine beschränkte Funktion. Wir betrachten den Ausdruck

$$\int_a^b \frac{1}{\omega}\varphi(\omega)d\omega = \int_a^{-\varepsilon} + \int_{-\varepsilon}^{\varepsilon} + \int_\varepsilon^b \frac{1}{\omega}\varphi(\omega)d\omega. \qquad (3.9.36)$$

wo ε eine positive Zahl ist, mit $\varepsilon < |a|$ und $\varepsilon < b$. Der (Cauchysche) Hauptwert (valor principalis = V.P.) des links in (3.9.36) stehenden Integrals ist definiert durch

$$V.P. \int_a^b \frac{1}{\omega}\varphi(\omega)d\omega = \lim_{\varepsilon \to 0}\left[\int_a^{-\varepsilon} + \int_\varepsilon^b \frac{1}{\omega}\varphi(\omega)d\omega\right]. \qquad (3.9.37)$$

3.9 Fouriertransformation verallgemeinerter Funktionen

Das ursprüngliche Integral stimmt also mit dem Hauptwert überein, wenn gilt

$$\lim_{\varepsilon \to 0} \int_{-\varepsilon}^{\varepsilon} \frac{1}{\omega} \varphi(\omega) d\omega = 0. \tag{3.9.38}$$

Gemäß unserer vorhin erhaltenen Darstellung der verallgemeinerten Funktion $1/\omega$ (vgl. (3.9.19)) ist aber das in (3.9.38) stehende Integral als

$$\int_{-\varepsilon}^{\varepsilon} \frac{1}{\omega} \varphi(\omega) d\omega = \lim_{n \to \infty} \int_{-\varepsilon}^{\varepsilon} \frac{2\omega}{\alpha_n^2 + \omega^2} \varphi(\omega) d\omega \tag{3.9.39}$$

zu interpretieren.

Wir können annehmen, daß $\varphi(\omega)$ ungerade ist, denn bei einem allgemeineren $\varphi(\omega)$ würde der gerade Anteil ohnehin keinen Beitrag zu dem rechts in (3.9.39) stehenden Integral liefern. Ferner wollen wir uns auf den Fall beschränken, daß $\varphi(\omega)$ an der Stelle $\omega = 0$ differenzierbar ist. Offensichtlich gilt $\varphi(0) = 0$. Sei dann ε_0 eine feste positive Zahl und sei M das Maximum von $\varphi(\omega)/\omega$ im Intervall $[0, \varepsilon_0]$, wo M endlich ist (wegen $\varphi(0) = 0$ und der Annahme über die Differenzierbarkeit). Dann gilt für $\varepsilon < \varepsilon_0$

$$\left| \int_0^{\varepsilon} \frac{2\omega^2}{\alpha_n^2 + \omega^2} \cdot \frac{\varphi(\omega)}{\omega} d\omega \right| \leq 2M \int_0^{\varepsilon} d\omega = 2M\varepsilon,$$

wobei wir die beiden Faktoren des ersten Integranden durch das jeweilige Maximum, also durch 2 bzw. M ersetzt haben. Entsprechendes gilt, wenn wir die Integrationsgrenzen 0 und ε durch $-\varepsilon$ und 0 ersetzen. Insgesamt ist also der rechts in (3.9.39) stehende Ausdruck von der Ordnung $O(\varepsilon)$, und damit auch

$$\lim_{\varepsilon \to 0} \lim_{n \to \infty} \int_{-\varepsilon}^{\varepsilon} \frac{2\omega}{\alpha_n^2 + \omega^2} \varphi(\omega) d\omega = 0. \tag{3.9.40}$$

3.9.4 Allgemeine periodische Funktionen

Eine allgemeine periodische Funktion $f(t)$ mit der Periode T kann bekanntlich in eine Fourierreihe gemäß

$$f(t) = \sum_{n=-\infty}^{\infty} F_n e^{jn\Omega t} \tag{3.9.41}$$

zerlegt werden, wo $\Omega = 2\pi/T$ ist und die Parameter F_n Konstanten sind (vgl. (3.2.6) bis (3.2.8)). Wegen (3.9.9) gilt aber

$$e^{jn\Omega t} \circ\!\!\!-\!\!\!\bullet 2\pi\delta(\omega - n\Omega).$$

Unter der Annahme, daß die Additionsregel (vgl. (3.6.9)) auch noch im Falle der unendlichen Summe (3.9.41) gilt, erhalten wir also aus (3.9.41)

$$\mathcal{F}\{f(t)\} = 2\pi \sum_{n=-\infty}^{\infty} F_n \delta(\omega - n\Omega). \tag{3.9.42}$$

Das Spektrum besteht somit jetzt aus Deltafunktionen, also aus einzelnen Spektrallinien, die jeweils im Abstand Ω auseinander liegen. Dies ist in Bild 3.9.1 erläutert; hierbei ist die Darstellung wiederum symbolisch im Sinne derjenigen von Bild 3.4.3 zu verstehen, denn die F_n sind ja im allgemeinen komplex.

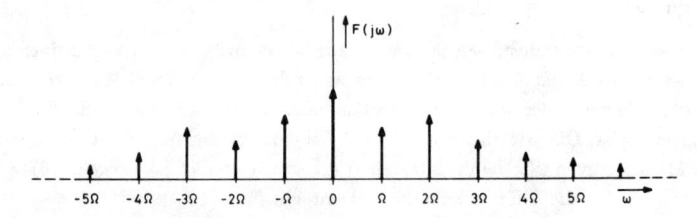

Bild 3.9.1: Spektralfunktion $F(j\omega)$ einer periodischen Funktion $f(t)$.

Auf ähnliche Weise können wir auch eine Frequenzfunktion $F(j\omega)$ betrachten, die periodisch ist mit der Periode Ω, d.h., für die es eine Konstante Ω gibt derart, daß gilt

$$F(j\omega + j\Omega) = F(j\omega) \quad \forall \omega.$$

Wir können dann $F(j\omega)$ in eine Fourierreihe in ω gemäß

$$F(j\omega) = \sum_{n=-\infty}^{\infty} f_n e^{-jnT\omega}, \quad T = 2\pi/\Omega \tag{3.9.43}$$

entwickeln, wo

$$f_n = \frac{1}{\Omega} \int_0^{\Omega} F(j\omega) e^{jn\omega T} d\omega \tag{3.9.44}$$

ist und wo wir in den Exponenten ein Minuszeichen eingefügt haben. Letzteres ist zulässig, da wir auch in dem anschließenden Ausdruck (3.9.44) für f_n das Vorzeichen im Exponenten entsprechend geändert haben. Man beachte, daß der Faktor von $-n\omega$ in den Exponenten in (3.9.43) gleich 2π geteilt durch die Periode Ω, also gleich T ist. Schließlich finden wir

$$F(j\omega) \bullet\!\!-\!\!\circ f(t) = \sum_{n=-\infty}^{\infty} f_n \delta(t - nT). \tag{3.9.45}$$

Eine periodische Frequenzfunktion entspricht also einer Zeitfunktion, die aus im Abstand T voneinander auftretenden δ-Funktionen besteht.

3.9.5 Multiplikationen zweier verallgemeinerter Funktionen

Die Multiplikation zweier verallgemeinerter Funktionen ist zwar in Sonderfällen durchaus sinnvoll, im allgemeinen jedoch nicht (vgl. die Diskussion betreffend (2.5.6) in Abschnitt 2.5). Letzteres ist z.B. dann der Fall, wenn es sich um zwei Deltafunktionen handelt.

Um dies zu erläutern, betrachten wir wiederum die Darstellung (vgl. (2.4.2))

$$\delta(t) = \{f_n(t)\}. \tag{3.9.46}$$

Wenn $\delta^2(t)$ sinnvoll wäre, so müßte es folgerichtig durch

$$\{f_n^2(t)\} \tag{3.9.47}$$

definiert sein. Wir könnten hierbei irgendeinen der Funktionentypen $f_n(t)$ benutzen, die zur Darstellung von $\delta(t)$ geeignet sind, doch wollen wir nur die einfachst mögliche, nämlich die Rechteckfunktion betrachten. Aus (2.4.15) und (3.7.2) erhalten wir dann

$$f_n(t) = \frac{n}{2T} \cdot \text{rect}\left(\frac{nt}{T}\right) \circ\!\!-\!\!\bullet \text{si}\left(\frac{\omega T}{n}\right),$$

und es ist deutlich erkennbar, daß die rechts stehende Frequenzfunktion für alle ω gegen 1 strebt, wenn n gegen unendlich geht.

Andererseits ist

$$f_n^2(t) = \frac{n^2}{4T^2} \cdot \text{rect}\left(\frac{nt}{T}\right).$$

Der Verlauf dieser Funktion entspricht zwar immer noch einer Rechteckfunktion, die insbesondere bei $t = 0$ für wachsendes n gegen unendlich geht, doch ist die Fläche jetzt gleich $n/2T$ und wird also ebenfalls unendlich groß für $n \to \infty$. Somit stellt (3.9.47) keine Deltafunktion dar, obgleich man zunächst das Gegenteil hätte vermuten können.

Die Besonderheit der gefundenen Verhaltensweise zeigt sich in gewissem Sinne noch deutlicher im Frequenzbereich. Aus (3.7.2) erhält man nämlich

$$\frac{n^2}{4T^2} \cdot \text{rect}\left(\frac{nt}{T}\right) \circ\!\!-\!\!\bullet \frac{n}{2T}\text{si}\left(\frac{\omega T}{n}\right).$$

Die jetzige Frequenzfunktion strebt also für fast alle ω gegen unendlich, wenn n gegen unendlich geht.

3.9.6 Faltung zweier Deltafunktionen

Obgleich dies für das Produkt zweier Deltafunktionen nicht der Fall ist, ist die Faltung zweier Deltafunktionen, also

$$\delta(t) * \delta(t) = \int_{-\infty}^{\infty} \delta(\tau)\delta(t-\tau)d\tau,$$

durchaus sinnvoll. Gehen wir wieder von der Darstellung (3.9.46) aus, so können wir diese Faltung nämlich durch die verallgemeinerte Funktion

$$\varphi(t) = \{\varphi_n(t)\} \tag{3.9.48}$$

definieren, wo die $\varphi_n(t)$ durch

$$\varphi_n(t) = f_n(t) * f_n(t) = \int_{-\infty}^{\infty} f_n(\tau)f_n(t-\tau)d\tau \tag{3.9.49}$$

gegeben sind. Die weitere Analyse ist besonders einfach, wenn wir unter Benutzung von

$$\varphi_n(t) \circ\!\!-\!\!\bullet \Phi_n(j\omega), \quad f_n(t) \circ\!\!-\!\!\bullet F_n(j\omega)$$

auf den Frequenzbereich übergehen.

Entsprechend der allgemeinen Vorgehensweise, die im Unterabschnitt 3.9.1 erläutert worden ist, und unter Benutzung der Faltungsregel (3.6.52) gilt dann nämlich

$$\varphi(t) \circ\!\!-\!\!\bullet \Phi(j\omega) = \{\Phi_n(j\omega)\}, \quad \Phi_n(j\omega) = F_n^2(j\omega).$$

Wegen (3.9.46) und (3.9.5a) gilt nun aber

$$\lim_{n\to\infty} F_n(j\omega) = 1$$

und damit auch

$$\lim_{n\to\infty} \Phi_n(j\omega) = 1, \quad \text{also} \quad \Phi(j\omega) = 1.$$

Letzteres zeigt aber wegen (3.9.5a), daß $\varphi(t) = \delta(t)$ sein muß, so daß wir

$$\delta(t) * \delta(t) = \int_{-\infty}^{\infty} \delta(\tau)\delta(t-\tau)d\tau = \delta(t) \tag{3.9.50}$$

schreiben können. Dieses Ergebnis stimmt mit demjenigen überein, das wir erhalten, wenn wir die Regel (3.6.52) direkt auf die vorliegende Faltung anwenden. Man erhält dann nämlich

$$\delta(t) * \delta(t) \circ\!\!-\!\!\bullet (\mathcal{F}\{\delta(t)\})^2 = 1^2 = 1 \bullet\!\!-\!\!\circ \delta(t).$$

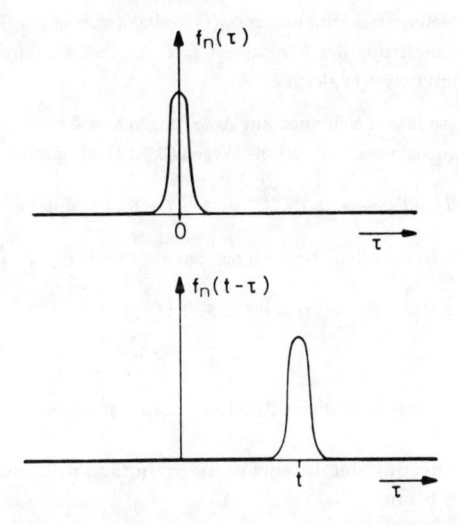

3.9 Fouriertransformation verallgemeinerter Funktionen

Bild 3.9.2: Zur Erläuterung der Beziehungen (3.9.51) und (3.9.52).

Man kann dieses Ergebnis auch durch Betrachtung des Zeitbereichs verständlich machen. Wie Bild 3.9.2 zeigt, läßt sich für $t \neq 0$ nämlich n stets hinreichend groß wählen, so daß

$$f_n(\tau) \cdot f_n(t - \tau) = 0 \quad \text{für alle} \quad \tau \tag{3.9.51}$$

gilt und damit wegen (3.9.49) auch

$$\lim_{n \to \infty} \varphi_n(t) = 0 \quad \text{für} \quad t \neq 0. \tag{3.9.52}$$

Andererseits folgt aber durch Integration von (3.9.49) und Vertauschen der Reihenfolge der Integrale auf der rechten Seite

$$\int_{-\infty}^{\infty} \varphi_n(t) dt = \int_{-\infty}^{\infty} f_n(\tau) d\tau \int_{-\infty}^{\infty} f_n(t - \tau) dt. \tag{3.9.53}$$

Aus (2.4.4) folgt aber

$$\int_{-\infty}^{\infty} f_n(t - \tau) dt = \int_{-\infty}^{\infty} f_n(t) dt = 1$$

und damit aus (3.9.53) unter erneuter Anwendung von (2.4.4)

$$\int_{-\infty}^{\infty} \varphi_n(t) dt = 1.$$

Die durch (3.9.49) definierten Funktionen $\varphi_n(t)$ besitzen also in der Tat die im Abschnitt 2.4 erläuterten Eigenschaften der Funktionen $f_n(t)$, so daß die durch (3.9.48) definierte verallgemeinerte Funktion $\varphi(t)$ gleich $\delta(t)$ ist.

Diese Ergebnisse lassen sich auch auf Ableitungen von δ-Funktionen erweitern. Wir wollen dies im Frequenzbereich erläutern. Wegen (3.9.13) ist nämlich

$$\delta^{(k)}(t-t') \circ\!\!\!-\!\!\!\bullet (j\omega)^k e^{-j\omega t'}, \quad \delta^{(l)}(t-t'') \circ\!\!\!-\!\!\!\bullet (j\omega)^l e^{-j\omega t''},$$

wo wir t' und t'' als Konstanten angenommen haben. Damit ergibt sich

$$\begin{aligned}\delta^{(k)}(t-t') * \delta^{(l)}(t-t'') &= \mathcal{F}^{-1}\left\{(j\omega)^{l+k} e^{-j\omega(t'+t'')}\right\} \\ &= \delta^{(l+k)}(t-t'-t'').\end{aligned} \quad (3.9.54)$$

Für $k = l = t' = t'' = 0$ stimmt dieses Resultat mit (3.9.50) überein.

3.9.7 Verallgemeinerung der Integrationsregeln für Funktionen im klassischen Sinne

Wir betrachten zunächst erneut die Zeitintegration, also den links in (3.6.46) stehenden Ausdruck; wir wollen zeigen, daß (3.6.46) allgemeiner durch

$$g(t) = \int_{-\infty}^{t} f(t)dt \circ\!\!\!-\!\!\!\bullet G(j\omega) = \frac{1}{j\omega}F(j\omega) + \pi F(0)\delta(\omega) \quad (3.9.55)$$

ersetzt werden kann. Hierbei ist zu beachten, daß wegen (3.6.1) auch

$$F(0) = \int_{-\infty}^{\infty} f(t)dt = g(\infty) \quad (3.9.56)$$

gilt, wir aber jetzt nicht mehr wie bei der Herleitung von (3.6.46) verlangen wollen, daß $F(0) = g(\infty) = 0$ ist, wohl freilich, daß das Integral in (3.9.56) konvergiert und damit $F(0)$ einen bestimmten, endlichen Wert annimmt.

Zum Beweis von (3.9.55) drücken wir zunächst den dort links stehenden Ausdruck durch ein Faltungsintegral mit der Sprungfunktion $u(t)$ aus, und zwar gemäß

$$\int_{-\infty}^{t} f(t)dt = \int_{-\infty}^{\infty} f(\tau)u(t-\tau)d\tau = f(t) * u(t) \quad (3.9.57)$$

Die Fouriertransformierte eines solchen Faltungsausdrucks können wir aber grundsätzlich wieder unter Zugrundelegung von Betrachtungen über verallgemeinerte Funktionen definieren, also entsprechend dem, was wir in Unterabschnitt 3.9.6 getan haben. Damit wird verständlich, daß die Faltungsregel (3.6.52) gültig bleibt und somit unter Verwendung von (3.9.23) auch

$$f(t) * u(t) \circ\!\!-\!\!\bullet F(j\omega) \cdot \left[\frac{1}{j\omega} + \pi\delta(\omega)\right] \qquad (3.9.58)$$

gefunden wird. Wegen (3.9.57) und der offensichtlich (2.6.6) entsprechenden Gleichung

$$F(j\omega) \cdot \delta(\omega) = F(0) \cdot \delta(\omega)$$

folgt somit (3.9.55) sofort aus (3.9.58). Man beachte, daß wir zwar $g(\infty) \neq 0$ zugelassen haben, daß aber auf Grund der Definition von $g(t)$ (vgl. (3.9.55)) noch stets $g(-\infty) = 0$ ist.

Auf ähnliche Weise läßt sich auch statt (3.6.48) der allgemeinere Zusammenhang

$$\int_{-\infty}^{\omega} F(j\omega)d\omega \;\bullet\!\!-\!\!\circ\; j\frac{1}{t}f(t) + \pi f(0)\delta(t) \qquad (3.9.59)$$

herleiten. Hierzu braucht man entsprechend (3.9.57) und (3.9.58) sowie unter Verwendung von (3.6.56) und (3.9.33) nur

$$\int_{-\infty}^{\omega} F(j\omega)d\omega = F(j\omega) * u(\omega) \;\bullet\!\!-\!\!\circ\; 2\pi f(t)\left[j\frac{1}{2\pi t} + \frac{1}{2}\delta(t)\right]$$

zu benutzen und anschließend noch (2.6.6) für $t_0 = 0$ zu berücksichtigen.

3.9.8 Verallgemeinerung wichtiger Regeln auf Funktionen mit Sprungstellen und δ-Anteilen

Die meisten der Eigenschaften, die wir in Abschnitt 3.6 untersucht haben, sind solcherart, daß sie in Anbetracht der allgemeinen Grundsätze, die wir in Abschnitt 3.9.1 besprochen haben, unmittelbar auf Funktionen mit Sprüngen und δ-Anteilen beliebiger Ordnung anwendbar sind, insbesondere also auf Funktionen, die in jedem endlichen Intervall stückweise bis auf δ-Anteile stetig bzw. glatt sind. Dies trifft zumindest dann zu, wenn die Anzahl der im gesamten Intervall $(-\infty, \infty)$ vorhandenen δ-Anteile endlich ist. Es kann aber auch noch zutreffen, wenn diese Anzahl unendlich ist, vorausgesetzt, daß dann z.B. die Fouriertransformation der aus allen diesen δ-Anteilen bestehenden Zeitfunktion konvergiert, die entsprechende Fouriertransformierte also existiert. Wir wollen hiernach solch eine Bedingung stets als erfüllt ansehen, auch ohne daß wir dies explizit erwähnen. Mit anderen Worten, wenn wir von einer Funktion sprechen, die in jedem endlichen Intervall bis auf δ-Anteile stetig bzw. glatt ist, so setzen wir stets implizit voraus, daß Konvergenzeigenschaften der vorhin genannten Art erfüllt sind, insofern dies für die betrachteten

Ergebnisse von Relevanz ist. Dies soll in entsprechender Weise genauso gelten, wenn die zunächst betrachteten Funktionen nicht Zeitfunktionen, sondern Frequenzfunktionen sind.

Ein erstes Beispiel für die genannte Anwendbarkeit der allgemeinen Grundsätze stellt die Faltungsregel dar, zumindest in den üblicherweise auftretenden Situationen. Für die Faltung von δ-Anteilen haben wir dies bereits bei der Herleitung von (3.9.50) bzw. (3.9.54) besprochen, und auf die Möglichkeit des Auftretens von Sprungfunktionen in einer der zu faltenden Funktionen haben wir in Unterabschnitt 3.9.7 hingewiesen. Freilich ist darauf zu achten, daß nicht etwa auf unzulässige Operationen zurückgegriffen wird. Dies wäre etwa der Fall, wenn wir zwei Zeitfunktionen $f_1(t)$ und $f_2(t)$ falteten, deren zugehörige Frequenzfunktionen $F_1(j\omega)$ und $F_2(j\omega)$ nur als verallgemeinerte Funktionen erklärbar wären. In diesem Fall wäre ja das Produkt $F_1(j\omega)F_2(j\omega)$ nicht mehr erklärt (vgl. Unterabschnitt 3.9.5), und es wäre somit unzulässig, die Fouriertransformierte von $f_1 * f_2$ gleich $F_1 F_2$ zu setzen.

Von besonderem Interesse sind die Differentiations- und Integrationsregeln. Wir betrachten zuerst die Regel (3.6.43) für die Zeitdifferentiation. Wir hatten diese unter der expliziten Annahme hergeleitet, daß die Stammfunktion $f(t)$ der zu transformierenden Funktion $f'(t)$ nicht nur die Forderung $f(\pm\infty) = 0$ erfüllt, sondern insbesondere auch stetig ist. Diese zweite Forderung hatten wir benötigt, weil wir von der Möglichkeit partieller Integration Gebrauch gemacht hatten.

Nun haben wir in Unterabschnitt 2.9.2 gesehen, daß unter der Annahme, daß $f(t)$ und $f'(t)$ die dort gemachten Annahmen erfüllen und $\varphi(t)$ sowie $\varphi'(t)$ stetige Funktionen im klassischen Sinne sind, die Regel der partiellen Integration in der bekannten Form (2.9.28) gültig bleibt. Die Rolle von $\varphi(t)$ wird aber bei der Herleitung der Differentiationsregel (3.6.43) durch $e^{-j\omega t}$ übernommen, was ja in der Tat eine stetige Funktion mit stetiger Ableitung ist. Unter der Annahme $f(\pm\infty) = 0$ bleibt also die Regel (3.6.43), d.h.

$$f'(t) \circ\!\!-\!\!\bullet j\omega F(j\omega)$$

auch dann gültig, wenn $f(t)$ und $f'(t)$ Funktionen mit Sprungstellen und δ-Anteilen (beliebiger Ordnung) sind, genauer also, wenn $f(t)$ in jedem endlichen Intervall stückweise bis auf δ-Anteile glatt ist.

Da aus der Zeitdifferentiationsregel unmittelbar die Zeitintegrationsregel folgt, gilt auch diese für Funktionen, die in jedem endlichen Intervall bis auf δ-Anteile stückweise stetig sind. Ist nämlich $f(t)$ eine Funktion solcher Art, so ist auch die Funktion

$$g(t) = \int_{-\infty}^{t} f(t)dt \qquad (3.9.60)$$

3.9 Fouriertransformation verallgemeinerter Funktionen

in jedem endlichen Intervall bis auf δ-Anteile stückweise stetig. Ist dann auch $g(\infty) = 0$, so gilt die Zeitintegrationsregel in der Form (3.6.46), d.h.

$$g(t) = \int_{-\infty}^{t} f(t)dt \circ\!\!-\!\!\bullet \frac{1}{j\omega} F(j\omega). \tag{3.9.61}$$

Ist aber $g(\infty)$ gleich einer endlichen Zahl $\neq 0$, so gilt wegen $F(0) = g(\infty)$ die allgemeinere Form (3.9.55), also

$$g(t) \circ\!\!-\!\!\bullet \frac{1}{j\omega} F(j\omega) + \pi g(\infty)\delta(\omega). \tag{3.9.62}$$

Übrigens hätten wir (3.9.62) auch mit Hilfe unserer Kenntnis über die allgemeinere Gültigkeit von (3.9.61) direkt aus dieser Gleichung gewinnen können. Hierzu gehen wir von einer durch

$$h(t) = g(t) - g(\infty)u(t) \tag{3.9.63}$$

definierten Funktion $h(t)$ aus, wo $g(t)$ durch (3.9.60) gegeben und $u(t)$ der Einheitssprung ist. Für h gilt nicht nur $h(-\infty) = 0$ (wegen $g(-\infty) = u(-\infty) = 0$), sondern wegen $u(\infty) = 1$ auch $h(\infty) = 0$. Andererseits ergibt sich aus (3.9.60) und (3.9.63)

$$h'(t) = \frac{dh(t)}{dt} = f(t) - g(\infty)\delta(t) \tag{3.9.64}$$

und entsprechend

$$h(t) = \int_{-\infty}^{t} [f(t) - g(\infty)\delta(t)]dt.$$

Aus (3.9.64) folgt nun aber

$$h'(t) \circ\!\!-\!\!\bullet F(j\omega) - g(\infty). \tag{3.9.65}$$

Ist dann die Funktion $f(t)$ in jedem endlichen Intervall bis auf δ-Anteile stückweise stetig, wie in Abschnitt 2.9 besprochen, so ist $h'(t)$ wegen (3.9.64) eine Funktion gleicher Art, und da $h(\infty) = 0$ ist, ist (3.9.61) auf $h'(t)$ (statt $f(t)$) anwendbar. Aus (3.9.65) ergibt sich somit

$$h(t) \circ\!\!-\!\!\bullet \frac{1}{j\omega}[F(j\omega) - g(\infty)].$$

Andererseits folgt aus (3.9.23) und (3.9.63)

$$h(t) \circ\!\!-\!\!\bullet G(j\omega) - g(\infty)\left[\frac{1}{j\omega} + \pi\delta(\omega)\right]$$

und damit

$$G(j\omega) = \frac{F(j\omega)}{j\omega} + \pi g(\infty)\delta(\omega),$$

was dem gesuchten Ergebnis (3.9.62) entspricht.

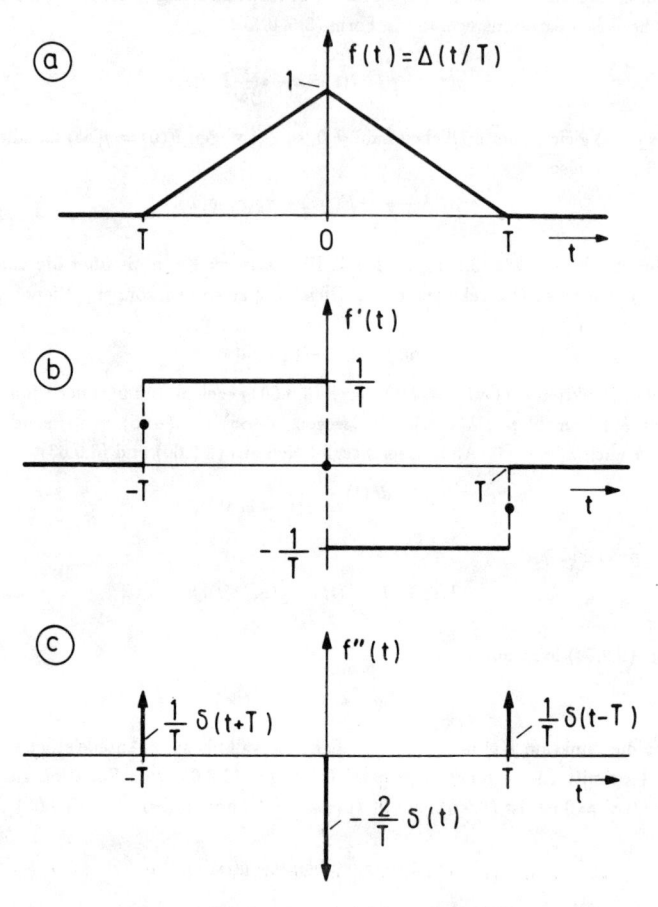

Bild 3.9.3: Dreieck-Zeitfunktion sowie deren erste und zweite Ableitung.

Statt von einer Zeitfunktion auszugehen, können wir selbstverständlich auch zunächst eine Frequenzfunktion $F(j\omega)$ mit Sprüngen und δ-Anteilen betrachten. Daraus ergibt sich, daß auch (3.6.47) weiterhin gilt, wenn nur $F(\pm j\infty) = 0$ ist. Ebenso gilt weiterhin (3.6.48), wenn

$$\frac{1}{\pi}\int_{-\infty}^{\infty} F(j\omega)d\omega = 0 \qquad (3.9.66)$$

ist, und (3.9.59), wenn das links in (3.9.66) stehende Integral einen von 0 verschiedenen endlichen Wert annimmt.

Als eine einfache Anwendung der hier besprochenen Verallgemeinerung betrachten wir nochmals die Fouriertransformation der Dreieck-Zeitfunktion $f(t) = \Delta(t/T)$ (Bild 3.7.2a). Sie ist in Bild 3.9.3 erneut dargestellt, zusammen mit der ersten Ableitung $f'(t)$ und der zweiten Ableitung $f''(t)$. Es gilt also

$$f''(t) = \frac{1}{T}[\delta(t+T) + \delta(t-T) - 2\delta(t)]$$

und damit

$$f''(t) \circ\!\!-\!\!\bullet \frac{1}{T}\left[e^{j\omega T} + e^{-j\omega T} - 2\right] = -\frac{4}{T}\sin^2(\omega T/2)$$

Durch zweimalige Anwendung der Integrationsregel (3.9.61) folgt hieraus

$$F(j\omega) = \frac{4}{\omega^2 T}\sin^2(\omega T/2),$$

was dem früheren Ergebnis (3.7.4) entspricht.

4. Übertragung von Signalen durch lineare konstante Systeme

4.1 Antwort und Grundantwort

Wir betrachten ein *System* S mit einem *Eingang* und einem *Ausgang*. Es kann sich hierbei um ein rein elektrisches System handeln oder auch um ein System wesentlich allgemeineren Typs. Am Eingang werde S ein Signal x zugeführt, und das dadurch am Ausgang entstehende Signal sei y. Sowohl x als auch y fassen wir als Zeitfunktionen auf und wir schreiben daher auch $x = x(t)$ bzw. $y = y(t)$. Im elektrischen Fall sind diese Signale z.B. Spannungen oder Ströme. Da es aber auf genaue Angaben etwa von Klemmenpaaren und Toren nicht ankommt, verwenden wir die in Bild 4.1.1 gezeigte allgemeine Darstellung. Für x und y benutzen wir auch die Bezeichnung *Eingangs-* bzw. *Ausgangssignal* oder auch *Erregung* bzw. *Antwort*.

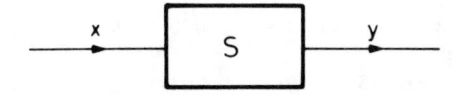

Bild 4.1.1: Symbolische Darstellung eines Systems S mit Eingangssignal x und Ausgangssignal y.

Selbstverständlich liegt jeder mathematischen Beschreibung eines physikalischen Objekts ein sogenanntes *Modell* zugrunde. Dieses Modell wird in gewissem Sinne durch die benutzten mathematischen Beziehungen definiert, weshalb es auch genauer als *mathematisches Modell* bezeichnet wird. Allerdings kann selbst bei noch so detaillierter mathematischer Beschreibung ein solches Modell nur eine Näherung der physikalischen Realität darstellen, wenngleich auch gegebenenfalls die erreichbare Präzision sehr groß sein kann. In der Praxis muß man das Modell sowohl hinreichend einfach als auch ausreichend detailliert wählen. Es muß nämlich sichergestellt sein, daß einerseits die vorzunehmenden Untersuchungen nicht unnötig kompliziert und möglicherweise sogar überhaupt nicht mehr durchführbar werden, andererseits aber alle relevanten Eigenschaften mit ausreichender Genauigkeit erfaßt werden. Unter einem System ist in diesem Text stets ein Modell in dem genannten Sinn zu verstehen.

Der Begriff der Antwort y eines Systems auf eine Erregung x bedarf noch der Präzisierung. Hierzu bemerken wir zunächst, daß S üblicherweise eine Fülle von Bauteilen umfaßt, die in der Lage sind, Energie zu speichern. Im elektrischen Fall sind dies nicht nur Induktivitäten und Kapazitäten, sondern z.B. auch der Raum in Kabeln oder zwischen Sende- und Empfangsantennen, in denen elektromagnetische Felder aufgebaut werden können. Den einzelnen Energiespeichern sind bestimmte Feldgrößen wie Ströme (in

4.1 Antwort und Grundantwort

Induktivitäten), Spannungen (über Kapazitäten), elektrische und magnetische Feldstärken, gegebenenfalls entsprechende mechanische Größen usw. zugeordnet, durch die der Zustand des jeweilgen Energiespeichers festgelegt ist. Alle diese Feldgrößen zusammen beschreiben den sogenannten *Zustand* des Systems.

Insgesamt kann S also auf außerordentlich komplexe Weise beschrieben sein, z.B. unter Benutzung von gewöhnlichen (algebraischen usw.) Gleichungen und gewöhnlichen oder partiellen Differentialgleichungen sowie gegebenenfalls Differenzengleichungen. Hierdurch werden insbesondere diejenigen Feldgrößen erfaßt, durch die der Zustand des Systems festgelegt wird. Sind dieser Zustand sowie das Eingangssignal bekannt, so lassen sich auch alle anderen Feldgrößen, die sich nicht notwendigerweise auf Energiespeicher beziehen, berechnen. Insbesondere ist damit auch das Ausgangssignal bekannt. Sind alle Energiespeicher entladen, so sagen wir, das System befinde sich im *Ruhezustand*, auch *Grundzustand* genannt. Man kann Eingangs- und Ausgangssignal auch als *externe Signale* bezeichnen, die im Innern von S auftretenden Feldgrößen jedoch als *interne Signale*.

Durch Lösen der erwähnten Gleichungen kann für ein gegebenes $x(t)$ das zugehörige $y(t)$ berechnet werden. Zur eindeutigen Bestimmung von $y(t)$ sind dabei selbstverständlich auch gewisse *Anfangswerte* zu berücksichtigen, die ja durch die Anfangszustände in den erwähnten Energiespeichern, also durch den *Anfangszustand* des Systems festgelegt werden. Insgesamt ergibt sich dadurch zwischen $x(t)$ und $y(t)$ ein Funktionalzusammenhang, der durch einen (gegebenenfalls sehr allgemeinen) Operator beschrieben werden kann. Dieser ist vom Anfangszustand des Systems abhängig, ansonsten aber durch die erwähnten Gleichungen eindeutig bestimmt. Zur eindeutigen Festlegung des Zusammenhangs zwischen $x(t)$ und $y(t)$ kann statt des Anfangszustandes allerdings auch der Zustand zu einem beliebigen späteren Zeitpunkt gewählt werden. Dies läuft darauf hinaus, an Stelle des vorhin erwähnten Operators einen entsprechend modifizierten Operator zu betrachten.

Offensichtlich gehen wir bei unseren Betrachtungen unter anderem davon aus, daß das System irgendwann kreiert worden ist, also seit einem bestimmten endlichen Anfangszeitpunkt t_A bereits mit Sicherheit vorliegt und z.B. durch den zunächst erwähnten Operator beschrieben wird. Wir können diese Überlegungen als *Gedankenexperiment* weiterführen und uns den erwähnten Zeitpunkt als beliebig weit in der Vergangenheit zurückliegend denken, so daß wir in unserer Modellbetrachtungen gegebenenfalls den Grenzübergang $t_A \to -\infty$ vornehmen dürfen.

Jedes physikalische System ist *kausal*. Dies bedeutet insbesondere, daß zu einem beliebig herausgegriffenen Zeitpunkt t_1 sein Zustand und damit auch $y(t_1)$ unabhängig sind vom Verlauf von $x(t)$ für $t > t_1$. Diese Eigenschaft muß also stets als erfüllt angenommen werden. Wir werden später noch einmal darauf zurückkommen, möchten aber schon jetzt betonen, daß die Kausalität zwar wichtige Konsequenzen hat für die Beschreibung des

Zusammenhangs zwischen $x(t)$ und $y(t)$, nicht jedoch notwendigerweise für die ursprünglichen Gleichungen, durch die das System beschrieben ist. Dies gilt zumindest dann, wenn es sich bei diesen Gleichungen um Differentialgleichungen (unter Einschluß gewöhnlicher Gleichungen) handelt. (Anders ist die Situation etwa bei Vorhandensein von Differenzengleichungen.)

Ferner nehmen wir an, daß S *quellenfrei* ist in dem Sinne, daß in der mathematischen Modellbeschreibung keine Quellen (manchmal zur eindeutigen Unterscheidung auch *unabhängige* Quellen genannt) vorhanden sind. (Die tatsächlich zur Stromversorgung usw. benötigten Quellen werden bei dieser Beschreibung bekanntlich dadurch eliminiert, daß für die entsprechenden (elektronischen) Bauelemente Arbeitspunkte eingestellt und die benötigten Gleichungen in solcher Form aufgestellt werden, daß für die einzelnen Spannungen und Ströme usw. nur noch das Verhalten bezogen auf den jeweiligen Arbeitspunkt zu berücksichtigen ist.) Unter diesen Umständen können wir folgendes als gesichert oder, genauer gesagt, sogar als die eigentliche *Definition* der *Quellenfreiheit* ansehen: Für das System S gibt es eine Lösung, bei der für alle $t \geq t_A$ die Beziehungen $x(t) = y(t) = 0$ gelten und S sich ununterbrochen im Ruhezustand befindet. Es sei ausdrücklich betont, daß es sich hierbei um eine eindeutige mathematische Feststellung handelt, die sich an Hand der dem Modell zugrundeliegenden Gleichungen verifizieren läßt. Störerscheinungen, die durch diese Gleichungen nicht erfaßt werden, bleiben selbstverständlich außer Betracht.

Wir wollen jetzt das weiter oben erwähnte Gedankenexperiment präzisieren. Offensichtlich können wir annehmen, daß es einen endlichen Zeitpunkt $t_0 \geq t_A$ gibt derart, daß

$$x(t) = 0 \quad \text{für} \quad t_A \leq t \leq t_0 \tag{4.1.1}$$

gilt und darüber hinaus S sich in dem in (4.1.1) angegebenen Zeitintervall im Ruhezustand befindet. Für $t > t_0$ verlaufe $x(t)$ jedoch beliebig, während wir andererseits annehmen wollen, daß der Grenzübergang $t_A \to -\infty$ ausgeführt ist, somit also auch $t_0 > t_A$ ist. Die sich ergebende Antwort $y(t)$ ist für alle t definiert. Wir bezeichnen dieses $y(t)$ als die *Grundantwort* des Systems auf die Erregung $x(t)$. Es gilt natürlich $y(t) = 0$ für $t < t_0$. Den Zusammenhang zwischen Erregung $x(t)$ und Grundantwort $y(t)$ stellen wir symbolisch durch

$$x \to y \quad \text{bzw.} \quad x(t) \to y(t) \tag{4.1.2}$$

dar. Die einzige weitere Annahme, die wir bei diesen Betrachtungen bezüglich $x(t)$ machen müssen, ist, daß diese Funktion ausreichend glatt ist, also sie selbst und ihre Ableitungen auch zum Zeitpunkt t_0 keine Sprungstellen aufweisen, durch die die Lösung der vorliegenden Gleichung nicht mehr ohne weiteres bestimmt werden kann. (Auf die Möglichkeit, im Falle der Verletzung dieser Annahme — zumindest unter noch zu spezifizierenden Voraussetzungen — auf Interpretationen von $x(t)$ und $y(t)$ als verallgemeinerte Funktionen

4.1 Antwort und Grundantwort

zurückzugreifen, wollen wir erst später eingehen.) Übrigens kann man statt der Bezeichnung "Grundantwort" auch einfach "Antwort" benutzen, zumal wenn klar ist, daß es sich eigentlich um die Grundantwort handelt.

Läßt sich für ein vorliegendes $x(t)$ kein t_0 angeben derart, daß (4.1.1) gilt, so ist die Grundantwort zunächst nicht definiert. Wir ersetzen daher in diesem Fall $x(t)$ durch

$$x_0(t,t_0) = x(t)\,u(t-t_0); \qquad (4.1.3)$$

hierbei gelte für die Funktion $u(t)$, daß sie für $t < 0$ gleich null ist, dann in einem beliebig schmalen, vom Punkt $t = 0$ ausgehenden Intervall (Übergangsintervall) monoton von 0 auf 1 ansteigt und anschließend gleich 1 bleibt (Bild 4.1.2). Dieses Übergangsintervall erstreckt sich also von 0 bis zu einem Zeitpunkt $t_1 > 0$, und der Anstieg in diesem Intervall sei hinreichend glatt in dem schon zuvor benutzten Sinn. Vielfach wird man für $u(t)$ auch einfach den in Abschnitt 2.3 eingeführten Einheitssprung nehmen dürfen (siehe auch Abschnitt 4.4). Offensichtlich folgt in jedem Fall aus (4.1.3)

$$x(t) = \lim_{t_0 \to -\infty} x_0(t,t_0), \qquad (4.1.4)$$

und zwar für alle t.

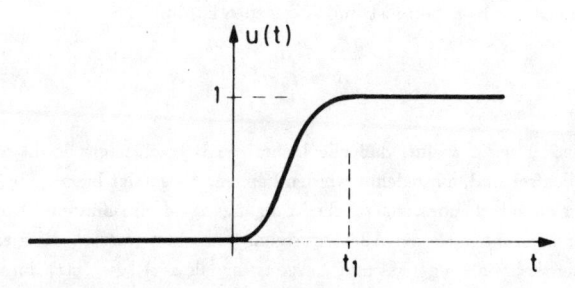

Bild 4.1.2: Verlauf der in (4.1.3) benutzten Funktion $u(t)$.

Sei dann $y_0(t,t_0)$ die Grundantwort auf die Erregung $x_0(t,t_0)$. Als Grundantwort auf $x(t)$ definieren wir die durch

$$y(t) = \lim_{t_0 \to -\infty} y_0(t,t_0) \qquad (4.1.5)$$

gegebene Funktion. Freilich ist hierbei vorausgesetzt, daß dieser Grenzübergang *konvergiert* in dem Sinne, daß tatsächlich eine Funktion $y(t)$ *existiert*, die durch (4.1.5) gegeben ist, und daß diese eindeutig, also unabhängig ist von den offengebliebenen Details des Verlaufs von $u(t)$ im Intervall $[0,t_1]$ (also auch durch einen eventuellen Grenzübergang

4. Übertragung von Signalen durch lineare konstante Systeme

$t_1 \to 0$ nicht beeinflußt wird). Für den Zusammenhang zwischen $x(t)$ und Grundantwort $y(t)$ verwenden wir weiterhin die symbolische Darstellung (4.1.2).

Sei jetzt $x(t)$ ein Signal, das *beschränkt* ist in dem Sinne, daß es für jedes $t' < \infty$ eine Konstante $M < \infty$ gibt derart, daß

$$|x(t)| \le M \quad \forall\, t \le t' \qquad (4.1.6)$$

zutrifft. Falls für jedes $x(t)$, das (4.1.6) genügt, die vorhin angesprochene Existenz eines $y(t)$ (wobei wir unter "Existenz" selbstverständlich auch die erwähnte Eindeutigkeit verstehen) zutrifft, sagen wir auch, S sei *streng stabil*. Man beachte, daß M zwar eine Konstante ist bezüglich t, wohl aber von t' abhängen kann, wir also $M = M(t')$ schreiben können, und daß sogar $\lim_{t' \to \infty} M(t') = \infty$ nicht ausgeschlossen ist.

Ergänzend sei darauf hingewiesen, daß die in (4.1.3) benutzte Funktion $u(t)$ in der Tat stets so gewählt werden kann, daß sie auch bezüglich beliebig hoher Ableitungen überall stetig ist. Ein Beispiel einer solchen Funktion ist

$$u(t) = \frac{1}{K} \int_{-\infty}^{t} e^{\alpha/t(t-t_1)} \cdot \text{rect}\left(\frac{2t-t_1}{t_1}\right) \cdot dt$$

wo α eine positive Konstante ist und K gegeben ist durch

$$K = \int_{0}^{t_1} e^{\alpha/t(t-t_1)} dt.$$

Schließlich sei erwähnt, daß alle bisherigen Betrachtungen leicht auf Systeme, die nicht quellenfrei sind, ausgedehnt werden können. Es genügt hierzu, für jede vorhandene Quelle ein entsprechendes zusätzliches Eingangssignal einzuführen. Unabhängig davon kann aber auch mehr als ein Ausgangssignal betrachtet werden. Dies alles läuft darauf hinaus, die skalaren Eingangs- und Ausgangssignale $x(t)$ bzw. $y(t)$ durch entsprechende vektorielle Signale $\mathbf{x}(t)$ bzw. $\mathbf{y}(t)$ zu ersetzen. Wenngleich dies auch keine nennenswerten Schwierigkeiten bringt, werden wir in den einführenden Abschnitten von einer solchen Verallgemeinerung absehen, diese jedoch später in Abschnitt 4.9 kurz erläutern.

4.2 Lineare konstante Systeme

Wir betrachten quellenfreie Systeme, die *linear* und *konstant* sind. Statt konstant wird auch die Bezeichnung *zeitunabhängig* benutzt. Unter *Linearität* verstehen wir, daß die beiden folgenden Eigenschaften erfüllt sind: Erstens, wenn $x_1(t)$ und $x_2(t)$ gegeben sind und

$$x_1(t) \to y_1(t), \qquad x_2(t) \to y_2(t) \tag{4.2.1}$$

gilt, dann folgt hieraus

$$x_1(t) + x_2(t) \to y_1(t) + y_2(t). \tag{4.2.2}$$

Zweitens, aus (4.1.2) folgt

$$A\,x(t) \to A\,y(t), \tag{4.2.3}$$

wo A eine beliebige reelle Konstante ist. Unter *Konstanz* (*Zeitunabhängigkeit*) hingegen verstehen wir, daß aus (4.1.2) auch

$$x(t - t_0) \to y(t - t_0) \tag{4.2.4}$$

folgt, wo t_0 eine beliebige reelle Konstante ist. Die Forderungen der Linearität und Konstanz stellen *Postulate* dar, deren Gültigkeit wir jetzt voraussetzen werden.

Man beachte, daß aus (4.2.3) für $A = 0$ auch folgt, daß die Erregung $x(t) \equiv 0$ die Antwort $y(t) \equiv 0$ hervorruft, was in der Tat mit der Forderung nach Quellenfreiheit kompatibel ist. Außer wenn ausdrücklich etwas anderes gesagt wird, wollen wir — in Übereinstimmung mit der auch in der sonstigen Literatur üblichen Bezeichnungsweise — unter einem System stets ein solches verstehen, das quellenfrei ist (was nicht bedeutet, daß es manchmal nicht dennoch zweckmäßig sein wird, die Quellenfreiheit explizit zu betonen). Systeme, die nicht quellenfrei sind, lassen sich in der Praxis auf Systeme mit mehr als einem Eingang zurückführen (vgl. Abschnitt 4.9).

Bisher haben wir implizit vorausgesetzt, daß alle auftretenden Signale reelle Funktionen der Zeit sind. Wir sprechen daher auch von einem *reellen System S*. Auch bei einem reellen System können wir jedoch ein komplexes Eingangssignal $x(t)$ und ein komplexes Ausgangssignal $y(t)$ betrachten, also

$$x(t) = x'(t) + jx''(t), \quad y(t) = y'(t) + jy''(t), \tag{4.2.5a,b}$$

wo $x'(t), x''(t), y'(t)$ und $y''(t)$ reelle Funktionen sind. Insbesondere bezeichnen wir $y(t)$ als die zu $x(t)$ gehörige Grundantwort, wenn $y'(t)$ und $y''(t)$ durch

$$x'(t) \to y'(t), \quad x''(t) \to y''(t) \tag{4.2.6}$$

112   *4. Übertragung von Signalen durch lineare konstante Systeme*

definiert sind. Den Zusammenhang zwischen $x(t)$ und $y(t)$ stellen wir weiterhin durch (4.1.2) dar, also detaillierter geschrieben durch

$$x'(t) + jx''(t) \to y'(t) + jy''(t).$$

Man beachte, daß (4.2.6) auch in der Form

$$\operatorname{Re} x(t) \to \operatorname{Re} y(t), \quad \operatorname{Im} x(t) \to \operatorname{Im} y(t) \tag{4.2.7}$$

dargestellt werden kann.

Wenn die durch (4.2.2) bis (4.2.4) ausgedrückten Zusammenhänge für reelle Signale erfüllt sind, bleiben sie auch für komplexe Signale gültig, wobei dann auch A komplex sein darf. Um dies zu zeigen, betrachten wir zunächst zwei komplexe Signale

$$x_1(t) = x_1'(t) + jx_1''(t), \quad x_2(t) = x_2'(t) + jx_2''(t) \tag{4.2.8}$$

wo x_1', x_1'', x_2' und x_2'' reelle Funktionen sind, und es gelte

$$x_1(t) \to y_1(t), \quad x_2(t) \to y_2(t).$$

Hierbei können y_1 und y_2 gemäß

$$y_1(t) = y_1'(t) + jy_1''(t), \quad y_2(t) = y_2'(t) + jy_2''(t), \tag{4.2.9}$$

geschrieben werden, wo y_1', y_1'', y_2' und y_2'' wiederum reelle Funktionen sind. Durch Anwendung von (4.2.2) auf x_1', x_2', y_1' und y_2' sowie auf x_1'', y_2'', y_1'' und y_2'' erhalten wir aber

$$x_1' + x_2' \to y_1' + y_2', \quad x_1'' + x_2'' \to y_1'' + y_2'',$$

und damit

$$(x_1' + x_2') + j(x_1'' + x_2'') \to (y_1' + y_2') + j(y_1'' + y_2''),$$

wegen (4.2.8) und (4.2.9) also in der Tat auch

$$x_1 + x_2 \to y_1 + y_2.$$

Sei als nächstes

$$A = A' + jA'', \tag{4.2.10}$$

wo A' und A'' reelle Konstanten sind, und seien x und y wiederum wie in (4.2.5) gegeben, mit $x \to y$. Es gilt

$$Ax = (A'x' - A''x'') + j(A'x'' + A''x'). \tag{4.2.11}$$

Anwendung von (4.2.2) und (4.2.3) auf die in (4.2.11) stehenden reellen Klammerausdrücke sowie Berücksichtigung von (4.2.6) ergibt

$$(A'x' - A''x'') \to (A'y' - A''y''),$$

$$(A'x'' + A''x') \to (A'y'' + A''y'),$$

und damit

$$(A'x' - A''x'') + j(A'x'' + A''x') \to (A'y' - A''y'') + j(A'y'' + A''y'),$$

was also unter Berücksichtigung von (4.2.5) und (4.2.10) auch in der Form (4.2.3) geschrieben werden kann.

Weiterhin folgt die Gültigkeit von (4.2.4) im Falle komplexer Signale einfach aus

$$x(t - t_0) = x'(t - t_0) + jx''(t - t_0) \to y'(t - t_0) + jy''(t - t_0) = y(t - t_0).$$

Selbstverständlich ist t_0 hierbei wiederum eine beliebige reelle Konstante.

Wenn S streng stabil ist, existiert $y(t)$ nicht nur für alle reellen Eingangssignale, die im obigen Sinne (vgl. (4.1.6)) beschränkt sind, sondern auch für alle entsprechend beschränkten komplexen $x(t)$. Dies ergibt sich aus der Tatsache, daß aus $|x(t)| \leq M$ auch $|x'(t)| \leq M$ und $|x''(t)| \leq M$ folgt. Strenge Stabilität beinhaltet damit, daß sowohl $y'(t)$ als auch $y''(t)$ existieren und folglich auch $y(t)$.

Die obigen Postulate der Linearität und Zeitunabhängigkeit sind offensichtlich erfüllt, wenn das System auf die übliche Weise etwa durch gewöhnliche oder partielle lineare Differentialgleichungen mit konstanten Koeffizienten usw. beschrieben wird. Wenn diese Gleichungen vorliegen, kann man sie auch formal lösen, indem für alle Signale, also nicht nur für $x(t)$ und $y(t)$, sondern auch für alle internen Signale komplexe Funktionen angesetzt werden. Durch Lösen der Gleichungen erhält man dann schließlich die komplexe Funktion $y(t)$ in Abhängigkeit der komplexen Funktion $x(t)$. Für die so gefundene Funktion $y(t)$ gilt genau der durch (4.2.7) ausgedrückte Zusammenhang. Der Grund hierfür ist, daß die erwähnten Gleichungen des Systems S linear sind und nur reelle Koeffizienten beinhalten. Auf diesem Prinzip beruht insbesondere die bekannte Methode der *komplexen Wechselstromrechnung*.

Es sei noch kurz erwähnt, daß man neben den hier betrachteten reellen Systemen auf geeignete Weise auch *komplexe Systeme* definieren kann. Bei diesen haben wir tatsächlich zwei getrennte Eingänge und zwei getrennte Ausgänge. Seien $x_1(t)$ und $x_2(t)$ bzw. $y_1(t)$ und $y_2(t)$ die beiden zugehörigen reellen Eingangs- bzw. Ausgangssignale. Man kann diese gemäß

$$x(t) = x_1(t) + jx_2(t), \quad y(t) = y_1(t) + jy_2(t) \qquad (4.2.12)$$

zu einem komplexen Eingangssignal $x(t)$ bzw. einem komplexen Ausgangssignal $y(t)$ zusammenfassen. Es braucht dann aber keineswegs mehr der Zusammenhang (4.2.7) zu gelten. Allerdings wollen wir uns hier nicht weiter mit diesen Fragen befassen, sondern uns wie zuvor auf reelle Systeme beschränken. Es mögen die Hinweise genügen, daß die Natur der soeben eingeführten komplexen Signale eine andere ist als diejenige der Signale, die wir im Zusammenhang mit (4.2.5) bis (4.2.7) betrachtet haben, daß man gegebenenfalls durch entsprechende Paarbildungen auch alle internen Signale zu komplexen Signalen zusammenfassen kann, daß sich hierdurch starke Vereinfachungen bei der Durchführung der Rechnungen ergeben können und daß selbstverständlich die Antwort eines reellen Systems auf ein reelles Signal stets reell ist.

Außer wenn ausdrücklich etwas anderes gesagt ist, werden wir im weiteren unter einem System stets ein solches verstehen, das linear und konstant und selbstverständlich reell ist.

4.3 Berechnung der Grundantwort durch Betrachtung des Frequenzbereichs

4.3.1 Berechnung bei streng stabilen Systemen

Wir betrachten ein streng stabiles System und wählen zunächst ein komplexes Eingangssignal der Form

$$x(t) = e^{j\omega t}. \qquad (4.3.1)$$

Da die im Zusammenhang mit (4.1.6) diskutierte Forderung erfüllt ist, existiert hierzu die Grundantwort $y(t)$. Für diese folgt aus (4.2.4)

$$e^{j\omega(t-t_0)} \to y(t-t_0).$$

Andererseits ist aber $e^{j\omega(t-t_0)} = e^{-j\omega t_0} e^{j\omega t}$, also mit $A = e^{-j\omega t_0}$ wegen (4.2.3) auch

$$e^{j\omega(t-t_0)} \to e^{-j\omega t_0} y(t)$$

und damit

$$y(t-t_0) = e^{-j\omega t_0} y(t).$$

Diese Beziehung gilt für alle t und alle t_0. Wir dürfen also insbesondere $t = 0$ wählen und anschließend t_0 durch $-t$ ersetzen. Dies ergibt

$$y(t) = y(0) e^{j\omega t}$$

und damit, wenn A jetzt eine beliebige komplexe Konstante bedeutet, wegen (4.2.3) auch allgemeiner

$$A e^{j\omega t} \to A y(0) e^{j\omega t}. \qquad (4.3.2)$$

4.3 Berechnung der Grundantwort durch Betrachtung des Frequenzbereichs

Die zeitunabhängige Größe $y(0)$ ist im allgemeinen natürlich komplex und außerdem abhängig von ω, jedoch unabhängig von A. Statt $y(0)$ schreiben wir daher auch $H(j\omega)$, wodurch sich (4.3.2) in der Form

$$A e^{j\omega t} \to A H(j\omega) e^{j\omega t} \qquad (4.3.3)$$

ausdrücken läßt. Die Funktion $H = H(j\omega)$ ist nicht nur unabhängig von t, sondern auch von A und ist eine charakteristische Größe des betrachteten streng stabilen Systems.

Statt (4.3.1) kann man auch

$$x(t) = e^{pt}$$

mit

$$p = \sigma + j\omega, \quad \sigma = \operatorname{Re} p \geq 0$$

als Eingangssignal wählen. Wegen der strengen Stabilität existiert dann noch immer die zugehörige Grundantwort $y(t)$, und man findet auf die gleiche Weise wie zuvor, daß

$$A e^{pt} \to A H(p) e^{pt} \qquad (4.3.4)$$

gilt. Die Funktion $H(p)$ ist somit durch (4.3.4) auf jeden Fall für alle p mit $\operatorname{Re} p \geq 0$ eindeutig festgelegt; durch analytische Fortsetzung kann sie gegebenenfalls auf die ganze komplexe Ebene ausgedehnt werden. Wenn wir insbesondere p und A reell wählen ($p \geq 0$), ist die Erregung eine reelle Funktion der Zeit, und das gleiche muß dann für die Antwort zutreffen. Aus (4.3.4) folgt daher auch, daß $H(p)$ eine reelle Funktion ist, d.h., daß $H(p)$ reell ist für p reell.

Es sei an dieser Stelle daran erinnert, wie wir in Abschnitt 4.1 bei der Definition der Grundantwort vorgegangen waren, insbesondere daran, daß wir von einem Zeitpunkt t_0 ausgegangen waren, den wir anschließend gegen $-\infty$ hatten gehen lassen, daß wir gewisse Hilfssignale $x_0(t, t_0)$ und $y_0(t, t_0)$ benutzt hatten und daß wir für diese geeignete Annahmen gemacht hatten. In Anbetracht der Art und Weise, wie wir dies getan hatten, erweist sich der rechts in (4.3.3) bzw. (4.3.4) stehende Ausdruck als äquivalent mit der als *eingeschwungener Zustand* bezeichneten Lösung, wie sie etwa aus der Theorie der Schaltungen bekannt ist. Folglich ist $H(j\omega)$ bzw. $H(p)$ eine Funktion desjenigen Typs, für den in der Schaltungstheorie Bezeichnungen wie *Wirkungsfunktion* oder spezieller auch *Übertragungsfunktion* benutzt werden. Da in diesem Text stets der Übertragungsaspekt im Vordergrund steht, werden wir die zweite dieser Bezeichnungen vorziehen. In der Literatur wird auch der Ausdruck *Systemfunktion* verwendet.

Weiterhin sei daran erinnert, daß es in der Schaltungstheorie usw. bei Vorliegen geeigneter Stabilitätseigenschaften überhaupt nicht auf die Kenntnis des Anfangszustands ankommt, um den eingeschwungenen Zustand festzulegen. Der Anfangszustand braucht also keineswegs der Ruhezustand zu sein, denn der Einfluß des Anfangszustands verschwindet für $t_0 \to -\infty$ (üblicherweise sogar exponentiell). Hierdurch läßt sich auch zeigen, daß die durch die rechte Seite in (4.3.3) bzw. (4.3.4) gegebene Antwort in der Tat unabhängig ist von den offengebliebenen Details der in Abschnitt 4.1 verwendeten Funktion $u(t)$, wie wir dies gefordert hatten.

Zu den wichtigsten Wirkungsfunktionen, die in der Schaltungstheorie usw. betrachtet werden, gehören Impedanzen und Admittanzen sowie die Elemente der Impedanz-, Admittanz-, Hybrid- und Streumatrizen von Zwei- und Mehrtoren. Bei Systemen aus endlich vielen konzentrierten Bauelementen (d.h. bei Systemen, die mit endlich vielen gewöhnlichen Differentialgleichungen beschrieben werden), sind die auftretenden Wirkungsfunktionen bekanntlich stets reell und rational in p. Außerdem können sie dann sehr einfach berechnet werden, etwa mit Hilfe der komplexen Wechselstromrechnung. Wenn alle Eigenschwingungen abklingen, haben sie keine Pole für $\mathrm{Re}\, p \geq 0$.

Als besonders elementares Beispiel betrachten wir die in Bild 4.3.1 gezeigte einfache Schaltung. Dort sei $x(t)$ die Urspannung der Quelle und $y(t)$ die Spannung über dem Widerstand R. Dann ist die zugehörige Wirkungsfunktion $H(p)$ offensichtlich gegeben durch

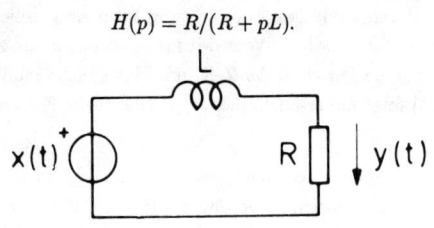

$$H(p) = R/(R + pL).$$

Bild 4.3.1: Einfache Schaltung mit Eingangssignal $x(t)$ und Ausgangssignal $y(t)$.

Allgemeiner läßt sich sagen, daß die Übertragungsfunktion $H(p)$ eines streng stabilen Systems S folgende Eigenschaften besitzt:

1. $H(p)$ ist eine eindeutige analytische Funktion in p.
2. $H(p)$ ist reell für p reell (da S reell ist).
3. $H(p)$ hat keine Singularitäten für $\mathrm{Re}\, p \geq 0$.

Wie erwähnt, gelten diese Eigenschaften bei Systemen aus konzentrierten Bauelementen. Sie gelten auch für die üblicherweise bekannten Systeme mit verteilten Elementen (z.B. bei Übertragung durch Leitungen) bzw. darüber hinaus für Systeme endlicher Ausdehnung, die allgemeine Wellenfelder umfassen (z.B. akustische oder elektromagnetische Wellenfelder). Damit gelten sie ebenfalls für umfassendere Systeme, die aus Teilsystemen der soeben erwähnten Arten aufgebaut sind. Statt eines Beweises für allgemeine Systeme soll uns an dieser Stelle zum einen der Hinweis auf die im Anschluß an (4.3.4) diskutierten Ergebnisse, zum anderen der heuristische Hinweis genügen, daß wir allgemeinere Systeme mit beliebiger Genauigkeit als Kombination einer hinreichenden Anzahl solcher Teilsysteme auffassen können (vgl. jedoch Abschnitt 6.4).

Als nächstes betrachten wir ein Signal $x(t)$, das periodisch ist mit der Periode T, d.h., für das es eine Konstante T gibt derart, daß

$$x(t+T) = x(t) \quad \forall t \tag{4.3.5}$$

gilt. Wir können dann $x(t)$ in eine Fourierreihe gemäß

$$x(t) = \sum_{n=-\infty}^{\infty} X_n e^{jn\Omega t}, \quad \Omega = 2\pi/T \tag{4.3.6}$$

zerlegen, mit

$$X_n = \frac{1}{T} \int_{-T/2}^{T/2} x(t) e^{-jn\Omega t} dt.$$

Durch Anwenden der Linearität (vgl. (4.2.2) und (4.2.3)) folgt daher wegen (4.3.3) für die Grundantwort eines streng stabilen Systems auf das durch (4.3.6) gegebene Eingangssignal $x(t)$

$$y(t) = \sum_{n=-\infty}^{\infty} X_n H(jn\Omega) e^{jn\Omega t}. \tag{4.3.7}$$

Sei schließlich $x(t)$ ein allgemeines Signal mit einer Fouriertransformierten $X(j\omega)$, also $x(t) \circ\!\!-\!\!\bullet X(j\omega)$, d.h.,

$$x(t) = \frac{1}{2\pi} \int_{-\infty}^{\infty} X(j\omega) e^{j\omega t} d\omega, \quad X(j\omega) = \int_{-\infty}^{\infty} x(t) e^{-j\omega t} dt. \tag{4.3.8 a, b}$$

Da eine mathematisch und physikalisch voll befriedigende Herleitung den Rahmen dieses Textes übersteigt, wollen wir heuristisch vorgehen und (4.3.8a) entsprechend (3.3.6) in der Form

$$x(t) = \lim_{\Delta\omega \to 0} \sum_{\omega} \left[\frac{1}{2\pi} X(j\omega) \Delta\omega \right] e^{j\omega t} \tag{4.3.9}$$

schreiben. Wenden wir hierauf wiederum die Linearitätseigenschaften (4.2.2) und (4.2.3) an, so folgt für die Grundantwort eines streng stabilen Systems auf das durch die Summe in (4.3.9) gegebene Signal wegen (4.3.3)

$$\sum_{\omega} \left[\frac{1}{2\pi} X(j\omega) \cdot \Delta\omega \right] e^{j\omega t} \rightarrow \sum_{\omega} \left[\frac{1}{2\pi} X(j\omega) H(j\omega) \Delta\omega \right] e^{j\omega t},$$

118   *4. Übertragung von Signalen durch lineare konstante Systeme*

also auch, wenn wir auf beiden Seiten dieses Ausdrucks den in (4.3.9) stehenden Grenzübergang vornehmen,

$$x(t) \to \lim_{\Delta\omega \to 0} \sum_{\omega} \left[\frac{1}{2\pi} X(j\omega) H(j\omega) \Delta\omega\right] e^{j\omega t}.$$

Für die Grundantwort $y(t)$ erhalten wir also schließlich

$$y(t) = \frac{1}{2\pi} \int_{-\infty}^{\infty} X(j\omega) H(j\omega) e^{j\omega t} d\omega. \tag{4.3.10}$$

Andererseits kann aber $y(t)$ auf eindeutige Weise durch seine Fouriertransformierte $Y(j\omega)$ gemäß

$$y(t) = \frac{1}{2\pi} \int_{-\infty}^{\infty} Y(j\omega) e^{j\omega t} d\omega \tag{4.3.11}$$

dargestellt werden. Durch Vergleich mit (4.3.10) ergibt sich somit

$$Y(j\omega) = H(j\omega) X(j\omega). \tag{4.3.12}$$

Diese grundlegende Beziehung besagt also, daß bei einem streng stabilen System die Fouriertransformierte der Grundantwort gleich dem Produkt der Fouriertransformierten des Eingangssignals mit der Übertragungsfunktion ist. Da $H(j\omega)$ häufig vergleichsweise einfach bestimmt werden kann, kann dann bei bekanntem $X(j\omega)$ auch $Y(j\omega)$ sehr einfach gewonnen werden.

Es sei darauf hingewiesen, daß zur Auswertung des Integrals (4.3.10) häufig auf bestehende Formelsammlungen zurückgegriffen werden kann. Dies braucht zwar nicht unmittelbar der Fall zu sein, gegebenenfalls jedoch wohl, wenn es gelingt, die durch (4.3.12) gegebene Funktion $Y(j\omega)$ in eine geeignete Summe von hinreichend einfachen Teilfunktionen zu zerlegen. Eine andere Möglichkeit besteht darin, (4.3.10) durch einen gleichwertigen Ausdruck in Abhängigkeit der komplexen Frequenz p zu ersetzen, also mit $p = j\omega$ und $dp = j d\omega$ durch

$$y(t) = \frac{1}{2\pi j} \int_{-j\infty}^{j\infty} X(p) H(p) e^{pt} dp. \tag{4.3.13}$$

Ein solches Integral kann seinerseits durch Rechnung in der komplexen p-Ebene ausgewertet werden (Bild 4.3.2), gegebenenfalls dadurch, daß der Integrationsweg, der zunächst entlang der $j\omega$-Achse verläuft, durch einen entweder ganz in der linken oder ganz in der rechten Halbebene gelegenen Halbkreis mit hinreichend großem Radius ergänzt wird. Häufig verschwindet der dadurch hinzutretende Beitrag im ersten Fall für $t > 0$ und im zweiten Fall für $t < 0$. Dies läßt sich z.B. unter einigen sehr allgemeinen Voraussetzungen mit Hilfe des sogenannten Jordanschen Lemmas nachprüfen, worauf wir aber an dieser

Stelle nicht eingehen wollen. Jedenfalls läßt sich vielfach auf diese Weise die Auswertung von (4.3.13) und damit letztlich die Berechnung von (4.3.10) auf eine Residuenrechnung zurückführen. Selbstverständlich hätten wir entsprechende Betrachtungen bereits früher direkt im Anschluß an (3.3.8) vornehmen können.

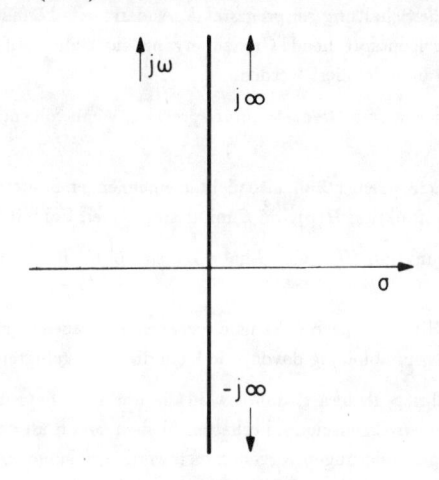

Bild 4.3.2: Darstellung des Integrationswegs zur Auswertung von (4.3.13).

4.3.2 Grenzstabile Systeme

In den bisherigen Betrachtungen war es nicht erforderlich, bei dem Begriff der Übertragungsfunktion eine weitergehende Unterscheidung vorzunehmen, da die durch (4.3.3) bzw. (4.3.4) definierte Funktion $H(p)$ und die im Anschluß daran besprochene, etwa aus der Schaltungstheorie bekannte Funktion $H(p)$ bei streng stabilen Systemen identisch sind. Wie wir sehen werden, ist die Situation nicht mehr so einfach, wenn wir die Forderung nach strenger Stabilität fallen lassen. Wir halten aber daran fest, daß wir den Begriff der Übertragungsfunktion (Wirkungsfunktion) stets in dem Sinne verwenden, wie er etwa aus der Schaltungstheorie bekannt ist. Die einfachste Art, dort den Begriff der Wirkungsfunktion einzuführen, besteht darin, den stationären Zustand zu betrachten (vgl. auch Unterabschnitt 4.3.3).

Wie wir gesehen haben, hat die Übertragungsfunktion eines streng stabilen Systems keine Pole für Re $p \geq 0$. Bei gewissen Systemen, die in einem weiter gefaßten Sinne als stabil aufgefaßt werden können, sind jedoch auch Pole auf der $j\omega$-Achse durchaus noch zulässig, vorausgesetzt, daß diese einfach sind. Solche Pole treten z.B. in reinen Reaktanzschaltungen auf, also in passiven Schaltungen, in denen alle Verluste zu null gesetzt sind, oder auch etwa in allgemeineren passiven Schaltungen, in denen gewisse Widerstände gleich null sind. Bekanntlich können in solchen Schaltungen die Pole durch Ändern der Bauelemente sowie durch Hinzufügen von Widerständen nie in die rechte Halbebene abwandern oder auf der $j\omega$-Achse von höherer als der ersten Ordnung werden. Wir sagen daher auch, eine solche Schaltung sei *grenzstabil*. Andererseits können in solchen grenzstabilen Systemen durch entsprechende Grenzübergänge noch stets auf einwandfreie Weise eingeschwungene Zustände definiert werden.

Allgemein wollen wir von *Grenzstabilität* sprechen, wenn folgende Voraussetzungen erfüllt sind:

1. Das System S sei nicht streng stabil, also nicht in einem engen Sinne stabil. Insbesondere habe die Übertragungsfunktion $H(p)$ von S mindestens einen Pol mit Re $p = 0$.

2. Die Übertragungsfunktion $H(p)$ von S habe keinen Pol für Re $p > 0$ und keinen mehrfachen Pol für Re $p = 0$.

3. Durch geeignetes Hinzufügen von Verluste erzeugenden Bauelementen werde S streng stabil. Dies muß gelten unabhängig davon, wie klein die hinzugefügten Verluste sind.

4. Es gebe eine Zahl $\varepsilon > 0$ derart, daß sowohl die unter 2. betreffend $H(p)$ als auch die unter 3. angegebenen Eigenschaften erhalten bleiben, wenn an den in S enthaltenen Bauelementen beliebige Änderungen vorgenommen werden, solange nur die Beträge dieser Änderungen nicht größer sind als ε. (Hierbei setzen wir freilich voraus, daß ein geeignetes Maß für die Festlegung von ε gefunden werden kann.)

Zur Erläuterung sei auf folgendes verwiesen:

1. Durch Hinzufügen der oben unter 3. genannten Verluste wandern alle Pole, die zuvor auf der $j\omega$-Achse gelegen haben, in die linke Halbebene ab.

2. Bei Systemen, deren reaktive Bauelemente Induktivitäten und Kapazitäten sind, können die oben unter 3. angesprochenen Verluste durch Hinzufügen kleiner Reihenwiderstände zu den Induktivitäten sowie kleiner Parallelleitwerte zu den Kapazitäten erzeugt werden.

3. Es läßt sich zeigen, daß bei Systemen, die ausschließlich aus passiven Bauelementen bestehen, nicht jedoch streng stabil sind, die obigen Forderungen 2. bis 4. stets erfüllt sind.

4. Bei Systemen, die auch aktive Bauelemente enthalten, braucht die oben unter 4. genannte Forderung auch dann nicht erfüllt zu sein, wenn die oben unter 2. und 3. genannten Forderungen eingehalten werden.

5. Wie man auf einfache Weise zeigen kann, läßt sich z.B. die Übertragungsfunktion $H(p)$ eines nur aus passiven Bauelementen bestehenden Systems auch unter zumindest teilweiser

Verwendung von aktiven Elementen realisieren. Dies gilt ebenfalls, wenn $H(p)$ auch Pole auf der $j\omega$-Achse besitzt, doch braucht dann die oben unter 4. genannte Forderung keinesfalls erfüllt zu sein. Daraus folgt insbesondere, daß die Frage, ob ein System grenzstabil ist oder nicht, nicht durch ausschließliche Betrachtung der Übertragungsfunktion entschieden werden kann.

6. Die oben unter 2. genannte Forderung ist im allgemeinen eine direkte Folge der Forderung, die oben unter 3. aufgeführt ist.

7. In den obigen Betrachtungen sind Pole bei $p = \infty$ nicht angesprochen, insbesondere also nicht ausgeschlossen worden. (Man beachte, daß immer dann, wenn davon die Rede ist, daß ein Punkt z.B. auf der reellen p-Achse, auf der $j\omega$-Achse oder in $\operatorname{Re} p > 0$ liegt, implizit vorausgesetzt ist, daß $p \neq \infty$ gilt.)

Wir wollen noch untersuchen, wie bei grenzstabilen Systemen die Grundantwort berechnet werden kann. Sei S ein solches System und sei $H = H(p)$ die zugehörige Übertragungsfunktion. Es habe also z.B. $H(p)$ einen Pol bei $p_0 = j\omega_0$. Dann ist sicherlich Vorsicht geboten, denn selbst der Zusammenhang (4.3.3) gilt jetzt nicht mehr, wenn $\omega = \omega_0$ ist. Aus der Theorie der Schaltungen ist nämlich bekannt, daß bei Anlegen eines sinusförmigen Signals mit der Frequenz ω_0 an eine Schaltung, die bei dem gleichen ω_0 eine Eigenfrequenz besitzt, die sich ergebende Antwort einem Sinus gleicher Frequenz, jedoch mit unbegrenzt ansteigender Amplitude entspricht.

Um den durch (4.3.10) bzw. (4.3.12) gegebenen allgemeinen Zusammenhang auf den jetzigen Fall zu erweitern, wollen wir wieder in S die oben erwähnten kleinen Verluste anbringen. Hierdurch gehe S in ein System S' über, also H in eine neue Übertragungsfunktion $H' = H'(p)$. Sowohl S als auch S' werde das gleiche Eingangssignal $x(t)$ zugeführt, und die zugehörigen Ausgangssignale seien $y(t)$ bzw. $y'(t)$. Da S' streng stabil ist, gilt gemäß (4.3.13)

$$y'(t) = \frac{1}{2\pi j} \int_{-j\infty}^{j\infty} X(p) H'(p) e^{pt} dp \qquad (4.3.14)$$

Wir betrachten jetzt einen Pol, der ursprünglich in $H(p)$ bei $p_0 = j\omega_0$ gelegen hatte, beim Übergang von S auf S' jedoch nach $p_0' = \sigma_0' + j\omega_0'$ abgewandert ist, wobei notwendigerweise $\sigma_0' < 0$ gilt. Wir können dann also die Integration ausschließlich entlang der $j\omega$-Achse vornehmen (Bild 4.3.3a). Gemäß den Regeln der Funktionentheorie ändert sich der Wert von (4.3.14) nicht, wenn wir den Integrationsweg mittels eines ganz in der rechten Halbebene gelegenen Halbkreises mit Zentrum $j\omega_0$ und hinreichend kleinem Radius ρ abwandeln (Bild 4.3.3b). Wenn wir anschließend die hinzugefügten Verluste wieder gegen null gehen lassen, wird p_0' wieder gegen p_0 streben, ohne daß jetzt für die Auswertung des Integrals eine unzulässige Situation auftritt.

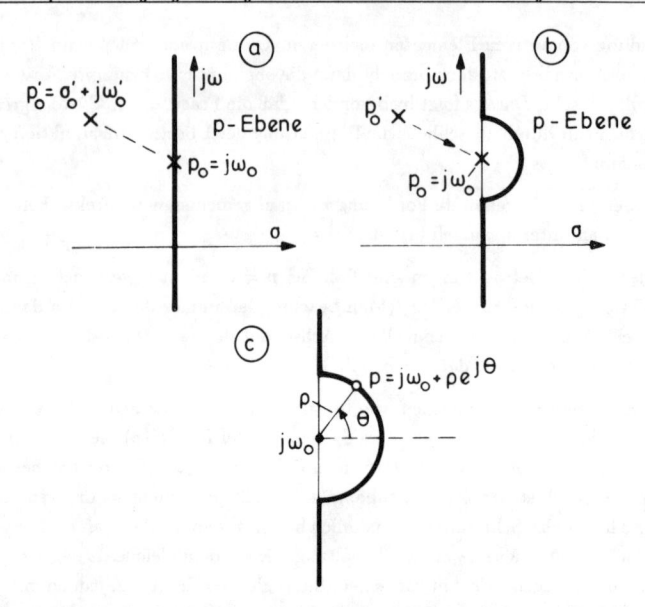

Bild 4.3.3: (a) Verlagerung eines auf dem Integrationsweg bei $p_0 = j\omega_0$ gelegenen Pols hin zu einem Punkt p_0' in der linken Halbebene, und zwar durch Einbringen kleiner Verluste in S.

(b) Modifikation des ursprünglichen Integrationswegs und Rückverlagerung des Pols von p_0' nach p_0 durch Entfernen der zuvor eingebrachten Verluste.

(c) Zur Berechnung des betrachteten Integrals entlang dem Halbkreis mit dem kleinen Radius ρ.

Hieraus schließen wir zunächst, daß (4.3.13) auch bei grenzstabilen Systemen gültig bleibt, wenn $X(j\omega)$ keine Singularitäten, insbesondere also keine Pole besitzt, die mit den auf der $j\omega$-Achse gelegenen Polen von $H(p)$ zusammenfallen, und wenn das Integral in dem Sinne zu verstehen ist, daß die zuletzt genannten Pole durch hinreichend kleine Halbkreise in der rechten Halbebene umgangen werden. Wir können dieses Ergebnis aber noch verfeinern. Hierzu entwickeln wir $H(p)$ an der Stelle $j\omega_0$ (Bild 4.3.3c) in eine Laurent-Reihe. Für hinreichend kleines ρ können wir uns zur Ausführung der Integration entlang dem Halbkreis auf das erste Glied dieser Reihe beschränken, wodurch wir für $H(p)$ auch

$$H(p) = H_0/(p - j\omega_0)$$

4.3 Berechnung der Grundantwort durch Betrachtung des Frequenzbereichs

schreiben können, wo die Konstante H_0 das sogenannte Residuum ist. Mit

$$p = j\omega_0 + \rho e^{j\theta}, \quad dp = j\rho e^{j\theta} d\theta$$

wird damit der Wert des gesuchten Beitrags zu dem Integral für $\rho \to 0$ gleich

$$\frac{1}{2\pi j} \int_{-\pi/2}^{\pi/2} X(j\omega_0) H_0 j\, e^{j\omega_0 t} d\theta = \frac{1}{2} H_0 X(j\omega_0) e^{j\omega_0 t}.$$

Offensichtlich erhalten wir das gleiche Ergebnis, wenn wir das Glied $H_0/(p - j\omega_0)$ durch $\pi H_0 \delta(\omega - \omega_0)$ ersetzen und die Integration direkt über den Punkt $j\omega_0$ hinweg ausführen, denn es gilt wegen der Ausblendeigenschaft der δ-Funktion

$$\frac{1}{2\pi} \int_{-\infty}^{\infty} X(j\omega) \pi H_0 \delta(\omega - \omega_0) e^{j\omega t} d\omega = \frac{1}{2} H_0 X(j\omega_0) e^{j\omega_0 t}.$$

Hat also allgemein die Übertragungsfunktion $H(p)$ eines grenzstabilen Systems Pole bei $p = j\omega_i$ mit zugehörigen Residuen H_i, $i = 1$ bis n, dann wird der korrekte Wert von $y(t)$ erhalten, wenn wir (4.3.10) und (4.3.12) (unter Beibehaltung von (4.3.11)) durch

$$y(t) = \frac{1}{2\pi} \int_{-\infty}^{\infty} X(j\omega) \hat{H}(j\omega) e^{j\omega t} d\omega, \quad Y(j\omega) = \hat{H}(j\omega) X(j\omega) \qquad (4.3.15a, b)$$

ersetzen, mit

$$\hat{H}(j\omega) = H(j\omega) + \pi \sum_{i=1}^{n} H_i \delta(\omega - \omega_i). \qquad (4.3.16)$$

Hierbei ist allerdings zu beachten, daß das durch $H(j\omega)$ entstehende Teilintegral im Sinne des Cauchyschen Hauptwerts zu verstehen ist, also daß wir für jedes $i = 1$ bis n den Integralausdruck in der Nähe des bci $j\omega_i$ gelegenen Pols durch

$$\lim_{\rho \downarrow 0} \left[\int^{\omega_i - \rho} + \int_{\omega_i + \rho} \right]$$

ersetzen. Dies ergibt sich sofort aus den Betrachtungen, die wir oben im Zusammenhang mit Bild 4.3.3b und c vorgenommen haben.

Man beachte auch die Bemerkungen, die bezüglich (4.3.15) und (4.3.16) in den beiden ersten Absätzen von Unterabschnitt 4.4.2 aufgeführt sind.

4.3.3 Instabile Systeme

Schon aus der Theorie der Schaltungen aus konzentrierten Bauelementen ist bekannt, daß bei instabilen Systemen von einem eigentlichen eingeschwungenen Zustand nicht die Rede sein kann. Daher sind dann auch die obigen Betrachtungen nicht mehr anwendbar.

Dennoch sei der Vollständigkeit halber erwähnt, daß man auch für instabile Systeme noch eine Übertragungsfunktion $H(p)$ definieren kann, die dann allerdings mindestens einen Pol mit $\operatorname{Re} p > 0$ oder zumindest einen mehrfachen Pol mit $\operatorname{Re} p = 0$ hat.

Wie schon zu Anfang in Unterabschnitt 4.3.2 erwähnt, wollen wir noch kurz erläutern, wie man auch bei instabilen (selbstverständlich linearen konstanten) Systemen zum Begriff der Übertragungsfunktion kommen kann. Hierzu nehmen wir an, daß uns die Gleichungen (Differentialgleichungen usw.), durch die das gegebene System S beschrieben werden kann, vorliegen. Man kann für diese Gleichungen formal eine Lösung finden, indem man annimmt, daß nicht nur

$$x(t) = A\, e^{pt}$$

ist (A eine komplexe Konstante), sondern daß auch $y(t)$ und alle Signalgrößen im Innern von S die gleiche allgemeine Form haben (freilich mit A ersetzt durch eine jeweils entsprechende andere komplexe Größe, die bezüglich t eine Konstante ist, selbstverständlich jedoch von den Eigenschaften des Systems abhängt und im allgemeinen eine Funktion von p ist). Eine solche Lösung können wir noch immer als *stationäre Lösung* bezeichnen, und wir schreiben insbesondere

$$y(t) = B\, e^{pt}.$$

Das Verhältnis

$$H(p) = B/A$$

bezeichnen wir dann als die *Übertragungsfunktion* von S. Sie kann gegebenenfalls noch stets mit Hilfe der gleichen Verfahren berechnet werden, die aus der komplexen Wechselstromrechnung usw. bekannt sind.

Man beachte, daß wir einen deutlichen Unterschied machen zwischen den Begriffen "eingeschwungener Zustand" und "stationärer Zustand". So können wir im vorliegenden Fall zwar nicht mehr von einem eingeschwungenen Zustand reden, wohl aber offensichtlich von einem stationären Zustand. Bei streng stabilen Systemen fallen beide Begriffe zusammen, und das gleiche gilt — wenn auch mit gewissen Einschränkungen — bei grenzstabilen Systemen. Die getroffene Unterscheidung ist für unsere Darstellung wesentlich, wenngleich sie auch nicht allgemein in der Literatur üblich ist.

Bei instabilen Systemen muß man damit rechnen, daß es nicht mehr möglich ist, eine Grundantwort auf eine Erregung der Form $x(t) = A e^{pt}$ anzugeben, da ja die hierzu erforderliche Konvergenzeigenschaft nicht mehr erfüllt zu sein braucht. Dies gilt mit Sicherheit für den Fall $\operatorname{Re} p = 0$, der ja hier im Vordergrund steht. Auf den Fall $\operatorname{Re} p > 0$ werden wir in Unterabschnitt 4.8.4 zurückkommen.

4.4 Berechnung der Grundantwort durch Betrachtung des Zeitbereichs

4.4.1 Allgemeine Zusammenhänge

Bei unseren Untersuchungen zur Berechnung der Grundantwort haben wir bisher implizit vorausgesetzt, daß wir ausnahmslos mit Funktionen im klassischen Sinne zu tun hatten. Offensichtlich können wir aber ohne Schwierigkeit auch verallgemeinerte Funktionen in die Betrachtungen einbeziehen. Sei also ein entsprechendes Eingangssignal durch eine Funktionenfolge gemäß

$$x(t) = \{x_n(t)\} \tag{4.4.1}$$

dargestellt, und es gelte

$$x_n(t) \to y_n(t), \tag{4.4.2}$$

d.h., $x_n(t)$ erzeuge die Grundantwort $y_n(t)$. Dann bezeichnen wir als Grundantwort auf $x(t)$ die durch

$$y(t) = \{y_n(t)\} \tag{4.4.3}$$

dargestellte verallgemeinerte Funktion. Wir stellen diesen Zusammenhang weiterhin symbolisch durch (4.1.2) dar.

Insbesondere läßt sich auf diese Weise die Grundantwort auf einen Einheitsimpuls $\delta(t)$ definieren. Wir bezeichnen diese Grundantwort mit $h(t)$ und nennen sie die *Impulsantwort* des Systems. Somit gilt

$$\delta(t) \to h(t). \tag{4.4.4}$$

Wir wollen jetzt für ein allgemeines Eingangssignal $x(t)$ die zugehörige Grundantwort unter Benutzung von $h(t)$ berechnen. Hierzu stellen wir zunächst $x(t)$ durch den Ausdruck

$$x(t) = \int_{-\infty}^{\infty} x(t')\delta(t'-t)dt' = \int_{-\infty}^{\infty} x(t')\delta(t-t')dt' \tag{4.4.5}$$

dar, den wir entsprechend (4.3.9) auch durch

$$x(t) = \lim_{\Delta t' \to 0} \sum_{t'} x(t')\delta(t - t')\Delta t' \qquad (4.4.6)$$

ersetzen können. Letzteres läuft offensichtlich darauf hinaus, $x(t)$ als unendlich dichte Überlagerung von gewichteten Deltafunktionen aufzufassen, wie dies in Bild 4.4.1 erläutert ist. Für die Antwort auf die in (4.4.6) stehende Summe erhalten wir wegen (4.2.2) bis (4.2.4) sowie unter Benutzung von (4.4.4)

$$\sum_{t'} x(t')\Delta t'\delta(t - t') \to \sum_{t'} x(t')\Delta t' h(t - t'),$$

also wenn wir in diesem Ausdruck wieder auf beiden Seiten den Grenzübergang ausführen

$$x(t) \to \lim_{\Delta t' \to 0} \sum_{t'} x(t')h(t - t')\Delta t'.$$

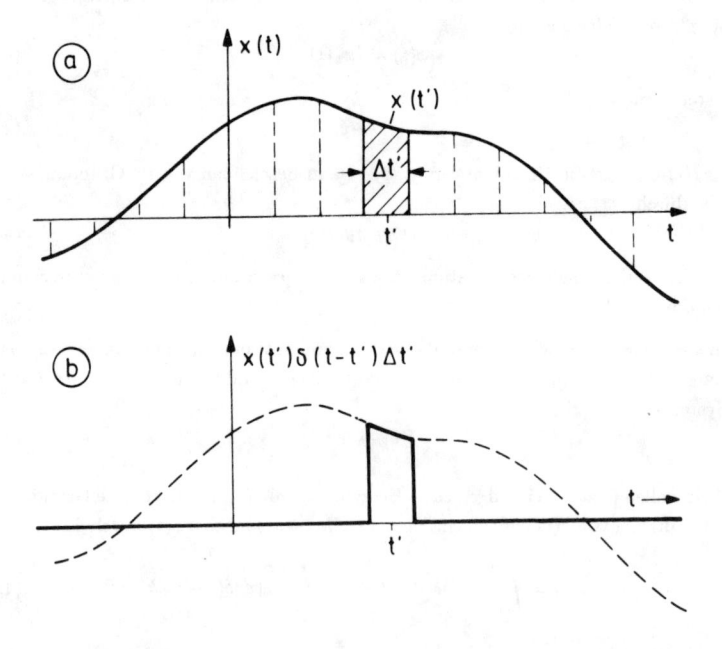

Bild 4.4.1: (a) Zerlegung von $x(t)$ in Teilfunktionen gemäß (4.4.6).
(b) Die dem Zeitpunkt t' zugeordnete Teilfunktion.

4.4 Berechnung der Grundantwort durch Betrachtung des Zeitbereichs

Für die Grundantwort $y(t)$ erhalten wir also schließlich das sogenannte Duhamel-Integral

$$y(t) = \int_{-\infty}^{\infty} x(t')h(t-t')dt'. \qquad (4.4.7)$$

Dieses ist aber die Faltung des Eingangssignals $x(t)$ mit der Impulsantwort $h(t)$. Wegen (3.6.50) haben wir damit

$$y(t) = x(t) * h(t) = h(t) * x(t) \qquad (4.4.8)$$

und folglich auch

$$y(t) = \int_{-\infty}^{\infty} h(\tau)x(t-\tau)d\tau. \qquad (4.4.9)$$

Selbstverständlich hätten wir statt τ auch t' schreiben können und ebenso in (4.4.7) statt t' auch τ. Es empfiehlt sich aber häufig, wegen der unterschiedlichen physikalischen Bedeutung auch eine unterschiedliche Notation zu verwenden. Offensichtlich ist t' der Zeitpunkt, zu dem der betrachtete Impuls auftritt, während

$$\tau = t - t' \qquad (4.4.10)$$

die Zeit ist, die seit t' bis zum Jetztzeitpunkt t verstrichen ist. Man bezeichnet τ auch als die *Altersvariable*.

Durch Anwenden der durch (3.6.52) ausgedrückten Regel erhalten wir aus jeder der Beziehungen (4.4.7) bis (4.4.9)

$$Y(j\omega) = H(j\omega)X(j\omega), \qquad (4.4.11)$$

wo $X(j\omega)$ und $Y(j\omega)$ wiederum die Fouriertransformierten von $x(t)$ bzw. $y(t)$ sind und weiterhin $H(j\omega)$ definiert ist durch

$$H(j\omega) = \int_{-\infty}^{\infty} h(t)e^{-j\omega t}dt. \qquad (4.4.12)$$

Ein Vergleich von (4.4.11) mit (4.3.12) zeigt, daß das so eingeführte $H(j\omega)$ übereinstimmt mit der Funktion, die wir in Abschnitt 4.3 ebenfalls mit $H(j\omega)$ bezeichnet hatten. Hieraus folgt das wichtige Ergebnis, daß diese die Fouriertransformierte der Impulsantwort ist, d.h., daß gilt

$$h(t) \circ\!\!-\!\!\bullet H(j\omega). \qquad (4.4.13)$$

Mit Nachdruck sei jedoch betont, daß die Herleitung des Zusammenhangs (4.4.12) bzw. (4.4.13) an die Voraussetzung geknüpft ist, daß es sich um ein streng stabiles System handelt. Nur für solche haben wir ja (4.3.12) nachgewiesen, und das Integral in (4.4.12)

4. Übertragung von Signalen durch lineare konstante Systeme

muß konvergieren, was keineswegs allgemein, jedoch — wie wir in Abschnitt 4.8 sehen werden — bei streng stabilen Systemen stets der Fall ist.

Wir hätten die durch (4.4.11) bis (4.4.13) ausgedrückten Zusammenhänge auch aus den Ergebnissen folgern können, die wir durch Betrachtung des Frequenzbereichs gewonnen haben. Wählen wir nämlich für $x(t)$ den Einheitsimpuls, d.h., ist $x(t) = \delta(t)$, so ist zunächst gemäß Definition $y(t) = h(t)$, also

$$Y(j\omega) \bullet\!\!-\!\!\circ h(t), \qquad (4.4.14)$$

weiterhin wegen (3.9.5) auch $X(j\omega) = 1$ und wegen (4.3.12)

$$Y(j\omega) = H(j\omega). \qquad (4.4.15)$$

Durch Vergleich von (4.4.14) und (4.4.15) folgt somit die gesuchte Beziehung (4.4.13).

Genauso hätten wir umgekehrt von dem im Zeitbereich gefundenen Ergebnis ausgehen und etwa $x(t) = Ae^{j\omega t}$ wählen können, wo A eine beliebige komplexe Konstante ist. Durch Einsetzen in (4.4.9) erhalten wir dann

$$y(t) = \int_{-\infty}^{\infty} h(\tau)Ae^{j\omega(t-\tau)}\,d\tau = Ae^{j\omega t}\int_{-\infty}^{\infty} h(\tau)e^{-j\omega \tau}\,d\tau = AH(j\omega)e^{j\omega t},$$

wo $H(j\omega)$ wiederum durch (4.4.12) gegeben ist. Dies gilt auf jeden Fall für ein streng stabiles System, denn dann ist, wie erwähnt, das Integral in (4.4.12) konvergent.

Aus diesen Überlegungen folgt, daß wir zur Herleitung des Zusammenhangs zwischen Erregung und Grundantwort entweder ausschließlich die Betrachtung des Frequenzbereichs oder ausschließlich diejenige des Zeitbereichs hätten zugrunde legen können. Es empfiehlt sich aber, beide Betrachtungsweisen unabhängig voneinander zu benutzen, da dies einerseits einen besseren Einblick in die physikalischen Zusammenhänge vermittelt, andererseits aber auch die Sicherheit der gefundenen Ergebnisse erhöht. Letzteres ist deshalb von Bedeutung, da wir ja, wie erwähnt, keine mathematisch strenge Herleitung an den Anfang setzen konnten, sondern jeweils eher heuristisch vorgehen mußten.

Es gibt aber noch einen weiteren Grund für unsere doppelte Vorgehensweise. Wie schon erwähnt, haben wir nämlich bei der Herleitung im Frequenzbereich strenge Stabilität voraussetzen müssen (abgesehen von der später erfolgten Erweiterung auf den Fall der Grenzstabilität). Es ist jedoch wichtig, daß eine solche Voraussetzung nicht erforderlich war, um (4.4.7) bis (4.4.9) durch Betrachtung des Zeitbereichs herzuleiten. Freilich bedeutet dies nicht, daß (4.4.7) und (4.4.9) für alle $x(t)$ konvergieren müssen, wohl aber, daß sich $y(t)$ mit Hilfe dieser Formeln auch bei instabilen Systemen berechnen läßt, wenn

$x(t)$ die Voraussetzung erfüllt, die wir zunächst zur Festlegung des Zusammenhangs (4.1.2) gemacht hatten, d.h., wenn ein Grenzübergang entsprechend (4.1.5) nicht erforderlich ist. Auf jeden Fall bedeutet es, daß wir die Formeln (4.4.7) und (4.4.9) z.b. auch zur Herleitung von Stabilitätseigenschaften benutzen dürfen, wovon wir auch später Gebrauch machen werden.

Schließlich sei noch erwähnt, daß man geneigt sein könnte, die entsprechend (4.4.1) bis (4.4.3) erläuterte Verallgemeinerung von (4.1.2) auf den Fall verallgemeinerter Funktionen dazu zu benutzen, die für (4.1.3) eingeführte Funktion $u(t)$ stets einfach durch einen Einheitssprung zu ersetzen. Träten dabei Schwierigkeiten auf, so könnte man nämlich einfach auf die Darstellung des Einheitssprungs als verallgemeinerte Funktion zurückgreifen. Daß wir dies generell nicht getan haben, hat seinen Grund darin, daß die in Abschnitt 4.1 erläuterte Definition der Grundantwort auch für nichtlineare Systeme gültig bleibt. Zur Analyse solcher Systeme dürfen aber verallgemeinerte Funktionen im allgemeinen nicht verwendet werden. Dies zeigt schon das besonders einfache Beispiel eines Systems, für das im interessierenden Wertebereich der Zusammenhang zwischen Eingangssignal und Antwort durch

$$y = ax + bx^2$$

gegeben ist, wo a und b Konstanten sind. Der Term mit x^2 erfordert hierin eine Produktbildung von Signalen, was aber für verallgemeinerte Funktionen nicht zulässig zu sein braucht. Dies gilt übrigens unabhängig davon, wie klein b, also wie klein die Nichtlinearität ist.

4.4.2 Bemerkungen über grenzstabile und instabile Systeme

Aus der allgemeineren Gültigkeit von (4.4.7) und (4.4.9) sowie der daraus erfolgten Herleitung von (4.4.11) (also von (4.3.12)) dürfen wir nicht schließen, daß auch diese Formel trotz der früher gemachten Einschränkung selbst bei grenzstabilen und instabilen Systemen noch weitgehend gültig wäre. Wir erläutern das zunächst für grenzstabile Systeme, beschränken uns dabei jedoch auf einige wenige Bemerkungen.

Für grenzstabile Systeme ist (4.3.10) nicht mehr gültig. Eine Möglichkeit, die erforderliche Erweiterung vorzunehmen, bestand darin, daß wir auf eine Integration in der komplexen Ebene übergegangen waren (vgl. Bild 4.3.3), aber dann war eine Darstellung in der Form (4.3.10) nicht mehr gegeben. Die andere Möglichkeit lief darauf hinaus, statt (4.3.10) die Beziehung (4.3.15) zu wählen, die die gleiche Form hat wie (4.3.10), außer daß $H(j\omega)$ durch die durch (4.3.16) gegebene Funktion $\hat{H}(j\omega)$ ersetzt ist. Diese ist offensichtlich nicht mehr einfach gleich der Übertragungsfunktion $H(j\omega)$, sondern besteht aus dieser und zusätzlich aus δ-Anteilen an den Stellen, an denen $H(j\omega)$ einen Pol auf der $j\omega$-Achse hat. Wegen (4.4.4) folgt aber aus (4.3.15) mit $X(j\omega) = 1$ und $y(t) = h(t)$

$$h(t) = \frac{1}{2\pi} \int_{-\infty}^{\infty} \hat{H}(j\omega)e^{j\omega t} d\omega,$$

also

$$h(t) \circ\!\!-\!\!\bullet \hat{H}(j\omega). \qquad (4.4.16)$$

Mit anderen Worten, die Fouriertransformierte von $h(t)$ ist jetzt nicht mehr $H(j\omega)$, sondern $\hat{H}(j\omega)$, was zusammen mit (4.4.8) der Gültigkeit von (4.3.15) entspricht.

Als einfaches Beispiel wollen wir eine reine Kapazität C betrachten, bei der der Strom die Eingangsgröße $x(t)$ und die Spannung die Ausgangsgröße $y(t)$ ist. Dann ist die Übertragungsfunktion durch $H(j\omega) = 1/j\omega C$ gegeben, also

$$\hat{H}(j\omega) = \frac{1}{j\omega C} + \frac{\pi}{C}\delta(\omega).$$

Andererseits wird durch einen Stromimpuls $x(t) = Q\delta(t)$ (vgl. (2.8.1)) als Grundantwort eine Ausgangsspannung

$$y(t) = \frac{Q}{C}u(t)$$

erzeugt, wo $u(t)$ der Einheitssprung ist. Gemäß der Definition von $h(t)$ ist die Antwort auf $Q\delta(t)$ aber auch gleich $Qh(t)$, d.h.,

$$h(t) = \frac{1}{C}u(t),$$

so daß aus (4.4.16) auch

$$u(t) \circ\!\!-\!\!\bullet C\hat{H}(j\omega)$$

und somit

$$u(t) \circ\!\!-\!\!\bullet \frac{1}{j\omega} + \pi\delta(\omega)$$

folgt. Dies stimmt in der Tat mit (3.9.23) überein.

Wie zu erwarten, wird bei instabilen Systemen die Diskrepanz zwischen der Übertragungsfunktion $H(j\omega)$ und der Fouriertransformierten $\mathcal{F}\{h(t)\}$ bzw. zwischen $\mathcal{F}^{-1}\{H(j\omega)\}$ und $h(t)$ noch größer. Dies ist schon daraus zu erkennen, daß wir beim Übergang von (4.4.7) bis (4.4.9) auf (4.4.11), den wir unter Benutzung der Faltungsregel (3.6.52) vorgenommen haben, neben der Existenz von $X(j\omega)$ selbstverständlich auch diejenige von $\mathcal{F}\{h(t)\}$ vorausgesetzt haben. Letztere ist aber häufig nicht mehr gegeben, insbesondere dann nicht, wenn $h(t)$ exponentiell zunimmt. In diesem Fall läßt sich nämlich überhaupt keine Fouriertransformierte mehr bestimmen, auch nicht im Sinne der verallgemeinerten Funktionen,

4.4 Berechnung der Grundantwort durch Betrachtung des Zeitbereichs

während bei grenzstabilen Systemen zumindest die Existenz von $\mathcal{F}\{h(t)\}$ noch gesichert war.

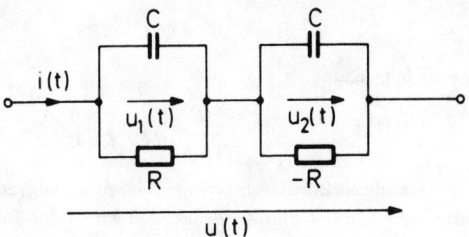

Bild 4.4.2: Beispiel einer instabilen Schaltung.

Wir betrachten wiederum ein einfaches Beispiel, und zwar die in Bild 4.4.2 gezeigte Schaltung. Diese umfaßt zwei positive Kapazitäten ($C > 0$), einen positiven Widerstand ($R > 0$) und einen negativen Widerstand ($-R$). Wir nehmen an, daß der Strom $i(t)$ das Eingangssignal und die Spannung $u(t)$ das Ausgangssignal darstellen. Dann ist die Übertragungsfunktion $H(j\omega)$ gleich der Impedanz der Schaltung, also

$$H(j\omega) = \frac{1}{j\omega C + 1/R} + \frac{1}{j\omega C - 1/R} = -\frac{2j\omega C R^2}{1 + \omega^2 R^2 C^2}.$$

Unter Benutzung von (3.7.12) finden wir somit

$$\mathcal{F}^{-1}\{H(j\omega)\} = \frac{1}{C} e^{-\alpha|t|} \operatorname{sgn} t$$

mit

$$\alpha = 1/RC > 0.$$

Aus Bild 4.4.2 ergeben sich für die Spannungen $u_1(t)$ und $u_2(t)$ die Differentialgleichungen

$$C\frac{du_1}{dt} = -\frac{u_1}{R}, \quad C\frac{du_2}{dt} = \frac{u_2}{R}$$

und damit für $t > 0$ die Lösungen

$$u_1(t) = u_1(0)e^{-\alpha t}, \quad u_2(t) = u_2(0)e^{\alpha t}.$$

Andererseits ist $h(t)$ gleich $u(t)/Q$, wo $u(t)$ die durch den Stromimpuls

$$i(t) = Q\delta(t)$$

erzeugte Spannung und Q die durch den Impuls überbrachte Ladung ist. Diese fließt zum Zeitpunkt $t = 0$ in jede der beiden Kapazitäten hinein, so daß

$$u_1(0) = u_2(0) = Q/C$$

ist. Wegen $u = u_1 + u_2$ folgt damit

$$h(t) = \begin{cases} (e^{\alpha t} + e^{-\alpha t})/C & \text{für} \quad t > 0, \\ 0 & \text{für} \quad t < 0. \end{cases}$$

Die Funktion $h(t)$ ist offensichtlich rechtsseitig. Wie wir im folgenden Abschnitt sehen werden, kommt darin der Umstand zum Ausdruck, daß wir in der Tat an der Kausalität festgehalten haben. Die zuvor gefundene Funktion $\mathcal{F}^{-1}\{H(j\omega)\}$ unterscheidet sich aber sehr stark von $h(t)$. Andererseits nimmt $h(t)$ mit wachsendem t exponentiell zu, so daß $\mathcal{F}\{h(t)\}$ nicht existiert.

4.5 Kausalität

Wir kommen noch einmal auf den Begriff der Kausalität zurück, den wir bereits in Abschnitt 4.1 eingeführt hatten. Wir hatten dort verlangt, daß für ein beliebiges t_1 der Wert der Grundantwort $y(t_1)$ unabhängig ist vom Verlauf von $x(t)$ für $t > t_1$. Um eine Bedingung hierfür herzuleiten, spalten wir den sich aus (4.4.7) für $t = t_1$ ergebenden Ausdruck in zwei Teilintegrale auf gemäß

$$y(t_1) = \int_{-\infty}^{t_1} x(t)h(t_1 - t)dt + \int_{t_1}^{\infty} x(t)h(t_1 - t)dt,$$

wo wir außerdem für den Integranden einfach t statt t' geschrieben haben. Wir erkennen, daß das betrachtete System genau dann kausal ist, wenn für jeden beliebigen Verlauf von $x(t)$

$$\int_{t_1}^{\infty} x(t)h(t_1 - t)dt = 0$$

ist. Damit ergibt sich als *notwendige und hinreichende* Bedingung die Forderung $h(t_1 - t) = 0$ für $t > t_1$, also

$$h(t) = 0 \quad \text{für} \quad t < 0. \tag{4.5.1}$$

Zumindest ist diese Schlußfolgerung streng gerechtfertigt, wenn nur vergleichsweise sehr mäßige Voraussetzungen an $h(t)$ geknüpft werden, die in der Praxis immer erfüllt sind. Solche Voraussetzungen sind z.B., daß $h(t)$ für $t < 0$ eine bis auf δ-Anteile stückweise stetige Funktion ist, die außerdem an allen Sprungstellen einer (3.5.5) entsprechenden Bedingung, also der Forderung

$$h(t) = \frac{1}{2}[h(t+0) + h(t-0)],$$

genügt.

Mit (4.5.1) lassen sich (4.4.7) und (4.4.9) auch in der Form

$$y(t) = \int_{-\infty}^{t} x(t')h(t-t')dt' \qquad (4.5.2a)$$

$$= \int_{0}^{\infty} h(\tau)x(t-\tau)d\tau \qquad (4.5.2b)$$

schreiben. Die Bedingung (4.5.1) drückt offensichtlich aus, daß die Impulsantwort gleich null ist bis zu dem Zeitpunkt, zu dem der eigentliche Impuls am Eingang anliegt.

Aus der vorhin gebrachten Herleitung ergibt sich, daß Kausalität nur geringfügige Bedingungen beinhaltet bezüglich der ursprünglichen Gleichung, durch die ein System S beschrieben wird. Offensichtlich ist nämlich (4.5.1) erfüllt, sobald einerseits das System quellenfrei ist, andererseits bei gegebenem t_0 die Antwort für $t > t_0$ vollständig aus der Kenntnis des Zustands zum Zeitpunkt $t = t_0$ sowie der Gleichungen, durch die S beschrieben wird, berechnet werden kann. Ähnliches gilt übrigens auch für Systeme, die nicht die Forderungen nach Linearität und Konstanz erfüllen.

Die Beziehung (4.5.1) gilt auch dann, wenn $h(t)$ δ-Anteile enthält. Allerdings könnte auch ein δ-Anteil bei $t = 0$ vorhanden sein. Ist dies der Fall, dann muß (4.5.2) genauer als

$$y(t) = \lim_{\varepsilon \downarrow 0} \int_{-\infty}^{t+\varepsilon} x(t')h(t-t')dt' = \lim_{\varepsilon \downarrow 0} \int_{-\varepsilon}^{\infty} h(\tau)x(t-\tau)d\tau$$

interpretiert werden, was wir auch kompakter in der Form

$$y(t) = \int_{-\infty}^{t+0} x(t')h(t-t')dt' = \int_{0-}^{\infty} h(\tau)x(t-\tau)d\tau \qquad (4.5.3)$$

schreiben können. Entsprechend müssen wir allgemein für die sich aus (4.4.12) ergebende Beziehung

$$H(j\omega) = \int_{0-}^{\infty} h(t)e^{-j\omega t}dt \qquad (4.5.4)$$

schreiben.

Wie schon im Abschnitt 4.1 betont, ist jedes tatsächliche physikalische System kausal. Kausalität ist somit eine absolut grundlegende Eigenschaft, für die es keine Ausnahme gibt. Dennoch kann es für theoretische Untersuchungen vorteilhaft sein, auch nichtkausale Systeme zuzulassen, also Systeme, für die $h(t)$ für $t < 0$ nicht überall gleich null zu sein braucht. Es können sich dabei nämlich wesentlich einfachere mathematische Zusammenhänge ergeben. Da die nichtkausalen Systeme die kausalen als Sonderfälle enthalten, können auf diese Weise durchaus sehr allgemeine Einblicke gewonnen bzw. Grenzen, die auch durch ein reales, also notwendigerweise kausales System nicht überschritten werden können, bestimmt werden. Bei der Behandlung idealer Filter im 7. Kapitel werden wir z.B. Fällen nichtkausaler Systeme begegnen. Auf jeden Fall ist es sinnvoll, im Nachfolgenden von der Kausalität nicht unbedingt Gebrauch zu machen, wenn dies nicht erforderlich ist.

Bei allen diesen Betrachtungen ist selbstverständlich vorausgesetzt, daß es sich bei t um eine Zeitvariable handelt. Im ersten Absatz von Abschnitt 2.1 haben wir jedoch darauf hingewiesen, daß t unter Umständen auch eine andere physikalische Bedeutung haben kann. In solchen Fällen treffen die hier gemachten Überlegungen nicht mehr in strenger Form zu, und es braucht dann auch (4.5.1) nicht erfüllt zu sein.

Bei dem Gedankenexperiment, das wir im Abschnitt 4.1 beschrieben haben, sind wir davon ausgegangen, daß das System irgendwann kreiert worden ist. Dadurch konnten wir den weiteren Betrachtungen einen Anfangszeitpunkt t_A zugrundelegen und anschließend untersuchen, welche prinzipielle Wirkung das dem System zugeführte Eingangssignal ausübt. In diesen Überlegungen war offensichtlich die Annahme der Kausalität bereits implizit enthalten, so daß es eigentlich im Rahmen der auf Abschnitt 4.1 aufbauenden Theorie gar nicht statthaft ist, von einem nichtkausalen System zu sprechen. Diese Schwierigkeit läßt sich aber leicht dadurch ausräumen, daß wir die im Abschnitt 4.2 besprochene Quellenfreiheit, Linearität und Konstanz sowie die Existenz einer Funktion $h(t)$, für die die Zuordnung (4.4.4) gilt, als Postulate an den Anfang stellen. Stattdessen könnten wir allerdings auch gleich den durch (4.4.7) bis (4.4.9) dargestellten Zusammenhang zwischen Eingangssignal $x(t)$, Ausgangssignal $y(t)$ und Impulsantwort $h(t)$ als Ausgangspunkt wählen. In beiden Fällen können wir für $h(t)$ problemlos Funktionen zulassen, die keineswegs die Bedingung (4.5.1) erfüllen. Andererseits ist es sinnvoll, den Begriff der strengen Stabilität so zu verstehen, daß er den Begriff der Kausalität mit einschließt, ohne daß dies explizit erwähnt zu werden braucht. Diesen Standpunkt werden wir hier einnehmen.

4.6 Herleitung weiterer Zusammenhänge; Sprungantwort

Aus (4.4.9) lassen sich weitere Zusammenhänge herleiten. Durch Differentiation erhalten wir zunächst

$$y'(t) = \int_{-\infty}^{\infty} h(\tau)\, x'(t - \tau) d\tau, \qquad (4.6.1)$$

wo mit $x'(t)$ und $y'(t)$ die Ableitungen

$$x'(t) = dx(t)/dt, \quad y'(t) = dy(t)/dt \qquad (4.6.2)$$

verstanden werden. Nimmt man nämlich an, daß die Voraussetzungen, unter denen die Differentiation unter dem Integral vorgenommen werden kann, erfüllt sind, so folgt in der

4.6 Herleitung weiterer Zusammenhänge; Sprungantwort

Tat aus (4.4.9) das Ergebnis (4.6.1), das wir auch in der Form

$$x'(t) \to y'(t) \tag{4.6.3}$$

schreiben können. Durch wiederholte Anwendung dieser Regel finden wir somit auch

$$x_n(t) \to y_n(t), \tag{4.6.4}$$

wo $x_n(t)$ und $y_n(t)$ durch

$$x_n(t) = \frac{d^n x(t)}{dt^n}, \quad y_n(t) = \frac{d^n y(t)}{dt^n} \tag{4.6.5}$$

definiert sind.

Auf ähnliche Weise erhalten wir aus (4.4.9) durch Integration, wenn wir diesmal annehmen, daß die Voraussetzungen für die Vertauschbarkeit der auf der rechten Seite auftretenden Integrale erfüllt sind,

$$y_{-1}(t) = \int_{-\infty}^{\infty} h(\tau) x_{-1}(t-\tau) d\tau, \tag{4.6.6}$$

also

$$x_{-1}(t) \to y_{-1}(t), \tag{4.6.7}$$

wo $x_{-1}(t)$ und $y_{-1}(t)$ durch

$$x_{-1}(t) = \int_{-\infty}^{t} x(t) dt, \quad y_{-1}(t) = \int_{-\infty}^{t} y(t) dt \tag{4.6.8}$$

definiert sind. Es gilt nämlich in der Tat, mit $t'' = t' - \tau$, also $dt'' = dt'$,

$$\int_{-\infty}^{t} x(t'-\tau) dt' = \int_{-\infty}^{t-\tau} x(t'') dt'' = x_{-1}(t-\tau).$$

Auch hier läßt sich das Ergebnis in der Form

$$x_{-n}(t) \to y_{-n}(t) \tag{4.6.9}$$

erweitern, wenn wir mit $x_{-n}(t)$ und $y_{-n}(t)$ die n-fachen Integrale

$$x_{-n}(t) = \underbrace{\int_{-\infty}^{t} dt \int_{-\infty}^{t} dt \ldots \int_{-\infty}^{t}}_{n-fach} x(t) dt, \quad y_{-n}(t) = \underbrace{\int_{-\infty}^{t} dt \int_{-\infty}^{t} dt \ldots \int_{-\infty}^{t}}_{n-fach} y(t) dt$$

bezeichnen.

In diesem Sinne kann (4.6.4) auch als allgemeingültig aufgefaßt werden, wenn wir es nämlich sowohl für $n > 0$ als auch für $n < 0$ auf die jeweils angegebene Weise interpretieren und außerdem für $n = 0$ die Festlegung $x_0(t) = x(t)$ bzw. $y_0(t) = y(t)$ treffen. Offensichtlich hätten wir in beiden Fällen statt von (4.4.9) ebensogut von (4.5.2) ausgehen können, wenn wir Kausalität voraussetzen.

Neben der Impulsantwort $h(t)$ ist auch die häufig mit $a(t)$ bezeichnete *Sprungantwort*, also die Grundantwort auf einen Einheitssprung $u(t)$, von besonderem Interesse. Für diesen gilt bekanntlich (vgl. (2.3.2))

$$u(t) = \begin{cases} 1 & \text{für } t > 0 \\ 1/2 & \text{für } t = 0 \\ 0 & \text{für } t < 0 \end{cases}$$

und damit aus (4.4.9), mit $x(t) = u(t)$ und $y(t) = a(t)$,

$$a(t) = \int_{-\infty}^{t} h(\tau)d\tau, \qquad (4.6.10)$$

was wir wegen (4.5.1) auch in der Form

$$a(t) = \int_{0}^{t} h(\tau)d\tau \qquad (4.6.11)$$

schreiben können. Umgekehrt folgt aus (4.6.10) durch einfache Differentiation

$$h(t) = da(t)/dt. \qquad (4.6.12)$$

Dies zeigt, daß Impulsantwort und Sprungantwort leicht ineinander umgerechnet werden können. Wegen (vgl. (2.5.12) bzw. (2.5.15))

$$\delta(t) = \frac{du(t)}{dt}, \quad u(t) = \int_{-\infty}^{t} \delta(t)dt,$$

entsprechen (4.6.12) und (4.6.10) offensichtlich den durch (4.6.3) bzw. (4.6.7) wiedergegebenen Regeln. Insbesondere ist im Sinne der oben benutzten Notation

$$a(t) = h_{-1}(t), \quad h(t) = a_1(t) = a'(t). \qquad (4.6.13)$$

Im Sinne der Diskussion, die wir im Anschluß an (2.5.17) durchgeführt haben, sowie in Übereinstimmung mit der allgemeinen Notation, die wir im vorliegenden Abschnitt besprochen haben, lassen sich auch Funktionen $u_{-n}(t)$ für $n = 1, 2, \ldots$ durch

$$u_{-n}(t) = \underbrace{\int_{-\infty}^{t} dt \int_{-\infty}^{t} dt \ldots \int_{-\infty}^{t}}_{n-fach} u(t)dt = \begin{cases} \dfrac{1}{n!}t^n & \text{für } t \geq 0 \\ 0 & \text{für } t \leq 0 \end{cases} \qquad (4.6.14)$$

definieren. Die zugehörigen Antworten seien $a_{-n}(t)$, also

$$u_{-n}(t) \to a_{-n}(t). \tag{4.6.15}$$

Aufgrund der obigen Zusammenhänge ist also

$$a(t) = \frac{d^n a_{-n}(t)}{dt^n}, \quad h(t) = \frac{d^{n+1} a_{-n}(t)}{dt^{n+1}}. \tag{4.6.16a, b}$$

4.7 Berechnung der Impulsantwort

Da Impulsantwort $h(t)$ und Übertragungsfunktion $H(j\omega)$ ein Funktionenpaar im Sinne der Fouriertransformation bilden, kann eine dieser Funktionen berechnet werden, sobald die andere bekannt ist. Offensichtlich ist es zumeist einfacher, zunächst $H(p)$ zu bestimmen. Hieraus läßt sich dann $h(t)$ gemäß

$$h(t) = \frac{1}{2\pi} \int_{-\infty}^{\infty} H(j\omega) e^{j\omega t} d\omega \tag{4.7.1}$$

ermitteln, also im Sinne von (4.3.13) auch durch

$$h(t) = \frac{1}{2\pi j} \int_{-j\infty}^{j\infty} H(p) e^{pt} dp \tag{4.7.2}$$

(vgl. Bild 4.3.2). Wie im Zusammenhang mit (4.3.13) erwähnt, läßt sich (4.7.2) häufig durch Anwendung der Residuenrechnung auswerten. (Ist das System grenzstabil, so müssen selbstverständlich die im Unterabschnitt 4.3.2 besprochenen Modifikationen berücksichtigt werden (vgl. Bild 4.3.3).) Besonders einfach gestaltet sich die Bestimmung von $h(t)$, wenn entweder $H(p)$ unmittelbar in einem der existierenden Tabellenwerke zur Fouriertransformation aufgeführt ist oder es zumindest möglich ist, $H(p)$ in eine Summe von Funktionen zu zerlegen, die in solchen Tabellenwerken enthalten sind.

Freilich läßt sich $h(t)$ (das übrigens mit der aus der theoretischen Physik bekannten, sogenannten Greenschen Funktion nahe verwandt ist) auch durch unmittelbares Lösen der mathematischen Gleichungen bestimmen, die dem System zugrunde liegen. Allerdings stößt man dabei zunächst auf Schwierigkeiten, da ja die dann als Eingangssignal zu benutzende Impulsfunktion $\delta(t)$ keine Funktion im klassischen Sinne ist. Man kann dies dadurch vermeiden, daß man statt $\delta(t)$ den Einheitssprung $u(t)$ verwendet, also zunächst $a(t)$ statt $h(t)$ berechnet und anschließend $h(t)$ mittels (4.6.12) bestimmt.

Falls man bei Anwendung dieses Verfahrens noch immer auf Schwierigkeiten stößt, weil auch $u(t)$ noch an der Stelle $t = 0$ eine Sprungstelle besitzt, so kann man $u(t)$ durch $u_{-1}(t)$ ersetzen, gegebenenfalls auch durch ein allgemeineres $u_{-n}(t)$. Der Wert von n läßt sich ja immer hinreichend groß wählen, so daß $u_{-n}(t)$ auch an der Stelle $t = 0$ bis hin zu Ableitungen ausreichend großer Ordnung stetig ist. Die gesuchte Impulsantwort findet man dann durch Anwendung von (4.6.16b).

4.8 Stabilitätsfragen

4.8.1 Strenge Stabilität

Der Begriff der strengen Stabilität wurde bereits in Abschnitt 4.1 definiert (vgl. (4.1.6)). Wir betrachten also die Gesamtheit aller Signale $x(t)$, für die es für jedes $t < \infty$ eine Größe $M(t) < \infty$ gibt derart, daß

$$|x(t-\tau)| \le M(t) \quad \forall \tau \ge 0 \tag{4.8.1}$$

ist. (In unserer jetzigen Notation ist die Größe $M(t)$ also bezüglich τ eine Konstante.) Wenn das System streng stabil ist (und damit auch kausal ist, wie wir am Schluß von Abschnitt 4.5 bemerkt haben), läßt sich die Antwort zu einem beliebigen endlichen Zeitpunkt t_1 mittels

$$y(t_1) = \int_0^\infty h(\tau)x(t_1-\tau)d\tau \tag{4.8.2}$$

berechnen. Wir halten t_1 fest und wählen für $x(t)$ die durch

$$x(t_1-t) = M(t_1)\cdot \operatorname{sgn} h(t), \quad t \ge 0, \tag{4.8.3}$$

also durch

$$x(t) = M(t_1)\cdot \operatorname{sgn} h(t_1-t), \quad t \le t_1, \tag{4.8.4}$$

definierte Funktion, die offensichtlich die Bedingung (4.8.1) erfüllt. Hierbei nehmen wir vorläufig an, daß $h(t)$ eine Funktion im klassischen Sinne ist. Aus (4.8.3) folgt

$$h(t)x(t_1-t) = M(t_1)|h(t)|, \quad t \ge 0,$$

und damit aus (4.8.2)

$$y(t_1) = M(t_1)\int_0^\infty |h(\tau)|d\tau.$$

Eine *notwendige* Bedingung für strenge Stabilität ist also

$$\int_0^\infty |h(t)|dt < \infty, \tag{4.8.5}$$

d.h., das in (4.8.5) stehende Integral muß konvergieren.

Diese Bedingung ist auch *hinreichend*. Um dies zu zeigen, bemerken wir zuerst, daß für ein kausales System die Grundantwort $y(t)$ auf ein Signal $x(t)$, das der Bedingung $x(t) = 0$ für $t < t_0$ genügt, durch

$$y(t) = \int_0^{t-t_0} h(\tau)x(t-\tau)d\tau \tag{4.8.6}$$

gegeben ist. Erfüllt $x(t)$ die genannte Bedingung nicht, so können wir so vorgehen, wie wir dies in Abschnitt 4.1 im Zusammenhang mit (4.1.3) bis (4.1.5) erläutert haben. Gemäß (4.1.3) ersetzen wir also $x(t)$ durch $x_0(t,t_0)$ und somit $y(t)$ durch

$$y_0(t,t_0) = \int_0^{t-t_0} h(\tau)x_0(t-\tau,t_0)d\tau. \qquad (4.8.7)$$

Man beachte, daß wir weder für (4.8.6) noch für (4.8.7) eine Voraussetzung bezüglich Stabilität haben machen müssen. Dies ist wichtig, weil wir ja — um die Gültigkeit von (4.8.5) als hinreichend nachzuweisen — die Gültigkeit der strengen Stabilität nicht vorwegnehmen dürfen, wir also von einem Ausdruck ausgehen müssen, der auch dann gilt, wenn strenge Stabilität nicht gegeben ist.

Unter Benutzung des in Bild 4.1.2 erläuterten, positiven Zeitpunkts t_1 und unter der Annahme, daß bei gegebenem t der Wert von t_0 hinreichend in Richtung negativer Werte gewählt ist, so daß $t - t_0 - t_1 > 0$ ist, läßt sich (4.8.7) unter Benutzung von (4.1.3) in der Form

$$y_0(t,t_0) = \int_0^{t-t_0-t_1} h(\tau)x(t-\tau)d\tau + \int_{t-t_0-t_1}^{t-t_0} h(\tau)x(t-\tau)u(t-t_0-\tau)d\tau \qquad (4.8.8)$$

schreiben, wobei wir auch davon Gebrauch gemacht haben, daß im Integrationsintervall des ersten Integrals $\tau \leq t - t_0 - t_1$, d.h., $t - t_0 - \tau \geq t_1 > 0$ und somit $u(t-t_0-\tau) = 1$ ist, die Funktionen $x(t-\tau)$ und $x_0(t-\tau,t_0)$ also übereinstimmen. Aus (4.1.5) und (4.8.8) folgt schließlich

$$y(t) = \int_0^\infty h(\tau)x(t-\tau)d\tau + \lim_{t_0 \to -\infty} \int_{t-t_0-t_1}^{t-t_0} h(\tau)x(t-\tau)u(t-t_0-\tau)d\tau, \qquad (4.8.9)$$

vorausgesetzt, daß die dort auftretenden Integrale konvergieren. Hierbei ist zu beachten, daß die Größe t für die entsprechenden Konvergenzuntersuchungen als eine feste Zahl betrachtet werden muß.

Damit das erste dieser Integrale konvergiert, ist es bekanntlich hinreichend, daß es absolut konvergiert, d.h., daß

$$\int_0^\infty |h(\tau)x(t-\tau)|d\tau < \infty \qquad (4.8.10)$$

ist. Dies ist aber tatsächlich der Fall, denn aus (4.8.1) folgt

$$\int_0^\infty |h(\tau)x(t-\tau)|d\tau \leq M(t) \int_0^\infty |h(\tau)|d\tau,$$

so daß sich (4.8.10) aus (4.8.5) ergibt. Andererseits erhalten wir für das zweite Integral in (4.8.9)

$$\left| \int_{t-t_0-t_1}^{t-t_0} h(\tau)x(t-\tau)u(t-t_0-\tau)d\tau \right| \leq \int_{t-t_0-t_1}^{t-t_0} |h(\tau)x(t-\tau)u(t-t_0-\tau)|d\tau$$

$$\leq M(t) \int_{t-t_0-t_1}^{t-t_0} |h(\tau)|d\tau, \qquad (4.8.11)$$

wobei wir neben (4.8.1) auch $|u(t)| \leq 1$ berücksichtigt haben (vgl. Bild 4.1.2). Wenden wir schließlich noch das Cauchysche Konvergenzkriterium auf (4.8.5) an, so läßt sich schließen, daß das letzte Integral in (4.8.11) für $t_0 \to -\infty$ gegen null geht, d.h., daß der zweite Ausdruck auf der rechten Seite von (4.8.9) gleich null ist. Insbesondere stellen also (4.8.1) und (4.8.5) sicher, daß das Integral in (4.5.2b) konvergiert und $y(t)$ durch dieses Integral gegeben ist. QED.

4.8.2 Verwandte Stabilitätsaspekte

Wir betrachten ein beschränktes Signal $x(t)$ mit endlichem Träger. Es gebe also endliche Konstanten M_0, t_1 und t_2, mit $t_2 > t_1$, derart, daß

$$x(t) = 0 \quad \text{für} \quad t < t_1 \quad \text{und} \quad t > t_2 \qquad (4.8.12)$$

und

$$|x(t)| \leq M_0 \; \forall \; t \qquad (4.8.13)$$

ist. Dann folgt aus (4.4.9) für die Grundantwort auf $x(t)$

$$y(t) = \int_{-\infty}^{\infty} h(\tau)x(t-\tau)d\tau = \int_{t-t_2}^{t-t_1} h(\tau)x(t-\tau)d\tau \qquad (4.8.14)$$

und daher wegen (4.8.13)

$$|y(t)| \leq \int_{t-t_2}^{t-t_1} |h(\tau)x(t-\tau)|d\tau \leq M_0 \int_{t-t_2}^{t-t_1} |h(\tau)|d\tau.$$

Andererseits folgt aus (4.8.5) und dem Cauchyschen Konvergenzkriterium, daß das letzte Integral für $t \to \infty$ gegen null geht. Die Bedingung (4.8.5) ist also auch *hinreichend* dafür, daß die Grundantwort auf ein beschränktes Eingangssignal, dessen Träger endlich ist, für $t \to \infty$ verschwindet. Genauer läßt sich sogar folgern, daß es für jedes $\varepsilon > 0$ ein t_0 gibt derart, daß $|y(t)| < \varepsilon M_0$ ist für alle t mit $t - t_1 > t_0$ und $t - t_2 > t_0$, wegen $t_2 > t_1$ also mit $t > t_0 + t_2$ und zwar unabhängig davon, wie groß t_1 und t_2 sind; hierbei ist t_0 unabhängig von M_0.

Trifft umgekehrt diese genaue Aussage zu, so muß auch (4.8.5) gelten, d.h., daß diese Bedingung dann auch *notwendig* ist. Bezeichnen wir nämlich mit t_1 und t_2 wiederum die Grenzen des Trägers von $x(t)$ (vgl. (4.8.12)), so gilt zunächst der Zusammenhang (4.8.14). Wählen wir dann das Eingangssignal derart, daß für das in (4.8.14) benutzte t

$$x(t - \tau) = M_0 \operatorname{sgn} h(\tau)$$

ist (vgl. (4.8.3/8.4)), so ist (4.8.13) erfüllt und es ergibt sich

$$y(t) = M_0 \int_{t-t_2}^{t-t_1} |h(\tau)| d\tau.$$

Das hierin auftretende Integral muß also für $t \to \infty$ gegen null gehen, und zwar gemäß der Annahme, die wir gegen Ende des vorigen Absatzes gemacht haben. Auf Grund des Cauchyschen Konvergenzkriteriums folgt aber hieraus in der Tat die Gültigkeit von (4.8.5). Insgesamt ist also diese Bedingung auch notwendig und hinreichend dafür, daß das System in dem soeben diskutierten Sinne stabil ist.

Ein weiteres, vielfach benutztes Merkmal von Systemen ist die sogenannte *BIBO-Eigenschaft*. Sie besagt, daß ein beschränktes Eingangssignal stets eine beschränkte Grundantwort erzeugt (BIBO = bounded input - bounded output). Die Klasse der zulässigen Eingangssignale ist also jetzt durch die allgemeine Forderung gekennzeichnet, daß es eine Konstante $M_0 < \infty$ gibt derart, daß (4.8.13) erfüllt ist. Wir können dann wie eingangs vorgehen, jedoch mit $M(t_1)$ erstetzt durch M_0, und folgern, daß (4.8.5) *notwendig* ist für das Vorhandensein der BIBO-Eigenschaft. Umgekehrt folgt aus (4.5.2b) und (4.8.13) auch

$$|y(t)| \le \int_0^\infty |h(\tau) x(t-\tau)| d\tau \le M_0 \int_0^\infty |h(\tau)| d\tau.$$

Also ist (4.8.5) auch *hinreichend* dafür, daß das System die BIBO-Eigenschaft besitzt.

4.8.3 Erweiterung und vergleichende Betrachtungen

Im vorliegenden Abschnitt 4.8 haben wir bisher angenommen, daß $h(t)$ eine Funktion im klassischen Sinne ist. Die Ergebnisse gelten jedoch auch dann noch, wenn wir $h(t)$ als Summe

$$h(t) = h_1(t) + h_2(t),$$

darstellen können, wo $h_1(t)$ eine Funktion im üblichen Sinne ist und $h_2(t)$ aus einer Summe von δ-Funktionen besteht, also in der Form

$$h_2(t) = \sum_{i=1}^n A_i \delta(t - t_i), \quad t_i \ge 0, \quad i = 1 \text{ bis } n,$$

geschrieben werden kann, wo die A_i und t_i Konstanten sind. Indem man $h_1(t)$ und $h_2(t)$ getrennt betrachtet, läßt sich nämlich nachprüfen, daß (4.8.5) einfach durch die Bedingung

$$\int_0^\infty |h_1(t)|dt < \infty$$

ersetzt werden kann, wenn n endlich ist. Man kann jedoch auch die Form (4.8.5) beibehalten, wenn wir die Vereinbarung

$$\int_{0-}^\infty |h(t)|dt = \int_0^\infty |h_1(t)|dt + \sum_{i=1}^n |A_i|, \qquad (4.8.15)$$

treffen, was offensichtlich sinnvoll ist. Hierbei kann sogar $n = \infty$ sein, was bedeutet, daß die entsprechende unendliche Summe konvergieren muß. Wir haben allerdings in dem ersten Ingegral in (4.8.15) für die untere Grenze $0-$ geschrieben, um deutlich zu machen, daß an der Stelle $t = 0$ eine δ-Funktion liegen kann, und wir somit genauer für dieses Integral

$$\lim_{\varepsilon \downarrow 0} \int_{-\varepsilon}^\infty |h(t)|dt$$

schreiben müßten.

Aus den bisher in dem vorliegenden Abschnitt 4.8 gefundenen Ergebnissen darf man nicht schließen, daß strenge Stabilität und BIBO-Eigenschaft völlig gleichwertige Begriffe seien. Der Unterschied wird besonders deutlich, wenn man nichtlineare Systeme betrachtet, doch können wir an dieser Stelle hierauf nicht weiter eingehen. Aber auch bei linearen Systemen können Unterschiede bemerkbar werden, z.B. dann, wenn $h(t)$ auch Ableitungen von δ-Funktionen umfaßt. In solchen Fällen ist nämlich eine Theorie entsprechend der obigen nicht mehr möglich, so daß man dann einen anderen Weg einschlagen muß.

Der einfachste Fall liegt vor, wenn das System S rein differenzierend ist, der Zusammenhang zwischen $x(t)$ und $y(t)$ also durch

$$y(t) = K\frac{dx(t)}{dt} \qquad (4.8.16)$$

festgelegt ist, wo K eine Konstante ist. Dies trifft z.B. auf eine reine Induktivität $L = K$ zu, deren Strom und Spannung das Eingangs- bzw. Ausgangssignal darstellen. Gehen wir dann so vor, wie wir dies in Abschnitt 4.1 im Zusammenhang mit (4.1.3) bis (4.1.5) erläutert haben, und berücksichtigen

$$y_0(t,t_0) = \frac{d}{dt}[x(t)u(t-t_0)]$$

sowie
$$\lim_{t_0 \to -\infty} u(t-t_0) = 1, \quad \lim_{t_0 \to -\infty} \frac{du(t-t_0)}{dt} = 0,$$
so findet man nämlich

$$\lim_{t_0 \to -\infty} y_0(t,t_0) = K \lim_{t_0 \to -\infty} \left[x(t) \frac{du(t-t_0)}{dt} + \frac{dx(t)}{dt} u(t-t_0) \right] = K \frac{dx(t)}{dt}.$$

Dies bedeutet, daß in der Tat für jedes beliebige $x(t)$ eine Grundantwort existiert, die durch (4.8.16) berechnet werden kann. Insbesondere gilt dies für alle $x(t)$, die die ursprüngliche Forderung (vgl. (4.8.1)) erfüllen, so daß S also streng stabil ist. Auch ist der Nachweis der Stabilität in dem Sinne, den wir für ein Eingangssignal mit endlichem Träger diskutiert haben, sehr einfach zu erbringen, da ja für ein solches Eingangssignal $y(t) = 0$ ist für $t > t_2$.

Wählen wir aber
$$x(t) = M_0 \sin(\alpha t^2), \tag{4.8.17}$$
wo M_0 und α positive Konstanten sind, so erhalten wir

$$y(t) = 2\alpha M_0 t \cos(\alpha t^2).$$

Dies zeigt, daß S nicht die BIBO-Eigenschaft besitzt, denn wegen (4.8.17) ist (4.8.13) erfüllt, während $y(t)$ offensichtlich mit wachsendem t beliebig große Werte annehmen kann. Der damit gefundene scheinbare Widerspruch zu der früher gefundenen Feststellung, daß strenge Stabilität und BIBO-Eigenschaft gleichwertig sind in dem Sinne, daß beide auf das gleiche Kriterium (4.8.5) führen, erklärt sich dadurch, daß jetzt

$$h(t) = K \frac{d\delta(t)}{dt}$$

ist, die Betragsbildung der verallgemeinerten Funktion $d\delta(t)/dt$ jedoch keine zugelassene Operation sein kann und damit die Grundlage für eine Anwendbarkeit von (4.8.5) entfällt.

Anders wäre dies, wenn wir z.b. unter Beibehaltung der Interpretation von $x(t)$ als Strom und $y(t)$ als Spannung jetzt eine Kapazität C betrachten, also (4.8.16) durch

$$C \frac{dy(t)}{dt} = x(t)$$

ersetzen. Dann ist $h(t) = u(t)/C$, wo $u(t)$ den Einheitssprung bezeichnet. Das Kriterium (4.8.5), das jetzt problemlos anwendbar ist, zeigt, daß das betrachtete S weder streng stabil ist noch die BIBO-Eigenschaft besitzt. Man beachte jedoch, daß eine reine Kapazität zumindest grenzstabil ist, andererseits aber grenzstabile Systeme grundsätzlich nicht die BIBO-Eigenschaft besitzen.

Man beachte, daß das durch (4.8.16) beschriebene System die Übertragungsfunktion $H(p) = pK$ hat. Diese hat einen einfachen Pol bei $p = \infty$, doch wäre dieser Pol mehrfach, wenn die Ableitung in (4.8.16) durch eine entsprechende mehrfache Ableitung ersetzt würde. Diese Ergebnisse lassen sich in dem Sinne erweitern, daß man zeigen kann, daß das Vorhandensein der BIBO-Eigenschaft Pole der Übertragungsfunktion im Unendlichen ausschließt.

Statt von BIBO-Eigenschaft wird üblicherweise von BIBO-Stabilität gesprochen. Wir haben diese Bezeichnungsweise jedoch mit Absicht vermieden, da es sich bei der BIBO-Eigenschaft nicht um eine Stabilitätsangelegenheit im eigentlichen Sinne handelt.

4.8.4 Instabile Systeme

Wir schließen an die Überlegungen über instabile Systeme an, die wir in den Unterabschnitten 4.3.3 und 4.4.2 erläutert haben, und untersuchen die in Unterabschnitt 4.3.3 beschriebene stationäre Lösung. Wir können also für die äußeren Signale, d.h. für das Eingangssignal $x(t)$ und das zugehörige Ausgangssignal $y(t)$,

$$x(t) = A\,e^{pt}, \quad y(t) = AH(p)e^{pt}$$

schreiben, wo $H(p)$ die Übertragungsfunktion ist.

Weiterhin betrachten wir irgendein Signal im Innern des Systems, für das eine Stetigkeitsforderung besteht, z.B. einen Strom i in einer Induktivität L. Dieser hat die Form $i = AK\,e^{pt}$, wo K eine von A und t unabhängige komplexe Größe ist, und zu einem vorgegebenen Zeitpunkt t_0 nimmt er den Wert

$$i(t_0) = AK\,e^{pt_0}$$

an.

Ähnliches gilt für alle anderen inneren Signale, die einer Stetigkeitsbedingung unterworfen sind. Daraus erkennt man, daß man die gefundene stationäre Lösung auch als Lösung eines Anfangswertproblems auffassen kann, bei dem das Eingangssignal $x(t)$ und das Ausgangssignal $y(t)$ die Form

$$x(t) = A\,e^{pt}, \quad y(t) = AH(p)e^{pt}, \quad t \geq t_0,$$

haben und bei dem jedes innere Signal, für das eine Stetigkeitsforderung besteht, zum Anfangszeitpunkt t_0 denjenigen Wert annimmt, der sich für t_0 aus der stationären Lösung ergibt. Jeder dieser Anfangswerte hängt von t_0 nur über den Faktor e^{pt_0} ab und ist wegen der Linearität aller Gleichungen, durch die das System beschrieben wird, außerdem proportional zu A. Insgesamt hängen diese Anfangswerte also von A und t_0 nur über den Faktor $A\,e^{pt_0}$ ab.

Wählen wir insbesondere $A = e^{-pt_0}$, so ist $x(t_0) = 1$, und die Gesamtheit aller sich dann zum Zeitpunkt t_0 ergebenden Anfangswerte wollen wir den Anfangszustand $\mathcal{A}(p)$ nennen; dieser hängt in der Tat von den Eigenschaften des Systems sowie von p ab, nicht jedoch (wegen der Konstanz des Systems) von t_0. Andererseits ergibt sich die zuvor betrachtete Situation, wenn wir alle Signale mit $A\,e^{pt_0}$ multiplizieren, wo jetzt A wiederum eine beliebige komplexe Konstante ist. Da dann auch alle Anfangswerte mit $A\,e^{pt_0}$ multipliziert werden, können wir sinngemäß für die Gesamtheit aller Anfangswerte unter den ursprünglich genannten Bedingungen

$$A\,e^{pt_0}\mathcal{A}(p)$$

schreiben. Damit ergibt sich für das ursprüngliche Ergebnis auch die folgende Formulierung: Falls $x(t) = A\,e^{pt}$ ist und zum Zeitpunkt t_0 der Anfangszustand $A\,e^{pt_0}\mathcal{A}(p)$ herrscht, dann gibt es eine Lösung, für die gilt

$$y(t) = AH(p)e^{pt} \quad \text{für} \quad t \geq t_0.$$

Sei jetzt $u(t)$ die durch Bild 4.1.2 dargestellte Funktion und sei weiterhin

$$x_0(t, t_0) = A\,e^{pt}u(t - t_0)$$

sowie $y_0(t, t_0)$ die sich daraus ergebende Grundantwort, also (vgl. Abschnitt 4.1)

$$x_0(t, t_0) \rightarrow y_0(t, t_0).$$

In unserer jetzigen Ausdrucksweise können wir auch sagen, daß $y_0(t, t_0)$ für $t \geq t_0$ mit der eindeutigen Lösung übereinstimmt, die sich für $y(t)$ ergibt, wenn wir $x(t) = x_0(t, t_0)$ wählen und zum Zeitpunkt t_0 der Ruhezustand herrscht.

Wir wollen jetzt die in den beiden vorigen Absätzen erhaltenen Ergebnisse auf geeignete Weise kombinieren und dabei in Erinnerung rufen, daß alle Gleichungen, durch die das System beschrieben wird (einschließlich der Gleichungen, die sich auf die Berücksichtigung der Anfangswerte beziehen) als linear angenommen werden. Für das Eingangssignal wählen wir zunächst

$$x_1(t) = A\,e^{pt} - x_0(t, t_0) = A[1 - u(t - t_0)]e^{pt} \qquad (4.8.18)$$

und für den Anfangszustand zum Zeitpunkt t_0 müssen wir dann eine Gesamtheit von Anfangswerten wählen, die wir mit

$$A\,e^{pt_0}\mathcal{A}(p) - \text{Ruhezustand}$$

bezeichnen können; hierbei übt der Ruhezustand jedoch keinen Einfluß aus, da für ihn alle Anfangswerte gleich null sind. Somit läßt sich feststellen, daß unter der Annahme, daß zum Zeitpnkt t_0 der Anfangszustand $A\,e^{pt_0}\mathcal{A}(p)$ herrscht, eine Ausgangslösung $y_1(t)$ existiert, für die

$$y_1(t) = AH(p)e^{pt} - y_0(t,t_0) \qquad (4.8.19)$$

ist. Diese ist eindeutig, denn für ein wohldefiniertes System gibt es bei gegebenem Eingangssignal und gegebenem Anfangszustand genau eine Lösung.

Statt des durch (4.8.18) gegebenen Ausdrucks wählen wir für das Eingangssignal jetzt

$$x_2(t) = [1 - u(t)]e^{pt}; \qquad (4.8.20)$$

der Anfangszeitpunkt sei $t = 0$ und der zugehörige Anfangszusand sei $\mathcal{A}(p)$. Sei $y_2(t)$ die daraus entstehende Antwort. Dann ist $y_2(t - t_0)$ die Antwort auf $x_2(t - t_0)$, wenn der Anfangszeitpunkt gleich t_0 und der zugehörige Anfangszustand wiederum gleich $\mathcal{A}(p)$ ist. Entsprechend ist $A\,e^{pt_0}y_2(t-t_0)$ die Antwort auf $A\,e^{pt_0}x_2(t-t_0)$, wenn der Anfangszeitpunkt noch stets gleich t_0, der zugehörige Anfangszustand jedoch gleich $A\,e^{pt_0}\mathcal{A}(p)$ ist. Wegen (4.8.18) und (4.8.20) ist aber

$$A\,e^{pt_0}x_2(t-t_0) = x_1(t),$$

und Anfangszeitpunkt sowie Anfangszustand sind auch die gleichen wie bei der im Zusammenhang mit (4.8.18) und (4.8.19) gemachten Annahme. Daher muß auch $A\,e^{pt_0}y_2(t-t_0)$ mit dem sich aus (4.8.19) ergebenden Wert für $y_1(t)$ übereinstimmen. Folglich muß auch

$$A\,e^{pt_0}y_2(t-t_0) = y_1(t)$$

sein und damit wegen (4.8.19)

$$y_0(t,t_0) = AH(p)e^{pt} - A\,e^{pt_0}y_2(t-t_0).$$

Bezeichnen wir schließlich mit $y(t)$ die gesuchte Grundantwort, so ist entsprechend (4.1.5)

$$y(t) = \lim_{t_0 \to -\infty} y_0(t,t_0),$$

also
$$y(t) = AH(p)e^{pt} - A \lim_{t_0 \to -\infty} e^{pt_0} y_2(t-t_0).$$

Der letzte Grenzwert verschwindet aber unter sehr allgemeinen Bedingungen, und man erhält dann

$$y(t) = AH(p)e^{pt}.$$

Insbesondere trifft dies immer dann zu, wenn $y_2(t)$ nicht schneller als exponentiell wächst, es also eine (endliche) positive Konstante α gibt derart, daß

$$\lim_{t \to \infty} e^{-\alpha t} y_2(t) = 0$$

ist; in diesem Fall braucht lediglich $\operatorname{Re} p > \alpha$ gewählt zu werden. Berücksichtigen wir noch, daß auch

$$\lim_{t_0 \to -\infty} x_0(t,t_0) = A e^{pt} \quad \forall t$$

ist, so läßt sich das Ergebnis in der Form

$$A e^{pt} \to AH(p)e^{pt} \quad \text{für} \quad \operatorname{Re} p > \alpha$$

zusammenfassen.

Dies zeigt, daß der Begriff der Grundantwort auch bei instabilen Systemen Gültigkeit behält und daß der Zusammenhang zwischen einem Eingangssignal der Form $A e^{pt}$, der zugehörigen Grundantwort und der Übertragungsfunktion der gleiche ist wie bei streng stabilen Systemen. Allerdings muß jetzt $\operatorname{Re} p$ hinreichend groß sein, kann also nicht mehr gleich null gewählt werden, so daß eine Anwendung im Rahmen einer Fourieranalyse nicht möglich ist. Im 6. Kapitel werden wir aber sehen, daß das Ergebnis für die Analyse mit Hilfe der Laplacetransformation von großer Bedeutung ist.

Selbstverständlich bleibt unsere Analyse auch für grenzstabile Systeme gültig. Die Forderung an p lautet dann $\operatorname{Re} p > 0$. Das schließt wieder die direkte Anwendung im Rahmen der Fourieranalyse aus, man kann jedoch auch auf diese Weise auf die Ergebnisse kommen, die wir etwa im Zusammenhang mit Bild 4.3.3 besprochen haben.

4.9 Systeme mit mehreren Eingängen und Ausgängen

Bisher haben wir nur Systeme betrachtet, die lediglich einen Eingang und einen Ausgang haben. Wir wollen jetzt annehmen, daß das System S insgesamt m Eingänge und n Ausgänge, die wir mit $\mu = 1$ bis m bzw. $\nu = 1$ bis n numerieren, hat (Bild 4.9.1). Die zugehörigen Eingangs- und Ausgangssignale bezeichnen wir mit $x_\mu = x_\mu(t)$ bzw. $y_\nu = y_\nu(t)$, und wir fassen diese zu Vektoren

$$\mathbf{x} = (x_1, x_2, \cdots, x_m)^T, \quad \mathbf{y} = (y_1, y_2, \cdots, y_n)^T \qquad (4.9.1)$$

4. Übertragung von Signalen durch lineare konstante Systeme

zusammen, wo das hochgestellte T die Transposition bedeutet. Die entsprechenden Fouriertransformierten seien $X_\mu = X_\mu(j\omega)$ und $Y_\nu = Y_\nu(j\omega)$, und die zugehörigen Vektoren also

$$\mathbf{X} = (X_1, X_2, \cdots, X_m)^T, \quad \mathbf{Y} = (Y_1, Y_2, \cdots, Y_n)^T. \tag{4.9.2}$$

Offensichtlich können m und n gleich oder voneinander unterschiedlich sein.

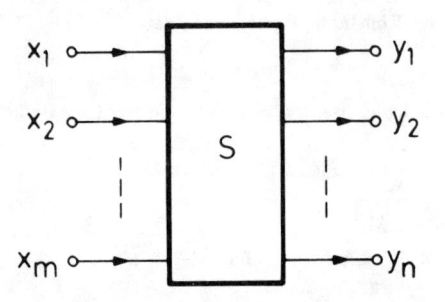

Bild 4.9.1: System S mit m Eingängen und n Ausgängen.

Wir nehmen an, daß S linear und konstant ist. Dann gibt es vom Eingang μ zum Ausgang ν sowohl eine Übertragungsfunktion $H_{\nu\mu}(j\omega)$ als auch eine Impulsantwort $h_{\nu\mu}(t)$, die gemäß

$$h_{\nu\mu}(t) \circ\!\!-\!\!\bullet H_{\nu\mu}(j\omega) \tag{4.9.3}$$

miteinander verknüpft sind. Die Funktionen $H_{\nu\mu}(j\omega)$ und $h_{\nu\mu}(t)$ sind offensichtlich genauso definiert, wie wir dies bisher getan haben, jedoch unter der Voraussetzung, daß alle Eingangssignale außer demjenigen, das zu dem betrachteten μ gehört, gleich null sind. Auch dann wird jedoch an jedem der n Ausgänge ein Ausgangssignal erscheinen, so daß ν auch unter Berücksichtigen der soeben genannten Voraussetzung alle Werte von 1 bis n annehmen darf.

Um auch den Fall erfassen zu können, daß die genannte Voraussetzung nicht erfüllt ist, müssen wir allerdings das zu Anfang von Abschnitt 4.2 eingeführte Postulat der Linearität erweitern. Seien hierzu $y_{\nu\mu}(t)$ die gemäß

$$x_\mu(t) \to y_{\nu\mu}(t) \tag{4.9.4}$$

definierten Antworten, die erhalten werden, wenn alle Eingangssignale gleich null sind außer demjenigen für das betrachtete μ. Wir verlangen dann zusätzlich, daß bei gleichzeitigem

4.9 Systeme mit mehreren Eingängen und Ausgängen

Anliegen von Eingangssignalen an allen Eingängen die entstehenden Ausgangssignale durch

$$y_\nu(t) = \sum_{\mu=1}^{m} y_{\nu\mu}(t) \tag{4.9.5}$$

gegeben sind.

Nun folgt aber aus (4.9.4)

$$y_{\nu\mu}(t) = h_{\nu\mu}(t) * x_\mu(t), \quad Y_{\nu\mu}(j\omega) = H_{\nu\mu}(j\omega)X_\mu(j\omega)$$

wo $Y_{\nu\mu}(j\omega)$ gemäß

$$y_{\nu\mu}(t) \circ\!\!-\!\!\bullet Y_{\nu\mu}(j\omega)$$

definiert ist. Damit ergibt sich aus (4.9.5)

$$y_\nu(t) = \sum_{\mu=1}^{m} h_{\nu\mu}(t) * x_\mu(t) \tag{4.9.6}$$

und entsprechend

$$Y_\nu(j\omega) = \sum_{\mu=1}^{m} H_{\nu\mu}(j\omega)X_\mu(j\omega). \tag{4.9.7}$$

Unter Benutzung der oben eingeführten Vektornotation lassen sich (4.9.6) und (4.9.7) auch in der Form

$$\mathbf{y}(t) = \mathbf{h}(t) * \mathbf{x}(t) \quad \text{bzw.} \quad \mathbf{Y}(j\omega) = \mathbf{H}(j\omega)\mathbf{X}(j\omega) \tag{4.9.8}$$

schreiben. Hierbei sind $\mathbf{h}(t)$ und $\mathbf{H}(j\omega)$ die durch

$$\mathbf{h}(t) = \begin{pmatrix} h_{11}(t), & h_{12}(t), & \cdots, & h_{1m}(t) \\ h_{21}(t), & h_{22}(t), & \cdots, & h_{2m}(t) \\ \vdots & \vdots & \ddots & \vdots \\ h_{n1}(t), & h_{n2}(t), & \cdots, & h_{nm}(t) \end{pmatrix} \tag{4.9.9}$$

und

$$\mathbf{H}(j\omega) = \begin{pmatrix} H_{11}(j\omega), & H_{12}(j\omega), & \cdots, & H_{1m}(j\omega) \\ H_{21}(j\omega), & H_{22}(j\omega), & \cdots, & H_{2m}(j\omega) \\ \vdots & \vdots & \ddots & \vdots \\ H_{n1}(j\omega), & H_{n2}(j\omega), & \cdots, & H_{nm}(j\omega) \end{pmatrix} \tag{4.9.10}$$

definierten Matrizen sind. Man beachte, daß diese nicht quadratisch zu sein brauchen, da wir ja durchaus $n \neq m$ haben dürfen. Wir bezeichnen $\mathbf{h}(t)$ auch als die *Impulsantwortmatrix* und $\mathbf{H}(j\omega)$ als die *Übertragungsmatrix* des Systems S.

5. Eigenschaften einiger spezieller Signalklassen

5.1 Analytisches Signal

5.1.1 Reelle Signale und zugehöriges analytisches Signal

Sei $A = |A|e^{j\alpha}$ eine beliebige komplexe Zahl. Ein reelles sinusförmiges Signal der Frequenz $\omega_0 > 0$

$$f(t) = |A| \cdot \cos(\omega_0 t + \alpha), \tag{5.1.1}$$

kann bekanntlich unter Benutzung der komplexen Konstanten

$$A = |A|e^{j\alpha} \tag{5.1.2}$$

auch durch

$$f(t) = \frac{1}{2} A\, e^{j\omega_0 t} + \frac{1}{2} A^* e^{-j\omega_0 t} \tag{5.1.3}$$

sowie durch

$$f(t) = \operatorname{Re} A\, e^{j\omega_0 t} \tag{5.1.4}$$

dargestellt werden. Im ersten Fall treten eine positive und eine negative Frequenz auf, wie dies in entsprechender Form auch in der Fouriertransformierten

$$f(t) \circ\!\!-\!\!\bullet F(j\omega) = \pi A \delta(\omega - \omega_0) + \pi A^* \delta(\omega + \omega_0) \tag{5.1.5}$$

geschieht. Im zweiten Fall können wir auch schreiben $f(t) = \operatorname{Re} f_+(t)$ mit

$$f_+(t) = A\, e^{j\omega_0 t} \circ\!\!-\!\!\bullet 2\pi A \delta(\omega - \omega_0). \tag{5.1.6}$$

Das Signal $f_+(t)$ ist offensichtlich mathematisch einfacher, da es nur eine einzige Frequenz umfaßt, nämlich die Frequenz ω_0, die wir, ausgehend von (5.1.1), stets als positiv annehmen können.

Um die soeben dargelegten Betrachtungen auch auf allgemeine reelle Signale anwenden zu können, gehen wir von dem Fourier-Umkehrintegral

$$f(t) = \frac{1}{2\pi} \int_{-\infty}^{\infty} F(j\omega) e^{j\omega t} d\omega \tag{5.1.7}$$

aus, nehmen jedoch an, daß $F(j\omega)$ keine δ-Anteile bei $\omega = 0$ enthält. Durch Aufspalten des Integrationsbereichs und Ersetzen von ω durch $-\omega$ im zweiten Integral folgt aus (5.1.7)

$$f(t) = \frac{1}{2\pi} \left[\int_0^{\infty} + \int_{-\infty}^0 F(j\omega) e^{j\omega t} d\omega \right]$$

$$= \frac{1}{2\pi} \int_0^{\infty} \left[F(j\omega) e^{j\omega t} + F(-j\omega) e^{-j\omega t} \right] d\omega$$

5.1 Analytisches Signal

und somit unter Benutzung der Regel $F(-j\omega) = F^*(j\omega)$ (vgl. (3.6.12))

$$f(t) = \operatorname{Re} f_+(t) \qquad (5.1.8)$$

mit $f_+(t)$ gegeben durch

$$f_+(t) = \frac{1}{\pi} \int_0^\infty F(j\omega)e^{j\omega t}d\omega. \qquad (5.1.9)$$

Das durch (5.1.9) definierte Signal $f_+(t)$ heißt das zu $f(t)$ gehörige *analytische Signal*. Bei einem sinusförmigen Signal der Form (5.1.1 - 5.1.4) ist dieses offensichtlich durch die erste Gleichung (5.1.6) gegeben, wie man erkennt, wenn man den aus (5.1.5) folgenden Ausdruck für $F(j\omega)$ in (5.1.9) einsetzt.

Den Ausdruck (5.1.9) kann man auch in der Form

$$f_+(t) = \frac{1}{2\pi} \int_{-\infty}^\infty F_+(j\omega)e^{j\omega t}d\omega \qquad (5.1.10)$$

schreiben, wo $F_+(j\omega)$ durch

$$F_+(j\omega) = \begin{cases} 2F(j\omega) & \text{für } \omega > 0 \\ 0 & \text{für } \omega < 0 \end{cases} \qquad (5.1.11)$$

definiert ist. Da (5.1.10) in der Tat einem Fourier-Umkehrintegral entspricht und zu einer gegebenen Zeitfunktion nur eine Fouriertransformierte gehört, gilt für die durch (5.1.11) gegebene Funktion $F_+(j\omega)$

$$f_+(t) \circ\!\!-\!\!\bullet F_+(j\omega). \qquad (5.1.12)$$

Insbesondere erkennen wir, daß das analytische Signal $f_+(t)$, das zu einem reellen Signal $f(t)$ gehört, keine Spektralanteile bei negativen Frequenzen hat. Da somit für $f_+(t)$ die Regel (3.6.12) nicht gilt, ist $f_+(t)$ komplex, während $f(t)$ gleich dem Realteil von $f_+(t)$ ist.

Die soeben genannten Eigenschaften sind nicht nur notwendig, sondern auch hinreichend dafür, daß eine Funktion $f_+(t)$ das zu einem reellen Signal $f(t)$ gehörige analytische Signal ist. Es gilt nämlich folgende *Aussage*:

Seien $f(t)$ und $f_+(t)$ ein reelles und ein komplexes Signal, mit Fouriertransformierten $F(j\omega)$ bzw. $F_+(j\omega)$. Falls gilt

$$f(t) = \operatorname{Re} f_+(t) \qquad (5.1.13)$$

und

$$F_+(j\omega) = 0 \quad \text{für} \quad \omega < 0, \qquad (5.1.14)$$

dann ist $f_+(t)$ das zu $f(t)$ gehörige analytische Signal, d.h., daß dann $f_+(t)$ durch (5.1.9) gegeben ist.

Zum Beweis spalten wir $f_+(t)$ auf in seinen Realteil, der wegen (5.1.13) gleich $f(t)$ ist, und seinen Imaginärteil, den wir mit $g(t)$ bezeichnen:

$$f_+(t) = f(t) + jg(t).$$

Mit der Definition $G(j\omega) \bullet\!\!-\!\!\circ g(t)$ gilt somit

$$F_+(j\omega) = F(j\omega) + jG(j\omega) \qquad (5.1.15)$$

und daher wegen (5.1.14)

$$0 = F(j\omega) + jG(j\omega) \quad \text{für} \quad \omega < 0, \qquad (5.1.16)$$

also

$$0 = F(-j\omega) + jG(-j\omega) \quad \text{für} \quad \omega > 0.$$

Da $f(t)$ und $g(t)$ reell sind, ergibt sich hieraus unter Benutzung von (3.6.12)

$$0 = F^*(j\omega) + jG^*(j\omega) \quad \text{für} \quad \omega > 0,$$

also auch

$$jG(j\omega) = F(j\omega) \quad \text{für} \quad \omega > 0 \qquad (5.1.17)$$

und damit aus (5.1.15)

$$F_+(j\omega) = 2F(j\omega) \quad \text{für} \quad \omega > 0.$$

Daraus folgt aber zusammen mit (5.1.14), daß $F_+(j\omega)$ vollständig durch (5.1.11) gegeben ist und somit wegen (5.1.10) auch (5.1.9) zutrifft. QED.

Wir bestimmen jetzt noch die Funktionen $G(j\omega)$ und $g(t)$. Für die erste erhalten wir

$$G(j\omega) = \begin{cases} -jF(j\omega) & \text{für } \omega > 0 \\ jF(j\omega) & \text{für } \omega < 0, \end{cases} \qquad (5.1.18)$$

wo die Beziehung für $\omega > 0$ entweder aus (5.1.11) und (5.1.15) oder aber direkt aus (5.1.17) folgt, diejenige für $\omega < 0$ jedoch aus (5.1.16). Die Beziehung (5.1.18) ist äquivalent mit

$$G(j\omega) = -jF(j\omega) \cdot \operatorname{sgn}\omega, \qquad (5.1.19)$$

Unter Benutzung der Faltungsregel (3.6.52) sowie der Beziehung (vgl. (3.9.32))

$$-j\operatorname{sgn}\omega \bullet\!\!-\!\!\circ \frac{1}{\pi t} \qquad (5.1.20)$$

erhalten wir aus (5.1.19)

$$g(t) = \frac{1}{\pi} \int_{-\infty}^{\infty} \frac{f(\tau)}{t-\tau} d\tau. \qquad (5.1.21)$$

Da aus (5.1.19) auch

$$F(j\omega) = jG(j\omega) \cdot \operatorname{sgn} \omega$$

folgt, gilt ebenso

$$f(t) = -\frac{1}{\pi} \int_{-\infty}^{\infty} \frac{g(\tau)}{t-\tau} d\tau. \qquad (5.1.22)$$

Die in (5.1.21) und (5.1.22) auftretenden Integraltransformationen heißen auch *Hilbert-Transformationen*. Real- und Imaginärteil eines analytischen Signals sind also Hilbert-Transformierte voneinander.

Bei der Berechnung der Integrale (5.1.21) und (5.1.22) beachte man, daß diese im Sinne des Cauchyschen Hauptwerts bestimmt werden müssen. Dies ergibt sich aus der diesbezüglichen Diskussion, die wir bei der Herleitung von (3.9.32) bzw. der dieser voraufgehenden Beziehung (3.9.22) sowie auch gegen Ende des Unterabschnitts 3.9.3 gebracht haben.

Die gefundenen Ergebnisse lassen sich leicht auf den Fall erweitern, daß $F(j\omega)$ bei $\omega = 0$ eine δ-Funktion enthält, also in der Form

$$F(j\omega) = F_1(j\omega) + C\delta(\omega)$$

geschrieben werden kann, wo $F_1(j\omega)$ eine Funktion ohne δ-Anteil bei $\omega = 0$ und C eine reelle Konstante ist. Sei nämlich $F_{1+}(j\omega)$ gemäß (5.1.11), also durch

$$F_{1+}(j\omega) = \begin{cases} 2F_1(j\omega) & \text{für} \quad \omega > 0 \\ 0 & \text{für} \quad \omega < 0 \end{cases}$$

gegeben. Dann gelten noch stets (5.1.10) bis (5.1.14), wenn wir $F_+(j\omega)$ durch

$$F_+(j\omega) = F_{1+}(j\omega) + C\delta(\omega)$$

definieren.

Dem δ-Anteil $C\delta(\omega)$ in $F(j\omega)$ entspricht der konstante Anteil C in $f(t)$. Es läßt sich zeigen, daß ein solcher konstanter Anteil nichts zu dem Integral in (5.1.21) beiträgt. Damit bleibt (5.1.21) für die Bestimmung von $g(t)$, also des Imaginärteils von $f_+(t)$ anwendbar. Allerdings ergibt die rechte Seite in (5.1.22) nur den ursprünglichen Anteil von $f(t)$, nicht jedoch den zusätzlichen konstanten Anteil C.

5.1.2 Übertragung des analytischen Signals durch ein lineares konstantes System

Seien wiederum $x(t)$ und $y(t)$ das Eingangssignal bzw. die zugehörige Grundantwort eines Systems S mit der Übertragungsfunktion $H(j\omega)$. Da $x(t)$ und $y(t)$ reell sind, lassen sich ihnen analytische Signale $x_+(t)$ bzw. $y_+(t)$ zuordnen. Die entsprechenden Fouriertransformierten seien $X(j\omega)$, $Y(j\omega)$, $X_+(j\omega)$ und $Y_+(j\omega)$. Offensichtlich gilt gemäß (5.1.11)

$$X_+(j\omega) = \begin{cases} 2X(j\omega) & \text{für } \omega > 0 \\ 0 & \text{für } \omega < 0 \end{cases} \qquad (5.1.23)$$

sowie

$$Y_+(j\omega) = \begin{cases} 2Y(j\omega) & \text{für } \omega > 0 \\ 0 & \text{für } \omega < 0 \end{cases} \qquad (5.1.24)$$

und andererseits $Y(j\omega) = H(j\omega)X(j\omega)$. Damit ist aber auch

$$Y_+(j\omega) = H(j\omega)X_+(j\omega) \qquad (5.1.25)$$

Dies zeigt, daß die analytischen Signale auf die gleiche Weise miteinander verknüpft sind wie die ursprünglichen reellen Signale. Insbesondere können wir auch

$$x_+(t) \to y_+(t) \qquad (5.1.26)$$

schreiben sowie

$$y_+(t) = \int_{-\infty}^{\infty} h(t-t')x_+(t')dt' = \int_{-\infty}^{\infty} h(\tau)x_+(t-\tau)d\tau \qquad (5.1.27)$$

bzw. die daraus durch Verwendung von (4.5.1) resultierenden Ergebnisse. Anders ausgedrückt, die zuvor für den Zusammenhang zwischen $x(t)$ und $y(t)$ erhaltenen Ergebnisse gelten auch zwischen $x_+(t)$ und $y_+(t)$; dies schließt auch die Abschnitte 4.5 und 4.6 ein.

5.2 Abtasttheorem für tiefpaßbegrenzte Signale

5.2.1 Erzeugung tiefpaßbegrenzter Signale durch Interpolation

In der Praxis spielen frequenzbegrenzte Signale $f(t)$ eine wichtige Rolle. Der einfachste Fall liegt vor, wenn es eine positive Konstante ω_g, die auch *Grenzfrequenz* (genauer: Grenzkreisfrequenz) genannt wird, gibt derart, daß für die zugehörige Frequenzfunktion $F(j\omega)$ gilt

$$F(j\omega) = 0 \quad \text{für} \quad |\omega| > \omega_g. \qquad (5.2.1)$$

Solche Signale wollen wir als *tiefpaßbegrenzt* bezeichnen (und zwar aus Gründen, die später deutlich werden). Wie gegen Ende des Unterabschnitts 3.8.1 erläutert, kann eine Bedingung der Art (5.2.1) bei zeitbegrenzten Signalen zwar mathematisch nie mit letzter Strenge erfüllt sein, doch kann für praktische Signale eine solche Bedingung stets als zutreffend angesehen werden. (Man beachte, daß tiefpaßbegrenzte Signale stets tiefpaßgeformt sind im Sinne der Definition in Unterabschnitt 3.8.2.)

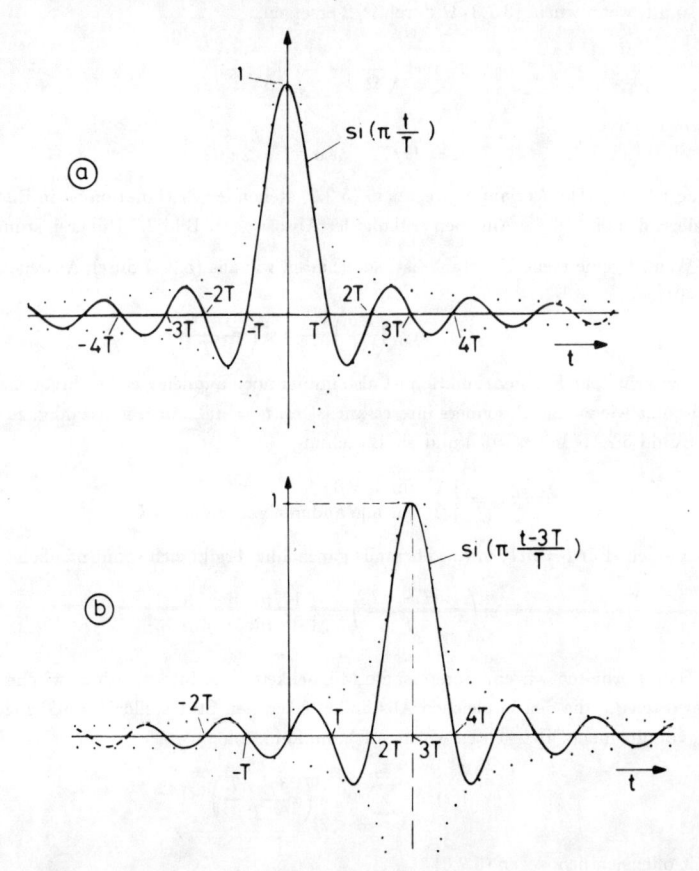

Bild 5.2.1: (a) Verlauf der Funktion si $(\pi t/T)$.
(b) Die entsprechende, jedoch um $3T$ nach rechts verschobene Funktion.

Das in gewisser Hinsicht einfachste tiefpaßbegrenzte Signal $f(t)$ erhalten wir, wenn wir für $F(j\omega)$ eine Rechteckfunktion annehmen. Schreiben wir dann noch $\Omega/2$ statt ω_g, so gilt

$$f(t) = \mathcal{F}^{-1}\left\{\operatorname{rect}\left(\frac{2\omega}{\Omega}\right)\right\}$$

und somit, wenn wir in (3.7.3) Ω durch $\Omega/2$ ersetzen,

$$T \cdot \operatorname{rect}\left(\frac{2\omega}{\Omega}\right) \bullet\!\!-\!\!\circ \operatorname{si}\left(\pi\frac{t}{T}\right), \qquad (5.2.2)$$

wo wir T durch

$$\Omega = 2\pi/T, \quad \text{also} \quad T = 2\pi/\Omega \qquad (5.2.3)$$

definiert haben. Der Verlauf der rechts in (5.2.2) stehenden Zeitfunktion ist in Bild 5.2.1a skizziert, das bis auf die Angaben entlang der Abszisse mit Bild 2.7.1 übereinstimmt.

Wenn t_0 eine reelle Konstante ist, so erhalten wir aus (5.2.2) durch Anwendung von (3.6.40)

$$T\, e^{-j\omega t_0} \cdot \operatorname{rect}\left(\frac{2\omega}{\Omega}\right) \bullet\!\!-\!\!\circ \operatorname{si}\left(\pi\frac{t-t_0}{T}\right). \qquad (5.2.4)$$

Die jetzt erhaltene Frequenzfunktion ist also immer noch auf den gleichen Frequenzbereich beschränkt wie zuvor. Besonders interessant ist es, $t_0 = nT$, mit n ganzzahlig, zu wählen (siehe Bild 5.2.1b, mit $n = 3$) und die Beziehung

$$\operatorname{si}(k\pi) = \begin{cases} 1 & \text{für } k = 0 \\ 0 & \text{für alle anderen ganzzahligen } k \end{cases} \qquad (5.2.5)$$

zu benutzen. Für $t = mT$, mit m ebenfalls ganzzahlig, ergibt sich somit nämlich

$$\operatorname{si}\left(\pi\frac{mT - nT}{T}\right) = \begin{cases} 1 & \text{für } m = n \\ 0 & \text{für } m \neq n \end{cases} \qquad (5.2.6)$$

Damit erhalten wir eine interessante Möglichkeit, eine Interpolation zwischen Funktionswerten f_n, die den in gleichen Abständen gelegenen Stützstellen $t = nT$ zugeordnet sind, vorzunehmen. Betrachten wir nämlich die Funktion

$$f(t) = \sum_{n=-\infty}^{\infty} f_n \operatorname{si}\left(\pi\frac{t - nT}{T}\right), \qquad (5.2.7)$$

so gilt offensichtlich wegen (5.2.6)

$$f(mT) = f_m, \quad m \text{ ganzzahlig} \qquad (5.2.8)$$

(siehe Bild 5.2.2), andererseits wegen (5.2.4) aber

$$f(t) \circ\!\!-\!\!\bullet F(j\omega) = T \cdot \operatorname{rect}\left(\frac{2\omega}{\Omega}\right) \sum_{n=-\infty}^{\infty} f_n e^{-jn\omega T}. \qquad (5.2.9)$$

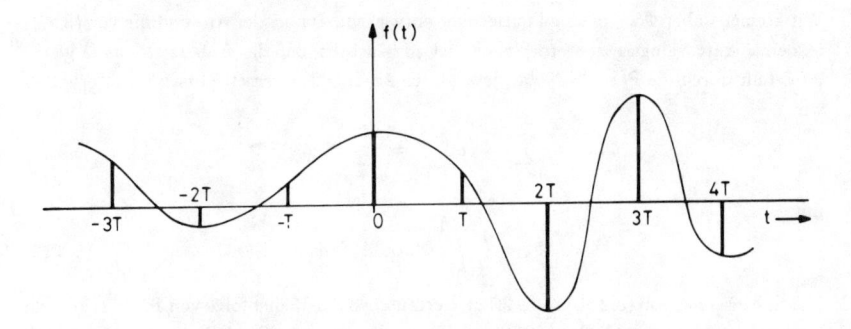

Bild 5.2.2: Eine Funktion $f(t)$, die vorgegebene Funktionswerte f_n an den Stützstellen $t = nT$ interpoliert, mit n ganzzahlig.

Somit ist die Bedingung (5.2.1) noch stets erfüllt, mit $\omega_g = \Omega/2$. In diesem Sinne ist die gefundene Interpolation besonders glatt, denn sie hat die Eigenschaft, daß oberhalb von $\Omega/2$ keine Frequenzanteile eingeführt werden. Die genauere Bewandtnis dieser Eigenschaft wird weiter unten deutlich werden; man beachte jedoch, daß eine Sinusschwingung der Kreisfrequenz $\Omega/2$ genau in der Zeit T von einem ihrer Extremwerte auf den entgegengesetzten übergeht.

5.2.2 Herleitung des Abtasttheorems für tiefpaßbegrenzte Signale

Wir wollen zeigen, daß die Formel (5.2.7) nicht einfach einen Sonderfall darstellt, sondern eine sehr allgemeine Gültigkeit besitzt. Hierzu leiten wir zunächst ein wichtiges Hilfsergebnis her.

Sei $F(j\omega)$ eine gegebene Funktion von ω. Mit $\Phi(\omega)$ bezeichnen wir die Funktion $\text{rep}_\Omega F(j\omega)$, die sich durch periodische Wiederholung von $F(j\omega)$ gemäß

$$\Phi(\omega) = \text{rep}_\Omega F(j\omega) = \sum_{m=-\infty}^{\infty} F(j\omega - jm\Omega) = \sum_{m=-\infty}^{\infty} F(j\omega + jm\Omega) \qquad (5.2.10)$$

ergibt. Da das gesuchte Hilfsergebnis später auch in allgemeineren Zusammenhängen benötigt wird, setzen wir *nicht* voraus, daß $F(j\omega)$ die Bedingung der Art (5.2.1) erfüllt, sondern lediglich, daß die Reihe in (5.2.10) konvergiert.

Offensichtlich ist die durch (5.2.10) definierte Funktion periodisch in ω mit der Periode Ω, denn wenn wir etwa in der letzten Summe ω durch $\omega + \Omega$ und anschließend m durch $m-1$ ersetzen, so geht der Ausdruck wieder in sich selbst über, d.h.,

$$\Phi(\omega + \Omega) = \Phi(\omega) \quad \text{für alle} \quad \omega.$$

Wir können daher $\Phi(\omega)$ in eine Fourierreihe entwickeln. Da bei der Anwendung von (3.2.6) jedoch ω statt t eingesetzt werden muß, ist zu beachten, daß das frühere Ω, das ja gleich 2π geteilt durch die Periode T war, jetzt durch $2\pi/\Omega = T$ zu ersetzen ist. Somit erhalten wir

$$\Phi(\omega) = \sum_{n=-\infty}^{\infty} \Phi_n e^{jnT\omega} = \sum_{n=-\infty}^{\infty} \Phi_{-n} e^{-jn\omega T}, \qquad (5.2.11)$$

mit

$$\Phi_n = \frac{1}{\Omega} \int_0^\Omega \Phi(\omega) e^{-jn\omega T} d\omega. \qquad (5.2.12)$$

Durch Einsetzen von (5.2.10) in (5.2.12), Vertauschen der Reihenfolge von Integration und Summation sowie anschließendes Ersetzen von ω durch $\omega - m\Omega$ erhalten wir aufeinanderfolgend

$$\Phi_n = \frac{1}{\Omega} \sum_{m=-\infty}^{\infty} \int_0^\Omega F(j\omega + jm\Omega) e^{-jn\omega T} d\omega$$

$$= \frac{1}{\Omega} \sum_{m=-\infty}^{\infty} \int_{m\Omega}^{(m+1)\Omega} F(j\omega) e^{-jn\omega T} d\omega = \frac{T}{2\pi} \int_{-\infty}^{\infty} F(j\omega) e^{-jn\omega T} d\omega, \qquad (5.2.13)$$

wobei wir auch die Beziehung $e^{jnm\Omega T} = 1$ benutzt und wir für den Übergang auf den letzten Ausdruck Summation und Integration zu einem einzigen Integral zusammengefaßt haben. Wenn weiterhin $f(t)$ durch

$$f(t) \circ\!\!-\!\!\bullet F(j\omega) \qquad (5.2.14)$$

definiert ist, so ist (5.2.13) wegen (3.6.2) und (5.2.3) auch äquivalent mit

$$\Phi_n = T f(-nT).$$

Durch Einsetzen dieses Ergebnisses in den letzten Ausdruck (5.2.11) folgt schließlich

$$\text{rep}_\Omega F(j\omega) = T \sum_{n=-\infty}^{\infty} f(nT) e^{-jn\omega T}. \qquad (5.2.15)$$

Das gleiche Ergebnis läßt sich auch in etwas knapperer Form, jedoch unter Benutzung einer unendlichen Reihe von Deltafunktionen herleiten. Hierzu betrachten wir die Beziehung

$$f(t) \cdot \sum_{n=-\infty}^{\infty} \delta(t - nT) = \sum_{n=-\infty}^{\infty} f(nT) \delta(t - nT), \qquad (5.2.16)$$

die sich durch Anwendung der Regel (2.6.6) ergibt. Wir können die erste unendliche Summe in (5.2.16), die ja periodisch ist in t mit Periode T, in eine Fourierreihe entwickeln gemäß

$$\sum_{n=-\infty}^{\infty} \delta(t-nT) = \sum_{m=-\infty}^{\infty} D_m e^{jm\Omega t} = \sum_{m=-\infty}^{\infty} D_{-m} e^{-jm\Omega t}, \qquad (5.2.17)$$

mit

$$D_m = \frac{1}{T} \int_{-T/2}^{T/2} \left[\sum_{n=-\infty}^{\infty} \delta(t-nT) \right] e^{-jm\Omega t} dt. \qquad (5.2.18)$$

Da aber in (5.2.18) nur der Term mit $n = 0$ in dem angegebenen Integrationsintervall einen Beitrag liefert, folgt durch Anwenden der Ausblendeigenschaft, daß $D_m = 1/T$ für alle m ist. Daher ist (5.2.16) auch äquivalent mit

$$\sum_{m=-\infty}^{\infty} f(t) e^{-jm\Omega t} = T \sum_{n=-\infty}^{\infty} f(nT) \delta(t-nT). \qquad (5.2.19)$$

Hieraus ergibt sich (5.2.15) durch Anwenden der Regeln (3.6.41) und (3.9.5b) auf die linke bzw. rechte Seite von (5.2.19).

Wir kehren jetzt zurück zu dem Spezialfall, der durch (5.2.1) gekennzeichnet ist (siehe Bild (5.2.3a)), und wählen eine Konstante Ω derart, daß

$$\Omega/2 > \omega_g, \quad \text{also} \quad \Omega > 2\omega_g \qquad (5.2.20)$$

ist. Dann gilt offensichtlich (siehe Bild 5.2.3b)

$$\text{rect}\left(\frac{2\omega}{\Omega}\right) \cdot \sum_{m=-\infty}^{\infty} F(j\omega + jm\Omega) = F(j\omega), \qquad (5.2.21)$$

wodurch sich aus (5.2.10) und (5.2.15) auch

$$F(j\omega) = T \sum_{n=-\infty}^{\infty} f(nT) \text{rect}\left(\frac{2\omega}{\Omega}\right) e^{-jn\omega T} \qquad (5.2.22)$$

ergibt und damit nach Rücktransformation in den Zeitbereich

$$f(t) = \sum_{n=-\infty}^{\infty} f(nT) \text{si}\left(\pi \frac{t-nT}{T}\right). \qquad (5.2.23)$$

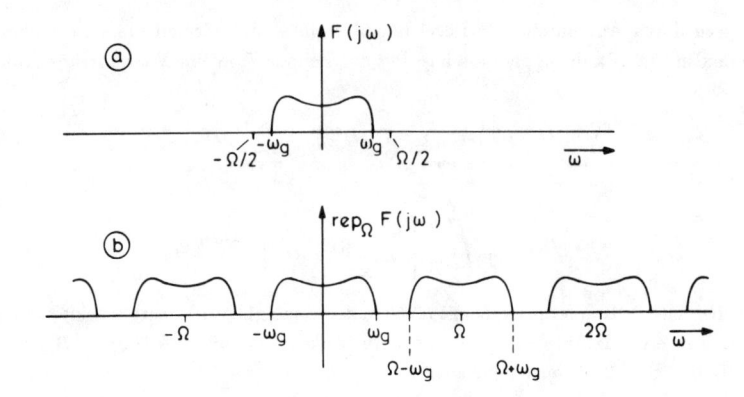

5. Eigenschaften einiger spezieller Signalklassen

Bild 5.2.3: (a) Spektralfunktion eines tiefpaßbegrenzten Signals.
(b) Zugehörige Funktion $\text{rep}_\Omega F(j\omega)$ für $\Omega > 2\omega_g$.

Die Beziehungen (5.2.22) und (5.2.23) sind offensichtlich äquivalent mit der Gleichheit in (5.2.9) bzw. den Beziehungen (5.2.7) und (5.2.8).

Wir fassen dieses Ergebnis in der als *Abtasttheorem* bekannten Aussage zusammen: Gegeben sei ein tiefpaßbegrenztes Signal $f(t)$. Falls wir dieses Signal mit einer Abtastfrequenz abtasten, die größer ist als das Doppelte seiner Grenzfrequenz, so ist es vollständig durch die zugehörigen Abtastwerte festgelegt. Insbesondere läßt sich $f(t)$ aus diesen Abtastwerten durch die Beziehung (5.2.23) rekonstruieren.

Man beachte, daß in der soeben gegebenen Formulierung des Abtasttheorems die Begriffe Abtastfrequenz und Grenzfrequenz sowohl im Sinne der Abtastkreisfrequenz Ω und der Grenzkreisfrequenz ω_g als auch im Sinne der *Abtastrate F_s* und der eigentlichen Grenzfrequenz f_g verstanden werden können. Jene sind mit diesen durch die Beziehungen

$$\Omega = 2\pi F_s, \quad \omega_g = 2\pi f_g \qquad (5.2.24)$$

verknüpft, so daß die Abtastbedingung (5.2.20) in der Tat auch durch

$$F_s > 2f_g \qquad (5.2.25)$$

ausgedrückt werden kann.

Ergänzend möchten wir noch untersuchen, unter welchen Bedingungen wir die *Abtastbedingung* (5.2.20) bzw. (5.2.25) auch durch die leicht weniger restriktive Bedingung

$$\Omega \geq 2\omega_g \quad \text{bzw.} \quad F_s \geq 2f_g \qquad (5.2.26)$$

5.2 Abtasttheorem für tiefpaßbegrenzte Signale

ersetzen dürfen. Offensichtlich ist dies normalerweise der Fall, denn auch für $\Omega = 2\omega_g$ gilt (5.2.21) und damit (5.2.22) noch stets für alle ω außer gegebenenfalls für $\omega = \pm\Omega/2$. Letzteres kann beim Übergang von (5.2.22) auf (5.2.23) jedoch keine Änderung bewirken, solange nur $F(\pm j\Omega/2)$ endlich ist, denn eine Modifikation von $F(j\omega)$ an endlich vielen Stellen um einen jeweils endlichen Wert kann keinen Einfluß auf das gemäß (3.6.2) berechnete $f(t)$ haben. Anders ist es allerdings, wenn die Funktion $F(j\omega)$ an mindestens einem der beiden Randpunkte $\omega = \pm\Omega/2$ einen sogenannten δ-Anteil hat, d.h. wenn sie sich dort wie eine Deltafunktion verhält. Das Vorhandensein von δ-Anteilen in $F(j\omega)$, das ja in $f(t)$ dem Vorhandensein von Sinusschwingungen mit von null verschiedener Amplitude entspricht, haben wir bei unseren bisherigen Überlegungen zum Abtasttheorem nämlich nicht ausgeschlossen. Wie wir jetzt erkennen, ist die Gültigkeit des Abtasttheorems unter der Bedingung (5.2.26) jedoch nur dann uneingeschränkt gesichert, wenn solche δ-Anteile zumindest an den Grenzen $\omega = \pm\omega_g$ nicht vorhanden sind.

Die gefundenen Ergebnisse machen auch deutlich, daß die Gesamtheit aller Signale, deren Spektralanteile für $|\omega| > \Omega/2$ gleich null sind und die an den Grenzen $\omega = \pm\Omega/2$ keine δ-Anteile enthalten, durch (5.2.23) erfaßt wird. Einerseits kann ja jedes Signal aus dieser Gesamtheit durch (5.2.23) dargestellt werden, während andererseits auch jedes Signal der Art (5.2.23) keine Spektralanteile für $|\omega| > \Omega/2$ enthält.

Man beachte auch, daß das Abtasttheorem lediglich aussagt, daß (5.2.20/5.2.25) bzw. (5.2.26) hinreichende Bedingungen sind, nicht jedoch, daß diese auch notwendig seien. Tatsächlich werden wir im Unterabschnitt 5.3.1 sehen, daß unter gewissen Umständen eine vollständige Rekonstruktion auch dann noch möglich sein kann, wenn die Abtastbedingung in der bisher vorliegenden Form verletzt ist. Trotzdem ist (5.2.20/5.2.25) bzw. (5.2.26) in gewissem Sinne auch notwendig, wie sich aus nachfolgender Aussage ergibt:

Seien ω_g und Ω gegebene Konstanten, doch sei jetzt $\Omega < 2\omega_g$. Dann gibt es stets unendlich viele unterschiedliche Signale, für die die Bedingung (5.2.1) erfüllt ist, die jedoch alle zu den Abtastzeitpunkten nT, mit T gegeben durch (5.2.3) und n ganzzahlig, die gleichen Abtastwerte f_n annehmen. Um dies zu zeigen, konstruieren wir zunächst eine Funktion $f(t)$ durch (5.2.7); diese nimmt an den Stützstellen nT die vorgeschriebenen Werte an, und für ihre Spektralfunktion gilt

$$F(j\omega) = 0 \quad \text{für} \quad |\omega| > \Omega/2, \qquad (5.2.27)$$

so daß (5.2.1) mit Sicherheit erfüllt ist. Wir betrachten dann die allgemeinere Funktion $g(t)$, die wir durch

$$g(t) = f(t) + \varphi(t) \cdot \sin(\Omega t/2) \qquad (5.2.28)$$

definieren, wo $\varphi(t)$ eine Zeitfunktion ist, deren Spektralfunktion $\Phi(j\omega)$ der Bedingung

$$\Phi(j\omega) = 0 \quad \text{für} \quad |\omega| > \omega_g - \Omega/2 \qquad (5.2.29)$$

genügt, ansonsten aber beliebig ist. Offensichtlich ist $g(nT) = f(nT)$, so daß auch $g(t)$ an den Stützstellen die vorgeschriebenen Abtastwerte f_n annimmt. Außerdem gilt für die zu $g(t)$ gehörige Spektralfunktion

$$G(j\omega) = F(j\omega) - j\frac{1}{2}\Phi\left(j\omega - j\frac{\Omega}{2}\right) + j\frac{1}{2}\Phi\left(j\omega + j\frac{\Omega}{2}\right),$$

und andererseits

für $\omega > \omega_g$: $\omega - \Omega/2 > \omega_g - \Omega/2$, $\omega + \Omega/2 > \omega_g - \Omega/2$,

für $\omega < -\omega_g$: $\omega + \Omega/2 < -(\omega_g - \Omega/2)$, $\omega - \Omega/2 < -(\omega_g - \Omega/2)$,

wegen (5.2.27) und (5.2.29) also auch

$$|G(j\omega)| = 0 \quad \text{für} \quad |\omega| > \omega_g.$$

Hieraus folgern wir, daß bei Kenntnis der Grenzfrequenz ω_g, jedoch Verletzung der Abtastbedingung ($\Omega < 2\omega_g$) die alleinige Kenntnis der Abtastwerte nicht mehr ausreicht, um eine eindeutige Rekonstruktion des Signals zu ermöglichen.

Wir können dieses Ergebnis auch wie folgt zusammenfassen: Seien ω_g eine feste positive Frequenz und $T > 0$ ein vorgegebenes Abtastintervall und sei K die Klasse aller Signale $f(t) \circ\!\!-\!\!\bullet F(j\omega)$, die die Bedingung

$$F(j\omega) = 0 \quad \text{für} \quad |\omega| > \omega_g$$

erfüllen. Verlangt man dann, daß jedes einzelne $f \in K$ eindeutig rekonstruiert werden kann, wenn nur bekannt ist, daß $f(t)$ an den Stellen $t = nT$, $n \in Z$, die Werte $f(nT)$ annimmt, so muß $\Omega \geq 2\omega_g$ sein. In diesem Sinne sind die Bedingungen (5.2.20) und (5.2.25) bzw. die entsprechenden, leicht verallgemeinerten Bedingungen (5.2.26) in der Tat nicht nur hinreichend, sondern auch notwendig.

5.3 Abtasttheoreme für bandpaßbegrenzte Signale

5.3.1 Spezielle bandpaßbegrenzte Signale

Wir betrachten in diesem Abschnitt einen Sonderfall, der für die Praxis jedoch wichtig ist. Mit $\nu > 0$ definieren wir zunächst eine verallgemeinerte Rechteckfunktion durch

$$\text{rect}_\nu(x) = \begin{cases} 1 & \text{für } \nu < |x| < \nu + 1 \\ 1/2 & \text{für } x = \pm\nu \text{ und } x = \pm(\nu+1) \\ 0 & \text{sonst,} \end{cases} \quad (5.3.1)$$

deren Verlauf in Bild 5.3.1 für $x = 2\omega/\Omega$ und $\nu = 2$ gezeigt ist. Für $\nu = 0$ ergäbe die gleiche Definition wiederum die einfache Rechteckfunktion rect x (außer, an der Stelle $x = 0$) und es gilt

$$\text{rect}_\nu(x) = \text{rect}\left(\frac{x}{\nu+1}\right) - \text{rect}\left(\frac{x}{\nu}\right) \quad \text{für} \quad \nu > 0. \tag{5.3.2}$$

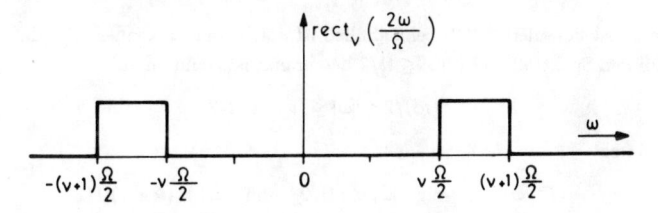

Bild 5.3.1: Verlauf der Funktion $\text{rect}_\nu(2\omega/\Omega)$, dargestellt für $\nu = 2$.

Im folgenden wollen wir stets annehmen, daß ν eine *natürliche* (positive ganze) Zahl ist.

Wenn wir in (5.2.2) statt Ω den Wert $\nu\Omega$ benutzen, so müssen wir wegen des Zusammenhangs (5.2.3) auch T durch T/ν ersetzen. Wir erhalten dadurch

$$\frac{T}{\nu} \cdot \text{rect}\frac{2\omega}{\nu\Omega} \;\bullet\!\!-\!\!\circ\; \text{si}\left(\pi\frac{\nu t}{T}\right). \tag{5.3.3}$$

Wenden wir dieses Ergebnis sowohl für ν als auch für $\nu+1$ auf (5.3.2) an, so folgt

$$T \cdot \text{rect}_\nu\left(\frac{2\omega}{\Omega}\right) \;\bullet\!\!-\!\!\circ\; \text{si}_\nu\left(\pi\frac{t}{T}\right), \tag{5.3.4}$$

wo wir die verallgemeinerte si-Funktion durch

$$\text{si}_\nu(x) = (\nu+1) \cdot \text{si}(\nu+1)x - \nu \cdot \text{si}\,\nu x \tag{5.3.5}$$

definiert haben. Wegen (5.2.5) gilt für diese noch stets

$$\text{si}_\nu(k\pi) = \begin{cases} 1 & \text{für } k = 0 \\ 0 & \text{für alle anderen ganzzahligen } k. \end{cases} \tag{5.3.6}$$

Daher trifft für die entsprechend (5.2.7) durch

$$f(t) = \sum_{n=-\infty}^{\infty} f_n \cdot \text{si}_\nu\left(\pi\frac{t-nT}{T}\right) \tag{5.3.7}$$

definierte Funktion noch stets (5.2.8) zu, so daß $f(t)$ wiederum einer Interpolation zwischen Funktionswerten, die an periodisch liegenden Stützstellen vorgeschrieben sind, entspricht. Für die zugehörige Frequenzfunktion ergibt sich wegen (5.3.4)

$$f(t) \circ\!\!-\!\!\bullet F(j\omega) = T \cdot \text{rect}_\nu \left(\frac{2\omega}{\Omega}\right) \cdot \sum_{n=-\infty}^{\infty} f_n e^{-jn\omega T}, \qquad (5.3.8)$$

also ein Ausdruck, der (5.2.9) sehr ähnlich ist. Allerdings erkennen wir, daß $f(t)$ jetzt nicht auf den Spektralbereich $|\omega| \leq \Omega/2$ beschränkt ist, sondern auf

$$\nu\Omega/2 \leq |\omega| \leq (\nu+1)\Omega/2,$$

d.h., daß jetzt

$$F(j\omega) = 0 \quad \text{für} \quad |\omega| < \nu\Omega/2 \quad \text{und} \quad |\omega| > (\nu+1)\Omega/2 \qquad (5.3.9)$$

ist. Insbesondere ist das frequenzbegrenzte Signal $f(t)$ *bandpaßbegrenzt*, d.h. derart, daß die zugehörige Spektralfunktion sowohl bei hohen als auch bei tiefen Frequenzen gleich null ist. Allerdings ist diese Bandpaßbegrenzung noch der zusätzlichen Bedingung unterworfen, daß sich der Bereich von $|\omega|$, in dem $F(j\omega)$ von null verschieden ist, zwischen zwei aufeinanderfolgenden Vielfachen von $\Omega/2$ erstreckt.

Sei jetzt umgekehrt $f(t)$ ein bandpaßbegrenztes Signal, d.h. ein Signal, für das es zwei positive Konstanten ω_{-g} und ω_g gibt, mit $\omega_{-g} < \omega_g$, derart, daß die zugehörige Spektralfunktion der Bedingung

$$F(j\omega) = 0 \quad \text{für} \quad |\omega| < \omega_{-g} \quad \text{und} \quad |\omega| > \omega_g \qquad (5.3.10)$$

genügt. Allerdings sollen ω_{-g} und ω_g noch der zusätzlichen Bedingung unterworfen werden, daß es eine positive Konstante Ω und eine natürliche Zahl ν gibt derart, daß

$$\nu\Omega/2 < \omega_{-g} < \omega_g < (\nu+1)\Omega/2 \qquad (5.3.11)$$

ist (Bild 5.3.2).

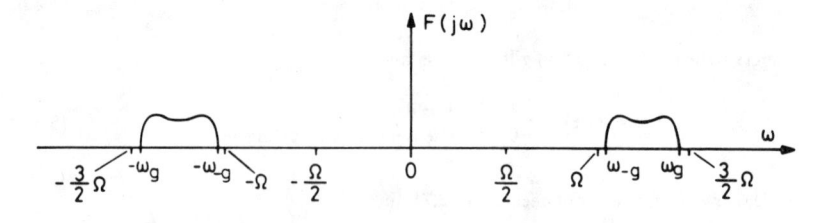

Bild 5.3.2: Symbolische Darstellung des Verlaufs der Spektralfunktion eines bandpaßbegrenzten Signals der hier besprochenen Art, dargestellt für $\nu = 2$.

5.3 Abtasttheoreme für bandpaßbegrenzte Signale

Wir betrachten jetzt wiederum die Funktion $\text{rep}_\Omega F(j\omega)$, die wir wie vorhin durch (5.2.10) definieren. Wie man ohne Schwierigkeit nachprüfen kann, folgt aus (5.3.10) und (5.3.11)

$$\text{rect}_\nu\left(\frac{2\omega}{\Omega}\right) \cdot \sum_{m=-\infty}^{\infty} F(j\omega + jm\Omega) = F(j\omega),$$

damit aus (5.2.10) sowie (5.2.15)

$$F(j\omega) = T \sum_{n=-\infty}^{\infty} f(nT) \cdot \text{rect}_\nu\left(\frac{2\omega}{\Omega}\right) e^{-jn\omega T} \quad (5.3.12)$$

und schließlich unter Berücksichtigung von (5.3.4)

$$f(t) = \sum_{n=-\infty}^{\infty} f(nT) \cdot \text{si}_\nu\left(\pi\frac{t-nT}{T}\right). \quad (5.3.13)$$

Dieses Ergebnis entspricht (5.2.23) und zeigt, daß die Rekonstruktion von $f(t)$ aus dessen Abtastwerten $f(nT)$ noch stets möglich ist, und zwar insbesondere mit Hilfe von (5.3.13).

Wir hätten auf das jetzige Signal $f(t)$ auch die Ergebnisse aus den Unterabschnitten 5.2.1 und 5.2.2 anwenden können, denn $f(t)$ ist auch tiefpaßbegrenzt mit der Grenzfrequenz ω_g. Dann hätten wir allerdings $\Omega > 2\omega_g$ benötigt, während aus (5.3.11) lediglich die Bedingung

$$\Omega > 2\omega_g/(\nu+1) \quad (5.3.14)$$

folgt. Für $\nu > 1$ ist das minimal benötigte Ω sogar kleiner als ω_g. Andererseits folgt aus (5.3.11), daß

$$\Omega > 2(\omega_g - \omega_{-g}) \quad (5.3.15)$$

sein muß, d.h., daß Ω größer sein muß als zweimal die Bandbreite. In dieser Form ist das gefundene Ergebnis mit (5.2.20) vergleichbar, denn bei einem allgemeinen tiefpaßbegrenzten Signal ist die entsprechende Bandbreite gleich ω_g. Man beachte jedoch, daß (5.3.15) zwar aus (5.3.11) folgt, seinerseits aber nicht ausreicht, um (5.3.11) sicherzustellen.

Schließlich sei erwähnt, daß auch (5.3.11) durch die leicht weniger restriktive Bedingung

$$\nu\Omega/2 \leq \omega_{-g} < \omega_g \leq (\nu+1)\Omega/2 \quad (5.3.16)$$

ersetzt werden kann, wenn $F(j\omega)$ bei den Frequenzen

$$\omega = \pm\nu\Omega/2 \quad \text{und} \quad \omega = \pm(\nu+1)\Omega/2$$

zwar nicht notwendigerweise gleich null oder endlich ist, dort aber zumindest keine δ-Anteile enthält.

5.4 Frequenzabtastung

Ähnlich wie ein frequenzbegrenztes Signal vollständig durch Abtastwerte im Zeitbereich beschreibbar ist, kann ein zeitbegrenztes Signal vollständig aus Abtastwerten der Spektralfunktion rekonstruiert werden. Wir wollen diese Frage hier jedoch nur in sehr knapper Form behandeln.

Sei zunächst $f(t)$ beliebig, jedoch derart, daß die Funktion

$$\text{rep}_T f(t) = \sum_{m=-\infty}^{\infty} f(t + mT) \tag{5.4.1}$$

existiert, wo T wieder eine positive Konstante ist. Diese neue Zeitfunktion ist periodisch mit der Periode T. Sie kann daher in eine Fourier-Reihe entwickelt werden, für deren Koeffizienten man auf ähnliche Weise bei der Herleitung von (5.2.15) den Wert $F(jn\Omega)/T$ findet, mit Ω wiederum gegeben durch (5.2.3), also $\Omega = 2\pi/T$. Somit ist

$$\text{rep}_T f(t) = \frac{1}{T} \sum_{n=-\infty}^{\infty} F(jn\Omega) e^{jn\Omega t}. \tag{5.4.2}$$

Wir nehmen jetzt an, daß $f(t)$ der Bedingung

$$f(t) = 0 \quad \text{für} \quad |t| > t_g \tag{5.4.3}$$

genügt, und wir wählen T gemäß

$$T > 2t_g. \tag{5.4.4}$$

Dann überlappen sich die Teilbereiche, aus denen $\text{rep}_T f(t)$ besteht, nicht, so daß dann

$$\text{rect}\left(\frac{2t}{T}\right) \cdot \text{rep}_T f(t) = f(t)$$

ist und damit wegen (5.4.2) auch

$$f(t) = \frac{1}{T} \sum_{n=-\infty}^{\infty} F(jn\Omega) \cdot \text{rect}\left(\frac{2t}{T}\right) e^{jn\Omega t}.$$

Unter Benutzung von (3.7.2) (mit T ersetzt durch $T/2$) folgt hieraus durch Übergang auf den Frequenzbereich

$$F(j\omega) = \sum_{n=-\infty}^{\infty} F(jn\Omega) \cdot \text{si}\left(\pi \frac{\omega - n\Omega}{\Omega}\right). \tag{5.4.5}$$

Dieses Ergebnis hätten wir natürlich auch direkt aus der Gleichung (5.2.23) herleiten können, wenn wir darin $f(t)$ durch $F(j\omega)$, also auch t durch ω und weiterhin T durch Ω ersetzen.

Auch hier gilt, daß (5.4.4) durch die etwas weniger strenge Forderung

$$T \geq 2t_g \tag{5.4.6}$$

ersetzt werden kann, wenn $f(t)$ keine δ-Anteile bei $t = \pm T/2$ besitzt.

5.5 Korrelationsfunktionen

5.5.1 Grundlegende Beziehungen

Wir gehen von Bild 4.1.1 aus, d.h., x und y seien das Eingangs- bzw. Ausgangssignal eines linearen konstanten Systems S. Wir bezeichnen mit $\varphi_{xx}(t)$ und $\varphi_{yy}(t)$ die Autokorrelationsfunktionen, die gemäß der linken Gleichung in (3.6.67) zu $x(t)$ bzw. $y(t)$ gehören, also

$$\varphi_{xx}(t) = \int_{-\infty}^{\infty} x^*(\tau)x(t+\tau)d\tau, \quad \varphi_{yy}(t) = \int_{-\infty}^{\infty} y^*(\tau)y(t+\tau)d\tau. \qquad (5.5.1a,b)$$

Seien weiterhin $X(j\omega)$, $Y(j\omega)$, $\Phi_{xx}(j\omega)$ und $\Phi_{yy}(j\omega)$ durch

$$x(t) \circ\!\!-\!\!\bullet X(j\omega), \quad y(t) \circ\!\!-\!\!\bullet Y(j\omega) \qquad (5.5.2a,b)$$

$$\varphi_{xx}(t) \circ\!\!-\!\!\bullet \Phi_{xx}(j\omega), \quad \varphi_{yy}(t) \circ\!\!-\!\!\bullet \Phi_{yy}(j\omega) \qquad (5.5.3a,b)$$

definiert. Wegen (3.6.67) gilt dann

$$\Phi_{xx}(j\omega) = |X(j\omega)|^2, \quad \Phi_{yy}(j\omega) = |Y(j\omega)|^2 \qquad (5.5.4a,b)$$

und wegen (4.3.12) daher auch

$$\Phi_{yy}(j\omega) = |H(j\omega)|^2 \Phi_{xx}(j\omega). \qquad (5.5.5)$$

Auf ähnliche Weise definieren wir die Kreuzkorrelationsfunktion $\varphi_{xy}(t)$ und $\varphi_{yx}(t)$ entsprechend den links in (3.6.64) und (3.6.65) stehenden Beziehungen, also durch

$$\varphi_{xy}(t) = \int_{-\infty}^{\infty} x^*(\tau)y(t+\tau)d\tau, \quad \varphi_{yx}(t) = \int_{-\infty}^{\infty} y^*(\tau)x(t+\tau)d\tau \qquad (5.5.6a,b)$$

Weiterhin seien $\Phi_{xy}(j\omega)$ und $\Phi_{yx}(j\omega)$ durch

$$\varphi_{xy}(t) \circ\!\!-\!\!\bullet \Phi_{xy}(j\omega), \quad \varphi_{yx}(t) \circ\!\!-\!\!\bullet \Phi_{yx}(j\omega) \qquad (5.5.7a,b)$$

gegeben. Dann folgt aus (3.6.64) und (3.6.65)

$$\Phi_{xy}(j\omega) = X^*(j\omega)Y(j\omega), \quad \Phi_{yx}(j\omega) = X(j\omega)Y^*(j\omega) \qquad (5.5.8a,b)$$

und somit unter Benutzung von (4.3.12) und (5.5.4a)

$$\Phi_{xy}(j\omega) = H(j\omega)\Phi_{xx}(j\omega), \quad \Phi_{yx}(j\omega) = H^*(j\omega)\Phi_{xx}(j\omega) \qquad (5.5.9a,b)$$

mit

$$\varphi_{yx}(t) = \varphi_{xy}^*(-t), \quad \Phi_{yx}(j\omega) = \Phi_{xy}^*(j\omega).$$

Die so gefundenen Beziehungen (5.5.5) sowie (5.5.9) setzen selbstverständlich voraus, daß die gemäß (5.5.1) und (5.5.6) definierten Korrelationsintegrale konvergieren. In der Praxis spielen jedoch (5.5.5) und (5.5.9) insbesondere dann eine große Rolle, wenn die Integrale (5.5.1) und (5.5.6) zwar nicht mehr konvergieren, jedoch — wie hiernach beschrieben — durch geeignete, modifizierte Ausdrücke ersetzt werden können.

Hierzu betrachten wir Signale, die von $-\infty$ bis $+\infty$, zumindest in gewissem Sinne, gleichbleibende Eigenschaften haben (insbesondere also keineswegs für $t \to \pm\infty$ gegen null gehen). Beispiele für solche Signale sind einerseits sinusförmige und allgemeiner periodische Signale, andererseits wichtige Typen sogenannter *stochastischer Signale*. Es sei darauf hingewiesen, daß stochastische Signale in gewissem Sinne im Gegensatz zu den sogenannten *deterministischen Signalen* stehen. Zu letzteren gehören nicht nur Signale, die durch eine endliche Anzahl Parameter vollständig beschrieben werden können (wie dies bei allen üblicherweise benutzten Standardfunktionen der Fall ist, vgl. die Beispiele in Abschnitt 3.7), sondern auch viele, bei denen eine abzählbar unendliche Anzahl Parameter zur vollständigen Beschreibung benötigt wird (was etwa bei allen periodischen Funktionen, die durch eine Fourierreihe darstellbar sind, zutrifft, vgl. (3.2.6)).

Stochastische Signale hingegen sind solche, bei denen eine analytische Beschreibung wie bei deterministischen Signalen (also eine Beschreibung mit Hilfe expliziter formelmäßiger Ausdrücke) nicht mehr möglich zu sein braucht, wohl aber noch stochastische (also wahrscheinlichkeitstheoretisch erfaßbare) Gesetzmäßigkeiten angegeben werden können. Es sei aber betont, daß (im Gegensatz zu einer manchmal geäußerten Meinung) auch ein stochastisches Signal durch eine Funktion, etwa x, beschrieben wird, also auch bei einem solchen Signal jedem Zeitpunkt t ein genau bestimmter Wert, nämlich $x(t)$, zugeordnet ist, wenngleich es auch im allgemeinen nicht möglich ist, einen analytischen Ausdruck für dieses $x(t)$ anzugeben. Wir setzen voraus, daß die betrachteten stochastischen Signale *stationär* sind (genauer: daß sie einem stationären stochastischen Prozeß angehören), d.h., daß sich zumindest die stochastischen Eigenschaften nicht in Abhängigkeit von t ändern. Es ist nicht möglich, im Rahmen dieses Textes genauer auf diese Aspekte einzugehen. Es sei jedoch betont, daß typische Signale dieser Art etwa übliche Rauschsignale sowie viele informationstragende Signale sind, also sehr regellos erscheinende Signale (wobei von einer Dauer dieser Signale ausgegangen wird, die als unendlich aufgefaßt werden kann).

Um Signale $x(t)$ und $y(t)$ der hier zu betrachtenden Art (also mit Eigenschaften, die von $-\infty$ bis $+\infty$ in den angesprochenen Bedeutungen gleichbleibend sind) auf die zuvor behandelten zurückführen zu können, ersetzen wir sie durch $x_T(t)$ bzw. $y_T(t)$, die wir

durch
$$x_T(t) = x(t)g_T(t), \quad x_T(t) \to y_T(t) \qquad (5.5.10a,b)$$

definieren. Hierbei ist $g_T(t)$ eine geeignete Gewichtsfunktion mit den Eigenschaften

$$g_T(t) = 0 \quad \text{für} \quad |t| > T/2 \qquad (5.5.11)$$

und

$$\lim_{T \to \infty} g_T(t) = 1 \quad \text{für alle} \quad t, \qquad (5.5.12)$$

also etwa

$$g_T(t) = \operatorname{rect}\frac{2t}{T} \qquad (5.5.13)$$

oder, falls erwünscht, eine entsprechende Funktion, deren Eigenschaften in der Umgebung von $t = \pm T/2$ eine geeignete Glättung erfahren hat, jedoch weiterhin die Bedingung $g_T(t) = 0$ für $|t| > T/2$ erfüllt. Dann ist also auch

$$x(t) = \lim_{T \to \infty} x_T(t), \quad y(t) = \lim_{T \to \infty} y_T(t). \qquad (5.5.14)$$

Die Existenz von $y(t)$ setzt selbstverständlich geeignete Stabilitätseigenschaften des Systems S voraus.

Unter Benutzung der so definierten Größen ersetzen wir (5.5.1) und (5.5.6) durch

$$\varphi_{xxT}(t) = \int_{-\infty}^{\infty} x_T^*(\tau)x_T(t+\tau)d\tau, \quad \varphi_{yyT}(t) = \int_{-\infty}^{\infty} y_T^*(\tau)y_T(t+\tau)d\tau, \qquad (5.5.15a,b)$$

$$\varphi_{xyT}(t) = \int_{-\infty}^{\infty} x_T^*(\tau)y_T(t+\tau)d\tau, \quad \varphi_{yxT}(t) = \int_{-\infty}^{\infty} y_T^*(\tau)x_T(t+\tau)d\tau, \qquad (5.5.16a,b)$$

wo wegen (5.5.10) und (5.5.11) das erste und die beiden letzten dieser Integrale freilich nicht über ein unendlich breites Intervall erstreckt zu werden brauchen.

Wir führen jetzt Fouriertransformierte gemäß

$$\varphi_{xxT}(t) \circ\!\!-\!\!\bullet \Phi_{xxT}(j\omega), \quad \varphi_{yyT}(t) \circ\!\!-\!\!\bullet \Phi_{yyT}(j\omega) \qquad (5.5.17)$$

$$\varphi_{xyT}(t) \circ\!\!-\!\!\bullet \Phi_{xyT}(j\omega), \quad \varphi_{yxT}(j\omega) \circ\!\!-\!\!\bullet \Phi_{yxT}(j\omega) \qquad (5.5.18)$$

ein. Entsprechend (5.5.5) und (5.5.9) gilt dann

$$\Phi_{yyT}(j\omega) = |H(j\omega)|^2 \Phi_{xxT}(j\omega), \qquad (5.5.19)$$

$$\Phi_{xyT}(j\omega) = H(j\omega)\Phi_{xxT}(j\omega), \quad \Phi_{yxT}(j\omega) = H^*(j\omega)\Phi_{xxT}(j\omega). \qquad (5.5.20)$$

Die letztlich gewünschten Korrelationsfunktionen $\varphi_{xx}(t)$, $\varphi_{yy}(t)$, $\varphi_{xy}(t)$ sowie $\varphi_{yx}(t)$ definieren wir durch Grenzübergang aus den *zeitlichen Mittelwerten* der entsprechenden Funktionen, die durch (5.5.15) und (5.5.16) festgelegt worden sind, also durch

$$\varphi_{xx}(t) = \lim_{T\to\infty} \frac{1}{T}\varphi_{xxT}(t), \quad \varphi_{yy}(t) = \lim_{T\to\infty} \frac{1}{T}\varphi_{yyT}(t), \qquad (5.5.21a,b)$$

$$\varphi_{xy}(t) = \lim_{T\to\infty} \frac{1}{T}\varphi_{xyT}(t), \quad \varphi_{yx}(t) = \lim_{T\to\infty} \frac{1}{T}\varphi_{yxT}(t). \qquad (5.5.22a,b)$$

Hierbei ist selbstverständlich vorausgesetzt, daß die benutzten Grenzübergänge sinnvoll sind, und zwar in Anbetracht der Natur der erwähnten gleichbleibenden Eigenschaften (also etwa in Anbetracht der Periodizität im Falle deterministischer Signale oder der Stationarität im Falle stochastischer Signale).

Zu diesen Korrelationsfunktionen definieren wir Fourier-Transformierte gemäß

$$\varphi_{xx}(t) \circ\!\!-\!\!\bullet\ \Phi_{xx}(j\omega), \quad \varphi_{yy}(t) \circ\!\!-\!\!\bullet\ \Phi_{yy}(j\omega), \qquad (5.5.23a,b)$$

$$\varphi_{xy}(t) \circ\!\!-\!\!\bullet\ \Phi_{xy}(j\omega), \quad \varphi_{yx}(t) \circ\!\!-\!\!\bullet\ \Phi_{yx}(j\omega), \qquad (5.5.24a,b)$$

Damit gilt wegen (5.5.17) und (5.5.18) auch

$$\Phi_{xx}(j\omega) = \lim_{T\to\infty} \frac{1}{T}\Phi_{xxT}(j\omega), \quad \Phi_{yy}(j\omega) = \lim_{T\to\infty} \frac{1}{T}\Phi_{yyT}(j\omega), \qquad (5.5.25)$$

$$\Phi_{xy}(j\omega) = \lim_{T\to\infty} \frac{1}{T}\Phi_{xyT}(j\omega), \quad \Phi_{yx}(j\omega) = \lim_{T\to\infty} \frac{1}{T}\Phi_{yxT}(j\omega). \qquad (5.5.26)$$

Hierbei ist natürlich die Vertauschbarkeit der zur Definition von $\Phi_{xx}(j\omega)$ usw. in (5.5.23) und (5.5.24) enthaltenen Integrale mit den in (5.5.25) und (5.5.26) auftretenden Grenzübergängen vorausgesetzt. Offensichtlich folgen aus (5.5.19), (5.5.20), (5.5.25) und (5.5.26) die Beziehungen

$$\Phi_{yy}(j\omega) = |H(j\omega)|^2 \Phi_{xx}(j\omega), \qquad (5.5.27)$$

$$\Phi_{xy}(j\omega) = H(j\omega)\Phi_{xx}(j\omega), \quad \Phi_{yx}(j\omega) = H^*(j\omega)\Phi_{xx}(j\omega), \qquad (5.5.28)$$

die die gleiche Form haben wie (5.5.5) bzw. (5.5.9).

Diese Beziehungen besitzen bereits die gewünschte Form, sind aber hergeleitet unter der Annahme, daß $y_T(t)$ als Antwort auf $x_T(t)$, also durch (5.5.10b), definiert worden ist. Gewünscht wäre aber, daß man für $y_T(t)$ eine (5.5.10a) entsprechende Definition, also

$$y_T(t) = y(t)g_T(t), \qquad (5.5.29)$$

verwenden könnte, ohne daß sich dadurch an den Ergebnissen (5.5.27) und (5.5.28) etwas ändert, also ohne daß dadurch die durch (5.5.21b) und (5.5.22) definierten Funktionen

5.5 Korrelationsfunktion

$\varphi_{yy}(t)$, $\varphi_{xy}(t)$ und $\varphi_{yx}(t)$ verändert werden. Es läßt sich zeigen, daß solches tatsächlich zutrifft, so daß wir fortan die Definition (5.5.29) statt (5.5.10b) zu Grunde legen können. Auf den Beweis werden wir am Ende von Unterabschnitt 5.5.2 kurz eingehen.

Statt der auf die dargelegte Weise festgelegten Definitionen für $\varphi_{xx}(t)$, $\varphi_{yy}(t)$, $\varphi_{xy}(t)$ und $\varphi_{yx}(t)$ hätten wir ebenso

$$\varphi_{xx}(t) = \lim_{T\to\infty} \frac{1}{T} \int_{-T/2}^{T/2} x^*(\tau)x(t+\tau)d\tau, \tag{5.5.30a}$$

$$\varphi_{yy}(t) = \lim_{T\to\infty} \frac{1}{T} \int_{-T/2}^{T/2} y^*(\tau)y(t+\tau)d\tau, \tag{5.5.30b}$$

$$\varphi_{xy}(t) = \lim_{T\to\infty} \frac{1}{T} \int_{-T/2}^{T/2} x^*(\tau)y(t+\tau)d\tau, \tag{5.5.30c}$$

$$\varphi_{yx}(t) = \lim_{T\to\infty} \frac{1}{T} \int_{-T/2}^{T/2} y^*(\tau)x(t+\tau)d\tau \tag{5.5.30d}$$

verwenden können. Um dies zu zeigen, beschränken wir uns auf (5.5.30a) und auch dort auf den Fall $t > 0$. Da der Grenzwert für $T \to \infty$ betrachtet wird, können wir in dem nach dem Limes-Zeichen stehenden Ausdruck stets T als bereits hinreichend groß (etwa $T > 2t$) auffassen. Unter der Annahme, daß in (5.5.10a) die durch (5.5.13) gegebene Funktion verwendet worden ist, erhält man somit aus (5.5.15a) für die Differenz der sich aus (5.5.30a) und (5.5.21a) ergebenden Werte von $\varphi_{xx}(t)$ den Ausdruck

$$\varepsilon = \lim_{T\to\infty} \frac{1}{T} \int_{T/2-t}^{T/2} x^*(\tau)x(t+\tau)d\tau,$$

der mit Hilfe der Substitution $\tau \to \tau + T/2 - t$ auch in der Form

$$\varepsilon = \lim_{T\to\infty} \frac{1}{T} \int_0^t x^*(\tau - t + T/2)x(\tau + T/2)d\tau \tag{5.5.31}$$

geschrieben werden kann. Dieser ist aber unter sehr allgemeinen Bedingungen gleich null, z.B. unter der Annahme, daß $x(t)$ beschränkt ist, d.h., daß es einen festen endlichen Wert M gibt derart, daß $|x(t)| \leq M$ ist. Dann folgt in der Tat aus (5.5.31)

$$|\varepsilon| \leq \lim_{T\to\infty} \frac{1}{T} \int_0^t |x^*(\tau - t + T/2)x(\tau + T/2)|d\tau$$

$$\leq \lim_{T\to\infty} \frac{1}{T} \int_0^t M^2 d\tau = \lim_{T\to\infty} \frac{tM^2}{T} = 0.$$

Die Ausdrücke (5.5.30) sind offensichtlich einfacher strukturiert als diejenigen, die sich aus (5.5.15), (5.5.16), (5.5.21), (5.5.22) und (5.5.29) ergeben. Ihnen wird daher häufig der Vorzug gegeben, doch bietet die hier gewählte Methode Vorteile bei der Darstellung.

Die Funktionen $\Phi_{xx}(j\omega)$ und $\Phi_{yy}(j\omega)$ sowie $\Phi_{xy}(j\omega)$ und $\Phi_{yx}(j\omega)$ (oder aber diese Funktionen geteilt durch 2π) werden *Leistungsspektren* (Leistungsdichtesprektren, spektrale Leistungsdichten) bzw. *Kreuzleistungsspektren* (Kreuzleistungsdichtespektren, spektrale Kreuzleistungsdichten) genannt. Der Grund hierfür ist, daß man etwa aus (5.5.30a) und (5.5.30c) auch

$$\varphi_{xx}(0) = \lim_{T\to\infty} \frac{1}{T} \int_{-T/2}^{T/2} |x(t)|^2 dt = \frac{1}{2\pi} \int_{-\infty}^{\infty} \Phi_{xx}(j\omega)d\omega \qquad (5.5.32)$$

$$\varphi_{xy}(0) = \lim_{T\to\infty} \frac{1}{T} \int_{-T/2}^{T/2} x^*(t)y(t)dt = \frac{1}{2\pi} \int_{-\infty}^{\infty} \Phi_{xy}(j\omega)d\omega \qquad (5.5.33)$$

erhält, wobei die jeweils letzten Beziehungen aus (5.5.23a) und (5.5.24a) folgen, also aus

$$\varphi_{xx}(t) = \frac{1}{2\pi} \int_{-\infty}^{\infty} \Phi_{xx}(j\omega)e^{j\omega t}d\omega \qquad (5.5.34)$$

und der entsprechenden Beziehung für $\varphi_{xy}(t)$. Ähnliches gilt für $\varphi_{yy}(0)$ und $\varphi_{yx}(0)$ sowie für $\varphi_{yy}(t)$ und $\varphi_{yx}(t)$. Der Zusammenhang (5.5.34) zwischen Leistungsspektrum und Korrelationsfunktion wird als Theorem von Wiener-Khinchin bezeichnet.

Unter Ausnutzung von (5.5.15), (5.5.16), (5.5.21) und (5.5.22) findet man weiterhin

$$\varphi_{xx}^*(-t) = \varphi_{xx}(t), \quad \varphi_{xy}^*(-t) = \varphi_{yx}(t), \qquad (5.5.35a,b)$$

was wegen (3.6.19) äquivalent ist mit

$$\Phi_{xx}^*(j\omega) = \Phi_{xx}(j\omega), \quad \Phi_{xy}^*(j\omega) = \Phi_{yx}(j\omega). \qquad (5.5.36a,b)$$

Ähnliche Beziehungen wie (5.5.35a) und (5.5.36a) gelten selbstverständlich wiederum für $\varphi_{yy}(t)$ und $\Phi_{yy}(j\omega)$. Aus (5.5.36a) folgt, daß $\Phi_{xx}(j\omega)$ reell ist. Ist $x(t)$ außerdem reell, dann ist auch $\varphi_{xx}(t)$ reell, wegen (5.5.35a) also gerade, und das gleiche trifft dann auch auf $\Phi_{xx}(j\omega)$ zu. Weiterhin gilt stets

$$\Phi_{xx}(j\omega) \geq 0 \quad \text{und} \quad \Phi_{yy}(j\omega) \geq 0 \quad \forall \omega. \qquad (5.5.37a,b)$$

Dies folgt daraus, daß wegen in Analogie zu (5.5.4) bestehender Beziehungen auch

$$\Phi_{xxT}(j\omega) \geq 0, \quad \Phi_{yyT}(j\omega) \geq 0 \quad \forall \omega$$

ist und wir die Grenzübergänge (5.5.25) benutzt haben. Offensichtlich ist auch (5.5.37b) in (5.5.37a) enthalten.

5.5.2 Weitere Ergebnisse

Eine weitere wichtige Beziehung erhalten wir, wenn wir etwa auf das Integral in (5.5.15a) die Schwarzsche Ungleichung (3.8.23) anwenden, mit $h(\tau) = x_T(\tau)$ und $g(\tau) = x_T(t + \tau)$. Dann folgt

$$|\int_{-\infty}^{\infty} x_T^*(\tau) x_T(t+\tau) d\tau|^2 \le \int_{-\infty}^{\infty} |x_T(\tau)|^2 d\tau \int_{-\infty}^{\infty} |x_T(t+\tau)|^2 d\tau$$

$$= \left[\int_{-\infty}^{\infty} |x_T(\tau)|^2 d\tau\right]^2,$$

also

$$|\int_{-\infty}^{\infty} x_T^*(\tau) x_T(t+\tau) d\tau| \le \int_{-\infty}^{\infty} |x_T(\tau)|^2 d\tau.$$

Teilen wir diesen Ausdruck noch durch T, machen den Grenzübergang $T \to \infty$ und berücksichtigen (5.5.21a), so ergibt sich

$$|\varphi_{xx}(t)| \le \varphi_{xx}(0). \tag{5.5.38}$$

Die Autokorrelationsfunktion kann also nirgendwo größer sein als für $t = 0$. Übrigens gelten Beziehungen wie (5.5.34) bis (5.5.37) auch für die durch (5.5.1), (5.5.3), (5.5.6) und (5.5.7) eingeführten Funktionen.

Wir betrachten noch zwei beliebige Signale, die wir wiederum mit x und y bezeichnen wollen, die aber im allgemeinen keineswegs mehr irgendwie miteinander verknüpft, insbesondere also keineswegs Eingangs- und Ausgangssignal eines gleichen Systems zu sein brauchen. Dann bleiben alle obigen Ergebnisse, beginnend mit (5.5.1), gültig außer denjenigen, in denen $H(j\omega)$ aufgetreten ist.

Bei Signalen x und y der jetzt diskutierten Art tritt häufig der Fall auf, daß

$$\varphi_{xy}(t) = \varphi_{yx}(t) = 0 \tag{5.5.39}$$

ist. Man sagt dann, diese Signale seien *unkorreliert*. Betrachten wir z.B. die Gleichung (5.5.30c) und schreiben

$$x = x' + jx'', \quad y = y' + jy'',$$

wo x', x'', y' und y'' reellwertig sind. Man kann dann in vielen Fällen erwarten, daß etwa x' im langfristigen Mittel gleichermaßen mit positiven Werten von y' bzw. y'' zusammentreffen wird wie mit entsprechenden negativen Werten, und das Gleiche gilt für x''. Damit wird dann aber der Grenzwert in (5.5.30c) tatsächlich den Wert null liefern.

5. Eigenschaften einiger spezieller Signalklassen

Andererseits finden wir für das Summensignal

$$z = x + y \qquad (5.5.40)$$

unter Benutzung von (5.5.30) die Beziehung

$$\varphi_{zz}(t) = \varphi_{xx}(t) + \varphi_{yy}(t) + \varphi_{xy}(t) + \varphi_{yx}(t).$$

Bei Vorliegen von (5.5.39) ergibt dies

$$\varphi_{zz}(t) = \varphi_{xx}(t) + \varphi_{yy}(t) \qquad (5.5.41)$$

und damit für die zugehörigen Leistungsdichtespektren

$$\Phi_{zz}(j\omega) = \Phi_{xx}(j\omega) + \Phi_{yy}(j\omega). \qquad (5.5.42)$$

Es addieren sich dann die Leistungsdichtespektren, während andererseits aus (5.5.39)

$$\Phi_{xy}(j\omega) = \Phi_{yx}(j\omega) = 0 \qquad (5.5.43)$$

folgt.

Die hier hergeleiteten Ergebnisse, insbesondere die Formeln (5.5.27) und (5.5.28), sind für viele Fragen der Nachrichten- und Regelungstechnik von großer Bedeutung. Sie zeigen insbesondere, daß auch bei der Übertragung stationärer stochastischer Signale noch sehr allgemeingültige Aussagen möglich sind, wenn nur gewisse zeitliche Mittelwertfunktionen, nämlich die Korrelationsfunktionen bzw. die entsprechenden Leistungsspektren und Kreuzleistungsspektren existieren. Dies ist bei Signalen der Fall, die zu sogenannten ergodischen stationären stochastischen Prozessen gehören. Die Vertiefung dieser Fragen ist im Rahmen dieses Textes nicht möglich. Sie erfordert in größerem Umfang die Benutzung wahrscheinlichkeitstheoretischer Begriffe, also die Behandlung der zu betrachtenden Signale mit Hilfe stochastischer Modelle.

Zum Schluß wollen wir wie angekündigt noch auf die im Zusammenhang mit (5.5.29) diskutierte Gleichwertigkeit eingehen. Wir haben bereits besprochen, daß die Funktionen, die sich aus (5.5.30) ergeben, gleichwertig sind mit denjenigen, die man aus (5.5.15), (5.5.16), (5.5.21) und (5.5.22) unter Verwendung von (5.5.10a) und (5.5.29) erhält; außerdem wird $\varphi_{xx}(t)$ nicht durch die hier zu besprechende Frage betroffen, während der Fall von $\varphi_{yx}(t)$ leicht auf denjenigen von $\varphi_{xy}(t)$ zurückgeführt werden kann. Daher genügt es zu zeigen, daß auch die durch (5.5.10), (5.5.15b), (5.5.16a), (5.5.21b) und (5.5.22a) definierten Funktionen $\varphi_{yy}(t)$ und $\varphi_{xy}(t)$ mit den entsprechenden übereinstimmen, die durch (5.5.30b) und (5.5.30c) festgelegt sind. Wir wollen den Beweis allerdings nur für $\varphi_{yy}(t)$

5.5 Korrelationsfunktion

aufzeigen, da dieser Fall etwas kritischer ist und damit der andere Fall leicht auf entsprechende Weise nachgeprüft werden kann. Auch wollen wir wiederum für $g_T(t)$ die durch (5.5.13) gegebene Grenzfunktion benutzen. Wir werden die verschiedenen Ausdrücke unter Berücksichtigung der Kausalität anschreiben.

Damit läßt sich für y_T

$$y_T(\tau) = \int_0^\infty h(\tau')x(\tau-\tau')\text{rect}\left(\frac{2(\tau-\tau')}{T}\right) \cdot d\tau'$$

schreiben und ebenso

$$y_T(t+\tau) = \int_0^\infty h(\tau'')x(t+\tau-\tau'')\text{rect}\left(\frac{2(t+\tau-\tau'')}{T}\right) \cdot d\tau''.$$

Einsetzen dieser Ausdrücke in (5.5.15b) und damit in (5.5.21b) sowie geeignete Vertauschung der Reihenfolgen der Integrationen und des Grenzübergangs $T \to \infty$ (was wir als zulässig annehmen wollen und was offensichtlich hinreichend schnelles Verschwinden von $h(t)$ im Unendlichen, also hinreichend gute Stabilitätseigenschaften des betrachteten Systems voraussetzt) führt damit auf den Ausdruck

$$\varphi_{yy}(t) = \int_0^\infty \int_0^\infty h(\tau')h(\tau'')f_1(t,\tau',\tau'')d\tau'd\tau'', \tag{5.5.44}$$

wo $f_1(t,\tau',\tau'')$ definiert ist durch

$$f_1(t,\tau',\tau'') = \lim_{T\to\infty}\frac{1}{T}\int_{-\infty}^\infty x^*(\tau-\tau')x(t+\tau-\tau'')g(T,t,\tau,\tau',\tau'')d\tau, \tag{5.5.45}$$

$$g(T,t,\tau,\tau',\tau'') = \text{rect}\left(\frac{2(\tau-\tau')}{T}\right) \cdot \text{rect}\left(\frac{2(t+\tau-\tau'')}{T}\right). \tag{5.5.46}$$

Andererseits ist aber auch

$$y(\tau) = \int_0^\infty h(\tau')x(\tau-\tau')d\tau',$$

$$y(t+\tau) = \int_0^\infty h(\tau'')x(t+\tau-\tau'')d\tau''.$$

Einsetzen dieser Ausdrücke in (5.5.30b) kombiniert mit ähnlichen Vertauschungen wie zuvor führt auf einen Ausdruck, der mit (5.5.44) übereinstimmt bis auf die Tatsache, daß $f_1(t,\tau',\tau'')$ ersetzt werden muß durch

$$f_2(t,\tau',\tau'') = \lim_{T\to\infty}\frac{1}{T}\int_{-T/2}^{T/2} x^*(\tau-\tau')x(t+\tau-\tau'')d\tau. \tag{5.5.47}$$

Der zu erbringende Nachweis führt also darauf hinaus zu zeigen, daß

$$f_1(t,\tau',\tau'') = f_2(t,\tau',\tau'') \tag{5.5.48}$$

ist.

Um dies zu zeigen, beachten wir zuerst, daß

$$\operatorname{rect}\frac{2(\tau-\tau')}{T} = \begin{cases} 1 & \text{für } \tau' - \frac{T}{2} < \tau < \tau' + \frac{T}{2} \\ 0 & \text{für } \tau < \tau' - \frac{T}{2} \text{ und } \tau > \tau' + \frac{T}{2} \end{cases}$$

$$\operatorname{rect}\frac{2(t+\tau-\tau'')}{T} = \begin{cases} 1 & \text{für } -t + \tau'' - \frac{T}{2} < \tau < -t + \tau'' + \frac{T}{2} \\ 0 & \text{für } \tau < -t + \tau'' - \frac{T}{2} \text{ und } \tau > -t + \tau'' + \frac{T}{2} \end{cases}$$

ist. Da wir T hinreichend groß wählen dürfen, zeigen diese Ausdrücke, daß wir bei gegebenen t, τ' und τ'' stets annehmen dürfen, daß bei zunehmendem τ für beide Rechteckfunktionen der Übergang von 0 auf 1 bei einem negativen Wert von τ und der Übergang von 1 auf 0 bei einem positiven Wert von τ erfolgt. Damit erhalten wir aus (5.5.45) und (5.5.46)

$$f_1(t,\tau',\tau'') = \lim_{T\to\infty}\frac{1}{T}\int_{[\tau'-T/2,\tau''-t-T/2]}^{[\tau'+T/2,\tau''-t+T/2]} x^*(\tau-\tau')x(t+\tau-\tau'')d\tau, \tag{5.5.49}$$

wo die eckige Klammer für die untere Integrationsgrenze bedeutet, daß der größere der beiden Werte genommen werden muß, und die eckige Klammer für die obere Integrationsgrenze, daß der kleinere der beiden Werte zu wählen ist.

Wie man durch Vergleich von (5.5.47) und (5.5.49) feststellt, unterscheiden sich $f_1(t,\tau',\tau'')$ und $f_2(t,\tau',\tau'')$ nur durch Ausdrücke der Form

$$\lim_{T\to\infty}\frac{1}{T}\int_{T/2}^{t_0+T/2} x^*(\tau-\tau')x(t+\tau-\tau'')d\tau$$

und

$$\lim_{T\to\infty}\frac{1}{T}\int_{t_0-T/2}^{-T/2} x^*(\tau-\tau')x(t+\tau-\tau'')d\tau,$$

wo t_0 gleich τ' oder $\tau'' - t$, auf jeden Fall also unabhängig von T ist. Durch eine ähnliche Überlegung wie im Anschluß an (5.5.31) läßt sich damit schließen, daß die Ausdrücke in der Tat gleich null sind.

6. Grundprinzipien der Laplacetransformation

6.1 Grundbegriffe der einseitigen Laplacetransformation

Auf die entscheidenden Vorteile sinusförmiger Signale (vgl. (2.2.1)) bzw. der entsprechenden komplexen Exponentialschwingungen (vgl. (2.2.2)) haben wir in Abschnitt 3.1 hingewiesen. Diese Vorteile haben uns als Begründung dafür gedient, allgemeine Signale mittels der Fouriertransformation auf sinusförmige Signale zurückzuführen. Allerdings bedeutete dies auch einige Schwierigkeiten, denn wie wir gesehen haben, läßt sich für viele sehr einfache, jedoch praktisch wichtige Signale die Fouriertransformierte nur unter Zuhilfenahme der Theorie verallgemeinerter Funktionen ermitteln. Dadurch wird in solchen Fällen insbesondere die Benutzung funktionentheoretischer Methoden verhindert.

Dieser Nachteil läßt sich mit Hilfe der Laplacetransformation vermeiden. Diese ist sehr eng mit der Fouriertransformation verwandt, und wir wollen daher kurz auf sie eingehen. Der Preis für die Benutzung der Laplacetransformation ist allerdings der Verzicht darauf, alle uns interessierenden Signale auf sinusförmige Signale zurückführen zu können. Es ist also nicht möglich, die Vorteile beider Verfahren gleichzeitig sicherzustellen, so daß sowohl die Fourier- als auch die Laplacetransformation ihre je eigene Daseinsberechtigung haben. So ist die Fouriertransformation für die nachrichtentechnische Systemtheorie attraktiver, die Laplacetransformation hingegen für die Theorie der Schaltungen und Systeme, insbesondere zur Berechnung von Einschwingvorgängen. Letzteres trifft zumindest dann zu, wenn wir unter dem Begriff Laplacetransformation die genauer auch als einseitige Laplacetransformation bezeichnete Variante verstehen, die üblicherweise gemeint ist, wenn einfach von Laplacetransformation die Rede ist. Bei korrekter Interpretation gilt es jedoch auch für die zweiseitige Laplacetransformation, auf die wir weiter unten noch zu sprechen kommen.

Sei jetzt $f(t)$ eine Funktion, die die Bedingung (3.5.5) erfüllt und in jedem endlichen Intervall, das ganz im Bereich $t \geq 0$ gelegen ist, stückweise glatt ist. Statt $f(t)$ wollen wir zunächst die Funktion

$$\hat{f}(t) = \begin{cases} f(t) & \text{für} \quad t > 0 \\ f(0+)/2 & \text{für} \quad t = 0 \\ 0 & \text{für} \quad t < 0 \end{cases} \qquad (6.1.1)$$

betrachten, die u.a. überall die (3.5.5) entsprechende Bedingung erfüllt. Für $\hat{f}(t)$ sind Konvergenzschwierigkeiten bei der Berechnung der Fouriertransformierten für $t \to -\infty$ auf jeden Fall ausgeschlossen. Dies trifft jedoch für $t \to \infty$ nicht in jedem Fall zu, und wir ersetzen daher $\hat{f}(t)$ noch durch die Funktion

$$\varphi(t) = \hat{f}(t) e^{-\sigma t}, \qquad (6.1.2)$$

wo σ eine reelle Konstante ist. Diese kann in allen uns interessierenden Fällen so gewählt werden, daß

$$\int_0^\infty |\varphi(t)| dt = \int_0^\infty |f(t)| e^{-\sigma t} dt < \infty \qquad (6.1.3)$$

ist. Die untere Schranke der Werte von σ, für die dies zutrifft, heißt auch die Abszisse absoluter Konvergenz; wir bezeichnen sie mit c, so daß also (6.1.3) für

$$\sigma > c \qquad (6.1.4)$$

gilt, möglicherweise (aber nicht nowendigerweise) auch noch für $\sigma = c$.

Unter der Annahme (6.1.3) existiert die Fouriertransformierte $\Phi(j\omega)$ von $\varphi(t)$, also

$$\Phi(j\omega) = \int_{-\infty}^{\infty} \varphi(t)e^{-j\omega t}dt. \qquad (6.1.5)$$

Mit

$$p = \sigma + j\omega \qquad (6.1.6)$$

können wir auch

$$\Phi(j\omega) = F(p) \qquad (6.1.7)$$

schreiben, wo $F(p)$ die *Laplacetransformierte* von $f(t)$ heißt und durch

$$F(p) = \int_0^{\infty} f(t)e^{-pt}dt \qquad (6.1.8)$$

definiert ist. Wir schreiben auch

$$F(p) = \mathcal{L}\{f(t)\}, \qquad (6.1.9)$$

und wir sagen, daß es sich bei $f(t)$ um eine Funktion im *Zeitbereich*, bei $F(p)$ jedoch um eine Funktion im *Bildbereich* handelt.

Es läßt sich zeigen, daß die durch (6.1.8) definierte Funktion $F(p)$ an der Stelle p holomorph ist, wenn (6.1.3) für $\sigma = \operatorname{Re} p$ erfüllt ist. Insbesondere ist also $F(p)$ für $\operatorname{Re} p > c$ bzw. für $\operatorname{Re} p \geq c$ holomorph (siehe Abschnitt 6.3) und kann von dort gegebenenfalls durch analytische Fortsetzung auf die gesamte komplexe Ebene erweitert werden. Genauer handelt es sich bei (6.1.8/6.1.9) um die *einseitige* Laplacetransformation, für die man gelegentlich auch das Symbol $\mathcal{L}_I$ statt $\mathcal{L}$ verwendet.

Unter der Annahme (6.1.3) gilt umgekehrt

$$\varphi(t) = \frac{1}{2\pi} \int_{-\infty}^{\infty} \Phi(j\omega)e^{j\omega t}d\omega,$$

also wegen (6.1.2)

$$\hat{f}(t) = \frac{1}{2\pi} \int_{-\infty}^{\infty} \Phi(j\omega)e^{(\sigma+j\omega)t}d\omega \quad \forall t, \qquad (6.1.10)$$

6.1 Grundbegriffe der einseitigen Laplacetransformation

und somit wegen (6.1.1)

$$f(t) = \frac{1}{2\pi} \int_{-\infty}^{\infty} \Phi(j\omega) e^{(\sigma+j\omega)t} d\omega, \quad t > 0. \tag{6.1.11}$$

Da σ bezüglich der Integration in (6.1.11) konstant ist, ist $dp = j d\omega$, so daß aus (6.1.10) unter Benutzung von (6.1.6) und (6.1.7) auch

$$\hat{f}(t) = \frac{1}{2\pi j} \int_{\sigma-j\infty}^{\sigma+j\infty} F(p) e^{pt} dp \quad \forall t \tag{6.1.12}$$

folgt. Der rechts in dieser Formel stehende Ausdruck ist das Laplace-Umkehrintegral, und man schreibt auch

$$\hat{f}(t) = \mathcal{L}^{-1}\{F(p)\} \quad \forall t \quad \text{bzw.} \quad f(t) = \mathcal{L}^{-1}\{F(p)\} \quad \text{für} \quad t > 0. \tag{6.1.13}$$

Statt $\mathcal{L}^{-1}$ wird man gegebenenfalls auch $\mathcal{L}_I^{-1}$ verwenden.

Aus der Herleitung folgt, daß (6.1.12) für $t > 0$ zumindest für alle $\sigma > c$ den Wert von $f(t)$ liefert, also unabhängig von dem tatsächlich gewählten σ. Ist also etwa $F(p)$ gegeben, c jedoch nicht bekannt, so ist die zu $F(p)$ gehörige Zeitfunktion diejenige Funktion $f(t)$, die sich aus (6.1.13) für hinreichend großes, ansonsten jedoch beliebiges σ ergibt. Das Integral (6.1.11/6.1.12) ist wiederum im Sinne des Cauchyschen Hauptwertes zu verstehen. Der vollständige Zusammenhang, der für dieses gilt, ist offensichtlich

$$\frac{1}{2\pi j} \int_{\sigma-j\infty}^{\sigma+j\infty} F(p) e^{pt} dp = \begin{cases} f(t) & \text{für} \quad t > 0 \\ f(0+)/2 & \text{für} \quad t = 0 \\ 0 & \text{für} \quad t < 0. \end{cases} \tag{6.1.14}$$

Als einfaches Beispiel wollen wir den Einheitssprung $u(t)$ betrachten, der ja eine rechtsseitige Funktion ist und für dessen Fouriertransformierte wir

$$\mathcal{F}\{u(t)\} = \frac{1}{j\omega} + \pi \delta(\omega) \tag{6.1.15}$$

gefunden hatten (vgl. (3.9.23)). Für die Laplacetransformierte hingegen erhalten wir

$$\mathcal{L}\{u(t)\} = \int_0^{\infty} e^{-pt} dt.$$

Dieses Integral konvergiert, wenn

$$\int_0^{\infty} |e^{-pt}| dt = \int_0^{\infty} e^{-\sigma t} dt < \infty$$

ist, also für $\sigma > 0$, und es gilt $c = 0$. Damit erhalten wir den Ausdruck

$$\mathcal{L}\{u(t)\} = \left[-\frac{1}{p}e^{-pt}\right]_0^\infty = \frac{1}{p}. \tag{6.1.16}$$

Dieser enthält insbesondere keine δ-Funktion mehr; für $p = j\omega$ unterscheidet er sich von (6.1.15) durch das Fehlen von $\pi\delta(\omega)$.

Ähnlich ist die Situation bei

$$f(t) = e^{p_0 t}, \tag{6.1.17}$$

wo p_0 eine beliebige, im allgemeinen komplexe Konstante ist. Dann ist $c = \operatorname{Re} p_0$, und für $\sigma > c$ finden wir

$$F(p) = \mathcal{L}\{f(t)\} = \frac{1}{p - p_0}, \tag{6.1.18}$$

somit für $p_0 = j\omega_0$ (also mit $c = 0$)

$$F(p) = \frac{1}{p - j\omega_0}. \tag{6.1.19}$$

Dieser Ausdruck unterscheidet sich für $p = j\omega$ wieder von (3.9.28) durch das Fehlen des Terms $\pi\delta(\omega - \omega_0)$. Aus (6.1.19) finden wir natürlich auch

$$\mathcal{L}\{\cos\omega_0 t\} = \frac{p}{p^2 + \omega_0^2}, \tag{6.1.20}$$

$$\mathcal{L}\{\sin\omega_0 t\} = \frac{\omega_0}{p^2 + \omega_0^2}. \tag{6.1.21}$$

Ähnlich wie bei der Fourierrücktransformation können wir auch (6.1.12) als Grenzwert einer unendlichen Summe auffassen. Wir schreiben somit

$$\hat{f}(t) = \frac{1}{2\pi j} \lim_{\Delta p \to 0} \sum_p F(p) e^{pt} \Delta p,$$

was wir auch auf die Form

$$\hat{f}(t) = \lim_{\Delta p \to 0} \sum_p \left[\frac{1}{2\pi j} F(p)\Delta p\right] e^{pt} \tag{6.1.22}$$

bringen können. Dies zeigt, daß $\hat{f}(t)$ als eine unendliche Summe von komplexen Exponentialschwingungen der Form $A e^{pt}$ aufgefaßt werden kann, wo A durch

$$A = \frac{1}{2\pi j} F(p)\Delta p$$

6.1 Grundbegriffe der einseitigen Laplacetransformation

gegeben und p die komplexe Frequenz ist. Ist also $c > 0$, so folgt aus (6.1.4), daß die Teilschwingungen exponentiell zunehmende Amplituden haben.

Wie bei der Fouriertransformation kann auch die Bestimmung von $f(t)$ bzw. $\hat{f}(t)$ bei gegebenem $F(p)$ unter Benutzung von Tabellen erfolgen. Häufig ist es jedoch zweckmäßig, für die Auswertung von (6.1.12) Methoden der Funktionentheorie zu verwenden, insbesondere die Residuenrechnung. Hierbei ist das sogenannte Jordansche Lemma von Nutzen, dessen Anwendungsmöglichkeit wir andeuten wollen. Dieses Lemma besagt, daß für eine

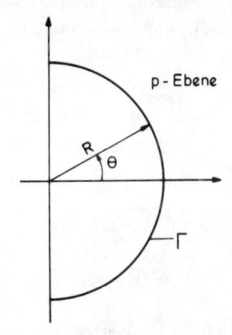

Bild 6.1.1: Zur Definition des Halbkreises Γ in (6.1.23).

Funktion $F_1(p)$, die für $p \to \infty$ und $|\text{arc}\, p| \leq \pi/2$ gleichmäßig bezüglich $\text{arc}\, p$ gegen null geht und für die es ein R_0 gibt derart, daß $F_1(p)$ holomorph ist für $\text{Re}\, p \geq 0$ und $|p| > R_0$,

$$\lim_{R \to \infty} \int_\Gamma F_1(p) e^{-p\alpha} dp = 0 \qquad (6.1.23)$$

gilt, wenn α eine positive Konstante ist. Hierbei ist Γ der in der rechten Halbebene gelegene Halbkreis mit Radius R (Bild 6.1.1).

Treffen also die soeben genannten Voraussetzungen auf $F_1(p) = F(p + \sigma)$ in (6.1.12) zu, so läßt sich der Integrationsweg in (6.1.12) für $t < 0$ um einen in der rechten Halbebene gelegenen, gegen unendlich strebenden Halbkreis ergänzen, ohne daß der Wert der linken Seite sich ändert. Da in dem entstehenden geschlossenen Integrationsweg keine Singularitäten liegen, folgt durch Anwendung der Residuenrechnung, daß sich für das Integral in (6.1.12) für $t < 0$ der Wert null ergibt, wie wir dies gemäß (6.1.14) erwarten müssen.

Für $t > 0$ kann man entsprechend verfahren, doch ist dann der Halbkreis nach links anstatt nach rechts zu legen. Wenn der so entstehende geschlossene Integrationsweg z.B. außer Polen keine weiteren Singularitäten enthält, läßt sich $f(t)$ durch Anwendung des Residuenkalküls berechnen.

Bisher haben wir wieder implizit angenommen, daß es sich bei $f(t)$ um eine Funktion im klassischen Sinne handelt. In der Theorie der Laplacetransformation sind verallgemeinerte Funktionen im Bildbereich unerwünscht. Wegen deren großer physikalischer Bedeutung ist es jedoch zweckmäßig, auch Zeitfunktionen $f(t)$ zuzulassen, die δ-Anteile, also δ-Funktionen und gegebenenfalls deren Ableitungen, enthalten. Dies kann wieder genauso wie bei der Fouriertransformation erfolgen, wobei wir selbstverständlich annehmen, daß $f(t)$ die gleichen allgemeinen Voraussetzungen erfüllt wie in Unterabschnitt 3.9.8 bzw. in Abschnitt 2.9. Da aber etwa eine δ-Funktion durchaus auch bei $t = 0$ auftreten kann, müssen wir (6.1.8) dadurch präzisieren, daß wir die untere Grenze im Sinne von $0-$ verstehen, also genauer schreiben

$$F(p) = \mathcal{L}\{f(t)\} = \lim_{\varepsilon \downarrow 0} \int_{-\varepsilon}^{\infty} f(t)e^{-pt}dt = \int_{0-}^{\infty} f(t)e^{-pt}dt. \qquad (6.1.24)$$

Für die Rücktransformation gilt weiterhin (6.1.12), symbolisch also (6.1.13).

Mit Hilfe von (6.1.24) findet man z.B. für $\delta(t)$

$$\mathcal{L}\{\delta(t)\} = 1,$$

also den gleichen Ausdruck wie im Fall der Fouriertransformation. Allgemeiner erhalten wir für die k-te Ableitung einer um eine Konstante t_0 versetzten δ-Funktion unter Benutzung von (2.6.9)

$$\mathcal{L}\left\{\delta^{(k)}(t-t_0)\right\} = \begin{cases} p^k e^{-pt_0} & \text{für } t_0 \geq 0 \\ 0 & \text{für } t_0 < 0. \end{cases} \qquad (6.1.25)$$

Funktionen des allgemeinsten Typs, den wir hier betrachten wollen, sind solche, die in jedem endlichen Intervall stückweise bis auf δ-Anteile glatt sind (siehe letzter Absatz von Unterabschnitt 2.9.2). Eine Funktion $f(t)$ dieses Typs kann als Summe einer in jedem endlichen Intervall stückweise glatten Funktion $g(t)$ und gegebenenfalls einer Funktion $h(t)$, die nur aus δ-Anteilen besteht (und zwar in jedem endlichen Intervall aus höchstens endlich vielen), geschrieben werden. Für $G(p) = \mathcal{L}\{g(t)\}$ gilt alles zuvor Gesagte, insbesondere also wieder die Existenz einer Abszisse absoluter Konvergenz c, während sich $H(p) = \mathcal{L}\{h(t)\}$ mit Hilfe von (6.1.25) bestimmen läßt. Ist also die gesamte Zahl der Stellen, an denen δ-Anteile für $t \geq 0$ liegen, endlich, so ist $H(p)$ eine ganze Funktion, d.h., in der ganzen Ebene holomorph. Ähnliches gilt aber auch, wenn die genannte Zahl unendlich ist, vorausgesetzt, daß dann geeignete Konvergenzeigenschaften vorliegen (vgl. auch die entsprechende Diskussion zu Anfang von Unterabschnitt 3.9.8). Man kommt damit auch jetzt wieder auf die Feststellung, die wir in dem auf (6.1.9) folgenden Absatz getroffen haben, nämlich, daß $F(p)$ für $\mathrm{Re}\, p > c$ bzw. für $\mathrm{Re}\, p \geq c$ holomorph ist. Wir wollen dann c auch als die Abszisse absoluter Konvergenz von $f(t)$ bezeichnen. (Daß wir hier

Glattheit statt einfach Stetigkeit gefordert haben, hat seinen Grund darin, daß auch die erste der in Abschnitt 3.5 genannten Bedingungen eine entsprechende Forderung enthält. Dies besagt jedoch nicht, daß nicht auch noch weitere Verallgemeinerungen möglich wären.) Falls Verwechselung entstehen könnte, schreibt man für die durch (6.1.24) definierte Laplacetransformierte gelegentlich auch $\mathcal{L}_-\{f(t)\}$. Entsprechend kann man im Falle der Definition (6.1.8) auch $\mathcal{L}_0$ schreiben. Wir wollen solches jedoch nicht tun, sondern von nun an stets die durch (6.1.24) festgelegte Definition zugrundelegen (außer wenn explizit etwas anderes gesagt wird). Alle Ergebnisse, die wir vorhin hergeleitet haben, gelten dann auch weiterhin.

6.2 Grundbegriffe der zweiseitigen Laplacetransformation

Bei der Behandlung der Fouriertransformation sind wir vielen für die Praxis wichtigen Zeitfunktionen begegnet, bei denen weder für $t \to \infty$ noch für $t \to -\infty$ Konvergenzschwierigkeiten aufgetreten sind. Daher ist es zumindest in solchen Fällen zweckmäßig, davon abzusehen, $f(t)$ durch $\hat{f}(t)$ zu ersetzen und dadurch die Aufgabe auf den Ausdruck (6.1.8) zurückzuführen. Wir können dann nämlich eine einheitliche Behandlung der Fourier- und Laplacetransformation erwarten, bei der sich die erste für $p = j\omega$ aus der zweiten ergibt.

Sei also $f(t)$ eine Funktion, die die gleichen Bedingungen erfüllt wie im dritten Absatz von Abschnitt 6.1 erläutert. Entsprechend (6.1.8) bzw. (6.1.24) definieren wir

$$\mathcal{L}_I\{f(t)\} = \int_{0-}^{\infty} f(t)e^{-pt}dt, \qquad (6.2.1)$$

und es möge c_1 die zugehörige Abszisse absoluter Konvergenz sein. Das Integral in (6.2.1) konvergiere also absolut für $\sigma = \operatorname{Re} p > c_1$, gegebenenfalls auch noch für $\sigma = c_1$. Weiterhin betrachten wir

$$\int_{-\infty}^{0-} f(t)e^{-pt}dt = \int_{0+}^{\infty} f(-t)e^{pt}dt. \qquad (6.2.2)$$

Durch Vergleich dieses letzten Integrals mit dem in (6.2.1) sehen wir, daß es jetzt eine Konstante c_2 gibt, so daß die Integrale in (6.2.2) für

$$\sigma = \operatorname{Re} p < c_2 \qquad (6.2.3)$$

absolut konvergieren, gegebenenfalls auch noch für $\sigma = c_2$. Die Konstante c_2 stellt also eine Abszisse absoluter Konvergenz für diese Integrale dar, doch ist die zwischen σ und c_2 zu stellende Forderung genau umgekehrt zur vorigen.

6. Grundprinzipien der Laplacetransformation

Ist also insbesondere $c_1 < c_2$, so läßt sicht σ so wählen, daß

$$c_1 < \sigma < c_2 \qquad (6.2.4)$$

ist. Wir definieren dann die zweiseitige Laplacetransformation von $f(t)$ durch

$$F(p) = \int_{-\infty}^{\infty} f(t)e^{-pt}dt \qquad (6.2.5)$$

und schreiben

$$F(p) = \mathcal{L}_{II}\{f(t)\}.$$

Diese ist also zunächst definiert für

$$c_1 < \operatorname{Re} p < c_2, \qquad (6.2.6)$$

kann aber gegebenenfalls wieder durch analytische Fortsetzung auf die gesamte p-Ebene erweitert werden. Übrigens kann auch der Fall $c_1 = c_2$ noch zulässig sein, wenn nämlich sowohl $\sigma = c_1$ als auch $\sigma = c_2$ erlaubt ist. Für das Umkehrintegral bleibt (6.1.12) gültig, d.h., der Operator $\mathcal{L}_{II}^{-1}$ ist formal der gleiche wie $\mathcal{L}_{I}^{-1}$ bzw. $\mathcal{L}^{-1}$. Aus (6.2.5) folgt in der Tat

$$F(\sigma + j\omega) = \int_{-\infty}^{\infty} f(t)e^{-\sigma t}e^{-j\omega t}dt,$$

also durch Anwendung der Fourierrücktransformation

$$f(t)e^{-\sigma t} = \frac{1}{2\pi} \int_{-\infty}^{\infty} F(\sigma + j\omega)e^{j\omega t}d\omega,$$

woraus sich mit (6.1.6) sofort (6.1.12) ergibt. Allerdings sind für σ die Schranken (6.2.4) zu beachten (gegebenenfalls mit $<$ links und/oder rechts ersetzt durch $\leq$). Falls sich unter den für σ zulässigen Werten auch $\sigma = 0$ befindet, wird die zweiseitige Laplacetransformierte für $p = j\omega$ gleich der Fouriertransformierten.

Auch die zweiseitige Laplacetransformation läßt sich wieder auf den Fall erweitern, daß im Zeitbereich auch δ-Impulse und/oder Ableitungen von diesen vorhanden sind. Offensichtlich bleibt dann (6.2.5) gültig. Andererseits können wir etwa den Fall $f(t) = e^{j\omega_0 t}$ nicht mehr erfassen.

Die einseitige Laplacetransformation ist eigentlich ein Sonderfall der zweiseitigen. Man könnte daher geneigt sein zu glauben, daß dieser Sonderfall immer dann vorliegt, wenn $c_2 = \infty$ ist. Das ist aber nicht ganz richtig, da $c_2 = \infty$ gilt, sobald es ein endliches t_0 gibt, so daß $f(t) = 0$ ist für $t < t_0$. Dies trifft auch dann zu, wenn $t_0 < 0$ ist, also wenn $f(t)$ im Intervall $(t_0, 0)$ durchaus $\neq 0$ sein kann. Bei der einseitigen Laplacetransformation ergibt sich aber gemäß (6.1.14) für $t < 0$ immer der Wert null. Dennoch ist es richtig, daß die einseitige Laplacetransformation mit der zweiseitigen zusammenfällt, wenn $f(t) = 0$ ist für $t < 0$.

6.3 Einige Eigenschaften der Laplacetransformation

Die Eigenschaften der Laplacetransformation sind weitgehend ähnlich denen der Fouriertransformation, teilweise freilich auch anders. Wir wollen hier nur die wichtigsten kurz besprechen und dabei insbesondere Unterschiede hervorheben. Wir betrachten nicht nur Zeitfunktionen im klassischen Sinne, sondern wollen auch die Möglichkeit zulassen, daß in den Zeitfunktionen δ-Anteile enthalten sind, wie wir dies für die Fouriertransformierte in Unterabschnitt 3.9.8 besprochen haben. Die betrachteten Zeitfunktionen seien also in jedem endlichen Intervall bis auf δ-Anteile stückweise stetig bzw. stückweise glatt.

1. *Faltung im Zeitbereich.* Hierbei handelt es sich um eine besonders wichtige Operation. Seien also $f_1(t)$ und $f_2(t)$ gegebene Funktionen und sei $f(t)$ die gemäß (3.6.49) bzw. (3.6.50) definierte Funktion

$$f(t) = f_1(t) * f_2(t) = f_2(t) * f_1(t). \tag{6.3.1}$$

Ist insbesondere $f_1(t) = f_2(t) = 0$ für $t < 0$, so läßt sich $f(t)$ in der Form

$$f(t) = \int_0^t f_1(\tau) f_2(t - \tau) d\tau \tag{6.3.2}$$

schreiben, woraus dann $f(t) = 0$ für $t < 0$ folgt.

Sei weiterhin wiederum σ eine reelle Zahl und seien φ_1, φ_2 und φ definiert durch

$$\varphi_1(t) = f_1(t) e^{-\sigma t}, \quad \varphi_2(t) = f_2(t) e^{-\sigma t}, \quad \varphi(t) = f(t) e^{-\sigma t}.$$

Wir machen zunächst bezüglich des Verhaltens von $f_1(t)$ und $f_2(t)$ für $t < 0$ keine besonderen Einschränkungen und finden

$$\int_{-\infty}^{\infty} \varphi_1(\tau) \varphi_2(t - \tau) d\tau = e^{-\sigma t} \int_{-\infty}^{\infty} f_1(\tau) f_2(t - \tau) d\tau,$$

also

$$\varphi_1(t) * \varphi_2(t) = \varphi(t). \tag{6.3.3}$$

Somit ist φ gleich der Faltung von φ_1 und φ_2.

Im folgenden nehmen wir an, daß wir es entweder überall mit der einseitigen oder überall mit der zweiseitigen Laplacetransformation zu tun haben. Im ersten Fall wählen wir σ größer als die Abszisse absoluter Konvergenz sowohl von f_1 als auch von f_2. Im zweiten Fall möge sowohl für f_1 als auch für f_2 je ein Intervall entsprechend (6.2.4) existieren, in dem wir σ wählen können. Außerdem sollen diese beiden Intervalle, die ja keineswegs gleich zu sein brauchen, zumindest ein gemeinsames nichtleeres Intervall besitzen, und in diesem wählen wir σ. Insbesondere können wir annehmen, daß für $f_1(t)$ und $f_2(t)$ die Laplacetransformierten $F_1(p)$ bzw. $F_2(p)$ existieren und für diese die bereits bekannten Ergebnisse zutreffen. Bezeichnen wir noch mit $\Phi_1(j\omega), \Phi_2(j\omega)$ und $\Phi(j\omega)$ die zu $\varphi_1(t), \varphi_2(t)$ und $\varphi(t)$ gehörigen Fouriertransformierten, so ist in Anbetracht der entsprechenden Ergebnisse aus den vorigen Abschnitten, wenn wir uns zunächst auf den Fall der zweiseitigen Laplacetransformation beschränken,

$$F_1(p) = \Phi_1(j\omega), \quad F_2(p) = \Phi_2(j\omega), \quad F(p) = \Phi(j\omega),$$

mit

$$p = \sigma + j\omega.$$

Andererseits folgt aus (6.3.3) unter Benutzung der durch (3.6.52) ausgedrückten Regel

$$\Phi(j\omega) = \Phi_1(j\omega)\Phi_2(j\omega), \tag{6.3.4}$$

also

$$F(p) = F_1(p)F_2(p) \tag{6.3.5}$$

d.h.

$$\mathcal{L}_{II}\{\int_{-\infty}^{\infty} f_1(\tau)f_2(t-\tau)d\tau\} = F_1(p)F_2(p)$$

mit

$$F_1(p) = \mathcal{L}_{II}\{f_1(t)\}, \qquad F_2(p) = \mathcal{L}_{II}\{f_2(t)\}.$$

Den Fall der einseitigen Laplacetransformierten können wir unter Benutzung der am Ende von Abschnitt 6.2 gemachten Bemerkung auf den vorigen zurückführen. Dies läuft darauf hinaus, zunächst $f_1(t)$ und $f_2(t)$ durch Funktionen $\hat{f}_1(t)$ bzw. $\hat{f}_2(t)$ zu ersetzen, die entsprechend (6.1.1) definiert sind. Für das Faltungsintegral erhalten wir dann

$$\hat{f}_1(t) * \hat{f}_2(t) = \int_{-\infty}^{\infty} \hat{f}_1(\tau)\hat{f}_2(t-\tau)d\tau = \int_{0}^{t} f_1(\tau)f_2(t-\tau)d\tau,$$

also gerade die durch (6.3.2) gegebene Funktion $f(t)$. Da diese null ist für $t < 0$, sind ihre einseitige und ihre zweiseitige Laplacetransformierte einander gleich. Damit ist klar, daß (6.3.5) auch für den Fall der einseitigen Laplacetransformierten gültig ist, vorausgesetzt allerdings, daß $f(t)$ nicht durch (6.3.1), sondern durch (6.3.2) gegeben ist. Mit

$$F_1(p) = \mathcal{L}_I\{f_1(t)\}, \qquad F_2(p) = \mathcal{L}_I\{f_2(t)\}$$

gilt also

$$\mathcal{L}_I\{\int_{0}^{t} f_1(\tau)f_2(t-\tau)d\tau\} = F_1(p)F_2(p).$$

6.3 Einige Eigenschaften der Laplacetransformation

Das hierin auftretende Integral, das mit dem in (6.3.2) übereinstimmt, wird ebenfalls häufig *Faltungsintegral* genannt. In diesem Sinne kann (6.3.5) in allen Fällen als *Faltungsregel* bezeichnet werden. Um Verwechslungen zu vermeiden, wollen wir das in (6.3.1) verwendete Faltungssymbol jedoch nur dann verwenden, wenn die Faltung in dem bisherigen Sinne (vgl. (3.6.49) und (3.6.50)) zu interpretieren ist.

Die gefundenen Resultate entsprechen zwar (3.6.52), sind aber dennoch beachtlich. Zur Herleitung von (3.6.52) hatten wir nämlich Vertauschungen in der Reihenfolge von Integrationen vornehmen müssen, was gewisse Anforderungen an f_1 und f_2 stellt. Die entsprechenden Anforderungen beziehen sich aber jetzt auf φ_1 und φ_2, also auf Funktionen, die den Konvergenz erzeugenden Faktor $e^{-\sigma t}$ enthalten und damit u.a. absolut integrierbar sind. Somit ist (6.3.5) auch dann noch gültig, wenn die Fouriertransformierte von $f(t)$ nicht existiert. Voraussetzung ist freilich, daß σ auf die besprochene Weise gewählt werden kann, was zumindest im Falle der einseitigen Laplacetransformation in der Praxis stets unproblematisch ist. Man beachte, daß $f_1(t)$ und $f_2(t)$ dann für $t \to \infty$ sogar exponentiell anwachsen dürfen, also Funktionen sein dürfen, wie sie etwa als Ausgangssignale instabiler Systeme auftreten können.

Daß (6.3.5) auch dann gültig bleibt, wenn die Zeitfunktionen δ-Anteile enthalten, folgt daraus, daß dies auch für (3.6.52) (wie wir in Unterabschnitt 3.9.8 bemerkt haben) und damit für (6.3.4) zutrifft, so daß die obige Beweisführung unverändert beibehalten werden kann.

2. *Zeitdifferentiation* bei der einseitigen Laplacetransformation. Wir betrachten die Funktion

$$f'(t) = \frac{d f(t)}{dt}. \tag{6.3.6}$$

Auf diese wenden wir (6.1.24) an. Wir erhalten unter Benutzung partieller Integration

$$\int_{0-}^{\infty} f'(t) e^{-pt} dt = \left[f(t) e^{-pt} \right]_{0-}^{\infty} + p \int_{0-}^{\infty} f(t) e^{-pt} dt,$$

also, wenn $F(p)$ die einseitige Laplacetransformierte von $f(t)$ bezeichnet,

$$\mathcal{L}_I\{f'(t)\} = -f(0-) + p F(p). \tag{6.3.7}$$

Hierbei haben wir vorausgesetzt, daß $\sigma = \operatorname{Re} p$ hinreichend groß ist, um

$$\lim_{t \to \infty} f(t) e^{-pt} = 0$$

sicherzustellen. Auch haben wir $f(0-)$ statt einfach 0 oder $f(0)$ geschrieben, da ja $f(0-) \neq 0$ und $\neq f(0+)$ sein kann, insbesondere also die Bezeichnung $f(0)$ nicht eindeutig zu sein braucht. Es sei daran erinnert, daß $f(0+)$ und $f(0-)$ durch

$$f(0+) = \lim_{\varepsilon \downarrow 0} f(\varepsilon), \quad f(0-) = \lim_{\varepsilon \downarrow 0} f(-\varepsilon) \tag{6.3.8}$$

definiert sind.

Das hier gefundene Ergebnis setzt natürlich implizit voraus, daß $f'(t)$ die Annahmen erfüllt, die wir zur Behandlung der einseitigen Laplacetransformation einer Zeitfunktion genannt hatten. Dies gilt selbstverständlich im Sinne der verallgemeinerten Annahmen, die wir hier im vorletzten Absatz von Abschnitt 6.1 besprochen haben. Mit Nachdruck sei betont, daß der Übergang von (6.3.6) auf (6.3.7) nur dadurch voll gerechtfertigt ist, daß auch für Funktionen mit δ-Anteilen — wie wir in Abschnitt 2.9 besprochen haben — die Integrationsregel (2.9.14) unter den gemachten Annahmen uneingeschränkt gültig bleibt. (Im Sinne der klassischen Theorie würde diese Regel ja nur anwendbar sein, wenn $f(t)$ stetig wäre.)

3. Holomorphie der Laplacetransformierten. Wir haben diese Frage schon mehrfach angesprochen, wollen wegen ihrer zentralen Bedeutung jedoch noch etwas ausführlicher darauf zurückkommen.

Sei $F(p) = \mathcal{L}\{f(t)\}$ die einseitige Laplacetransformierte von $f(t)$ und sei c die zugehörige Abszisse absoluter Konvergenz. Sei zunächst $f(t)$ in jedem endlichen Intervall stückweise stetig. Wir wollen zeigen, daß dann $F(p)$ für $\operatorname{Re} p > c$ holomorph ist, also überall in $\operatorname{Re} p > c$ differenzierbar ist und daß die Ableitung $dF(p)/dp$ dort durch die durch

$$F'(p) = -\int_0^\infty t f(t) e^{-pt} dt \tag{6.3.9}$$

definierte Funktion $F'(p)$ gegeben ist.

Wir bemerken vorweg, daß das Integral in (6.3.9) in der Tat für jedes $\sigma = \operatorname{Re} p > c$ absolut konvergiert. Wählen wir nämlich für ein gegebenes $\sigma > c$ ein σ_0 mit

$$c < \sigma_0 < \sigma,$$

so ist für hinreichend große t stets

$$|t e^{(\sigma_0 - \sigma)t} f(t)| < |f(t)|,$$

so daß wegen der für $p_0 = \sigma_0 + j\omega = p + \sigma_0 - \sigma$ gültigen absoluten Konvergenz von

$$\int_0^\infty f(t) e^{-p_0 t} dt$$

6.3 Einige Eigenschaften der Laplacetransformation

und wegen

$$\int_0^\infty tf(t)e^{-pt}dt = \int_0^\infty te^{(\sigma_0-\sigma)t}f(t)e^{-p_0 t}dt \qquad (6.3.10)$$

auch das mit dem Integral in (6.3.9) übereinstimmende Integral in der linken Seite von (6.3.10) absolut konvergiert. Auf ähnliche Weise läßt sich zeigen, daß auch das Integral

$$\int_0^\infty t^2 f(t)e^{-pt}dt$$

für Re $p > c$ absolut konvergiert (denn es genügt ja, in den bisherigen Überlegungen $f(t)$ durch $tf(t)$ zu ersetzen). Damit ist aber

$$\int_0^\infty |t^2 f(t)e^{-\sigma_0 t}|dt < \infty \quad \text{für} \quad \sigma_0 > c. \qquad (6.3.11)$$

Andererseits folgt aus (6.1.8)

$$\frac{F(p+\Delta p) - F(p)}{\Delta p} = \int_0^\infty f(t)\frac{e^{-t\Delta p} - 1}{\Delta p}e^{-pt}dt, \qquad (6.3.12)$$

und wir müssen somit zeigen, daß

$$\lim_{\Delta p \to 0}\left[\frac{F(p+\Delta p) - F(p)}{\Delta p} - F'(p)\right] = 0,$$

also unter Berücksichtigung von (6.3.9), daß

$$\lim_{\Delta p \to 0}\int_0^\infty f(t)\frac{e^{-t\Delta p} - 1 + t\Delta p}{\Delta p}e^{-pt}dt = 0 \qquad (6.3.13)$$

ist.

Hierzu benutzen wir die für beliebiges komplexes γ gültige Reihenentwicklung

$$e^\gamma = \sum_{n=0}^\infty \frac{\gamma^n}{n!},$$

also

$$e^\gamma - 1 - \gamma = \sum_{n=2}^\infty \frac{\gamma^n}{n!} = \gamma^2 \sum_{n=0}^\infty \frac{\gamma^n}{(n+2)!},$$

und die sich daraus ergebende Abschätzung

$$|e^\gamma - 1 - \gamma| \leq |\gamma|^2 \sum_{n=0}^\infty \frac{|\gamma|^n}{(n+2)!}$$

$$\leq |\gamma|^2 \sum_{n=0}^\infty \frac{|\gamma|^n}{n!} \leq |\gamma|^2 e^{|\gamma|}.$$

Mit $\gamma = -t\Delta p$ folgt damit

$$\left|\int_0^\infty f(t)\frac{e^{-t\Delta p} - 1 + t\Delta p}{\Delta p}e^{-pt}dt\right|$$

$$\leq \int_0^\infty |f(t)| \cdot \frac{|e^\gamma - 1 - \gamma|}{|\Delta p|}e^{-\sigma t}dt \leq |\Delta p|\int_0^\infty t^2|f(t)|e^{-\sigma_0 t}dt,$$

wo σ_0 durch

$$\sigma_0 = \sigma - |\Delta p|$$

definiert ist und wir berücksichtigt haben, daß im gesamten Integrationsintervall $|t| = t$ ist. Für jedes gegebene p mit $\sigma = \mathrm{Re}\,p > c$ können wir aber stets Δp hinreichend klein wählen, so daß $|\Delta p| < \sigma - c$, also $\sigma_0 > c$ ist. Dann folgt aber aus (6.3.11), daß (6.3.13) in der Tat zutrifft.

Im Falle einer Funktion $f(t)$, die in jedem endlichen Intervall bis auf δ-Anteile stückweise stetig ist, gelten weitgehend ähnliche Verhältnisse, außer daß (6.3.9) durch

$$F'(p) = -\int_{0-}^\infty tf(t)e^{-pt}dt \qquad (6.3.14)$$

ersetzt werden muß, die Ableitung $dF(p)/dp$ also jetzt gleich der durch (6.3.14) definierten Funktion ist. Um dies zu zeigen, brauchen wir nur ähnlich wie im vorletzten Absatz von Abschnitt 6.1 die Funktion $f(t)$ in eine in jedem endlichen Intervall stückweise stetige Funktion $g(t)$ und eine Funktion $h(t)$, die nur aus δ-Anteilen besteht (und zwar selbstverständlich in jedem endlichen Intervall aus höchstens endlich vielen), aufzuspalten. Für $G(p) = \mathcal{L}\{g(t)\}$ gilt dann das zuvor für $f(t)$ Gesagte, während $H(p) = \mathcal{L}\{h(t)\}$ ja eine ganze Funktion und damit für alle p holomorph ist. Dies setzt selbstverständlich voraus, daß im Falle unendlich vieler δ-Anteile die in dem genannten Absatz erwähnten Konvergenzeigenschaften erfüllt sind.

Bei der zweiseitigen Laplacetransformierten hat man mit ganz ähnlichen Verhältnissen zu tun wie bei der einseitigen. Man braucht ja nur wieder das Integral (6.2.5) in zwei Teile zu zerlegen und auf jeden von diesen die vorigen Überlegungen anzuwenden. Man findet dann, daß $F(p)$ im ganzen durch (6.2.4) gegebenen Bereich holomorph ist und daß die Ableitung $dF(p)/dp$ dort gleich der durch

$$F'(p) = -\int_{-\infty}^\infty tf(t)e^{-pt}dt \qquad (6.3.15)$$

gegebenen Funktion $F'(p)$ ist.

4. Ableitungen der Laplacetransformierten. Aus den unter Punkt 3 gefundenen Ergebnissen (vgl. insbesondere (6.3.9), (6.3.14) und (6.3.15)) folgt, daß

$$\mathcal{L}\{tf(t)\} = -\frac{dF(p)}{dp} \tag{6.3.16}$$

ist, und zwar sowohl im einseitigen als auch im zweiseitigen Fall. Außerdem umfaßt der Konvergenzbereich mindestens den ursprünglich für $f(t)$ geltenden Bereich. Man kann somit (6.3.16) statt auf $f(t)$ auch auf die Funtion $f_1(t) = tf(t)$ anwenden und findet

$$\mathcal{L}\{t^2 f(t)\} = \frac{d^2 F(p)}{dp^2},$$

allgemeiner also

$$\mathcal{L}\{t^k f(t)\} = (-1)^k \frac{d^k F(p)}{dp^k}. \tag{6.3.17}$$

Dies gilt noch stets sowohl im einseitigen als auch im zweiseitigen Fall. Auch bleibt die betreffend den Konvergenzbereich gemachte Bemerkung gültig. Man beachte, daß (6.3.17) mit dem Ergebnis übereinstimmt, das man erhält, wenn man in dem jeweiligen Definitionsintegral für $F(p)$ die Differentiationen unbekümmert unter dem Integralzeichen vornimmt.

5. Endwert einer Zeitfunktion bei einseitiger Laplacetransformation. Wir nehmen an, daß nicht nur $f(t)$, sondern auch $f'(t)$ die Voraussetzungen für die Existenz der zugehörigen Laplacetransformation erfüllt. Offensichtlich können wir (6.3.7) in der Form

$$pF(p) = f(0-) + \int_{0-}^{\infty} f'(t)e^{-pt}dt \tag{6.3.18}$$

schreiben, während auch

$$\int_{0-}^{\infty} f'(t)dt = f(\infty) - f(0-)$$

gilt, vorausgesetzt allerdings, daß $f(\infty)$ existiert (und folglich endlich ist). Unter dieser Annahme folgt somit aus (6.3.18) zunächst

$$pF(p) = f(\infty) + \int_{0-}^{\infty} f'(t)(e^{-pt} - 1)dt.$$

Dieser Ausdruck legt nahe, daß die Beziehung

$$\lim_{p \downarrow 0} pF(p) = f(\infty) \tag{6.3.19}$$

gilt, wo die für das Limeszeichen verwendete Symbolik andeuten soll, daß es sich um denjenigen Grenzwert handelt, den man erhält, wenn p positiv (also reell und positiv) ist und gegen null strebt.

Um eine genaue Begründung dieses Ergebnisses zu finden, nehmen wir an, daß $f(t)$ bis auf δ-Anteile stückweise stetig ist. Da $f(\infty)$ existiert, muß es für jedes ε ein T geben, so daß

$$|f(t) - f(\infty)| < \varepsilon \quad \text{für} \quad t \geq T \tag{6.3.20}$$

ist. Insbesondere können in $f(t)$ für $t \geq T$ keine δ-Anteile auftreten, und die Gesamtzahl der in $f(t)$ für $t \geq 0$ enthaltenen δ-Anteile ist somit endlich.

Wir können daher $f(t)$ gemäß

$$f(t) = g(t) + h(t) \tag{6.3.21}$$

in eine in jedem endlichen Intervall stückweise stetige Funktion $g(t)$, für die außerdem $g(\infty) = f(\infty)$ ist, und eine Funktion $h(t)$ zerlegen, die nur aus δ-Anteilen besteht. Diese besitzt insbesondere für $t \geq 0$ nur endlich viele δ-Anteile, so daß $H(p) = \mathcal{L}\{h(t)\}$ gemäß (6.1.25) eine ganze Funktion ist (also für alle endlichen p holomorph ist), das zugehörige Laplaceintegral also für alle p konvergiert. Andererseits ist die Funktion $g(t)$ für $t \geq 0$ beschränkt, denn sie ist ja in jedem endlichen Intervall stückweise stetig und ist wegen (6.3.19) auch im Unendlichen beschränkt. Folglich ist die zu $G(p) = \mathcal{L}\{g(t)\}$ gehörige Abszisse absoluter Konvergenz ≤ 0, denn wenn wir mit M die für $t \geq 0$ gültige Schranke von $g(t)$ bezeichnen, ist für $\sigma = \operatorname{Re} p > 0$

$$\left| \int_0^\infty g(t)e^{-pt}dt \right| \leq M \int_0^\infty e^{-\sigma t}dt = \frac{M}{\sigma} < \infty. \tag{6.3.22}$$

In Anbetracht der erwähnten Natur von $H(p)$ ist

$$\lim_{p \downarrow 0} pH(p) = 0.$$

Dadurch liefert $H(p)$ keinen Beitrag zu der linken Seite in (6.3.19), so daß wir uns im weiteren auf $g(t)$ beschränken könnten. Stattdessen wollen wir aber von nun an die letztlich auf das gleiche hinauslaufende Annahme machen, daß die betrachtete Funktion $f(t)$ in jedem endlichen Intervall stückweise stetig ist. Wir gehen dann von dem Ausdruck

$$pF(p) - f(\infty) = p \int_{-0}^\infty f(t)e^{-pt}dt - f(\infty)$$
$$= \lim_{\varepsilon' \downarrow 0} \left[p \int_{-\varepsilon'}^\infty f(t)e^{-pt}dt - f(\infty) \right],$$

aus, und wir müssen zeigen, daß

$$\lim_{p \downarrow 0} \lim_{\varepsilon' \downarrow 0} \left[p \int_{-\varepsilon'}^\infty f(t)e^{-pt}dt - f(\infty) \right] = 0$$

ist oder äquivalent, daß

$$\lim_{p\downarrow 0}\lim_{\varepsilon'\downarrow 0}\left|p\int_{-\varepsilon'}^{\infty}f(t)e^{-pt}dt-f(\infty)\right|=0 \qquad (6.3.23)$$

ist.

Um dies nachzuweisen, führen wir zunächst die Zerlegung

$$p\int_{-\varepsilon'}^{\infty}f(t)e^{-pt}dt-f(\infty)=p\int_{-\varepsilon'}^{T}f(t)e^{-pt}dt+p\int_{T}^{\infty}[f(t)-f(\infty)]e^{-pt}dt+$$

$$+p\int_{T}^{\infty}f(\infty)e^{-pt}dt-f(\infty)$$

$$=p\int_{-\varepsilon'}^{T}f(t)e^{-pt}dt+p\int_{T}^{\infty}[f(t)-f(\infty)]e^{-pt}dt+(e^{-pT}-1)f(\infty), \qquad (6.3.24)$$

aus, wo wir selbstverständlich $p>0$ und $\varepsilon'>0$ annehmen können und wo T für ein gegebenes $\varepsilon>0$ in Übereinstimmung mit (6.3.20) gewählt ist. Unter Benutzung der jetzt für $|f(t)|$ gültigen Schranke M ist jedoch

$$|p\int_{-\varepsilon'}^{T}f(t)e^{-pt}dt|\leq|pM\int_{-\varepsilon'}^{T}e^{-pt}dt|=M(e^{\varepsilon'p}-e^{-pT}),$$

und unter Berücksichtigung von (6.3.20) ist

$$|p\int_{T}^{\infty}[f(t)-f(\infty)]e^{-pt}dt|\leq p\varepsilon\int_{T}^{\infty}e^{-pt}dt=\varepsilon e^{-pT}<\varepsilon.$$

Damit folgt aus (6.3.24)

$$|p\int_{-\varepsilon'}^{\infty}f(t)e^{-pt}dt-f(\infty)|<M(e^{\varepsilon'p}-e^{-pT})+\varepsilon+|f(\infty)|(1-e^{-pT}),$$

also

$$\lim_{p\downarrow 0}\lim_{\varepsilon'\downarrow 0}|p\int_{-\varepsilon'}^{\infty}f(t)e^{-pt}dt-f(\infty)|\leq\varepsilon,$$

und da $\varepsilon>0$ beliebig klein gewählt werden kann, ergibt sich daraus die gewünschte Beziehung (6.3.23).

Man beachte, daß der damit erbrachte Beweis von (6.3.19) explizit die Existenz von $f(\infty)$ vorausgesetzt hat. Man darf also nicht schließen, daß die Existenz des auf der linken Seite in (6.3.19) stehenden Grenzwertes notwendigerweise die Existenz von $f(\infty)$ zur Folge hat. Ein einfaches Gegenbeispiel ist durch (6.1.17) und (6.1.18) gegeben, denn dann ist zwar $\lim_{p\to 0}pF(p)=0$, $f(\infty)$ existiert jedoch im allgemeinen nicht.

6. Anfangswert der Zeitfunktion bei einseitiger Laplacetransformation. Wir betrachten nur reelle Werte von p (also $\omega = 0$, $p = \sigma$) und nehmen an, daß $pF(p)$ einen endlichen Grenzwert hat, wenn p über positive (also reelle, positive) Werte gegen unendlich geht. Letzteres hat zur Folge, daß

$$\lim_{p\uparrow\infty} F(p) = 0 \qquad (6.3.25)$$

ist, schließt wegen (6.1.25) also die Existenz eines δ-Anteils bei $t = 0$ aus. Es kann jedoch bei $t = 0$ durchaus eine Sprungstelle vorhanden sein, so daß wir zwischen $f(0-)$ und $f(0+)$ unterscheiden müssen. Auf jeden Fall dürfen wir aber statt (6.1.24) die ursprüngliche Darstellung (6.1.8) benutzen, denn diese ist jetzt mit jener äquivalent. Man beachte das in (6.3.25) benutzte Symbol für die Festlegung des Grenzübergangs. Damit soll angedeutet werden, daß derjenige Grenzwert betrachtet wird, den man erhält, wenn p, wie zuvor erwähnt, über positive Werte gegen ∞ geht.

Wir wählen jetzt ein festes $\tau > 0$ so, daß im Intervall $[0, \tau]$ kein δ-Anteil enthalten ist (was wir auf Grund der gemachten Annahmen stets tun können). Ausgehend von (6.1.8) können wir auch

$$pF(p) = p\int_0^\tau f(t)e^{-pt}dt + p\int_\tau^\infty f(t)e^{-pt}dt \qquad (6.3.26)$$

schreiben. Man erkennt, daß wir in dem ersten Integral in (6.3.26) für hinreichend kleines τ den Wert von $f(t)$ durch $f(0+)$ ersetzen dürfen. Dies führt zu

$$p\int_0^\tau f(t)e^{-pt}dt = pf(0+)\int_0^\tau e^{-pt}dt = f(0+)\cdot(1 - e^{-p\tau}),$$

was für $p \to \infty$ den Wert $f(0+)$ ergibt. Der gleiche Grenzübergang führt in dem zweiten Integral in (6.3.26) wegen

$$\lim_{p\uparrow\infty} pe^{-pt} = 0 \quad \text{für} \quad t > 0 \qquad (6.3.27)$$

zum Wert null. Somit ist

$$\lim_{p\uparrow\infty} pF(p) = f(0+). \qquad (6.3.28)$$

Wenngleich wir auch angenommen haben, daß p während des auftretenden Grenzübergangs reell bleiben muß, kann (6.3.28) auch noch gültig bleiben, wenn diese Bedingung nicht erfüllt ist. Dies ist ja insbesondere dann der Fall, wenn der links in (6.3.28) stehende Ausdruck unabhängig ist von der Richtung, in der der Grenzübergang ausgeführt wird.

Um die Gültigkeit von (6.3.28) genauer herzuleiten, bemerken wir zunächst, daß wir aus (6.3.26) auch

$$pF(p) - f(0+) = -f(0+)e^{-p\tau} + p\int_0^\tau [f(t) - f(0+)]e^{-pt}dt + p\int_\tau^\infty f(t)e^{-pt}dt \qquad (6.3.29)$$

6.3 Einige Eigenschaften der Laplacetransformation

erhalten, wobei wir nach wie vor annehmen wollen, daß $p > 0$ ist. Der erste Term auf der rechten Seite von (6.3.29) geht für $p \uparrow \infty$ gegen null. Für den nächsten Term beachten wir, daß wir für jedes $\varepsilon > 0$ ein $\tau > 0$ so wählen können, daß

$$|f(t) - f(0+)| < \varepsilon$$

ist. Dadurch wird

$$|p \int_0^\tau [f(t) - f(0+)]e^{-pt}dt| \leq p\int_0^\tau |f(t) - f(0+)|e^{-pt}dt < p\varepsilon \int_0^\tau e^{-pt}dt = (1-e^{-p\tau})\varepsilon < \varepsilon.$$

Weiterhin sei c wiederum die Abszisse absoluter Konvergenz, und es sei p hinreichend groß, so daß wir

$$p = p_0 + a, \quad a > 0$$

schreiben können, wo p_0 eine feste reelle Zahl mit $p_0 > c$ ist. Dann ist, wenn wir zunächst annehmen, daß $f(t)$ für $t \geq 0$ keine δ-Anteile hat,

$$\left|\int_\tau^\infty f(t)e^{-pt}dt\right| \leq \int_\tau^\infty e^{-at}|f(t)|e^{-p_0 t}dt \leq e^{-a\tau}\int_\tau^\infty |f(t)|e^{-p_0 t}dt \leq M_0 e^{-a\tau} \quad (6.3.30)$$
$$= M_0 e^{-p\tau}e^{p_0\tau},$$

wo die Zahl M_0 durch

$$M_0 = \int_0^\infty |f(t)|e^{-p_0 t}dt$$

definiert und wegen (6.1.3) und (6.1.4) endlich ist. Unter Berücksichtigung von (6.3.27) strebt damit für $p \uparrow \infty$ auch der dritte Term auf der rechten Seite von (6.3.29) gegen null. Wegen der für ε gemachten Annahme ersieht man daraus, daß die gesamte rechte Seite von (6.3.29) in der Tat für $p \uparrow \infty$ den Grenzwert 0 hat, wodurch die Aussage (6.3.28) unter der für $f(t)$ gemachten Annahme bewiesen ist.

Als nächstes wollen wir annehmen, daß $f(t)$ in jedem endlichen Intervall stückweise bis auf δ-Anteile glatt ist. Dann können wir insbesondere

$$f(t) = g(t) + h(t)$$

schreiben, wo $g(t)$ eine Funktion ohne δ-Anteile für $t \geq 0$ ist und $h(t)$ durch

$$h(t) = \sum_{i=0}^n \sum_{m=0}^{n_i} \Delta_{im}\delta^{(m)}(t-t_i)$$

gegeben ist. Hierin seien die n_i endlich, während n endlich oder unendlich sein kann. Weiterhin seien die Δ_{im} Konstanten und $\delta^{(m)}(t)$ sei die m-te Ableitung von $\delta(t)$. Für alle i ist $t_i > 0$, und wegen der bezüglich τ gemachten Annahme also $t_i > \tau$.

Für die so definierte Funktion $g(t)$ gilt für das Verschwinden des Beitrags zur rechten Seite in (6.3.29) der mit Hilfe von (6.3.30) erbrachte Beweis. Für $h(t)$ hingegen finden wir unter Benutzung von (6.1.25)

$$\int_\tau^\infty h(t)e^{-pt}dt = \sum_{i=0}^n \sum_{m=0}^{n_i} \Delta_{im} p^m e^{-pt_i}$$

Da wir p reell angenommen haben und die t_i positiv sind, verschwindet auch dieser Ausdruck für $p \uparrow \infty$, womit der Beweis von (6.3.28) abgeschlossen ist. Dies gilt zumindest immer dann, wenn n endlich ist, unter sehr allgemeinen Bedingungen jedoch auch noch für $n = \infty$.

Man beachte, daß wir statt der Annahme, daß der Grenzwert von $pF(p)$ für $p \uparrow \infty$ endlich ist, auch einfach hätten annehmen können, daß $f(t)$ bei $t = 0$ keinen δ-Anteil besitzt. Dann hätte man die Endlichkeit dieses Grenzwertes aus (6.3.28) schließen können.

Das Ergebnis (6.3.28) läßt sich noch erweitern. Hierzu gehen wir von einer etwas anderen als der bisher betrachteten Zerlegung aus, und zwar nehmen wir an, daß wir $F(p)$ gemäß

$$F(p) = G(p) + H(p) \tag{6.3.31}$$

schreiben können, wo $H(p)$ ein Polynom in p ist, also in der Form

$$H(p) = H_0 + H_1 p + \cdots + H_k p^k \tag{6.3.32}$$

dargestellt werden kann (mit H_0 bis H_k Konstanten), und $pG(p)$ für $p \to \infty$ einen endlichen Grenzwert hat. Seien $f(t)$, $g(t)$ und $h(t)$ die Zeitfunktionen, deren einseitige Laplacetransformierten gleich $F(p)$, $G(p)$ bzw. $H(p)$ sind. Wegen (6.1.25) ist

$$h(t) = H_0 \delta(t) + H_1 \delta^{(1)}(t) + \cdots + H_k \delta^{(k)}(t)$$

und damit insbesondere $h(0+) = 0$. Weiterhin ist auf Grund der über $G(p)$ gemachten Annahme

$$\lim_{p \uparrow \infty} pG(p) = g(0+)$$

und somit wegen der aus (6.3.31) folgenden Beziehung

$$f(0+) = g(0+) + h(0+) = g(0+)$$

auch

$$\lim_{p \uparrow \infty} pG(p) = \lim_{p \uparrow \infty} p[F(p) - H(p)] = f(0+). \tag{6.3.33}$$

Auch die hier auftretenden Grenzübergänge sind offensichtlich wieder für p reell zu verstehen, was nicht ausschließt, daß sie auch für größere Wertebereiche von p gültig bleiben. Auch ist zu beachten, daß wegen des Vorhandenseins eines δ-Anteils bei $t=0$ zunächst die allgemeinere Beziehung (6.1.24) zugrundegelegt werden muß, diese also nicht durch (6.1.8) ersetzt werden darf. Insbesondere ist der Zusammenhang zwischen $h(t)$ und $H(p)$ durch den (6.1.24) entsprechenden Ausdruck gegeben. Nur für $g(t)$ und $G(p)$ sind die (6.1.8) und (6.1.24) entsprechenden Beziehungen gleichwertig.

Man beachte, daß wir auf Grund der für $f(t)$ gemachten Annahmen implizit die Existenz von $f(0+)$ vorausgesetzt haben, was aber keine ernsthafte Einschränkung darstellt.

7. *Grenzwert der einseitigen Laplacetransformation $F(p)$ im Unendlichen.* Wir nehmen an, daß $f(t)$ keinen δ-Anteil bei $t=0$ besitzt, dort also höchstens eine Sprungstelle hat. Aus (6.3.28) folgt sofort wegen $f(0+) < \infty$

$$\lim_{p \uparrow \infty} F(p) = 0. \tag{6.3.34}$$

Auch hier muß der Grenzübergang zunächst für reelle p erfolgen, doch gilt die gleiche Bemerkung, die wir bezüglich (6.3.28) gemacht haben.

6.4 Berechnung von Übertragungseigenschaften mit Hilfe der Laplacetransformation

Ein Vorteil der Laplacetransformation besteht darin, daß sie auch benutzt werden kann, um instabile lineare konstante Systeme unter Benutzung der komplexen Frequenz p zu behandeln. Wenn wir aber das Übertragungsverhalten solcher Systeme berechnen wollen, können wir offensichtlich nicht ohne weiteres von den Überlegungen aus Abschnitt 4.3 ausgehen, denn dort hatten wir ausdrücklich Stabilität voraussetzen müssen.

Wir können aber auf die Ergebnisse aus Unterabschnitt 4.8.4 zurückgreifen. Dort hatten wir gesehen, daß auch bei instabilen Systemen die Grundantwort auf eine komplexe Exponentialschwingung der Form $A e^{pt}$ unter sehr allgemeinen Bedingungen durch

$$A e^{pt} \to AH(p)e^{pt} \tag{6.4.1}$$

gegeben ist, wenn nur $\sigma = \operatorname{Re} p$ hinreichend groß ist. Hierbei ist insbesondere $H(p)$ die (etwa aus der Schaltungstheorie bekannte) Übertragungsfunktion (vgl. Unterabschnitt 4.3.3), A hingegen eine beliebige komplexe Konstante.

Das Eingangssignal $x(t)$ des Systems sei durch seine (einseitige oder zweiseitige) Laplacetransformierte $X(p)$ gemäß

$$x(t) = \frac{1}{2\pi j} \int_{\sigma-j\infty}^{\sigma+j\infty} X(p) e^{pt} dp \tag{6.4.2}$$

dargestellt. Hierbei sei

$$\sigma > c \quad \text{bzw.} \quad c_1 < \sigma < c_2, \tag{6.4.3}$$

je nachdem, ob es sich um die einseitige oder die zweiseitige Laplacetransformierte handelt, d.h., c, c_1 und c_2 sollen bezüglich $x(t)$ genauso definiert sein wie die etwa in (6.1.4) und (6.2.6) auftretenden gleichbezeichneten Größen bezüglich $f(t)$. Weiterhin ist zu beachten, daß die Gültigkeit von (6.4.1) impliziert, daß wir alle Werte von t bis hin zu $-\infty$ betrachten. Daraus folgt im Falle der einseitigen Laplacetransformierten eine wichtige Einschränkung, denn das Integral in (6.4.2) ergibt dann wegen (6.1.14)

$$x(t) = 0 \quad \text{für} \quad t < 0.$$

In dem genannten Fall muß diese Bedingung also erfüllt sein, damit die Ergebnisse, die wir im nachfolgenden herleiten, gültig sind.

In Analogie zu (6.1.22) können wir (6.4.2) in der Form

$$x(t) = \lim_{\Delta p \to 0} \sum_p \left[\frac{1}{2\pi j} X(p) \Delta p \right] e^{pt}$$

schreiben. In Anbetracht der Linearität des Systems und unter Berücksichtigung von (6.4.1) ergibt sich somit für die *Grundantwort* $y(t)$ die Beziehung

$$y(t) = \lim_{\Delta p \to 0} \sum_p \left[\frac{1}{2\pi j} X(p) H(p) \Delta p \right] e^{pt},$$

also auch

$$y(t) = \frac{1}{2\pi j} \int_{\sigma - j\infty}^{\sigma + j\infty} H(p) X(p) e^{pt} dp, \tag{6.4.4}$$

d.h.

$$y(t) = \frac{1}{2\pi j} \int_{\sigma - j\infty}^{\sigma + j\infty} Y(p) e^{pt} dp \tag{6.4.5}$$

mit

$$Y(p) = H(p) X(p). \tag{6.4.6}$$

Hierbei ist freilich vorausgesetzt, daß die im Anschluß an (6.4.1) genannte Bedingung für σ, die sich ja aus der Natur von $H(p)$ ergibt, mit (6.4.3) kompatibel ist. Bei Benutzung der einseitigen Laplacetransformierten ist dies stets der Fall, denn es genügt dann, σ hinreichend groß zu wählen. Bei Benutzung der zweiseitigen Laplacetransformierten ist die erforderliche Kompatibilität allerdings keineswegs immer gegeben.

6.4 Berechnung von Übertragungseigenschaften mit Hilfe der Laplacetransformation

Ist insbesondere $x(t) = \delta(t)$, so ist $X(p) = 1$, und zwar für alle p. Dies gilt sowohl im einseitigen als auch im zweiseitigen Fall, so daß sich dann keine Inkompatibilität ergeben kann. Da aber jetzt $y(t) = h(t)$, also gleich der Impulsantwort ist, folgt aus (6.4.6), daß

$$H(p) = \mathcal{L}\{h(t)\} \tag{6.4.7}$$

ist. Wegen der Kausalität, also wegen $h(t) = 0$ für $t < 0$, fällt die zweiseitige Laplacetransformierte mit der einseitigen zusammen, und wir können

$$H(p) = \int_{0-}^{\infty} h(t)e^{-pt}dt \tag{6.4.8}$$

schreiben. Hierbei haben wir für die untere Integrationsgrenze $0-$ statt 0 gesetzt, um die Möglichkeit des Auftretens von δ-Anteilen bei $t = 0$ zu berücksichtigen.

Statt den Frequenzbereich (oder genauer: den Bereich der komplexen Frequenzen) zu betrachten, können wir auch vom Zeitbereich ausgehen, wie wir dies in den Abschnitten 4.4 und 4.5 getan hatten. Die dort gefundenen Beziehungen (4.4.7) bis (4.4.9) sowie die daraus auf Grund der Kausalität hergeleiteten Beziehungen (4.5.2), insbesondere also (nach Ersetzen von 0 durch $0-$)

$$y(t) = \int_{0-}^{\infty} h(\tau)x(t-\tau)d\tau, \tag{6.4.9}$$

hatten sich nämlich auch dann als gültig erwiesen, wenn das System nicht stabil ist, vorausgesetzt selbstverständlich, daß das Integral in (6.4.9) konvergiert.

Nun haben wir aber in Abschnitt 6.3 erkannt, daß die Regel (6.3.5) auch dann anwendbar ist, wenn die ursprünglichen Zeitfunktionen für $t \to \infty$ sogar exponentiell gegen unendlich gehen. Hierbei ist vorausgesetzt, daß wir σ geeignet wählen können, was aber zumindest im Falle der einseitigen Laplacetransformation unproblematisch ist. Anwendung der genannten Regel auf (4.5.2b) führt für die *Grundantwort* $y(t)$, die durch $x(t)$ hervorgerufen wird, wiederum zu (6.4.6), wo $X(p)$ und $Y(p)$ entweder beide die einseitigen oder beide die zweiseitigen Laplacetransformierten von $x(t)$ bzw. $y(t)$ sind und wo $H(p)$ durch (6.4.7)/(6.4.8) gegeben ist. Dies ist zumindest im Falle der zweiseitigen Laplacetransformierten in der vorliegenden allgemeinen Form gültig.

Für den Fall der einseitigen Laplacetransformierten müssen wir jedoch berücksichtigen, daß die Faltungsregel nur dann anwendbar ist, wenn die Faltung entsprechend (6.3.2) definiert ist, also (6.4.9) durch

$$y(t) = \int_{0-}^{t} h(\tau)x(t-\tau)d\tau$$

ersetzt wird. Andererseits ist aber die gesuchte Grundantwort gerade durch (6.4.9) gegeben, so daß das richtige Ergebnis nur dann gefunden wird, wenn beide Integrale übereinstimmen. Dies läuft darauf hinaus,

$$x(t) = 0 \quad \text{für} \quad t < 0$$

zu fordern. Wir erhalten also volle Übereinstimmung mit den zuvor erhaltenen Resultaten.

Erneut sei betont, daß die gefundenen Ergebnisse auch für den Fall instabiler Systeme nachgewiesen worden sind. Man kann jedoch die gebrachten Beweise zunächst auf den Fall streng stabiler Systeme beschränken, da dies gedanklich einfacher sein mag. Anschließend kann man den Fall instabiler Systeme auf den Fall streng stabiler Systeme zurückführen, also ohne daß auf die früheren Ergebnisse über instabile Systeme zurückgegriffen wird. Hierzu nehmen wir an, daß das System durch lineare gewöhnliche oder partielle Differentialgleichungen beschrieben wird, in denen die Zeit explizit nur in Form des Differentialoperators $D = \partial/\partial t$ auftritt, insbesondere also alle Koeffizienten unabhängig von t sind. Wenngleich wir auch durchaus das Auftreten von Potenzen von D berücksichtigen könnten (D^2, D^3 usw.), dürfen wir uns auf einfache Operationen beschränken, da wir die Gleichungen durch geeignete Transformationen immer auf diesen Fall zurückführen können. Dies gilt um so mehr, als die Differentialgleichungssysteme, die man bei der mathematischen Modellbeschreibung eines physikalischen Systems zunächst (d.h., bevor Variablen eliminiert werden) erhält, ohnehin meist nur einfache Differentiationen nach der Zeit beinhalten.

Das genannte Gleichungssystem beschreibt ein physikalisches System S und enthält $x(t), y(t)$ sowie eine gewisse Anzahl innerer Systemgrößen, die wir mit $f_3(t)$ bis $f_n(t)$ bezeichnen wollen. Zusätzlich wollen wir auch die Notation $f_1(t) = x(t)$ und $f_2(t) = y(t)$ benutzen. Wir schreiben

$$f_i(t) = e^{\sigma_0 t} \varphi_i(t), \quad i = 1 \text{ bis } n; \tag{6.4.10}$$

hierin sei σ_0 eine reelle Konstante und $\sigma_0 > c_1$, wo c_1 die Abszisse absoluter Konvergenz von $h(t)$ ist. Aus (6.4.10) folgt

$$D f_i(t) = [D \varphi_i(t) + \sigma_0 \varphi_i(t)] e^{\sigma_0 t} = e^{\sigma_0 t} (D + \sigma_0) \varphi_i(t).$$

Da der Faktor $e^{\sigma_0 t}$ in allen Termen des Differentialgleichungssystems auftritt, kann man ihn wegkürzen. Das neue Differentialgleichungssystem in den φ_i beschreibt ein modifiziertes physikalisches System S_0 und unterscheidet sich von dem ursprünglichen Differentialgleichungssystem nur durch das systematische Ersetzen von D durch $D + \sigma_0$.

Wenn wir uns speziell für die Impulsantwort interessieren, müssen wir zunächst $f_1(t) = \delta(t)$ und $f_2(t) = h(t)$ setzen, wo $h(t)$ die Impulsantwort von S ist. Aus der ersten dieser Beziehungen folgt wegen (2.6.6) und (6.4.10) aber auch $\varphi_1(t) = \delta(t)$ und damit $\varphi_2(t) =$

6.4 Berechnung von Übertragungseigenschaften mit Hilfe der Laplacetransformation

$h_0(t)$, wo $h_0(t)$ die Impulsantwort von S_0 ist. Damit ergibt (6.4.10) für $i = 2$ auch die Beziehung

$$h_0(t) = e^{-\sigma_0 t} h(t). \qquad (6.4.11)$$

Daraus folgt, daß die Abszisse absoluter Konvergenz von $h_0(t)$ gleich $c_1 - \sigma_0$, also < 0 ist, und somit insbesondere

$$\int_{0-}^{\infty} |h_0(t)| dt < \infty,$$

S_0 also streng stabil ist (vgl. (4.8.5)). Somit ist das in

$$H_0(p) = \int_{0-}^{\infty} h_0(t) e^{-pt} dt \qquad (6.4.12)$$

stehende Integral konvergent für Re $p \geq 0$, und die dadurch definierte Funktion $H_0(p)$ stimmt mit der Übertragungsfunktion überein.

Wir können aber auch in dem ursprünglichen und dem neuen Differentialgleichungssystem Lösungsansätze der Form

$$f_i(t) = A_i e^{pt}, \quad \varphi_i(t) = B_i e^{pt}, \quad i = 1 \text{ bis } n, \qquad (6.4.13)$$

machen, wo die A_i und B_i komplexe zeitunabhängige Größen sind. Sei noch $\hat{H}(p)$ die Übertragungsfunktion von S. Da auch $H_0(p)$ die Übertragungsfunktion von S_0 ist, gilt

$$\hat{H}(p) = A_2/A_1, \quad H_0(p) = B_2/B_1. \qquad (6.4.14a, b)$$

Andererseits folgt aus (6.4.13)

$$D f_i(t) = p A_i e^{pt}, \quad (D + \sigma_0) \varphi_i(t) = (p + \sigma_0) B_i e^{pt}. \qquad (6.4.15a, b)$$

Nun wissen wir aber, daß bei der Herleitung von S_0 aus S lediglich in den Differentialgleichungen Terme der Art $D f_i(t)$ durch entsprechende Terme $(D + \sigma_0) \varphi_i$ ersetzt werden, während alle anderen Terme erhalten bleiben. In Anbetracht von (6.4.15) bedeutet dies, daß sich die Gleichungen, die sich durch die Substitution (6.4.13) nach Wegkürzen des überall auftretenden Faktors e^{pt} ergeben, lediglich dadurch unterscheiden, daß beim Übergang von S auf S_0 überall die A_i durch die entsprechenden B_i und außerdem überall p durch $p + \sigma_0$ ersetzt werden, die Gleichungen ansonsten jedoch unverändert bleiben. Daraus folgt aber der Zusammenhang

$$H_0(p) = \hat{H}(p + \sigma_0), \qquad (6.4.16)$$

also

$$\hat{H}(p) = H_0(p - \sigma_0), \qquad (6.4.17)$$

was unter Benutzung von (6.4.11) und (6.4.12) auch

$$\hat{H}(p) = \int_{0-}^{\infty} h(t)e^{-pt}dt \quad \text{für} \quad \text{Re}\, p \geq \sigma_0 \qquad (6.4.18)$$

ergibt; hierbei folgt die Bedingung Re $p \geq \sigma_0$ daraus, daß (6.4.12) für Re $p \geq 0$ gilt. Durch Vergleich von (6.4.18) mit (6.4.8) und unter Berücksichtigung von $\sigma_0 > c$, erkennen wir, daß $\hat{H}(p) = H(p)$ für Re $p \geq \sigma_0$ ist. Folglich stimmt $\hat{H}(p)$ überall mit der durch (6.4.8) definierten und daraus durch analytische Fortsetzung hervorgehenden Funktion überein.

Die Beziehung (6.4.16) drückt auch aus, daß beim Übergang von $H(p)$ auf $H_0(p)$ die Singularitäten um $-\sigma_0$ verschoben werden. Dadurch liegen die Singularitäten von $H_0(p)$ in der Tat alle in der linken Halbebene.

Man beachte, daß die Überlegungen, die zu dem jetzigen Ergebnis geführt haben, nur die Betrachtung der rechtsseitigen Funktion $h(t)$ und ihrer Laplacetransformierten $H(p)$ beinhaltet haben. Daher ist das gefundene Ergebnis unabhängig davon, ob (6.4.6) im Sinne der einseitigen oder der zweiseitigen Laplacetransformation erstellt worden ist.

6.5 Behandlung von Anfangswertproblemen

Anfangswertprobleme können zwar durchaus auch mit Hilfe etwa der Fouriertransformation oder der zweiseitigen Laplacetransformation behandelt werden, doch hat sich für solche Aufgaben insbesondere die einseitige Laplacetransformation bewährt. Den Grund hierfür erkennt man in der Beziehung (6.3.7), durch die bei der Transformation einer Ableitung der Anfangswert explizit in Erscheinung tritt. Wir wollen aber hier nicht auf Details solcher Rechnungen eingehen, sondern uns nur mit einigen einfachen, für die Praxis jedoch wichtigen Fragen befassen und für diese allgemeingültige Beziehungen herleiten.

Wir wollen annehmen, daß in dem betrachteten System m Induktivitäten $L_\mu, \mu = 1$ bis m, und n Kapazitäten $C_\nu, \nu = 1$ bis n, die einzigen energiespeichernden Bauelemente sind, die von null verschiedene Anfangswerte aufweisen. Wir können daher das gesamte System wie in Bild 6.5.1 darstellen, wo L_1 bis L_m sowie C_1 bis C_n explizit gezeigt sind und N aus allen übrigen Teilen des Systems besteht. Insbesondere darf N durchaus Teile umfassen, die noch u.a. etwa durch Differentiation von Spannungen oder Strömen nach der Zeit beschrieben werden. Wir setzen allerdings voraus, daß das gesamte System quellenfrei, linear und konstant ist. Man möge sich nicht dadurch irritieren lassen, daß in Bild 6.5.1 zum einen die schon zu Anfang von Abschitt 4.1 eingeführte vereinfachte Darstellung zur Angabe des Eingangssignals $x(t)$ und des Ausgangssignals $y(t)$ verwendet worden ist, zum anderen aber eine detaillierte Darstellung zur Beschreibung der Induktivitäten L_1 bis

6.5 Behandlung von Anfangswertproblemen

L_m und der Kapazitäten C_1 bis C_n. Die Interpretation der hier benutzten kombinierten Darstellungsweise sollte unproblematisch sein.

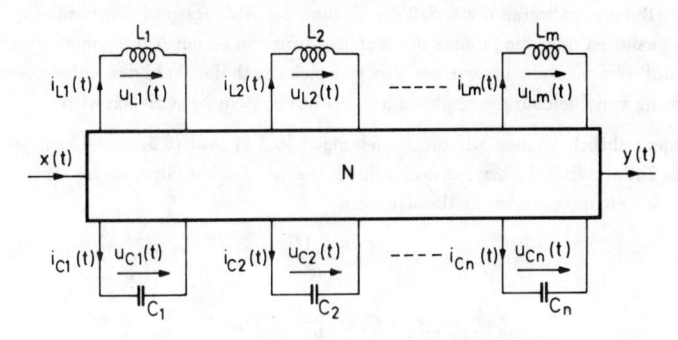

Bild 6.5.1: Ein System, das aus einem Teil N besteht, der sich für $t = 0-$ im Grundzustand befindet, jedoch m Induktivitäten und n Kapazitäten umfaßt, die für $t = 0-$ nicht frei von Strömen bzw. Spannungen sind.

Wir bezeichnen mit $i_{L\mu}$ und $u_{L\mu}$ den Strom durch L_μ bzw. die Spannung über L_μ und mit $i_{C\nu}$ und $u_{C\nu}$ den Strom durch C_ν bzw. die Spannung über C_ν. Es gilt

$$u_{L\mu} = L_\mu \frac{di_{L\mu}}{dt}, \quad i_{C\nu} = C_\nu \frac{du_{C\nu}}{dt},$$

so daß wir wegen (6.3.7) auch

$$U_{L\mu}(p) = pL_\mu I_{L\mu}(p) - \Phi_\mu(p), \tag{6.5.1}$$

$$I_{C\nu}(p) = pC_\nu U_{C\nu}(p) - Q_\nu(p). \tag{6.5.2}$$

schreiben können. Hierin sind $U_{L\mu}(p), I_{L\mu}(p), I_{C\nu}(p)$ und $U_{C\nu}(p)$ die (einseitigen) Laplacetransformierten von $u_{L\mu}(t), i_{L\mu}(t), i_{C\nu}(t)$ bzw. $u_{C\nu}(t)$, und weiterhin

$$\Phi_\mu(p) = L_\mu i_{L\mu}(0-), \quad Q_\nu(p) = C_\nu u_{C\nu}(0-). \tag{6.5.3}$$

In (6.5.3) bezeichnet $i_{L\mu}(0-)$ den Anfangswert des Stromes in $L_\mu, \mu = 1$ bis m, und $u_{C\nu}(0-)$ den Anfangswert der Spannung über $C_\nu, \nu = 1$ bis n. Die durch (6.5.3) definierten Größen sind zwar in Wirklichkeit unabhängig von p, wir haben aber mit den Schreibweisen $\Phi_\mu(p)$ und $Q_\nu(p)$ deutlich machen wollen, daß es sich um Größen handelt, die im Sinne der Laplacetransformation grundsätzlich als Funktion von p aufgefaßt werden müssen. Wir werden aber fortan statt $\Phi_\mu(p)$ und $Q_\nu(p)$ einfach Φ_μ bzw. Q_ν schreiben.

Die Anfangswerte $i_{L_\mu}(0-)$ und $u_{C_\nu}(0-)$ können beliebig sein, außer daß eventuelle Nebenbedingungen, die sich aus der Natur der Schaltung ergeben, erfüllt sein müssen. Solche Nebenbedingungen wären etwa, daß die Summe der Anfangsspannungen in einer Schleife aus Kapazitäten oder die Summe der Anfangsströme in einem Knoten aus Induktivitäten gleich null sein müssen, allgemeiner also, daß sich durch die Wahl der Anfangswerte keine Verletzung von Gleichungen ergibt, durch die das System beschrieben wird.

Offensichtlich können wir die Beziehungen (6.5.1) und (6.5.2), die sich ja auf eine einzelne Induktivität L_μ bzw. eine einzelne Kapazität C_ν beziehen, auch so interpretieren, daß sie aus entsprechenden Zeitbeziehungen

$$u_{L_\mu}(t) = L_\mu \frac{di_{L_\mu}(t)}{dt} - \Phi_\mu \delta(t) \tag{6.5.4}$$

$$i_{C_\nu}(t) = C_\nu \frac{du_{C_\nu}(t)}{dt} - Q_\nu \delta(t) \tag{6.5.5}$$

entstanden sind, allerdings mit

$$i_{L_\mu}(0-) = u_{C_\nu}(0-) = 0, \tag{6.5.6}$$

denn dann erhält man als Laplacetransformierte von (6.5.4) und (6.5.5) wiederum (6.5.1) bzw. (6.5.2). Daraus folgt aber, daß wir Bild 6.5.1 durch Bild 6.5.2 ersetzen dürfen, wo jetzt sämtliche energiespeichernden Bauelemente — also nicht nur diejenigen im Innern von N, sondern auch die explizit gezeichneten Induktivitäten und Kapazitäten — für $t = 0-$ entladen sind.

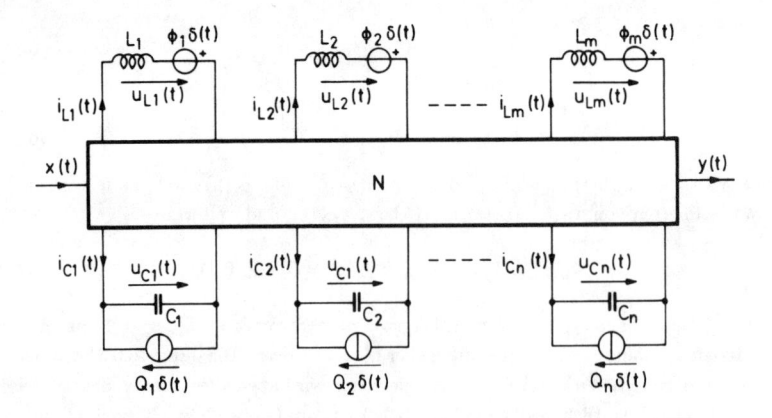

Bild 6.5.2: System, das für $t > 0$ mit dem aus Bild 6.5.1 äquivalent ist, sich jedoch für $t = 0-$ vollständig im Grundzustand befindet.

6.5 Behandlung von Anfangswertproblemen

Folglich läuft die weitere Berechnung darauf hinaus, die Grundantwort zu bestimmen, allerdings unter der Annahme, daß neben $x(t)$ als weitere Eingangssignale die Spannungsquellen mit den Urspannungen $\Phi_\mu \delta(t), \mu = 1$ bis m, und die Stromquellen mit den Urströmen $Q_\nu \delta(t), \nu = 1$ bis n, wirken. Auf diese Eingangssignale ist aber das verallgemeinerte Linearitätspostulat, das wir in Abschnitt 4.9 besprochen haben, anwendbar. Damit erkennen wir, daß das Superpositionsprinzip auch bezüglich der Gesamtheit der Einflüsse gilt, die sich einerseits aus dem Eingangssignal $x(t)$, andererseits aus allen Anfangswerten $i_{L\mu}(0-)$ und $u_{C\nu}(0-)$ ergeben. Daraus schließen wir, daß die Laplacetransformierte $Y(p)$ des Ausgangssignals $y(t)$ durch eine Beziehung der Form

$$Y(p) = H(p)X(p) + \sum_{\mu=1}^{m} \Phi_\mu H_{L\mu}(p) + \sum_{\nu+1}^{n} Q_\nu H_{C\nu}(p)$$

$$= H(p)X(p) + \sum_{\mu=1}^{m} L_\mu i_{L\mu}(0-)H_{L\mu}(p) \quad (6.5.7)$$

$$+ \sum_{\nu=1}^{n} C_\nu u_{C\nu}(0-)H_{C\nu}(p)$$

gegeben ist, wo $X(p) = \mathcal{L}\{x(t)\}$ und $H(p)$ die Übertragungsfunktion vom Eingang zum Ausgang ist. Weiterhin ist $H_{L\mu}(p)$, für $\mu = 1$ bis m, die Übertragungsfunktion, die wir mit Hilfe des eingeschwungenen bzw. stationären Zustandes erhalten, wenn wir $x(t) = 0$ setzen und wir das Ausgangssignal $y(t)$ bestimmen, das sich unter der Annahme ergibt, daß als einzige Quelle eine Spannungsquelle mit der komplexen Frequenz p in Reihe mit L_μ und orientiert wie in Bild 6.5.3 auf das System wirkt. Ebenso ist $H_{C\nu}(p)$, für $\nu = 1$ bis n, die Übertragungsfunktion, die sich auf die entsprechende Weise ergibt, wenn als einzige Quelle eine Stromquelle mit der komplexen Frequenz p parallel zu C_ν und orientiert wie in Bild 6.5.3 auf das System wirkt.

Um die genannten Übertragungsfunktionen noch besser spezifizieren zu können, sind in Bild 6.5.3 Größen X_0, Y_0, E_1 bis E_m und J_1 bis J_n angegeben. Diese können wir als komplexe Konstanten auffassen, nämlich als komplexe Amplituden des bei einer komplexen Frequenz p vorliegenden stationären Zustands, wobei insbesondere E_1 bis E_m Urspannungen und J_1 bis J_m Urströme sind. Dann ist

$$H(p) = Y_0/X_0 \quad \text{für} \quad E_\mu = J_\nu = 0, \ \mu = 1 \text{ bis } m, \ \nu = 1 \text{ bis } n,$$

$$H_{L_{\mu'}}(p) = Y_0/E_{\mu'} \quad \text{für} \quad X_0 = E_\mu = J_\nu = 0, \quad (6.5.8)$$

mit $\mu = 1$ bis m, jedoch $\mu \neq \mu'$, und $\nu = 1$ bis n,

$$H_{C_{\nu'}}(p) = Y_0/J_{\nu'} \quad \text{für} \quad X_0 = E_\mu = J_\nu = 0, \quad (6.5.9)$$

mit $\mu = 1$ bis m und $\nu = 1$ bis n, jedoch $\nu \neq \nu'$.

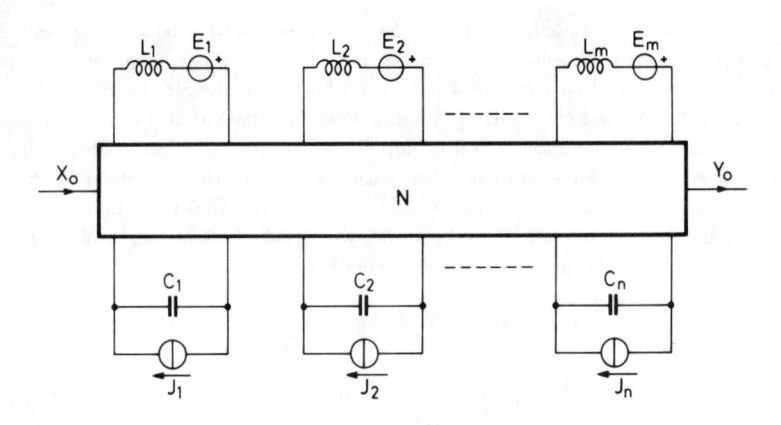

Bild 6.5.3: Aus Bild 6.5.1 hervorgehende Anordnung zur Bestimmung der Übertragungsfunktionen $H(p)$, $H_{L_\mu}(p)$ und $H_{C_\nu}(p)$, mit $\mu = 1$ bis m und $\nu = 1$ bis n.

Es ist wichtig, sich über die genaue Interpretation der in diesem Abschnitt behandelten Theorie im klaren zu sein. In Abschnitt 4.1 hatten wir angenommen, daß das System mindestens seit einem Anfangszeitpunkt t_A in unveränderter Form vorlag, und wir hatten sogar die Möglichkeit $t_A \to -\infty$ betrachtet. In der jetzigen Situation muß auf jeden Fall $t_A < 0$ sein, d.h., das gesamte relevante Zeitintervall muß den Zeitpunkt $t = 0$ im Innern enthalten. Zum Zeitpunkt $t = 0$ darf das Eingangssignal $x(t)$ durchaus δ-Anteile haben, so daß z.B. auch Ströme in Induktivitäten und Spannungen über Kondensatoren zu diesem Zeitpunkt springen können. Daher können die Werte von $i_{L_\mu}(t)$ und $u_{C_\nu}(t)$ sehr wohl für $t = 0+$ und $t = 0-$ verschieden sein. Man achte also darauf, daß in (6.5.3) und (6.5.7) die Werte dieser Größen für $t = 0-$ stehen.

Aus der Sicht der Praxis ist aber auch ein etwas anders formuliertes Anfangswertproblem von Bedeutung, nämlich dasjenige, bei dem zum Anfangszeitpunkt $t = 0$ bestimmte Schalter geöffnet oder geschlossen werden. Wir haben dann eigentlich mit einem zeitvarianten System zu tun, doch können wir, da wir uns nur für das Verhalten bei $t > 0$ interessieren, das System in gewissem Sinne als konstant auffassen. Wir müssen uns dann allerdings zunächst überall auf Betrachtungen für $t > 0$ beschränken. Das beinhaltet seinerseits, daß wir, anstatt den Operator $\mathcal{L}$ der einseitigen Laplacetransformation im Sinne von $\mathcal{L}_-$ zu interpretieren, eigentlich $\mathcal{L}_+$, also statt (6.1.24) eigentlich die Definition

$$F(p) = \mathcal{L}_+\{f(t)\} = \lim_{\epsilon \downarrow} \int_\epsilon^\infty f(t)e^{-pt}dt = \int_{0+}^\infty f(t)e^{-pt}dt$$

wählen müssen. Dann wird auch, wie man leicht nachprüft, (6.3.7) durch

$$\mathcal{L}_+\{f(t)\} = -f(0+) + pF(p)$$

und damit auch in (6.5.3) und (6.5.7) sowie in dem zugehörigen Text überall 0− durch 0+ ersetzt.

Andererseits wissen wir, daß sich die Konfiguration des Systems zum Zeitpunkt $t = 0$ plötzlich ändert. Daher müssen wir das Auftreten von δ-Anteilen bei $t = 0$ ausschließen, und zwar nicht nur in $x(t)$, sondern auch in allen übrigen Signalgrößen, denn sonst liegen keine eindeutig festgelegten Verhältnisse vor. Damit fällt aber die Definition von $\mathcal{L}_+$ mit derjenigen von $\mathcal{L}_-$ und also auch mit (6.1.8) zusammen. Damit erkennen wir, daß sich das jetzt betrachtete Anfangswertproblem auf ein solches der vorigen Art zurückführen läßt, bei dem das gleiche Eingangssignal $x(t)$ verwendet wird und bei dem für die Anfangswerte (vgl. (6.5.3)) die Festlegung

$$i_{L\mu}(0-) = i_{L\mu}(0+), \quad u_{C\nu}(0-) = u_{C\nu}(0+)$$

gilt. Letzteres ist auch anschaulich sinnvoll, da ja die für die Ströme in Induktivitäten und Spannungen über Kapazitäten zu wählenden Anfangswerte schon unmittelbar vor der zum Zeitpunkt $t = 0$ erfolgenden Betätigung der oben erwähnten Schalter festliegen müssen.

Auf das so erhaltene Anfangswertproblem der vorigen Art dürfen wir alle Ergebnisse anwenden, die wir für solche Probleme erhalten hatten. Dies trifft auch auf den Übergang auf Bild 6.5.2 und die damit verbundene Diskussion zu, also auch auf die Gültigkeit von (6.5.7) sowie auf diejenige der Beziehungen (6.5.8) und (6.5.9), die wir ja im Zusammenhang mit Bild 6.5.3 hatten angeben können.

Schließlich sei erwähnt, daß alle Ergebnisse, die wir in den Abschnitten 6.4 und 6.5 besprochen haben, problemlos auf den Fall erweitert werden können, daß (im Sinne von Abschnitt 4.9) mehr als ein Eingangs- und/oder Ausgangssignal vorliegt.

6.6 Berechnung der Zeitfunktion bei rationaler Funktion in p

Eine besonders einfache Situation ergibt sich, wenn die einseitige Laplacetransformierte $F(p)$ rational ist, also die Form

$$F(p) = a(p)/b(p) \tag{6.6.1}$$

hat, wo $a(p)$ und $b(p)$ Polynome sind, die wir als teilerfremd annehmen können. Für diese können wir schreiben

$$a(p) = A_m p^m + A_{m-1} p^{m-1} + \cdots + A_0, \tag{6.6.2}$$

$$b(p) = B_n p^n + B_{n-1} p^{n-1} + \cdots + B_0, \tag{6.6.3}$$

wo die $A_\mu, \mu = 1$ bis m, und die $B_\nu, \nu = 1$ bis n, Konstanten sind (reell oder komplex).

Ist $m \geq n$, so können wir mit $k = m - n$ bekanntlich schreiben

$$F(p) = F_1(p) + C_k p^k + C_{k-1} p^{k-1} + \cdots + C_0$$

wo die $C_\kappa, \kappa = 1$ bis k, wiederum Konstanten sind und wo $F_1(p)$ eine rationale Funktion in p ist, deren Zählergrad niedriger ist als der Nennergrad. Aus (6.1.25) folgt aber

$$\mathcal{L}^{-1}\{C_k p^k + C_{k-1} p^{k-1} + \cdots + C_0\} = C_k \delta^{(k)}(t) + C_{k-1} \delta^{(k-1)}(t) + \cdots + C_0 \delta(t), \tag{6.6.4}$$

so daß sich die weitere Bestimmung von

$$f(t) = \mathcal{L}^{-1}\{F(p)\} \tag{6.6.5}$$

auf diejenige von $f_1(t) = \mathcal{L}^{-1}\{F_1(p)\}$ reduziert und sich $f(t)$ als die Summe aus $f_1(t)$ und der rechten Seite von (6.6.4) ergibt, wobei überall $t > 0-$ zu nehmen ist (also $t > -\varepsilon$ mit $\varepsilon \downarrow 0$).

Wir können somit annehmen, daß in (6.6.1) bis (6.6.3) $m < n$ ist. Seien dann p_1 bis p_n die Nullstellen von $b(p)$, also

$$b(p) = B_n \prod_{\nu=1}^{n} (p - p_\nu).$$

Wenn die p_ν alle verschieden sind, läßt sich $F(p)$ durch Partialbruchzerlegung in der Form

$$F(p) = \sum_{\nu=1}^{n} \frac{D_\nu}{p - p_\nu} \tag{6.6.6}$$

schreiben, wo die D_ν Konstanten sind, die durch

$$D_\nu = \lim_{p \to p_\nu} (p - p_\nu) F(p) = \frac{a(p_\nu)}{b'(p_\nu)}$$

gegeben sind, mit $b'(p) = db(p)/dp$. Die Pole von $F(p) e^{pt}$ sind ebenfalls gleich den $p_\nu, \nu = 1$ bis n, und die zugehörigen Residuen dementsprechend

$$\lim_{p \to p_\nu} (p - p_\nu) F(p) e^{pt} = D_\nu e^{p_\nu t}.$$

6.6 Berechnung der Zeitfunktion bei rationaler Funktion in p

Unter Anwendung des im zweiten Absatz nach (6.1.23) diskutierten Ergebnisses für $t > 0$ folgt somit, da es sich ja bei $F(p)$ um eine einseitige Laplacetransformierte handelt,

$$f(t) = \sum_{\nu=1}^{n} D_\nu e^{p_\nu t} \quad \text{für} \quad t > 0. \tag{6.6.7}$$

Wenn $F(p)$ unter Beibehaltung der soeben gemachten Annahme auch mehrfache Pole hat, gestaltet sich das Verfahren grundsätzlich ähnlich, wenn auch etwas komplizierter. Wir nehmen an, daß die p_ν für $\nu = 1$ bis n' die unterschiedlichen Pole von $F(p)$ darstellen. Die Residuen von $F(p)e^{pt}$ sind dann für $\nu = 1$ bis n' durch

$$\frac{1}{(n_\nu - 1)!} \lim_{p \to p_\nu} \frac{d^{n_\nu - 1}}{dp_\nu^{n_\nu - 1}} \left[(p - p_\nu)^{n_\nu} F(p) e^{pt} \right] \tag{6.6.8}$$

gegeben, wo n_ν die Vielfalt des Pols bei p_ν und also

$$n_1 + n_2 + \cdots + n_{n'} = n$$

ist.

Um (6.6.8) auszuwerten, betrachten wir einerseits die gegenüber (6.6.6) verallgemeinerte Partialbruchentwicklung

$$F(p) = \sum_{\nu=1}^{n'} \left[\frac{D_{\nu,n_\nu}}{(p - p_\nu)^{n_\nu}} + \frac{D_{\nu,n_\nu - 1}}{(p - p_\nu)^{n_\nu - 1}} + \cdots + \frac{D_{\nu,1}}{p - p_\nu} \right] \tag{6.6.9}$$

und andererseits die Taylorentwicklung

$$e^{pt} = e^{p_\nu t} \left[1 + (p - p_\nu)t + \frac{1}{2!}(p - p_\nu)^2 t^2 + \cdots \right]$$

Das in (6.6.8) zwischen eckigen Klammern stehende Produkt enthält folglich einen Term in $(p - p_\nu)^{n_\nu - 1}$, nämlich

$$(p - p_\nu)^{n_\nu - 1} e^{p_\nu t} \left[\frac{1}{(n_\nu - 1)!} D_{\nu,n_\nu} t^{n_\nu - 1} + \frac{1}{(n_\nu - 2)!} D_{\nu,n_\nu - 1} t^{n_\nu - 2} + \cdots + D_{\nu,1} \right],$$

und außerdem Terme, in denen der Exponent von $(p - p_\nu)$ entweder niedriger oder höher als $n_\nu - 1$ ist. Die ersteren von diesen verschwinden, wenn wir die gemäß (6.6.8) erforderliche $(n_\nu - 1)$-fache Differentiation vornehmen, die letzteren, wenn wir anschließend den Grenzübergang $p \to p_\nu$ ausführen.

Damit ergibt sich der Wert von (6.6.8) zu

$$e^{p_\nu t} g_\nu(t)$$

mit
$$g_\nu(t) = D_{\nu,1} + \frac{1}{1!}D_{\nu,2}t + \cdots + \frac{1}{(n_\nu - 1)!}D_{\nu,n_\nu} t^{n_\nu - 1} \qquad (6.6.10)$$

Die gesuchte Funktion $f(t)$ ist dann durch

$$f(t) = \sum_{\nu=1}^{n'} g_\nu(t) e^{p_\nu t}, \quad t > 0, \qquad (6.6.11)$$

gegeben, und die darin auftretenden Funktionen $g_\nu(t)$ sind Polynome vom Grad $n_\nu - 1$ in t.

Ein entsprechendes Ergebnis gilt auch im Falle der zweiseitigen Laplacetransformation, doch ist in diesem Fall auf die genaue Lage des Konvergenzstreifens zu achten, da nur die Pole links dieses Konvergenzstreifens berücksichtigt werden müssen. Darüber hinaus ist auch eine Verallgemeinerung der in diesem Abschnitt gefundenen Ergebnisse auf den Fall möglich, daß $F(p)$ keine rationale, sondern eine meromorphe Funktion ist.

6.7 Abschließende Bemerkungen

Das vorliegende Kapitel über die Laplacetransformation ist bewußt knapp gehalten. Insbesondere haben wir uns nicht mit Einzelfragen bei der Berechnung konkreter, einfacher Schaltungen befaßt, sondern uns auf die Darlegung allgemeiner Zusammenhänge beschränkt. An einigen Stellen haben wir nur das Nötigste an Information gegeben, das erforderlich ist, um dem Gedankengang folgen zu können. Dem interessierten Leser sollte es aber auch an solchen Stellen möglich sein, gegebenenfalls erwünschte Ergänzungen selber vorzunehmen. Allerdings haben wir an anderen Stellen durchaus ausführliche mathematische Beweise gebracht. Dies schien angebracht, um besonders wichtige Aspekte herauszustellen, die nicht immer genügend Beachtung fanden, und um Mißverständnisse und Fehlinterpretationen zu verhindern. Im übrigen sei wegen einer genaueren und detaillierteren Behandlung auf die einschlägige Literatur verwiesen.

Wenn im weiteren Verlauf dieses Textes nicht ausdrücklich etwas anderes gesagt ist, werden wir stets implizit voraussetzen, daß wir mit der Fouriertransformation zu tun haben. Das schließt nicht aus, daß die Verhältnisse bei Verwendung der Laplacetransformation sehr ähnlich sein können. Das gilt insbesondere, wenn die Wahl $\sigma = 0$ zulässig ist, wie wir dies am Ende von Abschnitt 6.2 diskutiert haben und wie dies selbstverständlich auch bei der einseitigen Laplacetransformation der Fall sein kann. Tritt die letztgenannte Situation ein, so reduziert sich die Laplacetransformierte in der Tat für $p = j\omega$ wieder auf die Fouriertransformierte, wenn $f(t)$ eine rechtsseitige Funktion ist.

Wir haben in dem vorliegenden Kapitel die Grundprinzipien der Laplacetransformation nur streifen können. Wegen einer genaueren Behandlung sowie wegen Erweiterungen der hier gebrachten Ergebnisse sei auf die entsprechende Literatur verwiesen.

7. Einige Eigenschaften von Systemen
7.1 Genaue Definition der Phase

Sei $H(j\omega)$ die Übertragungsfunktion des betrachteten Systems. Wir spalten diese zunächst in Real- und Imaginärteil auf:

$$H(j\omega) = M(\omega) + jN(\omega), \qquad (7.1.1)$$

$$M(\omega) = \operatorname{Re} H(j\omega), \quad N(\omega) = \operatorname{Im} H(j\omega).$$

Da $H(j\omega)$ die Fouriertransformierte einer reellen Zeitfunktion $h(t)$ ist, gilt (3.6.13), also

$$M(-\omega) = M(\omega), \quad N(-\omega) = -N(\omega). \qquad (7.1.2)$$

Die gleichen Beziehungen lassen sich auch sofort aus der Tatsache herleiten, daß $H(p)$ eine reelle Funktion von p ist, d.h., daß $H(p)$ reell ist für reelles p. In diesem Fall folgt nämlich aus dem Schwarzschen Spiegelungsprinzip der Funktionentheorie

$$H(p^*) = H^*(p), \qquad (7.1.3)$$

also für $p = j\omega$

$$H^*(j\omega) = H(-j\omega)$$

(vgl. (3.6.12)) und damit

$$M(\omega) - jN(\omega) = M(-\omega) + jN(-\omega),$$

woraus wieder die obigen Beziehungen (7.1.2) folgen.

Wie wir in Abschnitt 3.6 unter Punkt 15 gesehen haben, besteht bei rechtsseitigen Funktionen ein Zusammenhang zwischen Real- und Imaginärteil der Fouriertransformierten. Da die Impulsantwort $h(t)$ eines kausalen Systems eine rechtsseitige Funktion ist, muß also ein solcher Zusammenhang zwischen $M(\omega)$ und $N(\omega)$ existieren. Bekanntlich sind in der Praxis weniger Real- und Imaginärteil der Übertragungsfunktion selbst als vielmehr Real- und Imaginärteil des zugehörigen Übertragungsmaßes $\Gamma(j\omega)$, also die Dämpfung $A(\omega)$ und die Phase $B(\omega)$, von Bedeutung.

Zwischen $A(\omega)$ und $B(\omega)$ existiert ein ähnlicher Zusammenhang wie zwischen $M(\omega)$ und $N(\omega)$. Allerdings läßt sich dieser Zusammenhang nur herleiten, wenn mit größerer Sorgfalt vorgegangen wird. Insbesondere ist es nicht möglich — anders als beim Zusammenhang zwischen $M(\omega)$ und $N(\omega)$ — die Beziehungen zwischen $A(\omega)$ und $B(\omega)$ unmittelbar aus der Kausalitätsbedingung ($h(t) = 0$ für $t < 0$) zu gewinnen. Wir wollen uns hier nur mit der Bestimmung der Phase aus der Dämpfung befassen (Abschnitt 7.2). (Die

7. Einige Eigenschaften von Systemen

Bestimmung der Dämpfung aus der Phase kann auf sehr ähnliche Weise erfolgen, ist jedoch von weitaus geringerer Bedeutung.) Zunächst müssen wir aber genauer auf die Definition der Phase eingehen.

Das Übertragungsmaß
$$\Gamma = A + jB \tag{7.1.4}$$
wird durch
$$H(j\omega) = e^{-\Gamma} = e^{-A-jB}, \quad A = A(\omega), \quad B = B(\omega),$$
definiert. Es gilt also
$$A(\omega) = \ln \frac{1}{|H(j\omega)|} = \frac{1}{2} \ln \frac{1}{|H(j\omega)|^2} = \frac{1}{2} \ln \frac{1}{M^2(\omega) + N^2(\omega)}, \tag{7.1.5}$$
$$B(\omega) = \operatorname{arc} \frac{1}{H(j\omega)} = -\operatorname{arc} H(j\omega) = -\arctan \frac{N(\omega)}{M(\omega)}. \tag{7.1.6}$$

Wegen der Paritätseigenschaften (7.1.2) von $M(\omega)$ und $N(\omega)$ ist $A(\omega)$ eine gerade Funktion von ω, d.h.
$$A(-\omega) = A(\omega). \tag{7.1.7}$$
Da die Funktion $y = \arctan x$ eine ungerade Funktion von x ist und auch $N(\omega)/M(\omega)$ ungerade ist, läßt sich offensichtlich auch $B(\omega)$ als ungerade Funktion von ω auffassen. Wegen der bekannten Mehrdeutigkeit von (7.1.6) ist hier jedoch Vorsicht geboten. Zunächst ist es erforderlich, die Definition von $B(\omega)$ sorgfältig vorzunehmen, um einerseits die Gültigkeit von
$$B(-\omega) = -B(\omega) \tag{7.1.8}$$
sicherzustellen und andererseits die Durchführung der zur Herleitung des Zusammenhangs zwischen $A(\omega)$ und $B(\omega)$ erforderlichen Rechnung zu ermöglichen. Hierbei ist insbesondere zu berücksichtigen, daß $H(p)$ auf der $j\omega$-Achse Nullstellen (und — bei grenzstabilen Systemen — auch Pole) haben kann, die dann automatisch für
$$\Gamma = -\ln H(p) \tag{7.1.9}$$
logarithmische Singularitäten ergeben.

Wir nehmen zunächst an, daß
$$H(0) > 0$$
ist (also $H(0)$ nicht nur reell, sondern auch positiv ist). Gemäß (7.1.9) läßt sich dann $\Gamma(0)$ eindeutig durch die zulässige Forderung
$$B(0) = 0 \tag{7.1.10}$$

7.1 Genaue Definition der Phase

festlegen. Ausgehend von dem so erhaltenen Wert von $\Gamma(0)$ wollen wir jetzt $\Gamma(j\omega)$ für zunehmende und abnehmende Werte von ω durch die Forderung eindeutig festlegen, daß $B(\omega)$ sich nur stetig in Abhängigkeit von ω ändert; dies ist zumindest so lange möglich, bis wir nicht auf eine der auf der $j\omega$-Achse gelegenen Singularitäten stoßen. Kommen wir jedoch in die Nähe einer solchen Singularität, so wollen wir diese durch eine kleine Einbuchtung in der rechten Halbebene umgehen (Bild 7.1.1), und zwar unter Beibehaltung der Forderung nach stetiger Änderung von $\Gamma(p)$.

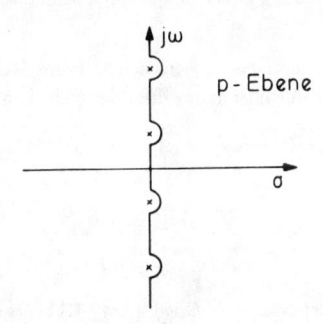

Bild 7.1.1: Wahl des Weges in der komplexen p-Ebene zur genauen Festlegung von $B(\omega)$.

Anschließend folgen wir wieder der $j\omega$-Achse, bis wir gegebenenfalls in die unmittelbare Nähe der nächsten Singularität kommen, die wir dann wieder durch eine kleine Einbuchtung in der rechten Halbebene umgehen, usw.

Durch dieses Verfahren wird auf jeden Fall sichergestellt, daß auf dem benutzten Weg nur solche Werte von $\Gamma(p)$ angetroffen werden, die — ausgehend von dem gleichen $\Gamma(0)$ — der analytischen Fortsetzung entlang des betrachteten Weges entsprechen. Ein solches Verfahren ist allerdings auch physikalisch sinnvoll. Um dies zu erläutern, wollen wir zu der gegebenen Schaltung Verluste hinzufügen. Es läßt sich nämlich zeigen, daß hierdurch unter Voraussetzungen, die in der Praxis häufig erfüllt sind, die auf der $j\omega$-Achse liegenden Pole und Nullstellen von $H(p)$, und somit auch die entsprechenden Singularitäten von $\Gamma(p)$, in die linke Halbebene verschoben werden. Dadurch wird eine eindeutige Festlegung von $\Gamma(j\omega)$ möglich, ohne daß Umgehungen von Singularitäten erforderlich wären. Lassen wir anschließend die hinzugefügten Verluste wieder gegen null gehen, so wandern die Singularitäten in ihre ursprüngliche Lage auf der $j\omega$-Achse zurück. Außer in der unmittelbaren Nachbarschaft der Singularitäten stimmt dabei der sich ergebende Verlauf von $B(\omega)$ offensichtlich mit demjenigen überein, den wir erhalten, wenn wir auf die zuvor beschriebene Weise (also durch Umgehung der Singularitäten in der rechten Halbebene) vorgehen. Somit erklärt sich, weshalb in der Praxis die Werte der Phase, die durch ein stetiges Meßverfahren (d.h. durch ein Meßverfahren, dem die Annahme einer sich stetig ändernden Phase zu Grunde liegt) gewonnen werden, denjenigen entsprechen, die man durch das beschriebene mathematische Verfahren findet.

Die erwähnte Umgehung der Singularitäten durch kleine Einbuchtungen in der rechten Halbebene ist für alle weiteren Ableitungen sehr wesentlich. Wir wollen nämlich zeigen, daß sich die Phase in der unmittelbaren Nachbarschaft dieser Singularitäten rasch ändert; diese Änderung würde bei Umgehung in der linken Halbebene das entgegengesetzte Vorzeichen haben.

Wir erläutern diese Zusammenhänge für den Fall einer Nullstelle von $H(p)$ bei $p = j\omega_0$. Sei n die Ordnung dieser Nullstelle; dann gilt in der Nähe von $j\omega_0$ die Taylor-Entwicklung:

$$H(p) = (p - j\omega_0)^n H_n + (p - j\omega_0)^{n+1} H_{n+1} + \cdots. \qquad (7.1.11)$$

Mit (vgl. Bild 7.1.2)

$$p = j\omega_0 + \rho e^{j\theta},$$

$$\rho > 0, \quad -\frac{\pi}{2} < \theta < \frac{\pi}{2}$$

und unter Beschränkung auf das erste Glied von (7.1.11) ergibt sich

$$H(p) = \rho^n H_n e^{jn\theta}, \qquad (7.1.12)$$

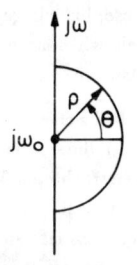

Bild 7.1.2: Festlegung der Größen ρ und θ bei der Umgehung des Punktes $j\omega_0$.

wegen (7.1.9) also

$$\Gamma = -\ln H(p) = -n \ln \rho - \ln H_n - jn\theta.$$

Für die Phase gilt somit insbesondere

$$B = -\operatorname{arc} H_n - n\theta. \qquad (7.1.13)$$

Da der Winkel θ aber auf dem kleinen Halbkreis von $-\pi/2$ auf $\pi/2$ zunimmt, nimmt B gleichzeitig um insgesamt $n\pi$ ab. Diese Abnahme tritt nach dem Grenzübergang $\rho \to 0$ als

Sprung in Erscheinung. Bei einer Umgehung in der linken Halbebene hätte sich stattdessen eine Zunahme um $n\pi$ ergeben.

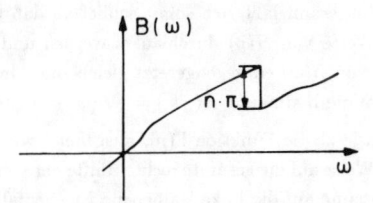

Bild 7.1.3: Variation von $B(\omega)$ bei einer Nullstelle n-ter Ordnung von $H(j\omega)$.

Läge bei $j\omega_0$ statt einer Nullstelle von $H(p)$ ein Pol, so bräuchten wir in den vorigen Beziehungen lediglich n durch $-n$ zu ersetzen; die Reihenentwicklung entspricht dann einer Laurent-Reihe. Offensichtlich ergeben sich dann genau die umgekehrten Verhältnisse bzgl. des Phasensprungs, d.h., die Phase springt dann an der Stelle $j\omega_0$ auf einen um $n\pi$ größeren Wert.

Um die Phase $B(\omega)$ auch für $\omega < 0$ festlegen zu können, müssen wir von $p = 0$ in Richtung abnehmender ω-Werte statt in Richtung zunehmender ω-Werte fortschreiten. Offensichtlich durchlaufen wir dabei stets Werte von p, die konjugiert komplex zu den zuvor gefundenen Werten sind. Dies gilt sicherlich auf der $j\omega$-Achse. Es gilt aber auch auf den kleinen Umgehungen, wenn wir nur stets das gleiche ρ wählen. Hat nämlich $H(p)$ einen Pol oder eine Nullstelle bei $p = p_0$, so hat es wegen

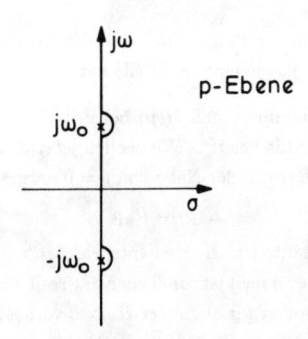

$$H(p^*) = H^*(p) \tag{7.1.14}$$

Bild 7.1.4: Umgehung eines kritischen Wertes $p = j\omega_0$ und des zugehörigen konjugiert komplexen Wertes $p^* = -j\omega_0$.

auch bei $p = p_0^*$ einen Pol bzw. eine Nullstelle (Bild 7.1.4). Auch läßt sich zeigen, daß die Ordnung des Pols bzw. der Nullstelle bei $p = p_0^*$ die gleiche ist wie die entsprechende Ordnung bei $p = p_0$. Insgesamt läßt sich somit schließen, daß wegen (7.1.14) genau die konjugiert komplexen Werte von $H(p)$ durchlaufen werden und daher die jeweils zueinander gehörigen Werte von $B(\omega)$ entgegengesetzt gleich sind. Insbesondere ist nach dem beschriebenen Verfahren die Bedingung $B(-\omega) = -B(\omega)$ stets erfüllt (Bild 7.1.5).

Weiterhin läßt sich jetzt die Funktion $\Gamma(p)$, ausgehend von dem bereits festgelegten Verlauf, auf eindeutige Weise auf die gesamte rechte Hälfte der komplexen Ebene analytisch fortsetzen. Eine Fortsetzung auf die linke Halbebene ist ebenfalls möglich, würde jedoch zur genauen Festlegung weiterer Konventionen bedürfen, wobei insbesondere der Begriff der Riemannschen Fläche benötigt wird. Wir wollen dies aber nicht vertiefen und nur noch ergänzend erwähnen, daß dann auch die rechte Halbebene durch weitere Blätter der Riemannschen Fläche abgedeckt werden kann.

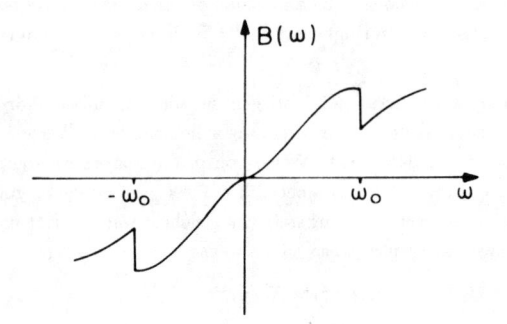

Bild 7.1.5: Verlauf der Phase $B(\omega)$ einer Übertragungsfunktion, die bei $p = \pm j\omega_0$ je eine Nullstelle hat.

Bisher haben wir angenommen, daß $H(p)$ bei $p = 0$ weder Pol noch Nullstelle hat, also $\Gamma(p)$ dort keine Singularität besitzt. Wir wollen jetzt diese Beschränkung aufheben. Wir wollen annehmen, daß $H(p)$ in der Nähe von $p = 0$ dargestellt wird durch

$$H(p) = H_n p^n,$$

wo H_n wiederum eine Konstante ist. Hierbei entspricht $n > 0$ einer Nullstelle und $n < 0$ einem Pol. Da $H(p)$ für reelles p reell ist, muß auch H_n reell sein. Entsprechend der weiter oben gemachten Annahme wollen wir auch hier $H_n > 0$ voraussetzen. Dann läßt sich auch jetzt wieder der Verlauf der Phase B eindeutig festlegen, indem wir eine Umgehung des Punktes $p = 0$ in der rechten Halbebene vornehmen. Sei nämlich

$$p = \rho e^{j\theta}, \quad \rho > 0;$$

7.1 Genaue Definition der Phase

dann ist für $p = \rho$, d.h. an derjenigen Stelle, an der der kleine Halbkreis die reelle p-Achse schneidet, für hinreichend kleine ρ stets

$$H(\rho) > 0.$$

An dieser Stelle setzen wir dann

$$B = 0.$$

Die weitere Definition ergibt sich wiederum durch Kontinuitätsbetrachtungen gleicher Art wie zuvor. Somit bleiben auch alle früheren Schlußfolgerungen erhalten, insbesondere auch die Beziehung (7.1.8), also

$$B(-\omega) = -B(\omega).$$

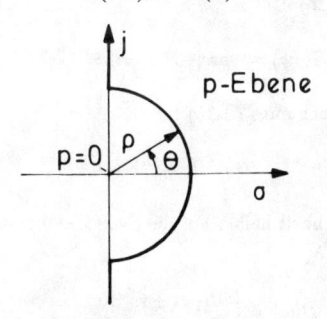

Bild 7.1.6: Umgehung des Punktes $p = 0$ durch einen in der rechten Halbebene gelegenen Halbkreis.

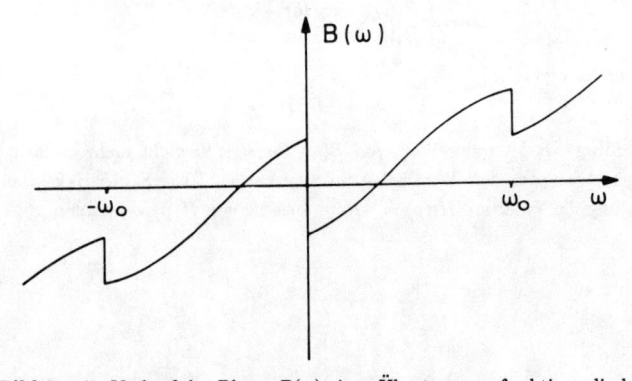

Bild 7.1.7: Verlauf der Phase $B(\omega)$ einer Übertragungsfunktion, die bei $p = 0$ und bei $p = \pm j\omega_0$ je eine Nullstelle hat.

Schließlich wollen wir noch den Fall betrachten, daß sich bei der Festlegung der Ausgangsphase nicht ein positiver, sondern ein negativer Wert von $H(p)$ ergibt. In diesem Fall läßt sich die vorige Theorie offenbar auf die Funktion

$$H_1(p) = -H(p)$$

anwenden. Mit

$$B_1 = -\operatorname{arc} H_1(p) \tag{7.1.15}$$

gilt dann

$$B_1(-\omega) = -B_1(\omega).$$

Andererseits gilt nach (7.1.6)

$$B(\omega) = -\operatorname{arc} H(j\omega) = -\operatorname{arc}[-H_1(j\omega)] = -\operatorname{arc} H_1(j\omega) - \operatorname{arc}(-1).$$

Hieraus folgt durch Vergleich mit (7.1.15)

$$B = B_1 + (2k+1)\pi,$$

wobei man sich der Einfachheit halber auf die Fälle $k = 0$ und $k = -1$ beschränken wird. Wählen wir dann entweder

$$B(\omega) = \begin{cases} B_1(\omega) + \pi & \text{für} \quad \omega > 0 \\ B_1(\omega) - \pi & \text{für} \quad \omega < 0 \end{cases}$$

oder

$$B(\omega) = \begin{cases} B_1(\omega) - \pi & \text{für} \quad \omega > 0 \\ B_1(\omega) + \pi & \text{für} \quad \omega < 0 \end{cases}$$

so bleibt die Beziehung (7.1.8)

$$B(-\omega) = -B(\omega)$$

erhalten. Allerdings ist jetzt der Wert von $B(\omega)$ für $\omega < 0$ nicht mehr einfach durch analytische Fortsetzung aus dem Wert bei $\omega > 0$ zu erhalten. Diese Schwierigkeit läßt sich durch Betrachtung der Funktion $H_1(p) = -H(p)$ anstelle von $H(p)$ vermeiden.

7.2 Minimalphasige Systeme

Bekanntlich hat die Übertragungsfunktion $H(p)$ eines stabilen Systems keine Pole für Re $p > 0$ bzw., wenn wir strenge Stabilität voraussetzen (was aber nicht notwendig ist, da sich dadurch im vorliegenden Abschnitt keine Vereinfachung ergibt), keine Pole für Re $p \geq 0$. Die Nullstellen von $H(p)$ sind jedoch keiner Beschränkung unterworfen. Allerdings haben Systeme, deren Übertragungsfunktionen auch keine Nullstellen für Re $p > 0$ besitzen, in der Praxis eine besondere Bedeutung. Einerseits haben sie - wie wir in Abschnitt 7.3 zeigen werden - die Eigenschaft, daß sie die kleinstmögliche Phasendrehung für einen gegebenen Dämpfungsverlauf bewirken; andererseits sind auch die Übertragungsfunktionen vieler Systeme von Natur aus bereits in der rechten Halbebene nullstellenfrei. Wegen der ersten dieser Eigenschaften nennt man Übertragungsfunktionen, die keine Nullstellen für Re $p > 0$ aufweisen, auch *minimalphasig*; die zugehörigen Systeme heißen dann ebenfalls minimalphasig (oder auch, aus ebenfalls später zu erläuternden Gründen, allpaßfrei). Im vorliegenden Abschnitt wollen wir ausschließlich die so eingeführte, rein formale Definition der Minimalphasigkeit verwenden.

Bei minimalphasigen Systemen gibt es einen eindeutigen Zusammenhang zwischen Dämpfung und Phase, d.h., bei gegebenem Dämpfungsverlauf ist die zugehörige Phase eindeutig bestimmt. Das umgekehrte gilt auch weitgehend, jedoch läßt sich aus der Phase die Dämpfung nur bis auf eine additive Konstante berechnen. Wir wollen uns hier nur mit der ersten dieser Beziehungen befassen, da diese auch für die Praxis eine besondere Bedeutung hat.

Wir betrachten zunächst eine minimalphasige Funktion $H(p)$. Für diese ist das zugehörige, durch

$$e^{-\Gamma} = H(p), \quad \Gamma(p) = -\ln H(p)$$

definierte Übertragungsmaß $\Gamma(p)$ eine für Re $p > 0$ reguläre Funktion von p. Wir beschränken uns auf den Fall, daß $H(p)$ entweder im Punkt $p = 0$ oder zumindest unmittelbar rechts von diesem Punkt positiv ist. Der Fall $H(0) < 0$ läßt sich, wie wir wissen, leicht auf diesen zurückführen.

Wir betrachten dann das Integral

$$\oint_C \frac{\Gamma(p)}{p^2 + \omega_0^2} dp, \tag{7.2.1}$$

wo ω_0 eine feste Frequenz ist. In (7.2.1) sei C ein geschlossener Integrationsweg, der einerseits durch den im Abschnitt 7.1 zur genauen Festlegung von $\Gamma(p)$ benutzten Weg und andererseits durch einen Halbkreis in der rechten Halbebene mit dem hinreichend großen Radius R begrenzt wird (Bild 7.2.1). Wegen der bei $p = \pm j\omega_0$ auf der $j\omega$-Achse liegenden

Pole des Integranden von (7.2.1) wollen wir diese Pole ebenfalls durch kleine Halbkreise in der rechten Halbebene umgehen. Wir setzen für unsere weiteren Überlegungen voraus, daß die Pole bei $\pm j\omega_0$ mit keiner der Singularitäten von $\Gamma(p)$ zusammenfallen.

Wegen der getroffenen Festlegung des Integrationsweges C ist der Integrand von (7.2.1) im Innern von C regulär. Somit gilt nach dem Integrationssatz von Cauchy (Hauptsatz der Funktionentheorie)

$$\oint_C \frac{\Gamma(p)}{p^2 + \omega_0^2} dp = 0. \tag{7.2.2}$$

Wir teilen jetzt den Integrationsweg C in einzelne Teilwege auf. Zunächst betrachten wir den Beitrag auf einem der kleinen Halbkreise um eine der logarithmischen Singularitäten.

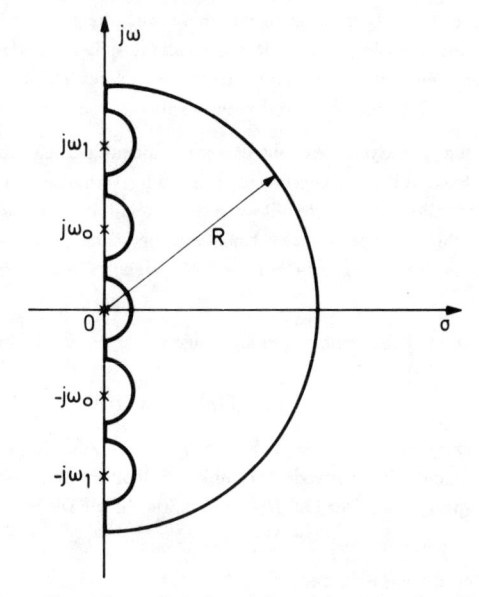

Bild 7.2.1: Darstellung des in (7.2.1) und (7.2.2) benutzten Integrationsweges, wenn $\Gamma(p)$ bei $p = \pm j\omega_1$ und bei $p = 0$ Singularitäten hat.

Eine solche Singularität liege bei $p = j\omega_1$ (Bild 7.2.1). Wie in Abschnitt 7.1 können wir dann $H(p)$ wieder durch das erste Glied der Taylor- oder Laurent-Entwicklung ersetzen, also

$$H(p) = (p - j\omega_1)^n H_n = \rho^n e^{jn\theta} H_n,$$

7.2 Minimalphasige Systeme

schreiben, wobei wir wiederum die Beziehung

$$p = j\omega_1 + \rho e^{j\theta} \quad \text{mit} \quad \rho > 0 \quad \text{und} \quad -\frac{\pi}{2} \leq \theta \leq \frac{\pi}{2}$$

benutzt haben (Bild 7.2.2). Im Nenner des Integranden (7.2.2) können wir weiterhin p durch $j\omega_1$ ersetzen.

Unter Benutzung von

$$dp = j\rho e^{j\theta} d\theta$$

erhalten wir also für den Beitrag auf dem betrachteten kleinen Halbkreis

$$-j \int_{-\pi/2}^{\pi/2} \rho \frac{n \ln \rho + jn\theta + \ln H_n}{\omega_0^2 - \omega_1^2} e^{j\theta} d\theta. \qquad (7.2.3)$$

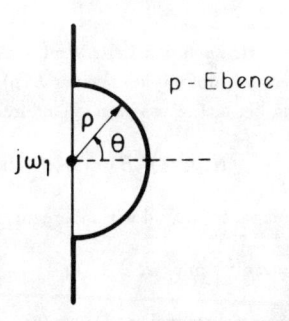

Bild 7.2.2: Umgehung des Punktes $p = j\omega_1$ durch einen kleinen Halbkreis in der rechten Halbebene

Dieses Integral können wir in eine Summe von drei Teilintegralen zerlegen, von denen zwei den Faktor ρ und das dritte den Faktor $\rho \ln \rho$ enthalten. Da aber bekanntlich

$$\lim_{\rho \to 0} (\rho \ln \rho) = 0$$

ist, folgt sofort, daß das Integral (7.2.3) für $\rho \to 0$ verschwindet. Somit sind die Beiträge auf den kleinen Halbkreisen um die logarithmischen Singularitäten im Grenzfall gleich null.

Der Beitrag auf dem kleinen Halbkreis um den Pol bei $j\omega_0$ berechnet sich auf ähnliche Weise. Allerdings können wir dann $\Gamma(p)$ durch $\Gamma(j\omega_0)$ ersetzen. Schreiben wir diesmal

$$p = j\omega_0 + \rho e^{j\theta} \quad \text{mit} \quad \rho > 0 \quad \text{und} \quad -\frac{\pi}{2} \leq \theta \leq \frac{\pi}{2},$$

so folgt

$$p^2 + \omega_0^2 = (p + j\omega_0)(p - j\omega_0) = (2j\omega_0 + \rho e^{j\theta})\rho e^{j\theta} = 2j\omega_0\rho e^{j\theta} + \rho^2 e^{j2\theta},$$

und für hinreichend kleines ρ

$$p^2 + \omega_0^2 \simeq 2j\omega_0\rho e^{j\theta}.$$

Somit ergibt sich als Beitrag zum Integral (7.2.2)

$$\int_{-\pi/2}^{\pi/2} \frac{\Gamma(j\omega_0)}{2j\omega_0\rho e^{j\theta}} \rho j e^{j\theta} d\theta = \int_{-\pi/2}^{\pi/2} \frac{\Gamma(j\omega_0)}{2\omega_0} d\theta = \frac{\pi}{2\omega_0}\Gamma(j\omega_0).$$

Hieraus ergibt sich auch der Beitrag bei $p = -j\omega_0$ durch Ersetzen von ω_0 durch $-\omega_0$ zu

$$-\frac{\pi}{2\omega_0}\Gamma(-j\omega_0).$$

Schließlich betrachten wir noch den Beitrag auf dem Halbkreis mit dem hinreichend großen Radius R. Auf diesem Halbkreis können wir $H(p)$ durch das erste Glied der Taylor- oder Laurent-Entwicklung bei $p = \infty$ ersetzen, also durch ein Glied der Form

$$H(p) = p^n H_n = R^n e^{jn\theta} H_n,$$

wo H_n wiederum eine Konstante ist und wir außerdem die Beziehung

$$p = Re^{j\theta} \quad \text{mit} \quad R > 0 \quad \text{und} \quad -\frac{\pi}{2} \leq \theta \leq \frac{\pi}{2}$$

verwendet haben bzw. voraussetzen wollen. Dementsprechend können wir den Nenner des Integranden in (7.2.2) für hinreichend großes R durch $R^2 e^{j2\theta}$ ersetzen; ferner ist

$$dp = jRe^{j\theta}d\theta.$$

Wir erhalten dann für den Beitrag auf dem großen Halbkreis:

$$-j\frac{1}{R}\int_{-\pi/2}^{\pi/2} (n\ln R + jn\theta + \ln H_n)e^{-j\theta}d\theta. \tag{7.2.4}$$

Ähnlich wie für das Integral (7.2.3) läßt sich wegen

$$\lim_{R\to\infty}\left(\frac{1}{R}\ln R\right) = 0$$

leicht einsehen, daß auch (7.2.4) für $R \to \infty$ verschwindet. Hierbei ist freilich vorausgesetzt, daß es überhaupt ein endliches n gibt derart, daß die gemachten Annahmen zutreffen, also daß $H(p)$ in der Nachbarschaft von $p = \infty$ in eine Laurentreihe entwickelt werden kann, die mit einem endlichen Wert n beginnt.

Fassen wir jetzt die einzelnen Beiträge zusammen, so folgt aus (7.2.2)

$$\frac{\pi}{2\omega_0}[\Gamma(j\omega_0) - \Gamma(-j\omega_0)] + j \int_{-\infty}^{\infty} \frac{\Gamma(j\omega)}{\omega_0^2 - \omega^2} d\omega = 0. \tag{7.2.5}$$

Das in diesem Ausdruck auftretende Integral enthält dabei nur die Beiträge auf der $j\omega$-Achse selbst. An den einzelnen Singularitäten ist es im Sinne des Cauchyschen Hauptwerts zu verstehen, wie sich aus der Herleitung der entsprechenden Beiträge ergibt. Schreiben wir schließlich noch

$$\Gamma(j\omega) = A(\omega) + jB(\omega)$$

und folglich

$$\Gamma(j\omega_0) = A(\omega_0) + jB(\omega_0)$$

und berücksichtigen, daß dann wegen (7.1.7) und (7.1.8) auch gilt

$$\Gamma(-j\omega_0) = A(\omega_0) - jB(\omega_0),$$

so folgt aus (7.2.5), wenn wir den Imaginärteil dieses Ausdrucks nehmen,

$$B(\omega_0) = \frac{\omega_0}{\pi} \int_{-\infty}^{\infty} \frac{A(\omega)}{\omega^2 - \omega_0^2} d\omega. \tag{7.2.6}$$

Nehmen wir den Realteil von (7.2.5), so finden wir

$$\int_{-\infty}^{\infty} \frac{B(\omega)}{\omega^2 - \omega_0^2} d\omega = 0.$$

Diese Beziehung ist trivial, da $B(\omega)$ eine ungerade Funktion von ω ist.

Die Gleichung (7.2.6) stellt die gesuchte Beziehung zwischen Dämpfung und Phase dar. Offensichtlich können wir sie auch in der Form

$$B(\omega) = \frac{\omega}{\pi} \int_{-\infty}^{\infty} \frac{A(\omega')}{\omega'^2 - \omega^2} d\omega' \tag{7.2.7}$$

schreiben. Diese erlaubt, die Phase bei einer beliebigen Frequenz zu berechnen, wenn $A(\omega)$ für alle ω bekannt ist. Wegen der Parität (7.1.7) von $A(\omega)$ können wir (7.2.7) auch durch

$$B(\omega) = \frac{2\omega}{\pi} \int_{0}^{\infty} \frac{A(\omega')}{\omega'^2 - \omega^2} d\omega' \tag{7.2.8}$$

7. Einige Eigenschaften von Systemen

ersetzen. Berücksichtigen wir noch, daß, wie man nachprüfen kann,

$$\int_0^\infty \frac{d\omega}{\omega^2 - \omega_0^2} = 0$$

ist, wenn dieses Integral im Sinne des Cauchyschen Hauptwertes genommen wird, so läßt sich schließlich (7.2.7) umformen in

$$B(\omega) = \frac{2\omega}{\pi} \int_0^\infty \frac{A(\omega') - A_0}{\omega'^2 - \omega^2} d\omega'. \tag{7.2.9}$$

Hierin ist A_0 eine beliebige Konstante. Diese wird man zur Vereinfachung der praktischen Auswertung des Integrals (7.2.9) vorzugsweise gleich

$$A_0 = A(\omega)$$

wählen.

Es sei daran erinnert, daß wir bei der Herleitung dieser Ergebnisse explizit die Annahme benutzt haben, daß $H(p)$ in der Nachbarschaft von $p = \infty$ durch eine Laurentreihe darstellbar ist, die mit einem endlichen Exponenten beginnt. Eine solche Laurentreihe hat die Form

$$H(p) = \sum_{\nu=-n}^\infty H_{-\nu} p^{-\nu}, \quad n < \infty.$$

Wenn jedoch $n = \infty$ wäre, so hätte $H(p)$ bei $p = \infty$ eine wesentliche Singularität. Das Auftreten einer solchen Singularität muß also bei der Definition eines minimalphasigen Systems ausdrücklich ausgeschlossen werden, wenngleich wir dies auch eingangs aus Gründen der Einfachheit zunächst nicht getan hatten. Das einfachste Beispiel des Auftretens einer wesentlichen Singularität bei $p = \infty$ ergibt sich im Falle eines rein verzögernden Systems, bei dem also für die Impulsantwort $h(t)$ gilt

$$h(t) = \delta(t - t_0),$$

wo t_0 eine Konstante ist. Dann ist ja

$$H(p) = e^{-pt_0}.$$

Eine solche Funktion hat zwar keine Nullstelle für $\operatorname{Re} p > 0$, jedoch eine wesentliche Singularität bei $p = \infty$ und ist infolgedessen nicht minimalphasig.

7.3 Nichtminimalphasige Systeme

Sei $H(p)$ die Übertragungsfunktion eines streng stabilen nichtminimalphasigen Systems und seien

$$p_1, p_2, \cdots, p_N \qquad (7.3.1)$$

die Nullstellen von $H(p)$ in der rechten Halbebene, wobei wir annehmen, daß N endlich ist. Es gilt also:

$$\operatorname{Re} p_n > 0 \quad \text{für} \quad n = 1, 2, \cdots, N. \qquad (7.3.2)$$

Dann ist die Funktion

$$H'(p) = H(p) \prod_{n=1}^{N} \frac{p_n^* + p}{p_n - p} \qquad (7.3.3)$$

frei von Nullstellen für $\operatorname{Re} p > 0$ (Bild 7.3.1). Dies gilt auch, wenn mehrfache Nullstellen vorhanden sind, vorausgesetzt, daß wir dann — wie wir verabreden wollen — die mehrfachen Nullstellen in der Aufzählung (7.3.1) entsprechend mehrfach zählen. Die Funktion $H'(p)$ ist aber nicht nur frei von Nullstellen in $\operatorname{Re} p > 0$, sie besitzt dort auch keine Pole, denn jeder der neuen Nennerfaktoren $p_n - p$ wird durch eine entsprechende Nullstelle von $H(p)$ aufgehoben. Somit hat $H'(p)$ wie $H(p)$ in $\operatorname{Re} p > 0$ keine Pole.

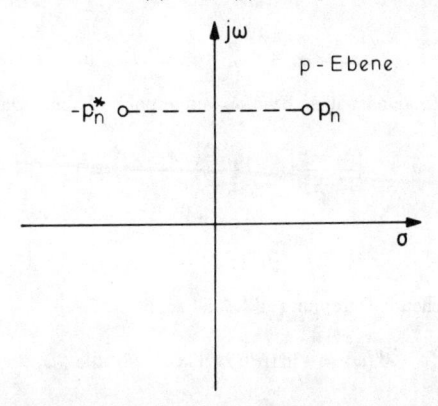

Bild 7.3.1: Verlagerung einer Nullstelle von p_n nach $-p_n^*$

Als nächstes betrachten wir die Funktion

$$H''(p) = \prod_{n=1}^{N} H_n(p), \quad \text{mit} \quad H_n(p) = \frac{p_n - p}{p_n^* + p}. \qquad (7.3.4)$$

Diese ist reell, denn da komplexwertige Nullstellen einer reellen Funktion — in diesem Fall $H(p)$ — stets in konjugiert komplexen Paaren auftreten, ergibt sich bei der Produktbildung gemäß (7.3.4) — trotz des Auftretens komplexer Größen — insgesamt wieder eine reelle Funktion von p. Somit ist auch $H'(p)$ eine reelle Funktion und ist damit insgesamt die Übertragungsfunktion eines minimalphasigen streng stabilen Systems.

Die Funktion $H''(p)$ hat wegen (7.3.2) weder Pole in der rechten Halbebene noch auf der $j\omega$-Achse. Da sie außerdem eine reelle Funktion ist, ist sie sogar die Übertragungsfunktion eines streng stabilen Systems. Schreiben wir somit gemäß (7.3.3) und (7.3.4)

$$H(p) = H'(p)H''(p), \qquad (7.3.5)$$

so entspricht diese Gleichung der Faktorisierung von $H(p)$ in eine minimalphasige Übertragungsfunktion $H'(p)$ und eine Übertragungsfunktion $H''(p)$ eines ebenfalls streng stabilen, jedoch keineswegs minimalphasigen Systems.

Um die Natur der Funktion $H''(p)$ zu untersuchen, betrachten wir zunächst einen beliebigen der in (7.3.4) auftretenden Faktoren

$$H_n(p) = \frac{p_n - p}{p_n^* + p} = \frac{\alpha_n + j\omega_n - p}{\alpha_n - j\omega_n + p}, \qquad (7.3.6)$$

wo wir p_n gemäß

$$p_n = \alpha_n + j\omega_n, \quad \text{mit} \quad \alpha_n > 0,$$

in seinen Real- und Imaginärteil α_n bzw. ω_n aufgespalten haben. Dann gilt für $p = j\omega$

$$\left|\frac{p_n - p}{p_n^* + p}\right|^2 = \frac{\alpha_n^2 + (\omega_n - \omega)^2}{\alpha_n^2 + (\omega - \omega_n)^2} = 1$$

und somit auch

$$|H''(j\omega)| = 1.$$

Die $H''(j\omega)$ entsprechende Dämpfung $A''(\omega)$ ist somit

$$A''(\omega) = -\ln|H''(j\omega)| = 0 \quad \text{für alle} \quad \omega. \qquad (7.3.7)$$

Man bezeichnet daher $H''(p)$ auch als Übertragungsfunktion eines Allpasses, kurz als eine Allpaßfunktion. Die Synthese von Netzwerken, durch die solche Allpaßfunktionen realisiert werden können, läßt sich z.B. mit Hilfe von Brückenschaltungen vornehmen.

Die Phase $B_n(\omega)$ eines Allpaßfaktors gemäß (7.3.6) ergibt sich für $p = j\omega$ aus der Beziehung

$$e^{-jB_n} = \frac{\alpha_n - j(\omega - \omega_n)}{\alpha_n + j(\omega - \omega_n)},$$

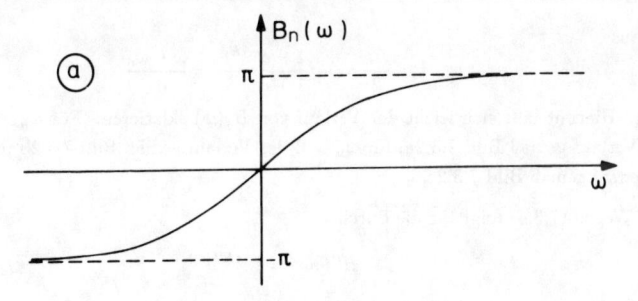

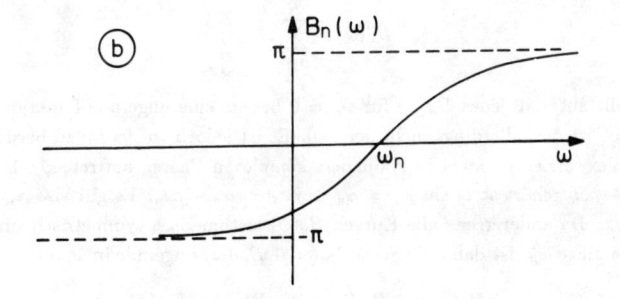

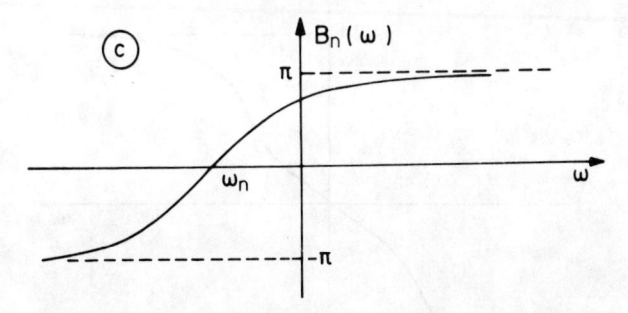

Bild 7.3.2: Verlauf der Phase eines Allpaßfaktors gemäß (7.3.6),
(a) für $\omega_n = 0$, (b) für $\omega_n > 0$, (c) für $\omega_n < 0$.

woraus
$$\tan \frac{B_n}{2} = -j\frac{1-e^{-jB_n}}{1+e^{-jB_n}} = \frac{\omega - \omega_n}{\alpha_n} \qquad (7.3.8)$$

folgt. Hiermit läßt sich leicht der Verlauf von $B_n(\omega)$ skizzieren. Für $\omega_n = 0$ ergibt sich der Verlauf gemäß Bild 7.3.2a, für $\omega_n > 0$ der Verlauf gemäß Bild 7.3.2b und für $\omega_n < 0$ derjenige gemäß Bild 7.3.2c.

Wegen (7.3.4) folgt für die durch

$$H''(j\omega) = e^{-jB''(\omega)}$$

definierte Gesamtphase $B''(\omega)$

$$B''(\omega) = \sum_{n=1}^{N} B_n(\omega).$$

Es fällt auf, daß jedes $B_n(\omega)$ für $\omega_n = 0$ bereits eine ungerade Funktion von ω ist. Für $\omega_n \neq 0$ ist dies allerdings nicht der Fall. Es ist jedoch wiederum zu berücksichtigen, daß komplexwertige p_n stets in konjugiert komplexen Paaren auftreten, d.h., zu einem $p_n = \alpha_n + j\omega_n$ gehört stets ein $p_{n'} = \alpha_{n'} + j\omega_{n'} = \alpha_n - j\omega_n$. Es gilt also $\alpha_{n'} = \alpha_n$ und $\omega_{n'} = -\omega_n$. Da andererseits alle Kurven $B_n(\omega)$ arithmetisch symmetrisch sind in bezug auf das jeweilige ω_n, ist dann die Sume $B_n(\omega) + B_{n'}(\omega)$ ungerade in ω, d.h.

$$B_n(-\omega) + B_{n'}(-\omega) = -B_n(\omega) - B_{n'}(\omega).$$

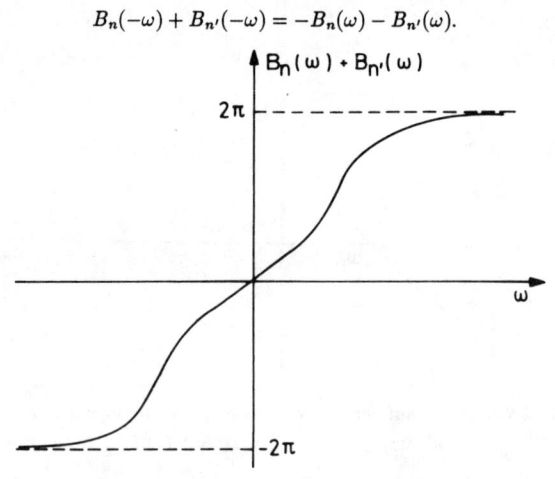

Bild 7.3.3: Verlauf der Gesamtphase von zwei Allpaßfaktoren gemäß (7.3.6), die konjugiert komplexen Nullstellen entsprechen.

7.3 Nichtminimalphasige Systeme

Unter Verwendung der Formel

$$\tan(a+b) = \frac{\tan a + \tan b}{1 - \tan a \cdot \tan b}$$

läßt sich dies auch leicht direkt nachprüfen. Wir erhalten

$$\tan \frac{B_n + B_{n'}}{2} = \frac{\dfrac{\omega - \omega_n}{\alpha_n} + \dfrac{\omega + \omega_n}{\alpha_n}}{1 - \dfrac{\omega^2 - \omega_n^2}{\alpha_n^2}} = \frac{2\alpha_n \omega}{\alpha_n^2 + \omega_n^2 - \omega^2}.$$

Der entsprechende Phasenverlauf ist in Bild 7.3.3 skizziert.

Aus den vorherigen Untersuchungen folgt, daß $B_n(\omega)$ eine mit ω streng monoton wachsende Funktion ist, die von $\omega = -\infty$ bis $\omega = \infty$ um insgesamt 2π zunimmt. Somit ist auch $B''(\omega)$ eine streng monoton wachsende Funktion, deren Zunahme im gleichen Intervall $2N\pi$ beträgt. Bezeichnen wir noch mit $B(\omega)$ und $B'(\omega)$ die zu $H(j\omega)$ bzw. $H'(j\omega)$ gehörigen Phasen, so ist

$$B(\omega) = B'(\omega) + B''(\omega). \tag{7.3.9}$$

Wir betrachten diesen Ausdruck für zwei unterschiedliche Frequenzen ω_1 und ω_2, wobei $\omega_2 > \omega_1$ sei. Seien ferner

$$\Delta B = B(\omega_2) - B(\omega_1),$$
$$\Delta B' = B'(\omega_2) - B'(\omega_1),$$
$$\Delta B'' = B''(\omega_2) - B''(\omega_1)$$

die Phasenzunahmen im Intervall $[\omega_1, \omega_2]$. Dann ist

$$\Delta B = \Delta B' + \Delta B''. \tag{7.3.10}$$

Nun ist aber wegen der streng monotonen Zunahme von $B''(\omega)$ stets

$$\Delta B'' > 0$$

und daher auch

$$\Delta B > \Delta B'. \tag{7.3.11}$$

Die Phasenzunahme in jedem beliebigen Intervall ist also für $H(j\omega)$ größer als für $H'(j\omega)$. Andererseits sind aber wegen (7.3.5) und (7.3.7) die zu $H(j\omega)$ und $H'(j\omega)$ gehörigen Dämpfungen $A(\omega) = -\ln|H(j\omega)|$ bzw. $A'(\omega) = -\ln|H'(j\omega)|$ einander gleich, also

$$A'(\omega) = A(\omega).$$

Wir wollen diese Ergebnisse unter Verwendung der Ableitungen von B, B' und B'' nach der Frequenz noch in eine für die Praxis besonders nützliche Form bringen. Es gilt nämlich auch

$$\frac{dB(\omega)}{d\omega} = \frac{dB'(\omega)}{d\omega} + \frac{dB''(\omega)}{d\omega}. \tag{7.3.12}$$

Andererseits läßt sich die Eigenschaft der monotonen Zunahme von $B''(\omega)$ durch die Bedingung

$$\frac{dB''(\omega)}{d\omega} > 0$$

ausdrücken. Somit läßt sich das Ergebnis (7.3.11) auch in der Form

$$\frac{dB(\omega)}{d\omega} > \frac{dB'(\omega)}{d\omega}$$

schreiben. Auf die technische Bedeutung von $dB(\omega)/d\omega$ werden wir später zurückkommen (Kapitel 9).

Wir sind jetzt in der Lage, den Begriff der Minimalphasigkeit genauer zu erläutern. Das in Abschnitt 7.2 erhaltene Ergebnis besagt, daß bei einem minimalphasigen System die Phase eindeutig aus dem Dämpfungsverlauf folgt, und zwar gilt

$$B'(\omega) = \frac{2\omega}{\pi} \int_0^\infty \frac{A'(\omega')}{\omega'^2 - \omega^2} d\omega' = \frac{2\omega}{\pi} \int_0^\infty \frac{A(\omega')}{\omega'^2 - \omega^2} d\omega' = \frac{2\omega}{\pi} \int_0^\infty \frac{A(\omega') - A(\omega)}{\omega'^2 - \omega^2} d\omega'.$$

Unter Berücksichtigung der obigen Ergebnisse können wir somit sagen, daß unter allen Systemen mit gleichem Dämpfungsverlauf das minimalphasige in jedem beliebigen Frequenzintervall die kleinstmögliche Phasenzunahme aufweist. Insbesondere gilt, daß von allen Systemen mit gleichem Dämpfungsverlauf das minimalphasige den kleinsten Wert der Größe

$$\frac{dB(\omega)}{d\omega}$$

hat. Wie wir später sehen werden, steht diese Größe in engem Zusammenhang mit der Laufzeit von Signalen.

Es fällt auf, daß wir in der soeben geschilderten Erklärung der Minimalphasigkeit nicht die Phase $B(\omega)$ selbst, sondern nur deren Zunahme ΔB betrachtet haben. Unter Berücksichtigung der genauen Festlegung der Phase, die in Abschnitt 7.1 erfolgt ist, hätten wir allerdings ebenso gut sagen können, daß unter allen Systemen mit gleichem Dämpfungsverlauf das minimalphasige die kleinste Phase hat. Vom meßtechnischen Standpunkt aus könnten hierbei allerdings Schwierigkeiten entstehen. In Abschnitt 7.1 haben wir nämlich den Phasengang zwar auf mathematisch einwandfreie Weise genau festgelegt. Es ist jedoch leicht einzusehen, daß das dort beschriebene mathematische Verfahren nicht unbedingt praktisch nachgebildet werden kann. Dies gilt insbesondere bei Bandpaßsystemen, bei denen ja die Vorgänge in der Nähe der Frequenz $\omega = 0$ meßtechnisch meist nicht mehr erfaßbar sind. Daher wird man in solchen Fällen irgendeine geeignete andere Frequenz zum Ausgangspunkt der genauen weiteren Festlegung der Phase machen müssen. Meßtechnisch läßt sich dann aber die Phase bei der gewählten Bezugsfrequenz nur bis auf ein ganzzahliges Vielfaches von 2π erfassen, so daß dann auch keine eindeutigen Aussagen über den kleinstmöglichen Wert von $B(\omega)$ gemacht werden können.

7.4 Ideale Filter

7.4.1 Idealer Tiefpaß

Wir definieren einen idealen Tiefpaß durch die Beziehung

$$H(j\omega) = \text{rect}\,\frac{\omega}{\omega_g} \qquad (7.4.1)$$

wo ω_g eine positive Konstante ist (Bild 7.4.1), die auch als *Grenzfrequenz* bezeichnet wird. Insbesondere ist also

$$H(j\omega) = \begin{cases} 1 & \text{für } |\omega| < \omega_g \\ 0 & \text{für } |\omega| > \omega_g. \end{cases}$$

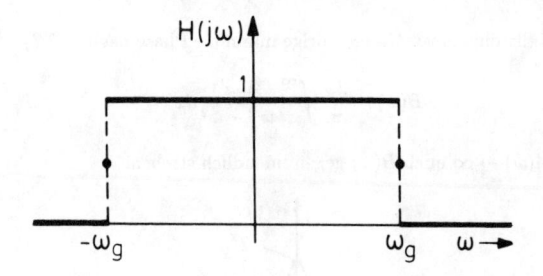

Bild 7.4.1: Übertragungsfunktion eines idealen Tiefpasses.

Als erstes untersuchen wir die Übertragung eines Impulses $\delta(t)$ durch diesen Tiefpaß. Die Antwort $y(t)$ ist dann gleich der Impulsantwort $h(t)$, für die wir

$$\begin{aligned} h(t) &= \frac{1}{2\pi}\int_{-\infty}^{\infty} H(j\omega)e^{j\omega t}d\omega = \frac{1}{2\pi}\int_{-\omega_g}^{\omega_g} e^{j\omega t}d\omega = \frac{e^{j\omega_g t} - e^{-j\omega_g t}}{2\pi j t} \\ &= \frac{\sin\omega_g t}{\pi t} = \frac{\omega_g}{\pi}\text{si}\,(\omega_g t) = 2f_g\,\text{si}\,(\omega_g t), \end{aligned} \qquad (7.4.2)$$

mit $f_g = \omega_g/2\pi$, finden. Diese ist in Bild 7.4.1 dargestellt und ist also ein verbreiteter Impuls, dessen Dauer im wesentlichen auf den Bereich:

$$\Delta t = 2\pi/\omega_g = 1/f_g \qquad (7.4.3)$$

beschränkt ist. Durch den Tiefpaß mit der Grenzfrequenz f_g erfolgt also eine Impulsverbreiterung auf $1/f_g$.

Genau genommen erstreckt sich $h(t)$ keineswegs nur auf den Bereich Δt, denn es gibt zunächst Vorschwinger und anschließend Nachschwinger. Die Nachschwinger reichen theoretisch bis $t = \infty$, werden jedoch allmählich immer kleiner. Ebenso werden die Vorschwinger für $t \to -\infty$ immer kleiner, reichen jedoch theoretisch bis hin zu $t = -\infty$. Dies steht im Widerspruch zur Kausalität. Die Erklärung für diesen Widerspruch ergibt sich daraus, daß wir bei der Definition von $H(j\omega)$ jeglichen Phasengang vernachlässigt haben. Wir müssen daher erwarten, daß ein idealer Tiefpaß, für den zwar nicht $H(j\omega)$, wohl aber $|H(j\omega)|$ den oben angenommenen Verlauf hat, eine unendlich große Verzögerung, also eine unendlich große Phasendrehung aufweisen muß. Dies läßt sich dadurch einsehen, daß wir den gemäß

$$A(\omega) = -\ln|H(j\omega)|$$

definierten Dämpfungsverlauf betrachten, für den

$$A(\omega) = \begin{cases} 0 & \text{für } |\omega| < \omega_g \\ \infty & \text{für } |\omega| > \omega_g \end{cases}$$

ist. Andererseits gilt für die zu $A(\omega)$ gehörige minimale Phase nach (7.2.7)

$$B(\omega) = \frac{2\omega}{\pi} \int_0^\infty \frac{A(\omega')}{\omega'^2 - \omega^2} d\omega'.$$

Somit wird mit $A(\omega) \to \infty$ auch $B(\omega)$ gegen unendlich streben.

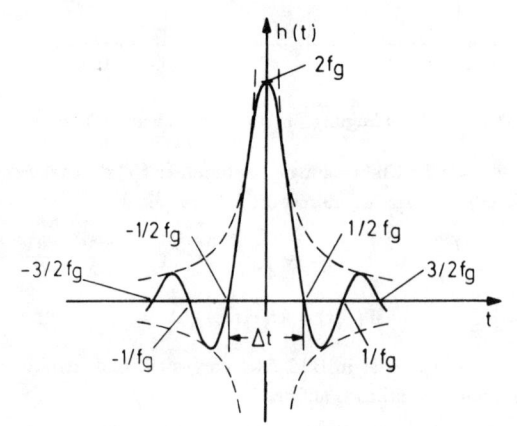

Bild 7.4.2: Verlauf der Impulsantwort eines idealen Tiefpasses.

7.4 Ideale Filter

Bei einem praktisch realisierten Filter wird natürlich die strenge Filterforderung (7.4.1) nie erfüllt sein. Je mehr man sich der idealen Forderung nähert, desto größer ist der Aufwand an reaktiven Bauelementen und desto größer wird dann auch die Phase und die damit verbundene Laufzeit. Auch hieraus ergibt sich eine Erklärung dafür, daß für $A(\omega) \to \infty$ ebenfalls $B(\omega)$ gegen unendlich geht.

Verwenden wir am Eingang statt $\delta(t)$ den Einheitssprung $u(t)$, so berechnet sich die zugehörige Sprungantwort nach (4.6.10) zu

$$a(t) = \int_{-\infty}^{t} h(t)dt = 2f_g \int_{-\infty}^{t} \operatorname{si}(\omega_g t)dt = \frac{1}{\pi} \int_{-\infty}^{\omega_g t} \operatorname{si} x \, dx$$
$$= \frac{1}{\pi} \int_{-\infty}^{0} \operatorname{si} x \, dx + \frac{1}{\pi} \int_{0}^{\omega_g t} \operatorname{si} x \, dx. \tag{7.4.4}$$

Nun ist aber

$$\int_{-\infty}^{0} \operatorname{si} x \, dx = \int_{0}^{\infty} \operatorname{si} x \, dx = \frac{\pi}{2}.$$

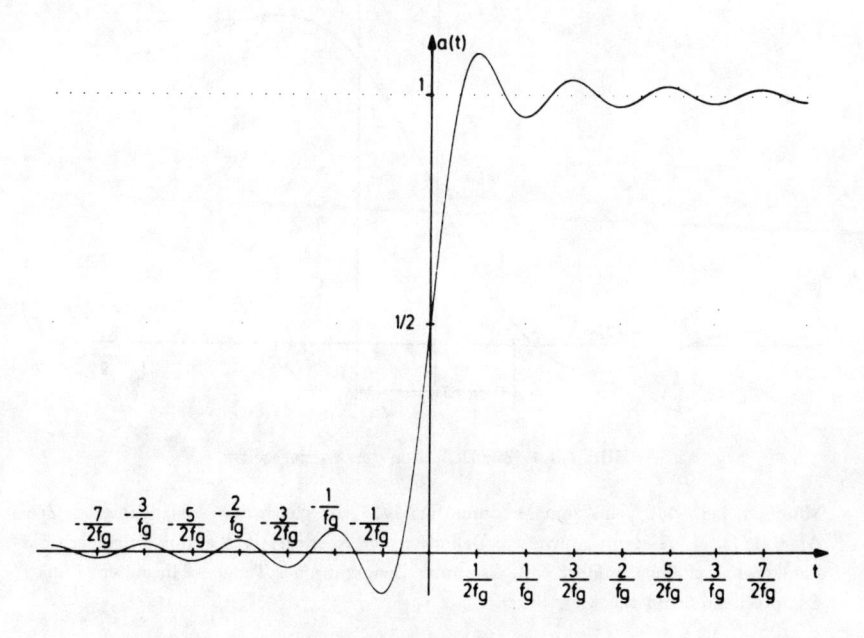

Bild 7.4.3: Verlauf der Sprungantwort $a(t)$.

Die Funktion
$$\operatorname{Si} x = \int_0^x \operatorname{si} x \, dx$$
bezeichnet man als den Integralsinus (vgl. (2.7.6)). Dieser ist in Funktionentafeln tabelliert. Man erhält also aus (7.4.4)

$$a(t) = \frac{1}{2} + \frac{1}{\pi} \operatorname{Si}(\omega_g t). \tag{7.4.5}$$

Die Funktion Si x hat den bereits in Bild 2.7.3 gezeigten Verlauf. Der sich daraus für $a(t)$ ergebende Verlauf ist in Bild 7.4.3 dargestellt.

Auch hier trifft die gleiche Bemerkung bezüglich der Vernachlässigung der Phase und damit der Laufzeit zu wie bei der Impulsantwort. Der Übergang vom Wert null zum Wert 1 vollzieht sich überwiegend in einem als Anstiegszeit bezeichneten Zeitintervall. Der genaue Verlauf zeigt ein Unter- und Überschwingen vor und nach dem Anstieg. Die Zeit vom

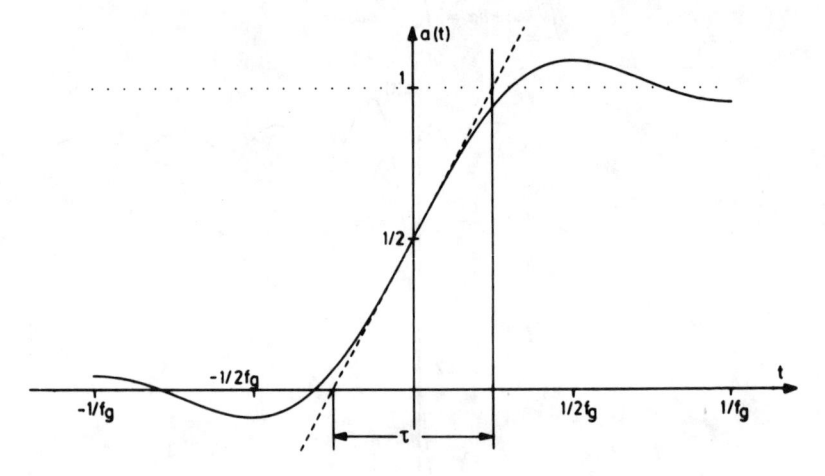

Bild 7.4.4: Zur Definition der Anstiegszeit τ.

Minimum bei $-1/2f_g$ bis zum Maximum bei $1/2f_g$ ist gleich der oben definierten Zeit $\Delta t = 1/f_g$. Eine etwas sinnvollere Definition der Anstiegszeit τ ergibt sich durch die Flankensteilheit im Punkte $t = 0$, also unter Benutzung der Tangente in diesem Punkt. Entsprechend definieren wir τ durch

$$\tau = \frac{1}{\left.\dfrac{da(t)}{dt}\right|_{t=0}} = \frac{1}{h(0)} = \frac{1}{2f_g} = \frac{\Delta t}{2}. \tag{7.4.6}$$

Dies ist in Bild 7.4.4 erläutert.

7.4.2 Idealer Bandpaß

Ein idealer Bandpaß wird durch

$$H(j\omega) = \begin{cases} 1 & \text{für} \quad \omega_{-g} < |\omega| < \omega_g \\ 1/2 & \text{für} \quad |\omega| = \omega_{-g} \text{ und } |\omega| = \omega_g \\ 0 & \text{für} \quad |\omega| < \omega_{-g} \text{ und } |\omega| > \omega_g \end{cases} \tag{7.4.7}$$

definiert, wo ω_{-g} und ω_g positive Konstanten sind, die auch als *untere* bzw. *obere Grenzfrequenz* bezeichnet werden (Bild 7.4.5). Es gilt $\omega_g > \omega_{-g}$. Wenn wir mit H_{-g} und H_g die Übertragungsfunktionen von Tiefpässen mit den Grenzfrequenzen ω_{-g} bzw. ω_g bezeichnen, folgt für die durch (7.4.7) definierte Funktion unter sinngemäßer Verwendung von (7.4.1)

$$H(j\omega) = H_g(j\omega) - H_{-g}(j\omega). \tag{7.4.8}$$

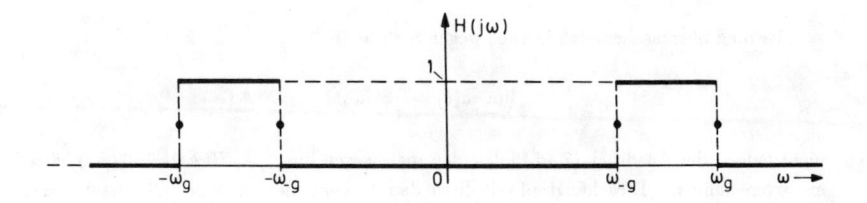

Bild 7.4.5: Übertragungsfunktion eines idealen Bandpasses

Die Größe

$$\omega_0 = (\omega_g + \omega_{-g})/2 \tag{7.4.9}$$

ist die *Bandmittenfrequenz* (genauer: die arithmetische Bandmittenfrequenz), und die Größen

$$B = \omega_g - \omega_{-g} \quad \text{und} \quad b = B/\omega_0 = (\omega_g - \omega_{-g})/\omega_0 \tag{7.4.10a, b}$$

heißen *Bandbreite* bzw. *relative Bandbreite* des idealen Bandpasses. Wie auch sonst, so gilt selbstverständlich hier ebenfalls, daß bei Verwendung von $\omega, \omega_g, \omega_{-g}$ usw. genauer jeweils von "Kreisfrequenz" statt von "Frequenz" gesprochen werden müßte.

Für die Impulsantwort $h(t)$ finden wir aus (7.4.8), (7.4.9) und (7.4.10a) sowie unter sinngemäßer Verwendung von (7.4.2)

$$h(t) = \frac{\sin\omega_g t - \sin\omega_{-g} t}{\pi t} = \frac{B}{\pi}\operatorname{si}\left(\frac{Bt}{2}\right)\cdot\cos\omega_0 t. \qquad (7.4.11)$$

Wir können uns also $h(t)$ als eine Schwingung mit der Frequenz ω_0 vorstellen, die durch die Hüllkurven der Form $\pm(B/\pi)\operatorname{si}(Bt/2)$ begrenzt wird. Eine solche Interpretation ist insbesondere dann sinnvoll, wenn der Bandpaß schmalbandig ist, d.h., wenn $B \ll \omega_0$ oder äquivalent $b \ll 1$ ist. Selbstverständlich gelten auch hier die gleichen Bemerkungen über die Verletzung der Kausalität wie im Fall des Tiefpasses.

Die Sprungantwort läßt sich wie im Fall des Tiefpasses mit Hilfe der allgemeinen Beziehung (4.6.10) bestimmen, also wegen (7.4.11) durch

$$a(t) = \frac{1}{\pi}\int_{-\infty}^{t}\frac{\sin\omega_g t}{t}dt - \frac{1}{\pi}\int_{-\infty}^{t}\frac{\sin\omega_{-g} t}{t}dt.$$

Unter Benutzung des für den Tiefpaß gefundenen Ergebnisses (7.4.5) erhält man daraus

$$a(t) = \frac{1}{\pi}\left[\operatorname{Si}(\omega_g t) - \operatorname{Si}(\omega_{-g} t)\right]. \qquad (7.4.12)$$

Es mag überraschen, daß hieraus wegen $\operatorname{Si}(0) = 0$

$$\lim_{\omega_{-g}\to 0} a(t) = \frac{1}{\pi}\operatorname{Si}(\omega_g t),$$

nicht jedoch der Ausdruck (7.4.5) folgt, den man wegen $\lim_{\omega_{-g}\to 0} H(j\omega) = H_g(j\omega)$ hätte erwarten können. Dies hängt physikalisch damit zusammen, daß der Gleichanteil des Einheitssprungs $u(t)$, der wegen (3.9.14) ja $1/2$ beträgt, auch für noch so kleines $\omega_{-g} > 0$ vollständig unterdrückt wird. Mathematisch bedeutet es, daß im vorliegenden Fall auf die Einhaltung der richtigen Reihenfolge der Grenzübergänge geachtet werden muß.

7.4.3 Übertragung durch einen idealen oder idealisierten Bandpaß

Wir betrachten die durch Bild 4.1.1 dargestellte Situation und nehmen zunächst an, daß S ein idealer Bandpaß ist. Die Berechnung der Antwort y auf ein Eingangssignal x läßt sich am einfachsten unter Verwendung der zugehörigen analytischen Signale vornehmen, also wie im Unterabschnitt 5.1.2 erläutert. Man findet dann

$$y_+(t) = \frac{1}{\pi}\int_{\omega_{-g}}^{\omega_g} X(j\omega)e^{j\omega t}d\omega, \qquad (7.4.13)$$

woraus unter Verwendung der Substitution $\omega \to \omega_0 + \omega$

$$y_+(t) = \frac{1}{\pi} e^{j(\omega_0 t + \varphi_0)} \int_{-B/2}^{B/2} X(j\omega_0 + j\omega) e^{j(\omega t - \varphi_0)} d\omega \qquad (7.4.14)$$

folgt. Hierin sind ω_0 und B die durch (7.4.9) bzw. (7.4.10a) definierten Größen, und φ_0 sei durch

$$X(j\omega_0) = |X(j\omega_0)| e^{j\varphi_0} \qquad (7.4.15)$$

festgelegt.

Weiterhin führen wir noch 2 reelle Hilfsfunktionen $v(t)$ und $w(t)$ ein mit

$$v(t) \circ\!\!-\!\!\bullet V(j\omega), \quad w(t) \circ\!\!-\!\!\bullet W(j\omega), \qquad (7.4.16)$$

also mit

$$V(-j\omega) = V^*(j\omega), \quad W(-j\omega) = W^*(j\omega). \qquad (7.4.17)$$

Diese Funktionen seien so festgelegt, daß

$$2X(j\omega_0 + j\omega)e^{-j\varphi_0} \text{ rect } (2\omega/B) \bullet\!\!-\!\!\circ v(t) + jw(t) \qquad (7.4.18)$$

gilt, also daß sie dem Real- bzw. Imaginärteil der Fourierrücktransformierten der linken Seite von (7.4.18) entsprechen. Um die gesuchten Funktionen zu bestimmen, schreiben wir (7.4.18) zunächst in der Form

$$2X(j\omega_0 + j\omega)e^{-j\varphi_0} \text{rect } (2\omega/B) = V(j\omega) + jW(j\omega),$$

woraus sich unter Benutzung von (7.4.17)

$$2X^*(j\omega_0 - j\omega)e^{j\varphi_0} \text{rect } (2\omega/B) = V(j\omega) - jW(j\omega),$$

ergibt und damit

$$V(j\omega) = \left[X(j\omega_0 + j\omega)e^{-j\varphi_0} + X^*(j\omega_0 - j\omega)e^{j\varphi_0}\right] \text{rect } (2\omega/B), \qquad (7.4.19)$$

$$W(j\omega) = j\left[X^*(j\omega_0 - j\omega)e^{j\varphi_0} - X(j\omega_0 + j\omega)e^{-j\varphi_0}\right] \text{rect } (2\omega/B). \qquad (7.4.20)$$

Es ist also u.a.

$$V(j\omega) = 0 \quad \text{und} \quad W(j\omega) = 0 \quad \text{für} \quad |\omega| > B/2. \qquad (7.4.21a,b)$$

Unter Berücksichtigung von (7.4.18) folgt aus (7.4.14)

$$y_+(t) = [v(t) + jw(t)]e^{j(\omega_0 t + \varphi_0)} \qquad (7.4.22)$$

und daher wegen $y(t) = \operatorname{Re} y_+(t)$

$$y(t) = v(t)\cos\omega_0(t-t_0) - w(t)\sin\omega_0(t-t_0), \qquad (7.4.23)$$

wo t_0 durch

$$t_0 = -\varphi_0/\omega_0 \qquad (7.4.24)$$

definiert ist. Weiterhin ist

$$|y_+(t)| = \sqrt{v^2(t) + w^2(t)}, \qquad (7.4.25)$$

so daß (7.4.23) auch in der Form

$$y(t) = |y_+(t)| \cdot \cos\omega_0[t - t_0 + \rho(t)] \qquad (7.4.26)$$

geschrieben werden kann, wo auch $\rho(t)$ eindeutig festliegt, und zwar — bis auf das Vorzeichen — durch

$$\tan\omega_0 \rho(t) = w(t)/v(t). \qquad (7.4.27)$$

Aus (7.4.15), (7.4.19) und (7.4.20) ergibt sich

$$V(0) = 2|X(j\omega_0)|, \qquad W(0) = 0.$$

Wenn der Bandpaß so schmalbandig ist, daß sich $X(j\omega)$ im gesamten Durchlaßbereich nur wenig ändert, gilt somit näherungsweise

$$V(j\omega) = 2|X(j\omega_0)| \quad \text{und} \quad W(j\omega) = 0 \quad \text{für} \quad |\omega| < B/2.$$

Wegen (7.4.21b) ist dann sogar $W(j\omega) = 0 \;\forall \omega$, also auch $w(t) = 0 \;\forall t$. Damit vereinfachen sich (7.4.23) und (7.4.26) zu

$$y(t) = v(t)\cdot \cos\omega_0(t - t_0). \qquad (7.4.28)$$

Wie wir in Abschnitt 8.1 sehen werden, entspricht (7.4.28) einem amplitudenmodulierten Signal mit der Trägerfrequenz ω_0, jedoch mit unterdrückter Trägerschwingung; hierbei ist $v(t)$ im Falle der Schmalbandigkeit ($B \ll \omega_0$) wegen (7.4.21a) nur langsam veränderlich gegenüber der Trägerschwingung. Darüber hinaus erkennt man, aus (7.4.26) und (7.4.27), daß eine solche Interpretation im wesentlichen auch dann gültig bleibt, wenn $w(t)$ zwar nicht strikt vernachlässigbar, wohl aber hinreichend klein ist, so daß $\rho(t)$ in (7.4.26) als eine nur langsam veränderliche Größe aufgefaßt werden kann. (Vergleiche hierzu etwa die Diskussion später im Anschluß an (8.1.35).) Insbesondere stimmen $|y_+(t)|$ und $|v(t)|$ wegen (7.4.25) bis auf einen Fehler zweiter Ordnung miteinander überein.

Alle diese Überlegungen gelten auch dann noch, wenn wir einen Bandpaß betrachten, der zwar nicht ideal, wohl aber *idealisiert* ist in dem Sinne, daß noch stets

$$H(j\omega) = 0 \quad \text{für} \quad |\omega| < \omega_{-g} \quad \text{und} \quad |\omega| > \omega_g$$

ist, während $H(j\omega)$ für $\omega_{-g} < |\omega| < \omega_g$ nicht mehr der strengen Vorschrift $H(j\omega) = 1$ unterworfen zu sein braucht. Es genügt nämlich, in allen obigen Beziehungen, in denen $X(j\omega)$ (also auch irgendeine der daraus abgeleiteten Größen $X(j\omega_0), X(j\omega_0 + j\omega)$ usw.) auftritt, dieses durch $X(j\omega)H(j\omega)$ (also gegebenenfalls durch $X(j\omega_0)H(j\omega_0), X(j\omega_0 + j\omega)H(j\omega_0+j\omega)$ usw.) zu ersetzen. Weitere Änderungen dürfen jedoch nicht vorgenommen werden, z.B. muß φ_0 statt durch (7.4.15) durch

$$X(j\omega_0) \cdot H(j\omega_0) = |X(j\omega_0) \cdot H(j\omega_0)| e^{j\varphi_0}$$

definiert werden.

Die hiermit vorgenommene Verallgemeinerung ist vor allem deswegen wichtig, weil der Phasengang eines realen Filters, also der Verlauf von $-\text{arc } H(j\omega)$, im Durchlaßbereich sehr stark frequenzabhängig ist, denn ohne eine solche Abhängigkeit wäre — wie wir gesehen haben — die Kausalität auf ausgeprägte Weise verletzt.

8. Modulierte Signale
8.1 Amplitudenmodulierte Signale
8.1.1 Elementare Betrachtungen

Das einfachste amplitudenmodulierte Signal hat die Form

$$x(t) = A[1 + m \cdot \cos(\omega_0 t + \varphi)] \cdot \cos\Omega t, \tag{8.1.1}$$

wo m, A, Ω, ω_0 = positive Konstanten sind. Hierbei ist häufig

$$m \leq 1, \quad \omega_0 \ll \Omega$$

vorausgesetzt.

Für das durch (8.1.1) definierte Signal können wir auch

$$x(t) = a(t)\cos\Omega t = A[1 + \xi(t)]\cos\Omega t \tag{8.1.2}$$

schreiben, mit

$$a(t) = A[1 + \xi(t)], \tag{8.1.3}$$

$$\xi(t) = m\cos(\omega_0 t + \varphi). \tag{8.1.4}$$

Es entspricht also einer Sinusschwingung, deren Kreisfrequenz gleich Ω ist und deren Amplitude ihrerseits sinusförmig mit der meist gegenüber Ω kleinen Frequenz ω_0 schwankt. Um vollständig allgemein zu sein, müßte man selbstverständlich auch für die Trägerschwingung einen beliebigen Phasenwinkel zulassen, doch läßt sich dieser Winkel durch geeignete Wahl des Zeitnullpunktes immer zu null machen, wie in (8.1.1) geschehen. Falls insbesondere die Annahme $m \leq 1$ gilt, stellt $x(t)$ eine Schwingung dar, welche zwischen den beiden *Einhüllenden (Hüllkurven)* $a(t)$ und $-a(t)$ oszilliert. Dies ist in Bild 8.1.1 dargestellt.

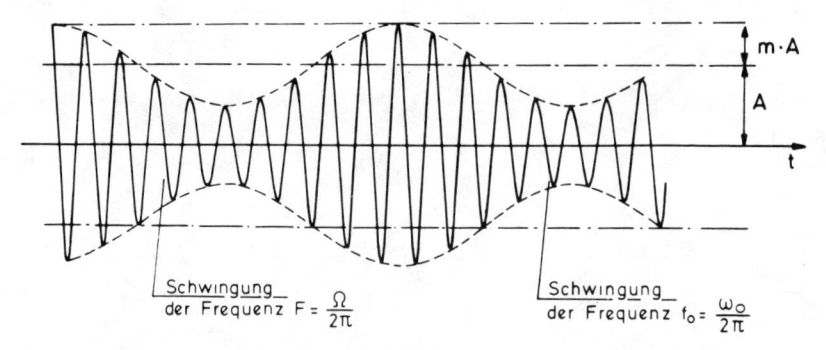

Bild 8.1.1: Verlauf eines Signals gemäß (8.1.1) mit $m < 1$.

8.1 Amplitudenmodulierte Signale

Folgende Bezeichnungen sind üblich:

$\xi(t) = $ *modulierendes Signal*, $x(t) = $ *moduliertes Signal*,
$F = $ *Trägerfrequenz*, $\Omega = 2\pi F = $ Trägerkreisfrequenz,
$f_0 = $ Frequenz des modulierenden Signals,
$\omega_0 = 2\pi f_0 = $ Kreisfrequenz des modulierenden Signals,
$m = $ *Modulationsgrad*, *Modulationsindex*.

Wenn Verwechselungen ausgeschlossen sind, werden wir — wie wir dies auch bisher getan haben — für eine Kreisfrequenz häufig die knappere Bezeichnung Frequenz verwenden.

Signale der Form (8.1.1) werden verwendet, um niederfrequente Signale, im vorliegenden Fall das durch (8.1.4) gegebene $\xi(t)$, mit Hilfe eines hochfrequenten Trägers zu übertragen. Auf spezielle Verfahren zur Erzeugung solcher modulierter Signale wollen wir an dieser Stelle nicht eingehen. Prinzipiell läuft ein solches Verfahren darauf hinaus, zu dem niederfrequenten Signal $\xi(t)$ eine Konstante zu addieren und das Ergebnis mit $A \cos \Omega t$ zu multiplizieren (siehe das in Bild 8.1.2 gezeigte Signalflußdiagramm). Ein hierfür erforderliches Gerät stellt einen *Modulator* dar.

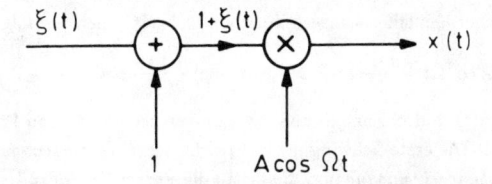

Bild 8.1.2: Signalflußdiagramm zur Erzeugung eines amplitudenmodulierten Signals.

Bei der Demodulation genügt es, irgendein Verfahren zu verwenden, das es gestattet, aus dem Signal $x(t)$ wiederum die Einhüllende $a(t)$ zurückzugewinnen. Entfernt man nämlich aus dieser Einhüllenden noch den Gleichstromanteil A, so wird unter der Annahme, daß $m \leq 1$ ist, das ursprüngliche Signal — zumindest bis auf einen konstanten Faktor, der unter der derzeitigen Voraussetzung A beträgt — wiedergewonnen. Ein zur Demodulation geeignetes Gerät heißt ein *Demodulator*. Offensichtlich kann ein solcher Demodulator insbesondere ein *Detektor* zur Detektion der Einhüllenden sein. Solche Detektoren sind gerätemäßig besonders einfach zu realisieren (Bedeutung für den Rundfunk). Für die Bezeichnung Amplitudenmodulation wird häufig die Abkürzung AM verwendet.

Für einen Modulationsgrad $m > 1$ wäre eine Rückgewinnung des ursprünglichen Signals durch einfache Hüllkurvendetektion nicht möglich. Dies wird in Bild 8.1.3 veranschaulicht. Jedoch läßt sich auch in diesem Fall eine Rückgewinnung mit Hilfe geeigneter Verfahren erzielen, wie wir weiter unten diskutieren werden.

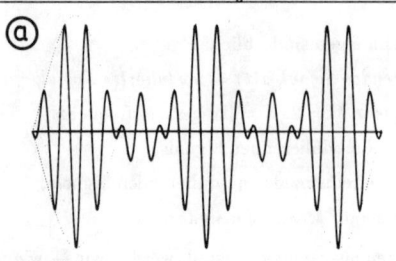

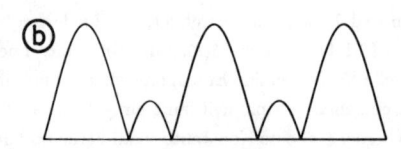

Bild 8.1.3: a) Signal wie in Bild 8.1.1, jedoch mit $m > 1$.
b) Die den positiven Halbwellen entsprechende Hüllkurve.

Mit Hilfe einer einfachen Umrechnung läßt sich $x(t)$ auch wie folgt schreiben:

$$x(t) = A \cos \Omega t + \frac{mA}{2} \cos[(\Omega + \omega_0)t + \varphi] + \frac{mA}{2} \cos[(\Omega - \omega_0)t - \varphi]. \qquad (8.1.5)$$

Somit läßt sich $x(t)$ in drei reine Sinusschwingungen zerlegen, deren Frequenzen $\Omega, \Omega + \omega_0$ und $\Omega - \omega_0$ sind. Die erste Schwingung entspricht der *Trägerschwingung*, die zweite stellt die *obere Seitenbandschwingung* und die dritte die *untere Seitenbandschwingung* dar.

Die gefundene Summendarstellung aus drei Teilschwingungen ist i.a. kein Sonderfall einer endlichen Fourierreihe. Die Frequenzen $\Omega, \Omega + \omega_0$ und $\Omega - \omega_0$ brauchen nämlich keineswegs ganzzahlige Vielfache einer gemeinsamen Grundfrequenz zu sein, d.h., $x(t)$ ist zwar eine sogenannte *fastperiodische* Funktion, braucht jedoch keine eigentliche periodische Funktion zu sein. Trotzdem läßt sich die mittlere Leistung des Summensignals aus der Summe der mittleren Einzelleistungen berechnen. Unter der Leistung des Signals $x(t)$ ist dabei der Ausdruck

$$P = \lim_{T \to \infty} \frac{1}{T} \int_{-T/2}^{T/2} x^2(t) dt \qquad (8.1.6)$$

zu verstehen. Wenden wir (8.1.6) auf (8.1.5) an, so erhalten wir:

$$P = \frac{A^2}{2} + \frac{m^2 A^2}{8} + \frac{m^2 A^2}{8} = \left(1 + \frac{m^2}{2}\right) \frac{A^2}{2}. \qquad (8.1.7)$$

Die durch den Träger übertragene Leistung ist somit gleich $A^2/2$, während jede der beiden Seitenbandschwingungen nur die Leistung $m^2 A^2/8$ überträgt.

Da in der Praxis sowohl Signale mit kleiner als auch solche mit großer Amplitude übertragen werden müssen, wird man, um Übersteuerung bei den größten Signalwerten zu vermeiden, im Mittel mit relativ kleinen Werten von m arbeiten müssen. Da die Leistung in beiden Seitenbandschwingungen bezogen auf die Leistung der Trägerschwingung insgesamt nur $m^2/2$ beträgt, ist ersichtlich, daß die übertragene Leistung überwiegend nur zur Übertragung des Trägers benötigt wird.

8.1.2 Allgemeine amplitudenmodulierte Signale

Durch die im letzten Absatz des vorigen Unterabschnitts dargelegten Betrachtungen haben wir bereits zumindest implizit angedeutet, daß wir es in der Praxis nicht mit einem rein sinusförmigen modulierenden Signal (vgl. (8.1.4)) zu tun haben; ein solches hat in der

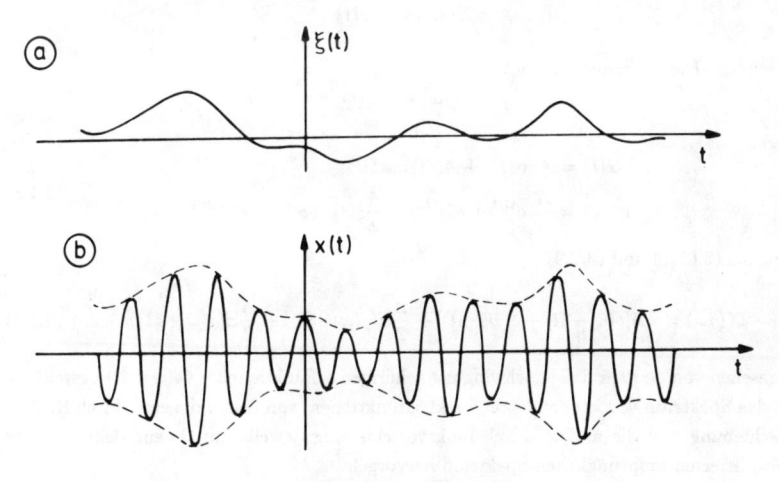

Bild 8.1.4: a) Ein allgemeines modulierendes Signal $\xi(t)$.
b) Das entsprechende amplitudenmodulierte Signal
unter der Annahme, daß $|\xi(t)| \leq 1\,\forall t$ gilt.

Tat für die Signalübertragung keine Bedeutung. Auch war die benutzte Betrachtungsweise nicht sehr präzise, und wir wollen jetzt eine genauere Analyse vornehmen. Die obigen Ergebnisse bleiben jedoch im Kern auch für allgemeine modulierende Signale $\xi(t)$ gültig. So hat ein allgemeines amplitudenmoduliertes Signal noch immer die Form (8.1.2). Man beachte, daß in diesem Ausdruck $\xi(t)$ als dimensionslos angenommen ist. Dementsprechend braucht $\xi(t)$ nicht das im engeren Sinne ursprüngliche modulierende Signal zu sein, sondern dieses multipliziert mit einer geeigneten Konstante. Die hierzu erforderliche Multiplikation

8. Modulierte Signale

erfolgt in einer praktischen Modulationsschaltung in gewissem Sinne von selbst.

Der früheren Forderung $m \leq 1$ entspricht jetzt die Forderung

$$|\xi(t)| \leq 1 \quad \forall\, t.$$

Ein unter dieser Annahme entstehendes Signal $x(t)$ sowie das zugehörige $\xi(t)$ sind in Bild 8.1.4 skizziert. Das Maximum von $\xi(t)$ bezeichnen wir wieder als den Modulationsgrad. Modulation und Demodulation können unter Zugrundelegung der oben genannten Prinzipien erfolgen.

Wir wollen noch die zu $x(t)$ gehörige Spektralfunktion

$$X(j\omega) \bullet\!\!-\!\!\circ x(t)$$

berechnen. Hierzu benutzen wir

$$\Xi(j\omega) \bullet\!\!-\!\!\circ \xi(t).$$

Wegen

$$\begin{aligned}x(t) &= A\cos\Omega t + A\xi(t)\cos\Omega t \\ &= \frac{A}{2}(e^{j\Omega t} + e^{-j\Omega t}) + \frac{A}{2}\xi(t)\cdot(e^{j\Omega t} + e^{-j\Omega t})\end{aligned} \qquad (8.1.8)$$

folgt aus (3.6.41) und (3.9.9)

$$X(j\omega) = \pi A[\delta(\omega - \Omega) + \delta(\omega + \Omega)] + \frac{A}{2}\Xi(j(\omega - \Omega)) + \frac{A}{2}\Xi(j(\omega + \Omega)). \qquad (8.1.9)$$

Abgesehen von den zur Trägerschwingung gehörigen δ-Funktionen $\pi A\delta(\omega \pm \Omega)$ besteht somit das Spektrum von $x(t)$ aus zwei Spektralfunktionen, von denen die eine durch Rechtsverschiebung und die andere durch Linksverschiebung, jeweils um Ω, aus dem mit $A/2$ multiplizierten ursprünglichen Spektrum hervorgeht.

Die sich ergebenden Verhältnisse sind besonders einfach, wenn $\xi(t)$ frequenzbegrenzt ist, insbesondere, wenn es tiefpaßbegrenzt ist. Es gebe also eine positive Konstante ω_g derart, daß

$$\Xi(j\omega) = 0 \quad \text{für} \quad |\omega| > \omega_g \qquad (8.1.10)$$

ist. Das daraus folgende Ergebnis ist in Bild 8.1.5 skizziert, und zwar unter der üblichen Annahme $\omega_g < \Omega$. Wie wir wissen, ergibt sich im Fall reeller Signale das Verhalten bei negativen Frequenzen immer aus demjenigen bei positiven Frequenzen, so daß wir uns bei der Interpretation von Bild 8.1.5 auf die Betrachtung positiver Frequenzen beschränken können. Während sich also im Bereich positiver Frequenzen das Spektrum von $\xi(t)$ auf den Bereich von 0 bis ω_g erstreckt, besitzt $x(t)$ zwei um die Trägerfrequenz Ω herum

8.1 Amplitudenmodulierte Signale

angeordnete Seitenbänder. Das *obere Seitenband* erstreckt sich von Ω bis $\Omega + \omega_g$ und das *untere Seitenband* von $\Omega - \omega_g$ bis Ω. Beide Seitenbänder liegen symmetrisch in bezug auf Ω; dies ergibt sich aus der Tatsache, daß das Spektrum von $\xi(t)$ symmetrisch in bezug auf $\omega = 0$ ist. In diesem Zusammenhang ist "symmetrisch" in dem Sinne zu verstehen, daß die Beträge gleich und die Phasen entgegengesetzt gleich sind. In Bild 8.1.5 handelt es sich natürlich — wie auch an entsprechenden anderen Stellen in diesem Text allgemein üblich — um eine symbolische Darstellung (d.h. um eine Darstellung unter Verzicht auf getrennte Darstellung etwa von Real- und Imaginärteil).

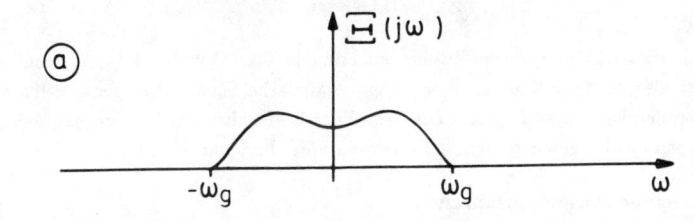

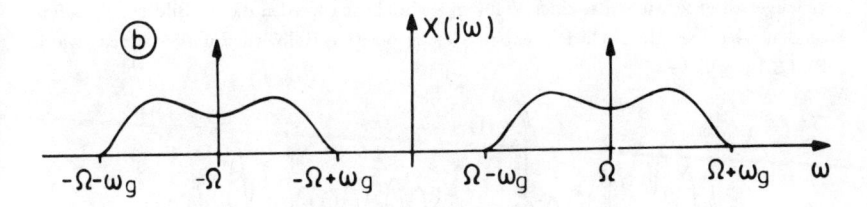

Bild 8.1.5: a) Spektralfunktion von $\xi(t)$.
b) Zugehörige Spektralfunktion von $x(t)$.

Aus diesen Ergebnissen läßt sich u.a. folgender Schluß ziehen: Da wir Ω beliebig wählen können, ohne die Einhüllende, also den Informationsinhalt, zu ändern, läßt sich der für das Signal benötigte Spektralbereich an eine beliebige Stelle der Frequenzachse schieben. Die erforderliche Bandbreite ist dabei gleich $2\omega_g$ und damit unabhängig von Ω. Man beachte, daß die vorhin gemachte Annahme $\omega_g < \Omega$ weit weniger streng ist als die frühere Annahme $\omega_0 \ll \Omega$. Dieser würde jetzt die Annahme $\omega_g \ll \Omega$ entsprechen.

Wir betrachten noch das Signal

$$x_+(t) = A[1 + \xi(t)]e^{j\Omega t}. \qquad (8.1.11)$$

Für die zugehörige Fourier-Transformierte $X_+(j\omega)$ gilt

$$X_+(j\omega) = 2\pi A \delta(\omega - \Omega) + A\,\Xi(j\omega - j\Omega) \qquad (8.1.12)$$

Aus (8.1.11) folgt

$$x(t) = \operatorname{Re} x_+(t)$$

und aus (8.1.12), und zwar wiederum unter der Annahme, daß (8.1.10) mit $\omega_g < \Omega$ zutrifft,

$$X_+(j\omega) = 0 \quad \text{für} \quad \omega < 0.$$

Unter Berücksichtigung der im Zusammenhang mit (5.1.13) und (5.1.14) gemachten Aussage ist also $x_+(t)$ das zu (8.1.2) gehörige analytische Signal. Übrigens hätten wir im vorliegenden Fall dieses Ergebnis auf Grund der Einfachheit der hier zu berücksichtigenden Zusammenhänge auch leicht auf direktem Wege herleiten können.

8.1.3 Demodulationsverfahren

Wir wollen kurz einige Demodulationsprinzipien betrachten. Für die insbesondere in der Rundfunktechnik weit verbreitete Hüllkurvendetektion muß das Signal $x(t)$ zuerst gleichgerichtet werden. Bei einer Vollweggleichrichtung werden die im Bild 8.1.4b auftretenden negativen Halbwellen in entsprechende positive Halbwellen umgewandelt, wie in Bild 8.1.6 erläutert.

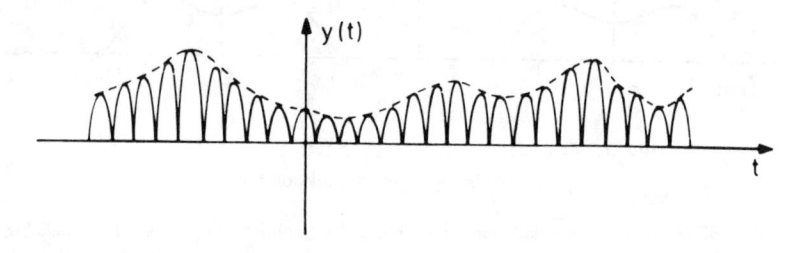

Bild 8.1.6: Das aus Bild 8.1.4b durch Vollweggleichrichtung entstehende Signal $y(t)$.

Dieser Vorgang entspricht offensichtlich der durch

$$y(t) = x(t) \cdot g(t) \qquad (8.1.13)$$

beschriebenen Operation, wobei $g(t)$ eine periodisch alternierende Rechteckfolge ist (Bild 8.1.7a), deren Periode gleich derjenigen der Trägerschwingung ist, also gleich $T = 2\pi/\Omega$; dies gilt zumindest unter der Annahme, daß $a(t) \geq 0$, also $|\xi(t)| \leq 1\,\forall t$ ist.

8.1 Amplitudenmodulierte Signale

Eine Spektralzerlegung von $y(t)$ können wir erhalten, wenn wir zunächst $g(t)$ in eine Fourierreihe zerlegen. Einfacher ist es jedoch, direkt die Funktion

$$g(t) \cdot \cos \Omega t = |\cos \Omega t|$$

zu betrachten (Bild 8.1.7b), für die man mit Hilfe von Abschnitt 3.2 die Darstellung

$$|\cos \Omega t| = \frac{2}{\pi} \sum_{m=-\infty}^{\infty} \frac{(-1)^{m+1}}{(4m^2-1)} \cdot e^{j2m\Omega t} \tag{8.1.14}$$

erhält. Mit (8.1.2) folgt daraus für $y(t) \circ\!\!-\!\!\bullet Y(j\omega)$

$$Y(j\omega) = \frac{2A}{\pi} \sum_{m=-\infty}^{\infty} \frac{(-1)^{m+1}}{(4m^2-1)} [2\pi\delta(\omega - 2m\Omega) + \Xi(j\omega - j2m\Omega)]. \tag{8.1.15}$$

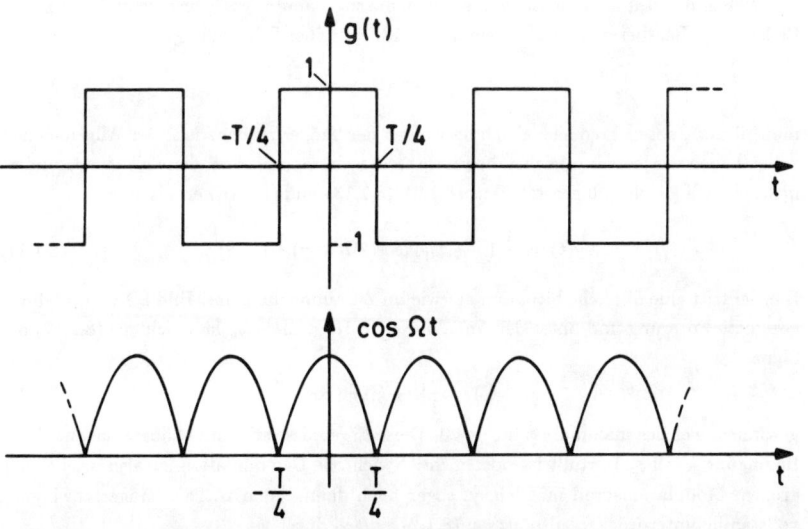

Bild 8.1.7: a) Verlauf der Funktion $g(t)$.
b) Verlauf der Funktion $|\cos \Omega t|$.

Wenn also $\xi(t)$ gemäß (8.1.10) frequenzbegrenzt ist und wir $y(t)$ einem idealen Tiefpaß zuführen, dessen Grenzfrequenz Ω_g der Bedingung $\omega_g < \Omega_g < 2\Omega - \omega_g$ genügt, dann wird aus der unendlichen Sume (8.1.15) nur der Term mit $m = 0$ übrigbleiben, so daß man schließlich ein Antwortsignal

$$z(t) = \frac{2A}{\pi}[1 + \xi(t)]$$

erhält. Dieses enthält neben dem gewünschten, zu $\xi(t)$ proportionalen Signal auch den Gleichanteil $2A/\pi$. Dieser kann aber unter der üblicherweise zulässigen Annahme, daß $\xi(t)$ keine Gleichanteile enthält, durch einfache Hochpaßfilterung ebenfalls eliminiert werden.

Man beachte, daß wir diese Ergebnisse unter der Annahme idealer Filter hergeleitet haben. Für reale Filter ist die Situation jedoch grundsätzlich ähnlich.

Statt einer Vollweggleichrichtung kann man auch eine Halbweggleichrichtung benutzen, bei der aus dem Signal von Bild 8.1.4b die negativen Teile einfach unterdrückt werden. Dies läuft darauf hinaus, in (8.1.13) die Funktion $g(t)$ durch $(1 + g(t))/2$ zu ersetzen. Die daraus resultierenden Verhältnisse sind ähnlich, jedoch ist das sich ergebende Signal $z(t)$ nur halb so groß, und die Forderung für Ω_g wird $\omega_g < \Omega_g < \Omega - \omega_g$, ist also erheblich strenger.

Neben der Hüllkurvendetektion ist auch die sogenannte synchrone Demodulation von Bedeutung. Bei dieser wird $x(t)$ gemäß (8.1.13) mit einer Schwingung

$$g(t) = \cos(\Omega t + \gamma) \tag{8.1.16}$$

multipliziert, deren Frequenz gleich derjenigen der Trägerfrequenz ist. Der Allgemeinheit willen haben wir jedoch zunächst die Phase nicht weiter spezifiziert, diese also insbesondere nicht einfach gleich null gesetzt. Aus (8.1.2), (8.1.13) und (8.1.16) erhalten wir

$$y(t) = \frac{A}{2}[1 + \xi(t)] \cdot [\cos(2\Omega t + \gamma) + \cos \gamma]. \tag{8.1.17}$$

Hierbei tritt eine ähnliche Situation auf wie im Zusammenhang mit Bild 8.1.6, d.h., durch geeignete Filterung und unter der Annahme $\omega_g < \Omega_g < 2\Omega - \omega_g$ läßt sich aus (8.1.17) das Signal

$$z(t) = \frac{A}{2}[1 + \xi(t)] \cdot \cos \gamma \tag{8.1.18}$$

gewinnen, welches maximal ist für $\gamma = 0$. Diese Ergebnisse sind unabhängig davon, ob die Bedingung $|\xi(t)| \leq 1$ erfüllt ist oder nicht. Synchrone Demodulation ist also bei beliebig großem Modulationsgrad möglich, ja sogar auch dann, wenn wir die Trägerschwingung vollständig unterdrücken, also $a(t)$ in (8.1.2) einfach durch

$$a(t) = A\,\xi(t)$$

ersetzen, in welchem Fall (8.1.18) durch

$$z(t) = \frac{A}{2}\xi(t) \cdot \cos \gamma$$

ersetzt wird. Es entfällt dann insbesondere der Nachteil der benötigten hohen Leistung, den wir im Anschluß an (8.1.7) diskutiert haben.

8.1 Amplitudenmodulierte Signale

Dafür entsteht jetzt der Nachteil, daß die Trägerschwingung mit hoher Genauigkeit am Empfangsort wieder erzeugt werden muß, gegebenenfalls durch Rückgewinnung aus einem noch schwach mit dem Signal übertragenen Trägerrest. Man beachte, daß dabei nicht nur die Frequenz mit Ω übereinstimmen, sondern auch die Phase γ sehr konstant, und zwar möglichst gleich 0 oder π gehalten werden muß, denn dann wird das demodulierte Signal maximal.

Aus (8.1.18) folgt für $\gamma = \pm\pi/2$ die Identität $z(t) = 0$. Der Empfang verschwindet dann völlig. Daraus folgt, daß man sogar zwei getrennte Signale $\xi_1(t)$ und $\xi_2(t)$ im gleichen Frequenzband, jedoch mit zueinander senkrecht stehenden Trägern (d.h., mit Trägerschwingungen, deren Phasen sich um $\pm\pi/2$ unterscheiden) übertragen kann, also etwa gemäß

$$x(t) = A_1[1 + \xi_1(t)]\cos\Omega t + A_2[1 + \xi_2(t)]\sin\Omega t,$$

man dann trotzdem im Empfänger beide Signale getrennt zurückgewinnen kann. Hierzu genügt es, die Demodulation gemäß (8.1.13) und (8.1.16) vorzunehmen, für die Rückgewinnung von $\xi_1(t)$ jedoch $\gamma = 0$ oder π und für diejenige von $\xi_2(t)$ stattdessen $\gamma = \pm\pi/2$ zu wählen. Auf diese Weise wird folglich die benötigte Bandbreite halbiert. Man nennt ein solches Verfahren auch *Quadratur-Amplitudenmodulation*.

Allerdings müssen die genannten Phasenlagen der beiden Trägerschwingungen sehr exakt stimmen, denn sonst wäre dem einen Signal ein Rest des anderen überlagert, und zwar auf eine Weise, die sogenanntem verständlichem Nebensprechen entspricht. Mit anderen Worten, das jeweils andere Signal wäre zwar gedämpft, könnte aber eventuell verständlich bleiben. Wenn es sich etwa um zwei Ferngespräche handelte, so würde die Vertraulichkeit nicht mehr garantiert sein. Daher hat die Quadratur-Amplitudenmodulation für die Übertragung von Sprache usw. keine Bedeutung erlangt, wohl aber für die Übertragung von digital vorliegender Information (Daten, PCM), denn dort brauchen im einfachsten Fall nur zwei Signalwerte unterschieden zu werden (vgl. etwa Abschnitt 8.5). Allerdings wäre sie prinzipiell z.B. auch für Stereoübertragung geeignet, denn die Forderungen an die Entkopplung zwischen den beiden Kanälen eines gleichen Stereoprogramms sind weitaus geringer als zwischen Kanälen unterschiedlicher Programme.

8.1.4 Einseitenband-amplitudenmodulierte Signale

Bisher haben wir amplitudenmodulierte Signale mit zwei Seitenbändern betrachtet. Jedes dieser Seitenbänder enthält im Prinzip die gleiche Information, so daß die insgesamt benötigte Bandbreite doppelt so groß ist wie eigentlich erforderlich. Bei der Besprechung der Quadratur-Amplitudenmodulation haben wir bereits gesehen, wie man diesen Nachteil vermeiden könnte, wenngleich auch unter erheblichen praktischen Schwierigkeiten. Eine weitere Möglichkeit besteht darin, nur eines der beiden Seitenbänder zu übertragen, wobei man auch zusätzlich auf die Trägerschwingung verzichten kann. Ein solches Signal läßt sich auf verschiedene Weise erzeugen, insbesondere durch Bandpaßfilterung. Dies setzt allerdings voraus, daß $\xi(t)$ keine relevanten Anteile bei sehr tiefen Frequenzen enthält, da sonst etwa im Spektrum $\Xi(j\omega - j\Omega)$ keine Lücke in der Nähe von $\omega = \Omega$ vorhanden wäre. Eine solche Lücke ist aber erforderlich, da praktische Filter keine unendliche Flankensteilheit haben können und somit immer einen mehr oder weniger breiten Übergangsbereich benötigen, um von der niedrigen Dämpfung im Durchlaßbereich auf die hohe Dämpfung im Sperrbereich ansteigen zu können.

Um das entstehende Signal $x(t)$ und dessen Fourier-Transformierte $X(j\omega)$ zu berechnen, nehmen wir an, daß weiterhin (8.1.10) und außerdem $\Omega > \omega_g$ gilt und daß zunächst ein Zweiseitenband-AM-Signal $x_1(t) \circ\!\!-\!\!\bullet X_1(j\omega)$ gegeben ist. In Anbetracht des fehlenden Trägers folgt hierfür aus (8.1.9)

$$X_1(j\omega) = \frac{A}{2}\Xi(j\omega - j\Omega) + \frac{A}{2}\Xi(j\omega + j\Omega). \tag{8.1.19}$$

Sei noch $x_+(t)$ das zu $x(t)$ gehörige analytische Signal und $X_+(j\omega)$ die zugehörige Fouriertransformierte. Dann folgt aus (5.1.11) und (8.1.19), wenn wir das obere Seitenband benutzen,

$$X_+(j\omega) = A\,\Xi(j\omega - j\Omega) \cdot u(\omega - \Omega) \tag{8.1.20}$$

und wenn wir das untere Seitenband benutzen

$$X_+(j\omega) = A\,\Xi(j\omega - j\Omega) \cdot u(\Omega - \omega), \tag{8.1.21}$$

wobei $u(\cdot)$ den Einheitssprung bedeutet. Sei schließlich noch $\xi_+(t) \circ\!\!-\!\!\bullet \Xi_+(j\omega)$ das zu $\xi(t)$ gehörige analytische Signal und dessen Fourier-Transformierte. Wegen (5.1.11) ist

$$\Xi_+(j\omega) = 2\,\Xi(j\omega) \cdot u(\omega), \tag{8.1.22}$$

so daß aus (8.1.20), also für den Fall, daß $x(t)$ der Wahl des oberen Seitenbandes entspricht,

$$X_+(j\omega) = \frac{A}{2}\Xi_+(j\omega - j\Omega),$$

also

$$x_+(t) = \frac{A}{2}\xi_+(t)e^{j\Omega t}$$

folgt und damit

$$x(t) = \text{Re }x_+(t) = \frac{A}{2}\text{Re}\xi_+(t)e^{j\Omega t}. \tag{8.1.23}$$

8.1 Amplitudenmodulierte Signale

Zur Demodulation muß auf der Empfangsseite wieder ein Träger auf geeignete Weise hinzutreten, etwa in der Form (8.1.13) mit $g(t)$ gegeben durch (8.1.16). Wir erhalten dann, wenn wir uns wiederum auf den Fall der Benutzung des oberen Seitenbandes beschränken,

$$y(t) = x(t) \cdot \cos(\Omega t + \gamma)$$
$$= \frac{A}{8}[\xi_+(t) \cdot e^{j\Omega t} + \xi_+^*(t) \cdot e^{-j\Omega t}] \cdot [e^{j(\Omega t+\gamma)} + e^{-j(\Omega t+\gamma)}]$$
$$= \frac{A}{8}[\xi_+(t)e^{-j\gamma} + \xi_+^*(t)e^{j\gamma} + \xi_+(t)e^{j(2\Omega t+\gamma)} + \xi_+^*(t)e^{-j(2\Omega t+\gamma)}].$$

Wenn wir wiederum (8.1.10) voraussetzen und $y(t)$ durch einen idealen Tiefpaß filtern, dessen Grenzfrequenz Ω_g der Bedingung $\omega_g < \Omega_g < 2\Omega$ genügt, liefern die beiden letzten Terme keinen Beitrag, so daß wir für das resultierende Signal $z(t)$ erhalten

$$z(t) = \text{Re } z_+(t), \quad \text{mit} \quad z_+(t) = \frac{A}{4}\xi_+(t)e^{-j\gamma}. \tag{8.1.24}$$

$$z_+(t) \circ\!\!-\!\!\bullet Z_+(j\omega) = \frac{A}{4}\Xi_+(j\omega) \cdot e^{-j\gamma}. \tag{8.1.25}$$

Da $Z_+(j\omega) = 0$ ist für $\omega < 0$, ist $z_+(t)$ offensichtlich das zu $z(t)$ gehörige analytische Signal. Folglich entsteht $z(t)$ aus $\xi(t)$ dadurch, daß wir — abgesehen von dem trivialen Faktor $A/4$ — die Spektralanteile bei positiven Frequenzen einheitlich um den Winkel $-\gamma$ drehen (und dementsprechend diejenigen bei negativen Frequenzen einheitlich um den Winkel γ). Insbesondere ist $z(t)$ für $\gamma = 0$ einfach proportional zu $\xi(t)$, während sich für $\gamma \neq k\pi$ (k eine ganze Zahl) eine Verzerrung ergibt. Für Signale, bei denen es auf den genauen Kurvenverlauf ankommt (Telegraphie, Datenübertragung, Fernsehen) ist diese nicht tragbar, für Sprache jedoch ist sie unproblematisch. Letzteres kommt daher, daß wir uns die Funktionsweise des Ohrs durch das Modell einer Filterbank klarmachen können. Diese besteht aus vielen schmalbandigen Bandpässen der Art, wie wir sie zumindest in idealisierter Form in Unterabschnitt 7.4.3 untersucht haben. Man kann sich das Modell so vorstellen, daß die einzelnen Bandpässe unterschiedliche Bandmittenfrequenzen haben und daß an ihren Ausgängen geeignete Sensoren (Nervenzellen) angebracht sind, die ihrerseits feststellen, ob und mit welcher Amplitude eine Schwingung vorhanden ist, nicht aber, welche Phasenlage diese hat. Es läßt sich leicht zeigen, daß für ein solches Modell der Wert von γ keine Rolle spielt, da er nur gegebenenfalls einer Änderung der etwa in (7.4.24) und (7.4.26) auftretenden Größe t_0 entspricht.

Diese Eigenschaft ist für die praktische Einsatzfähigkeit von Einseitenband-Amplitudenmodulation von großer Wichtigkeit. Da der bei der Demodulation benötigte Träger lokal wieder erzeugt werden muß, ist es nahezu unmöglich, etwa die Differenz γ zwischen der Phase des Trägers des ankommenden Signals und derjenigen des lokal erzeugten Trägers exakt gleich null zu machen. Ja sogar die Frequenz des lokalen Trägers wird kaum exakt gleich Ω sein können, was wir aber auch dadurch interpretieren können, daß wir sagen, dieser Träger habe eine Frequenz exakt gleich Ω, jedoch eine langsam driftende Phase. Das bedeutet, daß für γ sogar grundsätzlich kein genauer Wert angegeben werden kann, denn dieser ist in dauernder Fluktuation begriffen.

Hieraus ersieht man, weshalb Einseitenband-AM gerade für die Sprache sehr große Bedeutung erlangt hat. Zum einen enthält Sprache praktisch keine Spektralanteile bei sehr niedrigen Frequenzen, so daß in der Tat die eingangs erwähnte Lücke im Spektrum vorhanden ist, um die erforderliche Bandpaßfilterung vornehmen zu können. Zum anderen ist sie aber weitgehend unempfindlich gegenüber den unvermeidlichen, langsamen Schwankungen der Phasendifferenz γ.

8.1.5 Restseitenband-amplitudenmodulierte Signale

Bei Signalen, die die genannten Voraussetzungen nicht erfüllen, würde der Einsatz von Einseitenband-AM zu erheblichen Schwierigkeiten führen. Eine Möglichkeit, auch für solche Signale zumindest teilweise zu einer Einsparung an Bandbreite zu kommen, bietet die *Restseitenbandmodulation*. Hierbei wird ein Zweiseitenband-AM-Signal einer Filterung unterworfen, die jedoch keine scharfe Trennung der beiden Seitenbänder, wohl aber einen allmählichen Übergang in der Umgebung der Trägerfrequenz bewirkt. Auf dieses Verfahren, daß vor allem in der Fernsehtechnik große Bedeutung erlangt hat, wollen wir kurz eingehen. Dabei werden wir allerdings einige Aspekte vorwegnehmen müssen, die eigentlich erst im nächsten Kapitel ausführlicher zur Sprache kommen. Der interessierte Leser möge also gegebenenfalls später noch einmal auf die vorliegenden Betrachtungen zurückkommen.

Das Restseitenbandverfahren ist sowohl mit synchroner Demodulation als auch mit Hüllkurvendetektion möglich. Zur Herleitung des Verfahrens gehen wir von einem Zweiseitenband-AM-Signal aus, dessen zugehöriges analytisches Signal also unter der Annahme, daß (8.1.10) mit $\omega_g < \Omega$ zutrifft, durch (8.1.11) bzw. (8.1.12) gegeben ist. Wir nehmen jedoch an, daß dieses Signal sendeseitig noch durch ein Filter mit der später genauer zu spezifizierenden Übertragungsfunktion $H(j\omega)$ modifiziert wird, so daß wir für das analytische Signal $x_+(t) \circ\!\!-\!\!\bullet X_+(j\omega)$ des entstehenden Signals $x(t)$ schreiben können

$$X_+(j\omega) = A\, \Xi(j\omega - j\Omega) \cdot H(j\omega) + 2\pi A \delta(\omega - \Omega) \cdot H(j\Omega)$$

und damit für das Signal $x(t)$ selber

$$x(t) = \operatorname{Re} x_+(t) = A\, \operatorname{Re}[v(t) + H(j\Omega)] e^{j\Omega t}. \qquad (8.1.26)$$

Hierbei ist $v(t)\; \circ\!\!-\!\!\bullet\; V(j\omega)$ definert durch

$$V(j\omega) = \Xi(j\omega) \cdot H(j\Omega + j\omega). \tag{8.1.27}$$

Da $H(j\Omega)$ im allgemeinen komplexwertig ist, können wir

$$H(j\Omega) = |H(j\Omega)| e^{j\varphi_0} \tag{8.1.28}$$

schreiben, wo φ_0 eine reelle Konstante ist.

Unter Verwendung von (8.1.28) erhalten wir aus (8.1.26)

$$x(t) = A|H(j\Omega)|\mathrm{Re}\left[\frac{v(t)}{H(j\Omega)} + 1\right] e^{j(\Omega t + \varphi_0)}, \tag{8.1.29}$$

was sich auch in der Form

$$x(t) = a(t)\cos(\Omega t + \varphi_0) - b(t)\sin(\Omega t + \varphi_0) \tag{8.1.30}$$

schreiben läßt, wo $a(t)$ und $b(t)$ durch

$$a(t) = A|H(j\Omega)| \cdot \left[1 + \mathrm{Re}\,\frac{v(t)}{H(j\Omega)}\right], \tag{8.1.31}$$

$$b(t) = A|H(j\Omega)|\mathrm{Im}\,\frac{v(t)}{H(j\Omega)} \tag{8.1.32}$$

definiert sind.

Aus (8.1.27) folgt nun aber unter Berücksichtigung von (3.6.10) sowie der Tatsache, daß $\xi(t)$ reell ist,

$$\mathrm{Re}\,\frac{v(t)}{H(j\Omega)} \;\circ\!\!-\!\!\bullet\; \left[\frac{H(j\Omega + j\omega)}{2H(j\Omega)} + \frac{H^*(j\Omega - j\omega)}{2H^*(j\Omega)}\right] \cdot \Xi(j\omega).$$

Nehmen wir noch an, daß für alle relevanten Frequenzen

$$\frac{H(j\Omega + j\omega)}{2H(j\Omega)} + \frac{H^*(j\Omega - j\omega)}{2H^*(j\Omega)} = e^{-j\omega t_0} \tag{8.1.33}$$

ist, wo t_0 eine positive Konstante ist, so ergibt sich

$$\mathrm{Re}\,\frac{v(t)}{H(j\Omega)} = \xi(t - t_0)$$

und folglich für $a(t)$

$$a(t) = A \cdot |H(j\Omega)| \cdot [1 + \xi(t - t_0)]. \tag{8.1.34}$$

8. Modulierte Signale

Auf den Ansatz (8.1.33) werden wir im letzten Absatz nochmals zurückkommen.

Wir wollen jetzt auf $x(t)$ eine synchrone Demodulation gemäß (8.1.13) und (8.1.16) anwenden, und zwar mit $\gamma = \varphi_0$. Wir nehmen wiederum an, daß (8.1.10) gilt und daß die Grenzfrequenz des verwendeten Tiefpasses die Bedingung $\omega_g < \Omega_g < 2\Omega - \omega_g$ erfüllt. Dann ergibt sich für das demodulierte Signal

$$z(t) = \frac{1}{2}a(t),$$

d.h., daß auch jetzt $\xi(t)$ bis auf eine Verzögerung t_0 und einen konstanten Faktor zurückgewonnen wird.

Wir können aber auch eine Hüllkurvendetektion vornehmen, wobei wir $|v(t)| \ll |H(j\Omega)|$ und damit $|b(t)| \ll |a(t)|$ annehmen wollen (was bei hinreichend kleinem $|\xi(t)|$ erfüllt ist). Aus (8.1.30) folgt nämlich

$$x(t) = c(t) \cdot \cos(\Omega t + \varphi_0 + \varphi(t)) \qquad (8.1.35)$$

mit

$$c(t) = \sqrt{a^2(t) + b^2(t)} \approx a(t), \quad \operatorname{tg} \varphi(t) = b(t)/a(t), \qquad (8.1.36a, b)$$

so daß die Hüllkurve in der Tat den gewünschten Verlauf hat. Wenn wir also zunächst die Zeitabhängigkeit von $\varphi(t)$ ignorieren, so entnehmen wir aus diesem Ergebnis, daß $x(t)$ einem üblichen Zweiseitenband-AM-Signal entspricht und insbesondere $\xi(t)$ bis auf eine Verzögerung t_0 durch Hüllkurvendetektion zurückgewonnen werden kann.

Um zu zeigen, daß diese Schlußfolgerung auch noch gilt, wenn wir $\varphi(t)$ genauer berücksichtigen, bemerken wir, daß die Hüllkurvendetektion darauf hinausläuft, zunächst das Signal $y(t) = |x(t)|$ zu bilden; wegen (8.1.35) und $c(t) = a(t)$ ist somit

$$y(t) = a(t) \cdot |\cos(\Omega t + \varphi_0 + \varphi(t))|.$$

Statt $|\cos \Omega t|$ müssen wir also jetzt $|\cos(\Omega t + \varphi_0 + \varphi(t))|$ betrachten, dessen Spektralzerlegung nicht mehr einfach über eine Fourierreihenzerlegung möglich ist (vgl. (8.1.14)). Wegen (8.1.36b) ist aber mit $|b(t)/a(t)|$ auch $\varphi(t)$ klein und außerdem, wegen (8.1.10) und unter der Annahme eines hinreichend kleinen ω_g, eine sich vergleichsweise langsam ändernde Funktion. Für $\omega_g \to 0$ würden sich gemäß (8.1.14) die Spektralanteile von $|\cos(\Omega t + \varphi_0 + \varphi(t))|$ zu δ-Funktionen, die bei den Frequenzen $2m\Omega$ liegen, zusammenziehen. Daher kann man davon ausgehen, daß $|\cos(\Omega t + \varphi_0 + \varphi(t))|$ hauptsächlich Spektralanteile enthält, die sich um die Vielfachen von 2Ω herum lagern (vergleiche auch verwandte Betrachtungen über winkelmodulierte Signale in Abschnitt 8.2). Hierbei sind insbesondere die Spektralanteile in der Nähe von $\pm 2\Omega$ von Bedeutung, und wir können annehmen, daß

8.1 Amplitudenmodulierte Signale

diese sich von $2\Omega - \Omega'_g$ bis $2\Omega + \Omega'_g$ sowie von $-2\Omega - \Omega'_g$ bis $-2\Omega + \Omega'_g$ erstrecken, wo Ω'_g eine positive Konstante ist, die wir als hinreichend klein voraussetzen können. Auch enthält $|\cos(\Omega t + \varphi_0 + \varphi(t))|$ einen starken Gleichanteil, die zugehörige Spektralfunktion also einen wesentlichen δ-Anteil bei $\omega = 0$. Im Vergleich zu diesem können alle anderen Spektralanteile von $|\cos(\Omega t + \varphi_0 + \varphi(t))|$, die im Bereich von $-2\Omega + \Omega'_g$ bis $2\Omega - \Omega'_g$ liegen (also auch diejenigen bei sehr tiefen, jedoch von null verschiedenen Frequenzen), als vernachlässigbar klein angesehen werden. Wird also die auf die Erzeugung von $y(t)$ folgende Tiefpaßfilterung so vorgenommen, daß die Grenzfrequenz Ω_g die Bedingungen $\omega_g < \Omega_g < 2\Omega - \Omega'_g$ erfüllt, so verbleibt nur der erwähnte δ-Anteil bei $\omega = 0$, im Zeitbereich also einfach eine Konstante, so daß wir in der Tat das gewünschte Ergebnis finden.

Wir wollen noch kurz die Beziehung (8.1.33) untersuchen. Man beachte zunächst, daß diese für $\omega = 0$ automatisch erfüllt ist. Schreiben wir dann noch

$$H(j\Omega + j\omega) = Q(\omega) \cdot e^{-j\beta(\omega)}, \quad Q(\omega) = |H(j\Omega + j\omega)|,$$

so ist (8.1.33) äquivalent mit

$$\frac{Q(\omega)}{2Q(0)} e^{j[\beta(0)+\omega t_0 - \beta(\omega)]} + \frac{Q(-\omega)}{2Q(0)} e^{-j[\beta(0)-\omega t_0 - \beta(-\omega)]} = 1.$$

Diese Beziehung ist offensichtlich erfüllt, wenn für alle relevanten Frequenzen

$$|H(j\Omega + j\omega)| + |H(j\Omega - j\omega)| = 2|H(j\Omega)| \qquad (8.1.37)$$

und

$$\beta(\omega) - \omega t_0 = \beta(0) \qquad (8.1.38)$$

ist; dann gilt ja automatisch auch, wie man durch Ersetzen von ω durch $-\omega$ ersieht,

$$\beta(-\omega) + \omega t_0 = \beta(0).$$

Die sich für die Übertragungsfunktion $H(j\omega)$ ergebende Forderung besagt also, daß es eine Konstante t_0 geben muß derart, daß für alle relevanten Frequenzen (8.1.37) und (8.1.38) erfüllt sind. In der Praxis genügt es natürlich, wenn dies mit hinreichender Genauigkeit der Fall ist.

8.2 Winkelmodulierte Signale

8.2.1 Allgemeines über winkelmodulierte Signale

Wie in Abschnitt 8.1 beschrieben, bestimmt bei amplitudenmodulierten Signalen das modulierende Signal die Amplitude. Bei winkelmodulierten Signalen, d.h., bei phasen- und frequenzmodulierten Signalen ist die Amplitude konstant, jedoch die Phase vom modulierenden Signal abhängig. Das Signal $x(t)$ hat dann die Form

$$x(t) = A \cos \varphi(t) \tag{8.2.1}$$

wo A eine reelle Konstante ($A > 0$) und $\varphi(t)$ eine streng monoton wachsende, jedoch normalerweise *nichtlinear* zunehmende Funktion der Zeit ist (Bild 8.2.1). Die letztgenannte Forderung können wir auch durch $\dot{\varphi}(t) > 0$ ausdrücken, wo $\dot{\varphi}(t) = d\varphi(t)/dt$ ist. Das Signal $x(t)$ hat einen Verlauf etwa wie in Bild 8.2.2 skizziert. Die Funktion $\varphi(t)$ ist die *Phase* von $x(t)$. Wie bei $\dot{\varphi}(t)$ drücken wir hiernach auch bei anderen Zeitfunktionen die Ableitung nach der Zeit häufig durch einen Punkt über dem für die Funktion verwendeten Symbol aus.

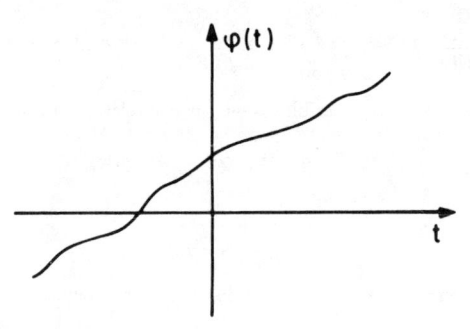

Bild 8.2.1: Verlauf der Phase $\varphi(t)$ eines winkelmodulierten Signals.

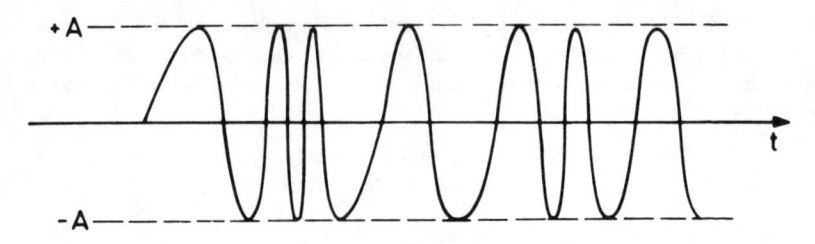

Bild 8.2.2: Verlauf eines winkelmodulierten Signals.

8.2 Winkelmodulierte Signale

Die Frequenz des Signals $x(t)$ schwankt mit der Zeit. Eine genauere Aussage hierüber erfordert zunächst eine geeignete Definition. Hierzu wählen wir einen beliebigen Zeitpunkt t_0 und betrachten ein sinusförmiges Referenzsignal $x_0(t)$ gleicher Amplitude, das sich zum Zeitpunkt t_0 auf größtmögliche Weise an $x(t)$ anschmiegt. Es gilt dann

$$x_0(t) = A\cos(\omega_0 t + \alpha_0), \tag{8.2.2}$$

wo ω_0 und α_0 Konstanten sind. Insgesamt verfügen wir somit noch über zwei Parameter, so daß wir die Gleichheit der Funktionswerte *und* der Ableitungen fordern können:

$$x(t_0) = x_0(t_0)$$

$$\dot{x}(t_0) = \dot{x}_0(t_0), \quad \text{mit} \quad \dot{x}(t) = \frac{dx(t)}{dt}, \quad \dot{x}_0(t) = \frac{dx_0(t)}{dt}$$

(vgl. Bild 8.2.3). Dies ergibt

$$\cos\varphi(t_0) = \cos(\omega_0 t_0 + \alpha_0)$$

und

$$\dot{\varphi}(t_0)\sin\varphi(t_0) = \omega_0 \sin(\omega_0 t_0 + \alpha_0).$$

Aus der ersten dieser Forderungen folgt

$$\omega_0 t_0 + \alpha_0 = \pm\varphi(t_0) + 2k\pi, \quad k = 0, \pm 1, \pm 2, \cdots$$

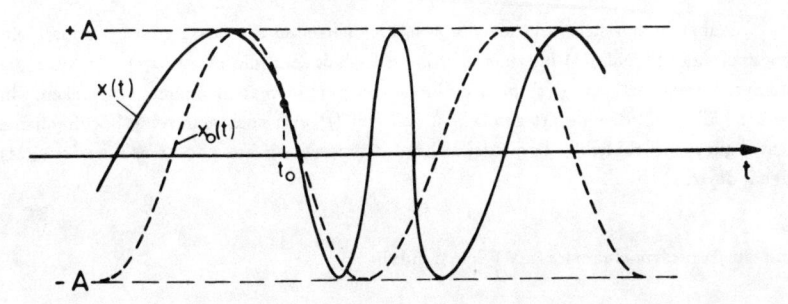

Bild 8.2.3: Zur Bestimmung der Momentanfrequenz: Winkelmoduliertes Signal $x(t)$ und das diesem zum Zeitpunkt t_0 zugeordnete Referenzsignal $x_0(t)$.

Dann ist die zweite Forderung stets erfüllt, wenn wir ω_0 gemäß $\omega_0 = \pm\dot{\varphi}(t_0)$ wählen. In diesen Gleichungen entsprechen einerseits die oberen, andererseits die unteren Vorzeichen einander. Offenbar ist die genaue Wahl von k völlig unbedeutend, so daß wir uns auf den Fall $k = 0$ beschränken können. Wählen wir die Frequenz außerdem stets positiv, so folgt, da $\dot{\varphi}(t) > 0$ ist

$$\alpha_0 = \varphi(t_0) - t_0 \dot{\varphi}(t_0) \tag{8.2.3}$$

$$\omega_0 = \dot{\varphi}(t_0) \tag{8.2.4}$$

Schreiben wir für den Zeitpunkt t_0 wieder t, so gilt für die durch das soeben beschriebene Verfahren definierte *Momentanfrequenz* (Augenblicksfrequenz) zum Zeitpunkt t:

$$\omega = \omega(t) = \dot{\varphi}(t). \tag{8.2.5}$$

Für den zugehörigen momentanen Phasenwinkel erhalten wir

$$\alpha = \alpha(t) = \varphi(t) - t\,\dot{\varphi}(t), \tag{8.2.6}$$

d.h.,

$$\omega t + \alpha = \varphi(t).$$

Also ist die Gesamtphase $\varphi(t)$ des Signals $x(t)$ zu jedem Zeitpunkt t gleich der Gesamtphase $\omega t + \alpha$ des entsprechenden Referenzsignals. Es fällt auf, daß die Definition des Phasenwinkels α von dem Wert der Momentanfrequenz abhängt, die Momentanfrequenz selbst jedoch von dem Phasenwinkel α unabhängig ist. Aus diesem Grunde wird bei der Begründung der Definition von $\omega(t)$ der Phasenwinkel häufig außer Betracht gelassen.

Offenbar bieten sich insbesondere zwei Möglichkeiten an, das Signal $x(t)$ durch ein modulierendes Signal $\xi(t)$ festzulegen. Entweder läßt man die Phase $\varphi(t)$ oder aber die Momentanfrequenz $\omega = \dot{\varphi}(t)$ im Rhythmus des modulierenden Signals schwanken. In beiden Fällen soll dies derart geschehen, daß für $\xi(t) = 0$ noch eine reine hochfrequente Schwingung zurückbleibt. Dementsprechend definieren wir ein *phasenmoduliertes* (PM) Signal durch

$$\varphi(t) = \Omega t + \xi(t) + \varphi_0 \tag{8.2.7}$$

und ein *frequenzmoduliertes* (FM) Signal durch

$$\omega(t) = \dot{\varphi}(t) = \Omega + \xi(t). \tag{8.2.8}$$

Dadurch ergibt sich die Phase des frequenzmodulierten Signals zu

$$\varphi(t) = \Omega t + \int \xi(t) dt + \varphi_0, \tag{8.2.9}$$

8.2 Winkelmodulierte Signale

wo φ_0 eine beliebige Konstante ist. Statt des unbestimmten Integrals in (8.2.9) können wir auch ein geeignetes bestimmtes Integral verwenden und damit insbesondere

$$\varphi(t) = \Omega t + \int_{-\infty}^{t} \xi(t)dt + \varphi_0 \qquad (8.2.10)$$

schreiben, wo φ_0 wiederum eine beliebige Konstante ist.

Selbstverständlich verstehen wir unter $\xi(t)$ stets eine Signalfunktion, die etwa dem ursprünglichen modulierenden Strom bzw. der ursprünglichen modulierenden Spannung proportional ist. Folglich muß $\xi(t)$ die für den jeweils vorliegenden Fall erforderliche Dimension besitzen. Im Fall der Phasenmodulation ist $\xi(t)$ dimensionslos, während $\xi(t)$ bei Frequenzmodulation die Dimension einer Frequenz hat. Ist z.B. das eigentliche modulierende Signal eine Spannung $u(t)$, die auf den PM- bzw. FM-Generator wirkt, so ist

$$\xi(t) = k\, u(t).$$

Hierin ist k eine reelle Konstante mit der jeweils erforderlichen Dimension. Durch Ändern dieser Konstante läßt sich natürlich auch der Grad der Beeinflussung variieren, den das Signal $u(t)$ auf das modulierte Signal $x(t)$ ausübt.

In der Praxis können wir davon ausgehen, daß der Verlauf des Signals $\xi(t)$ um den Mittelwert null schwankt. Wir bezeichnen dann den größten Wert, den der Betrag $|\xi(t)|$ erreicht, als den *Hub*. Im Falle eines phasenmodulierten Signals stellt dieser den *Phasenhub* $\Delta\varphi$ und im Falle eines frequenzmodulierten Signals den *Frequenzhub* $\Delta\omega$ dar.

Wegen der größeren praktischen Bedeutung werden wir uns im folgenden hauptsächlich mit frequenzmodulierten Signalen befassen. Zur Vereinfachung der Schreibweise benutzen wir die Notation

$$\eta(t) = \int \xi(t)dt \quad \text{bzw.} \quad \eta(t) = \int_{-\infty}^{t} \xi(t)dt. \qquad (8.2.11a,b)$$

Somit ist für ein frequenzmoduliertes Signal

$$\varphi(t) = \Omega t + \eta(t) + \varphi_0. \qquad (8.2.12)$$

Offensichtlich gelten für phasenmodulierte Signale ähnliche Ergebnisse wie für frequenzmodulierte Signale, wenn wir nur $\eta(t)$ durch $\xi(t)$ ersetzen. Jedes phasenmodulierte Signal kann als ein Signal aufgefaßt werden, das mit $\dot{\xi}(t)$ frequenzmoduliert ist, und jedes frequenzmodulierte Signal als ein solches, das mit $\eta(t)$ phasenmoduliert ist. Bei einem phasenmodulierten Signal ist das Maximum von $|\dot{\xi}(t)|$ der Frequenzhub und bei einem frequenzmodulierten Signal ist das Maximum von $|\eta(t)|$ der Phasenhub.

8.2.2 Spektralanalyse von FM-Signalen

Sei

$$\eta(t) = \int_{-\infty}^{t} \xi(t)dt, \quad \varphi(t) = \Omega t + \varphi_0 + \eta(t)$$

$$x(t) = A\cos\varphi(t);$$

dann ist

$$x(t) = A\cos(\Omega t + \varphi_0)\cos\eta(t) - A\sin(\Omega t + \varphi_0)\sin\eta(t).$$

Eine allgemeine Spektraluntersuchung von $x(t)$ ist allerdings wesentlich schwieriger als bei AM-Signalen. Wir werden uns daher auf zwei Sonderfälle beschränken.

Wir nehmen zunächst an, daß der Phasenhub klein ist, d.h.

$$|\eta(t)| \ll 1 \quad \forall\, t.$$

Dann gilt

$$\cos\eta(t) \simeq 1, \quad \sin\eta(t) \simeq \eta(t),$$

also

$$x(t) = A\cos(\Omega t + \varphi_0) - A\eta(t)\sin(\Omega t + \varphi_0). \tag{8.2.13}$$

Dieser Ausdruck besitzt eine große Ähnlichkeit mit dem allgemeinen Ausdruck (8.1.8) für AM-Signale, also mit

$$x(t) = A\cos\Omega t + A\xi(t)\cos\Omega t.$$

Das Auftreten des Phasenwinkels φ_0 in (8.2.13) ist unbedeutend, da es sich hierbei nur um eine Frage der Wahl des Zeitnullpunktes handelt. Der eigentliche Unterschied zwischen (8.2.13) und (8.1.8) besteht darin, daß jetzt statt $\xi(t)$ dessen Integral $\eta(t)$ und statt $\cos\Omega t$ im zweiten Summanden $-\sin\Omega t$ auftritt.

Gehen wir von der zu $\xi(t)$ gehörigen Spektralfunktion

$$\Xi(j\omega) \bullet\!\!-\!\!\circ \xi(t)$$

aus, so werden wir wieder das Auftreten zweier um die Trägerfrequenz gelagerter Seitenbänder erwarten. Allerdings müssen sich gewisse Unterschiede bezüglich des Amplituden- und Phasenverlaufs ergeben. Zur Durchführung einer genauen Rechnung wollen wir annehmen, daß $\xi(t)$ die zur Anwendung der Integrationsregel (3.6.46) erforderlichen Bedingungen erfüllt. Es gelte also

$$\int_{-\infty}^{t} \xi(t)dt \circ\!\!-\!\!\bullet \frac{1}{j\omega}\Xi(j\omega), \tag{8.2.14}$$

8.2 Winkelmodulierte Signale

wobei insbesondere $\Xi(0) = 0$ sein muß. Weiterhin nehmen wir zur Vereinfachung an, daß $\varphi_0 = 0$ ist, so daß wir

$$x(t) = \frac{A}{2}(e^{j\Omega t} + e^{-j\Omega t}) - \frac{A}{2j}\eta(t)(e^{j\Omega t} - e^{-j\Omega t}),$$

schreiben können, also, mit

$$x(t) \circ\!\!-\!\!\bullet X(j\omega),$$

auch

$$X(j\omega) = A\pi[\delta(\omega - \Omega) + \delta(\omega + \Omega)] + \frac{A}{2}\frac{\Xi(j\omega - j\Omega)}{\omega - \Omega} - \frac{A}{2}\frac{\Xi(j\omega + j\Omega)}{\omega + \Omega}. \qquad (8.2.15)$$

Zum Vergleich sei wieder das Spektrum des amplitudenmodulierten Signals angegeben (vgl. (8.1.9)):

$$X(j\omega)_{AM} = A\pi[\delta(\omega - \Omega) + \delta(\omega + \Omega)] + \frac{A}{2}\Xi(j\omega - j\Omega) + \frac{A}{2}\Xi(j\omega + j\Omega).$$

Der Unterschied besteht bei FM also in der Umkehr eines der Vorzeichen und vor allem in den Faktoren $1/(\omega - \Omega)$ und $1/(\omega + \Omega)$.

Wir wollen (8.2.15) wieder unter der Annahme eines frequenzbegrenzten Spektrums darstellen (Bild 8.2.4). Es gebe also eine Konstante $\omega'_g < \infty$ derart, daß

$$\Xi(j\omega) = 0 \quad \text{für} \quad |\omega| > \omega'_g$$

ist. Man beachte den für $\Xi(j\omega)$ bei $\omega = 0$ und für $X(j\omega)$ bei $\omega = \pm\Omega$ angedeuteten Verlauf. Dieser kommt durch die Forderung $\Xi(j\omega) = 0$ sowie die Faktoren $1/(\omega \pm \Omega)$ zustande.

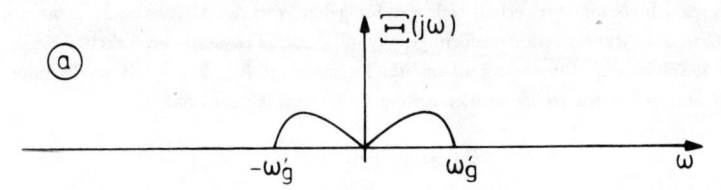

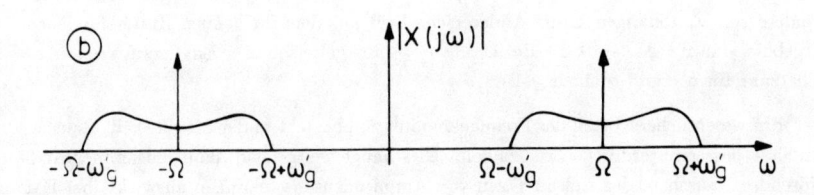

Bild 8.2.4: a) Spektralfunktion von $\xi(t)$.
b) Zugehörige Spektralfunktion von $x(t)$ bei kleinem Phasenhub.

Ähnliche Verhältnisse würden sich auch für $\varphi_0 \neq 0$ ergeben, denn man kann nachprüfen, daß sich dann aus (8.2.13) der Ausdruck

$$X(j\omega) = A\pi e^{j\varphi_0}\delta(\omega - \Omega) + A\pi e^{-j\varphi_0}\delta(\omega + \Omega) + \frac{A}{2}e^{j\varphi_0}\frac{\Xi(j\omega - j\Omega)}{\omega - \Omega} - \frac{A}{2}e^{-j\varphi_0}\frac{\Xi(j\omega + j\Omega)}{\omega + \Omega}$$

ergibt, der für $\varphi_0 = 0$ in (8.2.15) übergeht.

Aus den gefundenen Ergebnissen können wir auf jeden Fall folgern, daß bei kleinem Phasenhub grundsätzlich die gleiche Bandbreite benötigt wird wie bei AM-Signalen. Eine kleinere Bandbreite läßt sich auch bei beliebig kleinem Hub nicht erzielen. Da bei großem Hub ein wesentlich größerer Momentanfrequenzbereich überstrichen wird, müssen wir erwarten, daß dann auch die tatsächliche Bandbreite wesentlich größer wird. Frequenzmodulation mit kleinem Hub wird daher auch *schmalbandig* genannt, solche mit großen Hub hingegen *breitbandig*. Man beachte, daß eine proportionale Reduktion von $\xi(t)$ eine entsprechende Reduktion von $\eta(t)$ beinhaltet; in diesem Sinne läßt sich eine Verkleinerung des Phasenhubs durch eine Verkleinerung von $\xi(t)$ erreichen (vgl. hierzu auch die Gleichung (8.2.14)).

Aus diesen Betrachtungen läßt sich auch eine erste grobe Abschätzung für die Bandbreite B eines allgemeinen FM-Signals vornehmen, wenn wir von einem Frequenzhub $\Delta\omega$ und der Grenzfrequenz ω'_g des modulierenden Signals ausgehen. Ändert sich $\xi(t)$ sehr langsam, d.h., ist ω'_g sehr klein, so verhält sich die Momentanfrequenz praktisch wie eine Dauerfrequenz. Insbesondere verhält sich also für jeden Wert der Momentanfrequenz das Signal $x(t)$ nahezu wie ein rein sinusförmiges Signal, dessen Frequenz (im üblichen Sinne) gleich der betrachteten Momentanfrequenz ist. Daraus folgt $B \geq 2\Delta\omega$. Mit wachsendem ω'_g muß B aber sicherlich größer werden als der Grenzwert $2\Delta\omega$, so daß wir

$$B = 2(\Delta\omega + \alpha\omega'_g) \tag{8.2.16}$$

schreiben können, wo α ein geeigneter positiver Parameter ist, der freilich noch insbesondere von ω'_g abhängen kann. Andererseits folgt aus dem für kleinen Hub gefundenen Ergebnis, daß für $\Delta\omega \to 0$ die Beziehung $B \geq 2\omega'_g$ gelten muß. Eine erste grobe Abschätzung für α ergibt somit $\alpha \geq 1$.

Ein wesentlicher Vorteil der Frequenzmodulation besteht in der Möglichkeit, Rauscheinflüsse besser unterdrücken zu können. Dies hängt weitgehend damit zusammen, daß störendes Rauschen, das sich in Form von Amplitudenschwankungen auswirkt, bei FM größtenteils durch Begrenzungsmaßnahmen ausgeschaltet werden kann, während Rauscheinflüsse auf das Frequenzverhalten durch Vergrößerung des Hubs ohne gleichzeitige Vergrößerung der Leistung vermindert werden können. Daher ist für die Praxis gerade die

8.2 Winkelmodulierte Signale

breitbandige FM besonders wichtig. Eine wesentliche Rolle spielt übrigens auch die Tatsache, daß beim Übergang von $\Xi(j\omega)$ auf $X(j\omega)$ die in der Nähe von $\omega = \pm\Omega$ liegenden Spektralanteile des Signals angehoben (vgl. Bild 8.2.4) und infolgedessen durch nachträglich hinzutretendes Rauschen weniger stark beeinflußt werden.

Bei breitbandigen frequenzmodulierten Signalen ist eine genaue Frequenzanalyse nicht durchführbar. Um dennoch zu gewissen sinnvollen Aussagen zu kommen, schreiben wir $x(t)$ zunächst in der Form

$$x(t) = A \operatorname{Re} g(t) e^{j(\Omega t + \varphi_0)}, \tag{8.2.17}$$

wo wegen (8.2.12) gilt

$$g(t) = e^{j\eta(t)}. \tag{8.2.18}$$

Im weiteren beschränken wir uns vorerst auf den Fall einer reinen Sinusschwingung

$$\xi(t) = \Delta\omega \cos\omega_0 t, \tag{8.2.19}$$

wo $\Delta\omega$ der Frequenzhub ist. Dann ergibt sich nach (8.2.11a)

$$\eta(t) = \frac{\Delta\omega}{\omega_0} \sin\omega_0 t = m \sin\omega_0 t. \tag{8.2.20}$$

Hierin heißt der häufig mit m bezeichnete Phasenhub

$$m = \Delta\varphi = \frac{\Delta\omega}{\omega_0} \tag{8.2.21}$$

auch *Modulationsindex*. Er gibt an, wie groß die maximale Abweichung der Momentanfrequenz bezogen auf die Frequenz des modulierenden Signals ist. Für $g(t)$ ergibt sich

$$g(t) = e^{jm\sin\omega_0 t} \tag{8.2.22}$$

Diese Funktion ist offensichtlich periodisch in t mit der Grundfrequenz ω_0 und der Periode $T_0 = 2\pi/\omega_0$. Wir können $g(t)$ daher in eine Fourierreihe entwickeln gemäß

$$g(t) = \sum_{n=-\infty}^{\infty} J_n\, e^{jn\omega_0 t}, \tag{8.2.23}$$

wo die Koeffizienten J_n noch Funktionen des Modulationsindexes m sind:

$$J_n = J_n(m).$$

Diese Koeffizienten lassen sich auf die übliche Weise aus $g(t)$ berechnen:

$$J_n(m) = \frac{1}{T_0} \int_{-T_0/2}^{T_0/2} g(t) e^{-jn\omega_0 t} dt = \frac{1}{T_0} \int_{-T_0/2}^{T_0/2} e^{-j(n\omega_0 t - m \sin \omega_0 t)} dt.$$

Setzen wir $\omega_0 t = \alpha$, also $dt = d\alpha/\omega_0 = T_0 d\alpha/2\pi$ und beachten die Veränderung der Integrationsgrenzen, so folgt

$$\begin{aligned} J_n(m) &= \frac{1}{2\pi} \int_{-\pi}^{\pi} e^{j(m \sin \alpha - n\alpha)} d\alpha \\ &= \frac{1}{2\pi} \int_{-\pi}^{\pi} \cos(m \sin \alpha - n\alpha) d\alpha + j \frac{1}{2\pi} \int_{-\pi}^{\pi} \sin(m \sin \alpha - n\alpha) d\alpha. \end{aligned} \quad (8.2.24)$$

Im ersten dieser beiden letzten Integrale ist der Integrand gerade in α, im zweiten ungerade. Daher ist auch

$$J_n(m) = \frac{1}{\pi} \int_0^{\pi} \cos(n\alpha - m \sin \alpha) d\alpha. \quad (8.2.25)$$

Dieses Integral läßt sich nicht mehr weiter auf elementare Integrale zurückführen. Es zeigt sich jedoch, daß es sich bei den vorliegenden Integralen (8.2.24) und (8.2.25) um zwei Darstellungen der auch in vielen anderen Bereichen der Physik und Technik auftretenden Bessel-Funktionen handelt. Die Funktionen $J_n(m)$ sind die Bessel-Funktionen erster Art der Ordnung n und des Arguments m. Sie sind reellwertig für reelle Argumente und sind ausführlich tabelliert, etwa in dem bekannten Werk von Jahnke/Emde/Lösch, "Tafeln höherer Funktionen" (Teubner).

Für unsere Anwendung ist m zwar stets positiv, jedoch nimmt n sowohl positive als auch negative ganzzahlige Werte an. Eine wichtige Beziehung ist daher

$$J_{-n}(m) = (-1)^n J_n(m). \quad (8.2.26)$$

Diese ergibt sich, wenn wir in

$$J_{-n}(m) = \frac{1}{\pi} \int_0^{\pi} \cos(n\alpha + m \sin \alpha) d\alpha$$

α durch $\pi - \alpha$ ersetzen, was in der Tat auf

$$\begin{aligned} J_{-n}(m) &= -\frac{1}{\pi} \int_{\pi}^{0} \cos(n\pi - n\alpha + m \sin \alpha) d\alpha \\ &= (-1)^n \frac{1}{\pi} \int_0^{\pi} \cos(n\alpha - m \sin \alpha) d\alpha \end{aligned}$$

führt.

8.2 Winkelmodulierte Signale

Für die Funktionen $J_n(m)$ läßt sich mit einigem Aufwand aus den obigen Beziehungen die Taylorentwicklung

$$J_n(m) = \frac{1}{n!}\left(\frac{m}{2}\right)^n - \frac{1}{(n+1)!}\left(\frac{m}{2}\right)^{n+2} + \frac{1}{2!(n+2)!}\left(\frac{m}{2}\right)^{n+4} - \frac{1}{3!(n+3)!}\left(\frac{m}{2}\right)^{n+6}$$
$$+ \cdots = \sum_{k=0}^{\infty} \frac{(-1)^k}{k!(n+k)!}\left(\frac{m}{2}\right)^{n+2k} \qquad (8.2.27)$$

herleiten, die für $n \geq 0$ gilt. Der sich ergebende Verlauf ist für $n = 0$ bis 5 und $m = 0$ bis 8 in Bild 8.2.5 dargestellt. Eine knappe Übersicht über die Werte von $J_n(m)$ ist in Tabelle 8.2.1 gegeben.

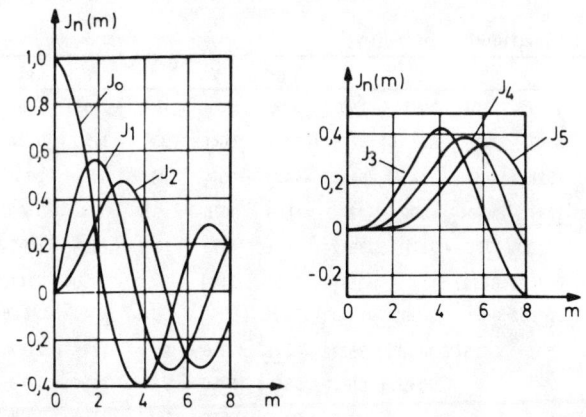

Bild 8.2.5: Verlauf der Besselfunktionen $J_n(m)$ für $n = 0$ bis 5.

Unter Benutzung von (8.2.17) und (8.2.23) sowie von (8.2.26) erhalten wir für $x(t)$

$$\begin{aligned}x(t) &= A \sum_{n=-\infty}^{\infty} \operatorname{Re} J_n(m) e^{j(\Omega t + n\omega_0 t + \varphi_0)} \\ &= A \sum_{n=-\infty}^{\infty} J_n(m) \cos[(\Omega + n\omega_0)t + \varphi_0] \\ &= A\, J_0(m) \cos(\Omega t + \varphi_0) + \\ & \quad A \sum_{n=1}^{\infty} J_n(m)[\cos((\Omega + n\omega_0)t + \varphi_0) + (-1)^n \cos((\Omega - n\omega_0)t + \varphi_0)].\end{aligned} \qquad (8.2.28)$$

Dieser Ausdruck umfaßt unendlich viele Glieder, die den Frequenzen

$$\Omega, \Omega \pm \omega_0, \Omega \pm 2\omega_0, \Omega \pm 3\omega_0 \text{ usw.}$$

entsprechen, allgemein also, wenn wir die Betrachtung auf die jeweils positiven Frequenzen zurückführen, den Frequenzen $|\Omega \pm n\omega_0|$, mit $n = 0, 1, 2, \cdots$. Daraus erkennen wir, daß sich die spektrale Darstellung bis zu unendlichen Frequenzen hin erstreckt, wie in Bild 8.2.6 angedeutet. Die Verteilung ist dabei zwar zunächst symmetrisch zu Ω, insgesamt ist dies jedoch nicht im strengen Sinne der Fall, da für $n\omega_0 > \Omega$ der entsprechende positive Frequenzwert $n\omega_0 - \Omega$ beträgt. Auf jeden Fall enthält das Spektrum neben der Trägerfrequenz Ω auch die beiden Seitenbandfrequenzen $\Omega \pm \omega_0$, außerdem aber auch alle weiteren Frequenzen $\Omega \pm n\omega_0$ bzw. $|\Omega \pm n\omega_0|$. Man achte darauf, daß der Faktor n bei ω_0, nicht jedoch bei Ω steht. Dies ist typisch dafür, daß es sich bei FM um eine nichtlineare Modulation handelt (vgl. 10. Kapitel).

Werte der Besselfunktionen $J_n(m)$

n \ m	1	2	3	4	5	6	7	8	9	10
0	.7652	.2239	-.2601	-.3971	-.1776	.1506	.3001	.1717	-.09033	-.2459
1	.4401	.5767	.3391	-.06604	-.3275	-.2767	-.004683	.2346	.2453	.04347
2	.1149	.3528	.4861	.3641	.04657	-.2429	-.3014	-.1130	.1448	.2546
3	.01956	.1289	.3091	.4302	.3648	.1148	-.1676	-.2911	-.1809	.05838
4	.002477	.03400	.1320	.2811	.3912	.3576	.1578	-.1054	-.2655	-.2196
5		.007040	.04303	.1321	.2611	.3621	.3479	.1858	-.05504	-.2341
6		.001202	.01139	.04909	.1310	.2458	.3392	.3376	.2043	-.01446
7			.002547	.01518	.05338	.1296	.2336	.3206	.3275	.2167
8				.004029	.01841	.05653	.1280	.2235	.3051	.3179
9					.005520	.02117	.05892	.1263	.2149	.2919
10					.001468	.006964	.02354	.06077	.1247	.2075
11						.002048	.008335	.02560	.06222	.1231
12							.002656	.009624	.02739	.06337
13								.003275	.01083	.02897
14								.001019	.003895	.01196
15									.001286	.004508
16										.001567

Tabelle 8.2.1: Kurze Übersicht über die Werte der Besselfunktionen $J_n(m)$ für $n = 0$ bis 16 und $m = 1$ bis 10.

8.2 Winkelmodulierte Signale

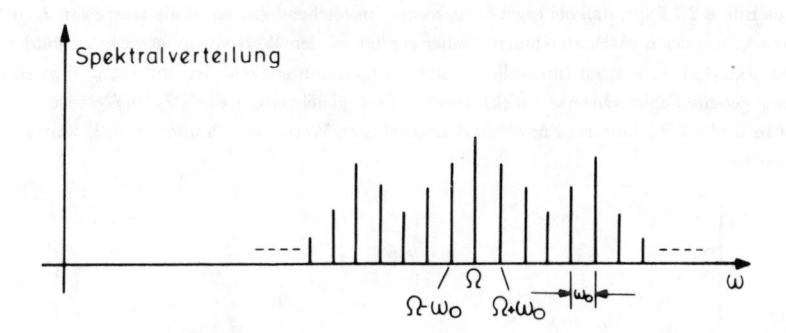

Bild 8.2.6: Darstellung der in $x(t)$ enthaltenen Spektralanteile.

Eine schmalbandige FM war charakterisiert durch einen Phasenhub, der klein gegenüber 1 ist. Da wir für den Phasenhub m gesetzt haben, müssen wir unter der Bedingung $m \ll 1$ die früheren Verhältnisse wiederfinden, und zwar für den Sonderfall einer sinusförmigen modulierenden Frequenz. Für kleine Werte von m ergibt sich aus (8.2.27)

$$J_0(m) \simeq 1 \qquad J_1(m) \simeq \frac{m}{2},$$

während alle anderen $J_n(m)$ vernachlässigbar klein werden. Dann erhalten wir aus (8.2.28)

$$x(t) = A\cos(\Omega t + \varphi_0) + A\frac{m}{2}\{\cos[(\Omega + \omega_0)t + \varphi_0] - \cos[(\Omega - \omega_0)t + \varphi_0]\}, \qquad (8.2.29)$$

wie man in der Tat auch aus (8.2.13) und (8.2.20) herleiten kann.

Je weniger nun m im allgemeineren Fall die Bedingung $m \ll 1$ erfüllt, desto mehr Glieder der Reihe werden wir berücksichtigen müssen. Um dies zu verstehen, wollen wir darauf verweisen, daß die Funktionen $J_n(m)$ für zunehmende Werte von n erst für entsprechend größeres m wesentlich von null verschieden sind (Bild 8.2.5). Für hinreichend kleine Werte von m folgt dies aus der dann gültigen Näherung durch das Anfangsglied der Reihe (8.2.27), also aus

$$J_n(m) \simeq \frac{1}{n!}\left(\frac{m}{2}\right)^n.$$

Für größere Werte von m genügt diese Näherung nicht mehr. Bild 8.2.7 zeigt jedoch, daß für festes n und zunehmendes m der Wert von $J_n(m)$ sehr klein bleibt, bis der Wert von m in die Nähe des Wertes von n kommt.

Um eine gewisse Abschätzung vornehmen zu können, ersetzen wir die Reihe (8.2.28) durch die Approximation

$$x(t) = A \sum_{n=-N}^{N} J_n(m) \cos[(\Omega + n\omega_0)t + \varphi_0]. \qquad (8.2.30)$$

Aus Bild 8.2.7 folgt, daß bei gegebenem m und hinreichend großem n die Werte von $J_n(m)$ für wachsendes n rasch abnehmen. Daher genügt es, den Wert von N etwa so zu wählen, daß $J_{N+1}(\mu)$ im ganzen Intervall $0 < \mu < m$ monoton steigend ist und für $\mu = m$ eine vorgegebene Fehlerschranke ε nicht überschreitet, gleichzeitig jedoch $J_N(m) \geq \varepsilon$ ist. Dies ist in Bild 8.2.8 erläutert. Für die dort angegebenen Werte ($m = 4$ und $\varepsilon = 0,2$) wäre z.B. $N = 4$.

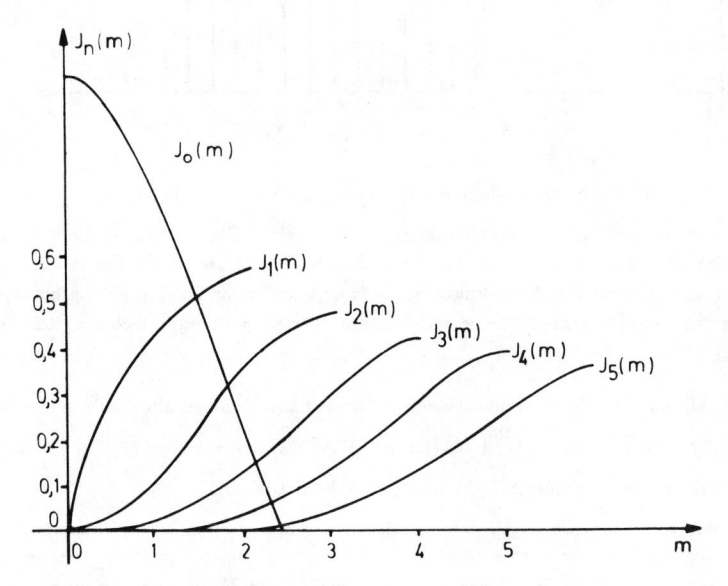

Bild 8.2.7: Darstellung des Verlaufs der Funktionen $J_0(m)$ bis $J_5(m)$ im Anfangsbereich.

Durch diese Überlegung wird plausibel, daß N in etwa gleich m sein muß, also

$$N \simeq m = \frac{\Delta\omega}{\omega_0}. \qquad (8.2.31)$$

Dies bedeutet, daß wir uns auf solche Frequenzen beschränken können, die bis $N\omega_0$ von Ω entfernt liegen. Die gesamte erforderliche Bandbreite ist dann gleich $2N\omega_0$, also in etwa gleich $2\Delta\omega$. Die Näherung wird etwas genauer, wenn wir für das erforderliche N

$$N \simeq m + \alpha, \quad \text{mit} \quad \alpha = 1 \text{ bis } 2 \qquad (8.2.32)$$

setzen. Dann ergibt sich die Bandbreite B zu

$$B = 2N\omega_0 = 2(m + \alpha)\omega_0 = 2(m\omega_0 + \alpha\omega_0),$$

also wegen (8.2.21) zu
$$B = 2(\Delta\omega + \alpha\omega_0). \tag{8.2.33}$$

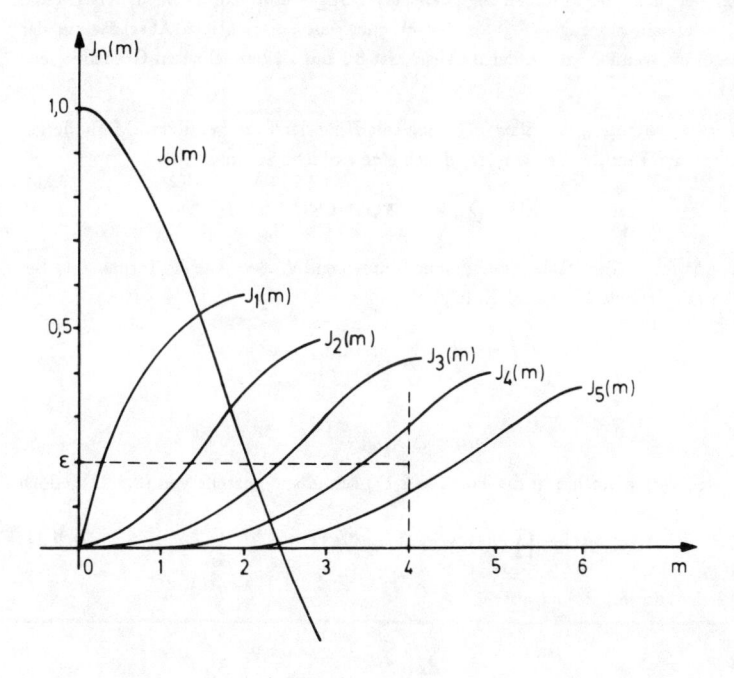

Bild 8.2.8: Zur Bestimmung von N bei gegebenen m und ε.

Eine strenge Angabe über B läßt sich natürlich nur machen, wenn der tatsächliche Modulationsindex m und der zulässige Wert von ε bekannt sind. Für die Durchführung solcher Rechnungen kann die Benutzung der Näherungsformel

$$J_n(m) = \left(\frac{me}{2n}\right)^n \cdot \frac{1}{\sqrt{2\pi n}},$$

die für hinreichend große Werte von n anwendbar ist, hilfreich sein.

Der gefundene Wert für die Bandbreite B stimmt durchaus mit unserer Erwartung überein, denn die Bandbreite muß zumindest den durch die Momentanfrequenz überstrichenen Bereich umfassen, was auf eine Bandbreite von $2\Delta\omega$ hinausläuft. Das Ergebnis (8.2.33) entspricht einer mäßigen Überschreitung dieser minimalen Bandbreite und deckt

8. Modulierte Signale

sich mit der früher gefundenen Abschätzung (vgl. (8.2.16)), wenn wir ω_0 gleich der Grenzfrequenz ω'_g wählen. Daher kann man erwarten, daß das gefundene Ergebnis im wesentlichen auch bei nichtsinusförmigen Signalen $\xi(t)$ gültig bleibt, zumal auch bei AM die Benutzung eines sinusförmigen Signals der Frequenz ω_0 zur richtigen Abschätzung der Bandbreite führt, wenn ω_0 gleich der in Abschnitt 8.1 mit ω_g bezeichneten Grenzfrequenz von $\xi(t)$ ist.

Um kurz anzudeuten, wie man dies auch mit Hilfe der jetzt benutzten Methode genauer untersuchen kann, wollen wir $\xi(t)$ durch eine endliche Summe

$$\xi(t) = \sum_i \Delta\omega_i \cos(\omega_i t + \varphi_i)$$

darstellen, was durch Berücksichtigung einer hinreichend großen Anzahl Terme stets beliebig genau möglich ist. Wir erhalten folglich

$$\eta(t) = \int \xi(t)dt = \sum_i m_i \sin(\omega_i t + \varphi_i)$$

mit

$$m_i = \Delta\omega_i/\omega_i.$$

Dann läßt sich $x(t)$ weiterhin in der Form (8.2.17) schreiben, anstelle von (8.2.22) jedoch mit

$$g(t) = \prod_i g_i(t), \quad g_i(t) = e^{jm_i \cdot \sin(\omega_i t + \varphi_i)}. \tag{8.2.34}$$

Wegen (8.2.22) und (8.2.23) ist aber

$$e^{jm_i \sin \omega_i t} = \sum_{n_i = -\infty}^{\infty} J_{n_i}(m_i) e^{j n_i \omega_i t},$$

und durch Ersetzen von t durch $t + \varphi_i/\omega_i$ folgt hieraus

$$g_i(t) = \sum_{n_i = -\infty}^{\infty} J_{n_i}(m_i) e^{j n_i (\omega_i t + \varphi_i)}. \tag{8.2.35}$$

Somit läßt sich die Aufgabe wiederum auf eine Betrachtung von Besselfunktionen zurückführen. Insbesondere findet man, daß jetzt Spektrallinien bei allen Frequenzen

$$\Omega + \sum_i n_i \omega_i$$

auftreten und daß die zugehörigen Amplituden gleich

$$A \prod_i J_{n_i}(m_i)$$

8.2 Winkelmodulierte Signale

sind. Eine hierauf beruhende Abschätzung würde zu dem gewünschten Ergebnis führen.

Aus diesen Überlegungen läßt sich folgern, daß FM-Signale — ähnlich wie AM-Signale — in der Praxis nur eine mehr oder weniger beschränkte Bandbreite benötigen. Unter Berücksichtigung der durch (8.2.17) und (8.2.18) gegebenen allgemeinen Darstellung können wir insbesondere davon ausgehen, daß für die durch $G(j\omega) = \mathcal{F}\{g(t)\}$ definierte Spektralfunktion eine Konstante ω_g existiert derart, daß

$$G(j\omega) = 0 \quad \text{für} \quad |\omega| > \omega_g$$

gilt und daß $\Omega > \omega_g$ ist. Tatsächlich ist üblicherweise sogar $\omega_g \ll \Omega$; bei FM-Rundfunk ist ω_g/Ω z.B. häufig von der Größenordnung 1/1000. Auf jeden Fall hängt der Wert von ω_g nur von $\xi(t)$, nicht aber von Ω ab.

Auf Grund der diskutierten Eigenschaften läßt sich auch für ein FM-Signal $x(t)$ wieder leicht das zugehörige analytische Signal angeben. Sei nämlich $x_+(t)$ definiert durch

$$x_+(t) = A\, e^{j\varphi(t)} = A\, g(t) e^{j(\Omega t + \varphi_0)}, \qquad (8.2.36)$$

so daß wegen (8.2.17) gilt

$$x(t) = \operatorname{Re} x_+(t). \qquad (8.2.37)$$

Für die zu $x_+(t)$ gehörige Fourier-Transformierte $X_+(j\omega)$ ist dann

$$X_+(j\omega) = A\, G(j\omega - j\Omega) e^{j\varphi_0}.$$

Aus dem im vorigen Absatz Gesagten ergibt sich, daß $G(j\omega) = 0$ ist für $\omega < -\omega_g$, also daß $G(j\omega - j\Omega) = 0$ ist für $\omega - \Omega < -\omega_g$, d.h., für $\omega < \Omega - \omega_g$, und daß somit wegen $\Omega > \omega_g$ auch

$$X_+(j\omega) = 0 \quad \text{für} \quad \omega < 0 \qquad (8.2.38)$$

ist. Unter Berücksichtigung der im Zusammenhang mit (5.1.13) und (5.1.14) gemachten Aussage ist also die durch (8.2.36) definierte Funktion $x_+(t)$ tatsächlich das zu $x(t)$ gehörige analytische Signal.

8.2.3 Übertragung von FM-Signalen durch lineare Systeme

Grundsätzlich läßt sich die Übertragung eines Signals durch ein lineares System immer berechnen, wenn die Übertragungsfunktion des Systems und die zu dem Signal gehörige Spektralfunktion bekannt sind. Wir haben jedoch gesehen, daß bei FM-Signalen die Bestimmung dieser Spektralfunktion nicht in kompakter Form möglich ist. Ändert sich allerdings die Momentanfrequenz hinreichend langsam, so ist zumindest eine angenäherte Berechnung des Ausgangssignals durchführbar, die sich sehr gut an unser intuitives Verständnis der Natur eines frequenzmodulierten Signals anlehnt. Man nennt dieses Verfahren auch die *quasistatische Methode*.

Die Annahme einer hinreichend langsamen Änderung der Momentanfrequenz $\dot{\varphi}(t)$ ist dabei sehr wohl berechtigt. Offensichtlich bedeutet sie, daß sich das modulierende Signal $\xi(t)$ nur langsam ändert, was seinerseits wiederum bedeutet, daß $\xi(t)$ keine hohen Frequenzanteile enthält. Die genannte Annahme läuft also darauf hinaus, daß die Grenzfrequenz von $\xi(t)$ klein ist gegenüber der Trägerfrequenz Ω, was meist — wie wir gesehen haben — mit sehr guter Näherung erfüllt ist.

Aus den zu Anfang von Unterabschnitt 8.2.1 gemachten Betrachtungen ergibt sich, daß wir $x(t)$ in der Nähe eines festen Zeitpunktes t_0 durch das durch (8.2.2) gegebene Referenzsignal $x_0(t)$, also durch

$$x_0(t) = A \operatorname{Re} e^{j(\omega_0 t + \alpha_0)}$$

ersetzen können, und dies sicherlich um so besser, je langsamer sich die Momentanfrequenz ändert. Bezeichnen wir wieder mit $H(j\omega)$ die Übertragungsfunktion des vorliegenden Systems, so ist die Antwort auf $x_0(t)$

$$y_0(t) = A \operatorname{Re} H(j\omega_0) e^{j(\omega_0 t + \alpha_0)}.$$

Sei andererseits $y(t)$ die Antwort auf $x(t)$. Auf Grund der gemachten Annahmen können wir sagen, daß $y(t)$ in der Nachbarschaft von t_0 optimal mit $y_0(t)$ übereinstimmt, und wir dürfen somit offensichtlich $y(t_0) = y_0(t_0)$ setzen. Daraus erhalten wir

$$y(t_0) = A \operatorname{Re} H(j\omega_0) e^{j(\omega_0 t_0 + \alpha_0)}, \tag{8.2.39}$$

wegen (8.2.3) und (8.2.4) also

$$y(t_0) = A \operatorname{Re} H[j\dot{\varphi}(t_0)] e^{j\varphi(t_0)}.$$

Da diese Beziehung für jedes t_0 gilt, folgt schließlich die gesuchte Beziehung

$$y(t) = A \operatorname{Re} H[j\dot{\varphi}(t)] e^{j\varphi(t)}. \tag{8.2.40}$$

Auf diesem Prinzip beruhen wichtige (jedoch keineswegs alle) Demodulationsverfahren für FM-Signale. Führt man nämlich ein FM-Signal $x(t)$ einer linearen Schaltung mit der Übertragungsfunktion $H(j\omega)$ zu, so ergibt sich als Antwort die durch (8.2.40) gegebene Funktion von $y(t)$. Ist also $H(j\omega)$ stark frequenzabhängig, so wird die Amplitude von $y(t)$ eine starke Zeitabhängigkeit aufweisen, und zwar entsprechend der zeitlichen Änderung der Momentanfrequenz $\dot\varphi(t)$. Dadurch läßt sich die weitere Demodulation prinzipiell durch eine Hüllkurvendetektion wie bei Zweiseitenband-AM vornehmen. Allerdings ist die Frequenz der Trägerschwingung des entstehenden AM-Signals nicht konstant, sondern ändert sich im gleichen Rhythmus wie die Momentanfrequenz von $x(t)$. Eine genauere Analyse würde aber zeigen, daß dies keine Auswirkungen hat. Die sich ergebende Situation ist ähnlich derjenigen, der wir bei der Detektion von Restseitenband-AM-Signalen begegnet sind, wie wir dort bereits kurz angemerkt haben.

Das beschriebene Demodulationsverfahren setzt freilich voraus, daß das dem Eingang der erwähnten Schaltung zugeführte Signal $x(t)$ keine überlagerten Amplitudenschwankungen aufweist. Zunächst vorhandene Schwankungen dieser Art, die etwa durch Rauscheinflüsse entstanden sind, lassen sich aber durch Begrenzungsmaßnahmen unterdrücken, wie wir bereits im Anschluß an die Behandlung der schmalbandigen FM diskutiert haben.

8.3 Frequenzmultiplex

Aus den in den Abschnitten 8.1 und 8.2 gemachten Überlegungen können wir schließen, daß für alle dort besprochenen Modulationsverfahren die Bandbreite des modulierten Signals nur von dem modulierenden Signal $\xi(t)$, nicht aber von der Trägerfrequenz Ω abhängt. Allerdings ist die Bandbreite je nach Modulationsart unterschiedlich. In allen betrachteten Fällen läßt sich jedoch das Spektrum durch geeignete Wahl der Trägerfrequenz Ω zu einer beliebigen Stelle der Frequenzskala hin verschieben, freilich ohne Änderung der Bandbreite.

Von großer Wichtigkeit ist der Fall, daß die Bandbreite $\Delta\Omega$ des zur Verfügung stehenden Übertragungsmediums wesentlich größer ist, als für ein einzelnes moduliertes Signal erforderlich wäre. Dann können durch Wahl unterschiedlicher Trägerfrequenzen die einzelnen modulierten Signale so untergebracht werden, daß die zugehörigen Spektren einander nicht überlappen. Dies ist in Bild 8.3.1 für drei Signale mit Bandbreiten $\Delta\omega_i$ und Trägerfrequenzen Ω_i, $i = 1$ bis 3, erläutert, wo $\Delta\Omega$ die insgesamt zur Verfügung stehende Bandbreite ist.

Man spricht in solchen Fällen von *Frequenzvielfachverfahren*, kurz auch von *Frequenzmultiplex*, und man benutzt hierfür auch im Deutschen die Abkürzung FDM (= frequency division multiplex). Auf solchen Verfahren beruht die Möglichkeit der Übertragung einer Vielzahl von Programmen bei Rundfunk und Fernsehen, im kommerziellen Bereich insbesondere die sogenannte Trägerfrequenztechnik, die über Jahrzehnte hinweg das Rückgrat der gesamten Fernsprech-Weitverkehrstechnik gebildet hat.

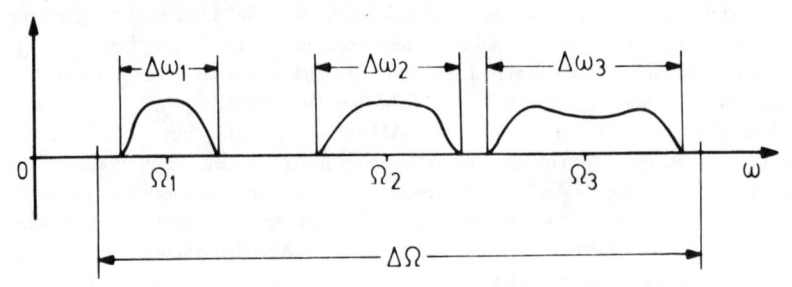

Bild 8.3.1: Erläuterung der Möglichkeit, durch geeignete Wahl der Trägerfrequenz mehrere (hier 3) modulierte Signale ohne Überlappung der Spektralbereiche in einem Kanal der Breite $\Delta\Omega$ unterzubringen.

8.4 Pulsamplitudenmodulierte Signale

Durch das Abtasttheorem (5.2.23) haben wir erkannt, daß Signale, deren Spektren auf den Bereich $|\omega| < \omega_g$ beschränkt sind, vollständig aus Abtastwerten rekonstruiert werden können, wenn die Abtastung mit einer Abtastfrequenz F_s erfolgt, die die Bedingung

$$F_s > 2f_g = \omega_g/\pi \qquad (8.4.1)$$

erfüllt. (Ein ähnliches Ergebnis trifft auch bei dem besprochenen allgemeineren Abtasttheorem (vgl. (5.3.7)) zu.) Daraus folgt, daß es bei frequenzbegrenzten Signalen genügt, die einzelnen Abtastwerte zu übertragen. Dies können wir z.B. dadurch erreichen, daß wir den einzelnen Abtaststellen Impulse zuordnen, deren jeweiliges Moment gleich dem entsprechenden Abtastwert ist.

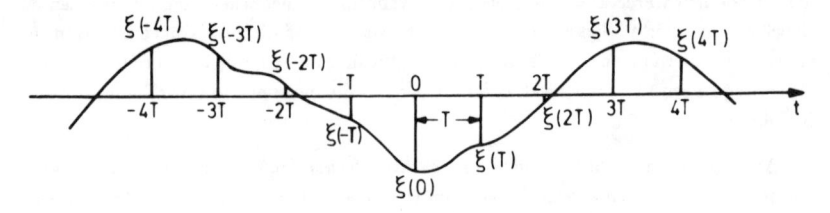

Bild 8.4.1: Ein Signal $\xi(t)$, das mit der Rate $F_s = 1/T$ abgetastet wird.

8.4 Pulsamplitudenmodulierte Signale

Sei $\xi(t)$ das gegebene Signal und seien $\xi(nT)$ die zugehörigen Abtastwerte (Bild 8.4.1), dann ergibt sich bei Verwendung idealer δ-Impulse das ideale Signal

$$\sum_{n=-\infty}^{\infty} \xi(nT)\delta(t-nT), \qquad (8.4.2)$$

wo $T = 1/F_s$ ist. Natürlich lassen sich physikalisch keine δ-Impulse erzeugen. Eine etwas realistischere Möglichkeit besteht somit darin, schmale Rechteckimpulse einheitlicher Breite τ zu verwenden, deren Höhe jeweils gleich dem Abtastwert ist (Bild 8.4.2).

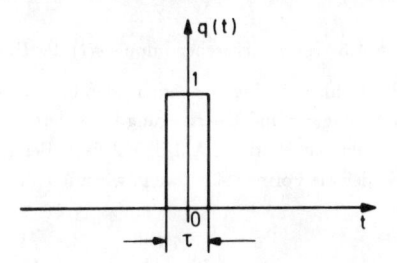

Bild 8.4.2: Ein Rechteckimpuls $q(t)$ mit der Breite τ und der Höhe 1.

Wenn wir einen einzelnen solchen Impuls der Höhe 1 mit $q(t)$ bezeichnen, dann gilt für das gewünschte Signal $x(t)$

$$x(t) = \sum_{n-\infty}^{\infty} \xi(nT)q(t-nT), \qquad (8.4.3)$$

wobei $\tau \ll T$ vorausgesetzt wird. Wir sprechen dann von einem pulsamplitudenmodulierten Signal (PAM-Signal). Natürlich hat jetzt das Moment von $q(t)$ nicht mehr den Wert 1, sondern τ. Wenn wir $q(t)$ durch einen δ-Impuls approximieren, so dürfen wir folglich nicht (8.4.3) einfach durch (8.4.2) ersetzen, sondern müssen berücksichtigen, daß $q(t) \simeq \tau\delta(t)$ ist. Somit ist auch

$$x(t) \simeq x_i(t)$$

mit

$$x_i(t) = \tau \sum_{n=-\infty}^{\infty} \xi(nT)\delta(t-nT). \qquad (8.4.4)$$

Wir bezeichnen $x_i(t)$ als ein *ideales* pulsamplitudenmoduliertes Signal.

Selbstverständlich ist auch ein reines Rechteck noch keine realistische Impulsform. In der Praxis wird man daher wesentlich abgerundetere Impulse $q(t)$ verwenden (Bild 8.4.3).

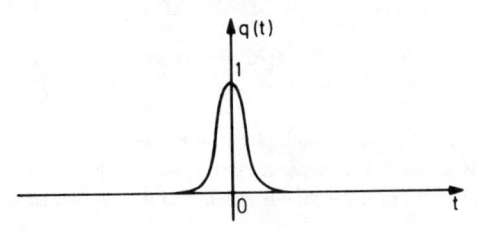

Bild 8.4.3: Ein realistischer Impuls $q(t)$ der Höhe 1.

Wir wollen dabei der Einfachheit halber annehmen, daß $q(t)$ für $t = 0$ den Wert 1, ansonsten jedoch eine zur Erzeugung und Übertragung besonders günstige Form hat. Dann stellt (8.4.3) immer noch das zugehörige PAM-Signal dar. Bei Approximation von $q(t)$ durch $\delta(t)$ ergibt sich wieder die Form (8.4.4), wenn wir mit τ den Wert

$$\tau = \int_{-\infty}^{\infty} q(t) dt$$

bezeichnen. Dann ist noch stets $q(t) \simeq \tau \delta(t)$, denn es gilt ja

$$\int_{-\infty}^{\infty} q(t) dt = \tau \int_{-\infty}^{\infty} \delta(t) dt = \tau.$$

Um die Spektralverteilung zu berechnen, gehen wir zunächst von der idealisierten Form (8.4.4) aus. Aus dieser läßt sich mit

$$x_i(t) \circ\!\!-\!\!\bullet X_i(j\omega)$$

leicht gemäß (3.9.5b) die Darstellung

$$X_i(j\omega) = \tau \sum_{n=-\infty}^{\infty} \xi(nT) e^{-j\omega nT}. \qquad (8.4.5)$$

gewinnen. Also ist $X_i(j\omega)$ eine periodische Funktion mit der Periode $\Omega = 2\pi/T$.

Aufschlußreicher als (8.4.5) ist eine andere Darstellung von $X_i(j\omega)$. Um diese zu gewinnen, benutzen wir die früher gefundene Formel (5.2.15), auf Grund derer wir sofort

$$T \sum_{n=-\infty}^{\infty} \xi(nT) e^{-jn\omega T} = \sum_{m=-\infty}^{\infty} \Xi(j\omega - jm\Omega) \qquad (8.4.6)$$

8.4 Pulsamplitudenmodulierte Signale

mit

$$\Omega = 2\pi F_s = 2\pi/T, \qquad \xi(t) \circ\!\!-\!\!\bullet \Xi(j\omega), \tag{8.4.7}$$

schreiben können. Aus (8.4.5) und (8.4.6) folgt die gesuchte Formel

$$X_i(j\omega) = \frac{\tau}{T} \sum_{m=-\infty}^{\infty} \Xi(j\omega - jm\Omega). \tag{8.4.8}$$

Auch aus (8.4.8) erkennen wir, daß $X_i(j\omega)$ eine periodische Funktion ist. Bis auf den Faktor τ/T setzt sich $X_i(j\omega)$ aus den um die Beträge $m\Omega$ verschobenen Spektren $\Xi(j\omega - jm\Omega)$ zusammen.

Ist insbesondere $\Xi(j\omega)$ frequenzbegrenzt gemäß

$$\Xi(j\omega) = 0 \quad \text{für} \quad |\omega| > \omega_g,$$

dann ergibt sich die in Bild 8.4.4 gezeigte (symbolische) Darstellung. Hierin treten für $X_i(j\omega)$ gleichartige Teilspektren bei allen Vielfachen von Ω auf, doch gibt es wegen $\Omega > 2\omega_g$, also $\Omega - \omega_g > \omega_g$, keine Überlappungen. Wir erkennen, daß es ohne weiteres möglich ist, das ursprüngliche Signal $\xi(t)$ dadurch wiederzugewinnen, daß wir alle Spektralanteile von $x(t)$ für $|\omega| > \omega_g$ abschneiden und die anderen Anteile unverändert lassen. Insbesondere gilt also

$$\Xi(j\omega) = \frac{T}{\tau}\text{rect}\left(\frac{2\omega}{\Omega}\right) \cdot X_i(j\omega). \tag{8.4.9}$$

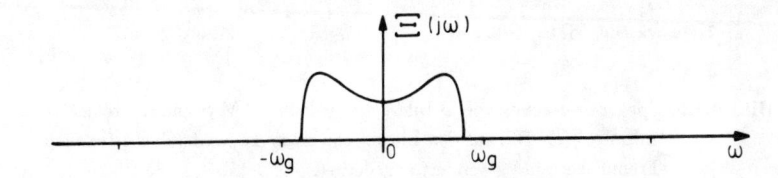

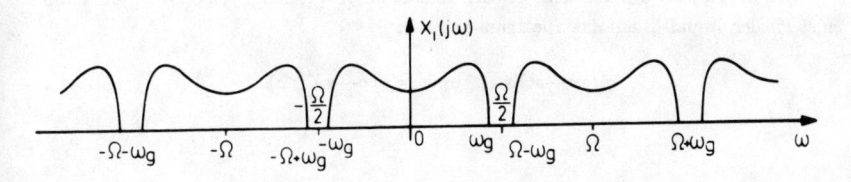

Bild 8.4.4: Verlauf der Spektralfunktionen $\Xi(j\omega)$ und $X_i(j\omega)$ bei Erfüllung von (8.4.1).

8. Modulierte Signale

Hierbei entspricht die Multiplikation mit der Rechteckfunktion einer Filterung durch einen idealen Tiefpaß. Auf jeden Fall zeigt sich auch jetzt wieder, daß die Rückgewinnung des Signals stets möglich ist, wenn die eingangs erwähnte Bedingung (8.4.1) erfüllt ist.

Es sei darauf hingewiesen, daß die Herleitung der Formel (5.2.15) nicht von der Erfüllung der Abtastbedingung abhängig war. Somit bleibt auch (8.4.6) gültig, selbst wenn die Bedingung (8.4.1) nicht erfüllt ist. Ist letzteres der Fall, so werden sich jedoch die aus den Verschiebungen von $\Xi(j\omega)$ entstehenden Spektralanteile überlappen, so daß eine Rekonstruktion des ursprünglichen Signals $\xi(t)$ im Frequenzbereich, also durch Filterung, nicht mehr möglich ist.

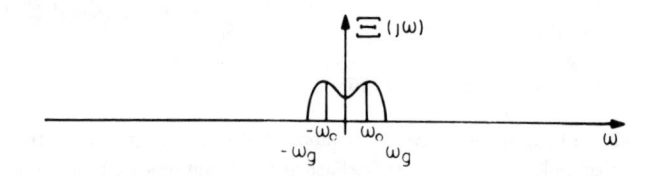

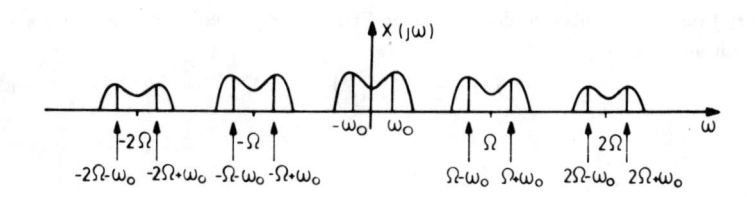

Bild 8.4.5: Spektralzerlegung wie in Bild 8.4.4, jedoch bei Verwendung realer Impulse $q(t)$. Die aus den Einzelfrequenzen $\pm\omega_0$ entstehenden neuen Frequenzen sind gesondert angedeutet.

Wir wollen jetzt untersuchen, welchen Einfluß die Abweichung von $q(t)$ von der Form eines idealen Impulses auf das Spektrum hat. Mit

$$q(t) \circ\!\!-\!\!\bullet Q(j\omega) \quad \text{und} \quad x(t) \circ\!\!-\!\!\bullet X(j\omega)$$

ergibt sich aus (8.4.3)

$$X(j\omega) = \sum_{n=-\infty}^{\infty} \xi(nT)Q(j\omega)e^{-jn\omega T} = Q(j\omega) \sum_{n=-\infty}^{\infty} \xi(nT)e^{-jn\omega T}.$$

Wegen (8.4.6) folgt daraus

$$X(j\omega) = \frac{1}{T}Q(j\omega) \sum_{m=-\infty}^{\infty} \Xi(j\omega - jm\Omega). \tag{8.4.10}$$

$X(j\omega)$ ist also das Produkt der Funktion $\frac{1}{T}Q(j\omega)$ mit einer Spektralfunktion gleichen Typs wie diejenige, die wir bei Verwendung von δ-Impulsen gefunden hatten. Die Beziehung (8.4.8) ergibt sich für $Q(j\omega) = \tau$. Da aber $Q(j\omega)$ in Wirklichkeit nach hohen Frequenzen hin abfällt, werden auch die in der Spektralzerlegung auftretenden Teilspektren allmählich kleiner (Bild 8.4.5).

Für eine reine Sinusschwingung der Frequenz ω_0 (was dem Auftreten von δ-Impulsen bei $\pm\omega_0$ in $\Xi(j\omega)$ entspricht) ergeben sich unendlich viele Frequenzen der Form $n\Omega \pm \omega_0$, natürlich mit Impulsmomenten, die mit wachsendem $|n|$ abnehmen. Dies ist ebenfalls in Bild 8.4.5 angedeutet. Dieses Ergebnis steht im Gegensatz zur Frequenzmodulation, bei der wir bei einer reinen Sinusschwingung Spektralanteile bei Frequenzen der Form $\Omega + n\omega_0$ gefunden hatten. Es sei erwähnt, daß sich die Formel (8.4.3) auch durch Faltung von (8.4.4) mit $q(t)$ ergibt, was wieder unmittelbar auf die Produktform (8.4.10) führt.

Das bisher besprochene Verfahren, das von Gleichung (8.4.3) ausgeht, ist sicher das einfachste, das der Forderung nach Wiedergabe der Abtastwerte und Verwendung realistischer Impulse $q(t)$ entspricht. In Wirklichkeit ist es jedoch technisch unmöglich, einen Impuls nur durch einen einzigen Signalwert zu beeinflussen. In der Praxis auftretende PAM-Signale können daher anstatt durch (8.4.3) besser durch den Ausdruck

$$x(t) = \xi(t) \sum_{n=-\infty}^{\infty} q(t - nT) \tag{8.4.11}$$

beschrieben werden. Der in (8.4.11) auftretende Summenausdruck ist wieder eine periodische Funktion, so daß wir diese gemäß

$$\sum_{n=-\infty}^{\infty} q(t - nT) = \sum_{m=-\infty}^{\infty} Q_m e^{jm\Omega t}$$

in eine Fourierreihe zerlegen können, wo wiederum $\Omega = 2\pi/T$ und außerdem

$$Q_m = \frac{1}{T}\int_{-T/2}^{T/2} \left[\sum_{n=-\infty}^{\infty} q(t-nT)\right] e^{-jm\Omega t}dt = \frac{1}{T}\int_{-T/2}^{T/2} q(t)e^{-jm\Omega t}dt$$

ist; hierbei gilt der letzte Ausdruck für Q_m unter der Annahme, daß der Impuls $q(t)$ hinreichend schmal ist. Für $x(t)$ ergibt sich

$$x(t) = \sum_{m=-\infty}^{\infty} Q_m \xi(t) e^{jm\Omega t}, \qquad (8.4.12)$$

woraus mit $x(t) \circ\!\!-\!\!\bullet X(j\omega)$ und $\xi(t) \circ\!\!-\!\!\bullet \Xi(j\omega)$

$$X(j\omega) = \sum_{m=-\infty}^{\infty} Q_m \Xi(j\omega - jm\Omega). \qquad (8.4.13)$$

folgt. Falls die Funktionen $q(t - nT)$ δ-Impulse sind (vgl. (8.4.4)), gilt für alle Fourier-Koeffizienten $Q_m = \tau/T$. In Wirklichkeit nehmen jedoch die Q_m mit wachsenden Werten von $|m|$ ab, so daß sich auch jetzt wieder eine allmähliche Abnahme der Seitenbänder ergibt. Man beachte jedoch, daß Q_0 reell ist.

Bei der Diskussion der Gleichung (8.4.8) haben wir darauf hingewiesen, daß sich aus der Spektralfunktion $X_i(j\omega)$ durch eine geeignete Beschneidung des Spektrums (Filterung) wieder die ursprüngliche Spektralfunktion $\Xi(j\omega)$ und somit auch das ursprüngliche Signal $\xi(t)$ zurückgewinnen läßt, solange nur die Bedingung $F_s > 2f_g$ erfüllt ist. Die gleiche Möglichkeit ergibt sich aber offensichtlich auch auf Grund der Beziehungen (8.4.10) und (8.4.13). Besonders einfach sind die Verhältnisse im Fall der Gleichung (8.4.13), da dann zu den Beiträgen $\Xi(j\omega - jm\Omega)$ jeweils nur ein konstanter Faktor Q_m hinzutritt, der für $m = 0$ sogar reell ist. Im Fall der Gleichung (8.4.10) tritt hingegen eine Funktion $Q(j\omega)$ hinzu; dies bedingt zwar eine gewisse Verzerrung, braucht jedoch keine grundsätzlichen Schwierigkeiten zu bedeuten, wenn die Impulsform $q(t)$ und damit $Q(j\omega)$ als bekannt angesehen werden kann.

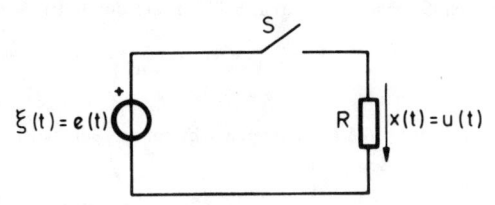

Bild 8.4.6: Einfache Schaltung zur Realisierung eines PAM-Signals.

Prinzipiell läßt sich ein PAM-Signal entsprechend (8.4.11) durch die einfache Schaltung in Bild 8.4.6 realisieren. Das modulierende Signal $\xi(t)$ ist hierbei durch die Urspannung $e(t)$ der Quelle gegeben und das modulierte Signal $x(t)$ durch die Spannung $u(t)$ über dem Widerstand R. Wenn wir den Schalter S als ideal annehmen und voraussetzen, daß dieser in periodischen Abständen jeweils für eine Dauer τ geschlossen ist, dann ergibt sich offensichtlich für $x(t)$ ein Ausdruck der Form (8.4.11), wobei die Impulsfunktion $q(t)$ einem Rechteckimpuls wie in Bild 8.4.2 entspricht.

Neben PAM-Signalen sind noch verschiedene andere pulsmodulierte Signale vorgeschlagen worden. Bei pulsdauermodulierten Signalen (PDM) dient nicht die Amplitude, sondern die Breite der Impulse zur Darstellung des modulierenden Signals; der Unterschied zur PAM ist hierbei sehr gering. Bei pulsphasenmodulierten Signalen (PPM) hingegen wird die zeitliche Lage der Impulse entsprechend $\xi(nT)$ verschoben. PDM und PPM haben ähnlich wie PAM keine große Bedeutung für die tatsächliche Übertragungstechnik erlangt. Allerdings ist PAM von entscheidender Bedeutung als Zwischenstufe bei der Erzeugung pulscodemodulierter Signale (PCM), die in wachsendem Umfang in modernen Nachrichtengeräten verwendet werden. Bei PCM werden die zunächst erhaltenen analogen PAM-Impulse auf digitale Weise, ähnlich wie die Zahlen in einem Rechner, dargestellt. Wir werden im nächsten Abschnitt hierauf eingehen.

8.5 Pulscodemodulierte Signale

8.5.1 Grundlegende Eigenschaften

Im vorigen Abschnitt haben wir gesehen, wie man Signale, die zunächst kontinuierlich vorliegen, durch zeitdiskrete Signale ersetzen kann, d.h., durch Signale, denen grundsätzlich nur zu diskreten, periodisch wiederkehrenden Zeitpunkten ein Signalwert zugeordnet ist. Der einfachste Typ eines solchen zeitdiskreten Signals ist ein PAM-Signal der zunächst beschriebenen Art (vgl. etwa (8.4.3)). Der einem diskreten Zeitpunkt zugeordnete Signalwert (Abtastwert) kann jedoch noch jeden beliebigen reellen Wert annehmen, zumindest innerhalb gewisser zugelassener Schranken.

Nun weiß man aber, daß physikalische Größen in der Praxis nur mit einer mehr oder weniger guten Genauigkeit bekannt sein können und häufig sogar nur mit einer weitaus geringeren Genauigkeit bekannt zu sein brauchen. So brauchen etwa Entfernungswerte je nach Lage der Dinge nur auf 1 mm, 1 m, 1 km usw. genau zu sein, um zu Angaben zu führen, die für den jeweils beabsichtigten Zweck zu keinem spürbaren Verlust an Präzision führen. Somit liegt es auf der Hand, daß wir das gleiche Prinzip auch auf den uns hier interessierenden Fall, also auf die Kenntnis der für uns relevanten Signalwerte anwenden. Mit anderen Worten, wenn wir etwa wissen, daß die relevanten Signalwerte im Bereich von $-M$ bis M liegen, so wird es genügen, das Intervall $(-M, M)$ in endlich viele Teilintervalle aufzuteilen und lediglich festzustellen, in welchem dieser Teilintervalle der tatsächliche Wert liegt.

Auf diese Weise werden offensichtlich auch die Signalwerte diskretisiert. Man nennt diesen Vorgang *Quantisierung* und ein hierzu dienendes Gerät einen *Quantisierer*. Man sagt auch, der entstehende quantisierte Signalwert sei *wertdiskret*. Ein zeit- und wertdiskretes Signal bezeichnet man als *digital*, und den Vorgang der Erzeugung eines Signals dieser Art aus einem solchen, das zunächst zeit- und wertkontinuierlich war, nennt man *Digitalisierung*. In anderen Zusammenhängen werden die hier angesprochenen Vorgänge auch als *Analog-Digital-Umsetzung* oder als *Analog-Digital-Wandlung* bezeichnet.

In einem Quantisierer wird offensichtlich dessen Eingangssignal x in ein quantisiertes Signal $y = Q(x)$ umgewandelt (Bild 8.5.1). Den Verlauf der Funktion $Q(x)$ nennt man *Quantisierungskennlinie*. Diese hat eine treppenförmige Gestalt.

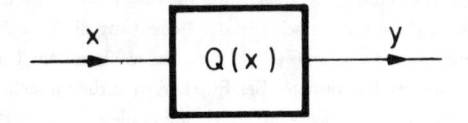

$$\xrightarrow{x} \boxed{Q(x)} \xrightarrow{y}$$

Bild 8.5.1: Schematische Darstellung eines Quantisierers mit der Quantisierungskennlinie $Q(x)$.

Als einfaches Beispiel wollen wir annehmen, daß der Bereich von $-M$ bis M in 8 gleiche Teile der Breite $\Delta = 2M/8 = M/4$ unterteilt wird. Die zugehörige Quantisierungskennlinie ist achtstufig und ist in Bild 8.5.2 gezeigt. Jedem Wert von x zwischen 0 und Δ wird dann der gleiche Wert $A_1 = \Delta/2$ zugeordnet, jedem Wert zwischen Δ und 2Δ der Wert $A_2 = 3\Delta/2$ usw., und entsprechend wird bei negativen Werten von x verfahren. Insgesamt unterscheiden wir also zwischen den Werten A_1 bis A_4 und A_{-1} bis A_{-4}. Für Werte $|x| > M$ erfolgt ein Sättigungseffekt (Überlauf). Mit anderen Worten, wenn Werte $x > M$ auftreten, wird diesen der größte zugelassene Wert von y, in unserem Falle also $A_4 = 7M/8$ zugeordnet, und Werten $x < -M$ der Wert $A_{-4} = -7M/8$.

Den einzelnen Stufen A_{-4} bis A_4 können wir jetzt Zahlen in einer Binärdarstellung (Dualzahlen) zuordnen, etwa gemäß

A_1 : 000 A_{-1} : 100

A_2 : 001 A_{-2} : 101

A_3 : 010 A_{-3} : 110

A_4 : 011 A_{-4} : 111

Wegen $2^3 = 8$ ist dies mit einer dreistelligen Zahl auf eindeutige Weise möglich. Den einzelnen Ziffern dieser Zahlen können wir dann wieder Impulse entsprechen lassen, und zwar soll die Ziffer Null bedeuten, daß dann an der im Zeitraster vorgesehenen Stelle kein Impuls vorhanden ist, während die Ziffer Eins bedeuten soll, daß ein Impuls auftritt. Es wird also nur zwischen Vorhandensein und Nichtvorhandensein von Impulsen unterschieden, wobei

8.5 Pulscodemodulierte Signale

vorhandene Impulse alle die gleiche Form und die gleiche Höhe haben sollen. Man sagt auch, daß auf die beschriebene Weise eine *Kodierung* vorgenommen worden ist.

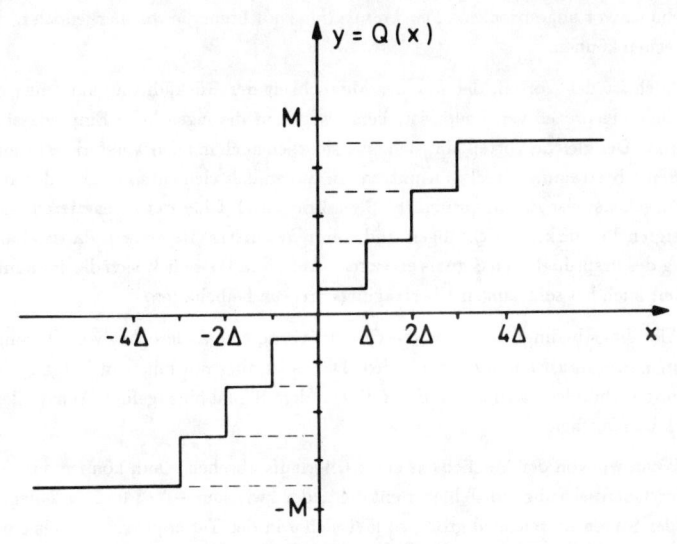

Bild 8.5.2: Quantisierungskennlinie mit 8 gleichen Stufen $\Delta = M/4$.

Einem einzelnen PAM-Impuls sind somit drei Zeitpositionen des *kodierten* Signals zugeordnet, das wir jetzt auch genauer als ein *pulscodemoduliertes Signal*, kurz als ein *PCM-Signal*, bezeichnen. Offensichtlich müssen die Impulse des PCM-Signals wesentlich schmaler sein als diejenigen des ursprünglichen PAM-Signals, was eine entsprechende Erhöhung der Bandbreite bedingt. Diesem Nachteil steht aber der große Vorteil gegenüber, daß auf der Empfangsseite, also bei der *Dekodierung*, kein genauer Impulswert mehr festgestellt werden muß, sondern daß jetzt alles auf einen einfachen *Entscheidungsprozeß* hinausläuft. Dieser besteht darin festzustellen, ob zu dem jeweils relevanten, durch einen Synchronisationsmechanismus festgelegten Zeitpunkt ein Impuls vorhanden ist oder nicht. Dabei kann der einzelne Impuls durch Einfluß von Rauschen oder andere Störungen durchaus stark von der unter idealen Umständen zu erwartenden Form abweichen.

Ist also etwa bei störungsfreiem Empfang eine Impulshöhe P zu erwarten, so ist es zweckmäßig, die *Entscheidungsschwelle* bei $P/2$ festzulegen. Ist dann der Signalwert zu dem zu betrachtenden Zeitpunkt größer als $P/2$, so wird auf Vorhandensein eines Impulses geschlossen, andernfalls jedoch auf Nichtvorhandensein. Es verbleibt natürlich eine gewisse Restwahrscheinlichkeit, daß die getroffene Entscheidung falsch ist, doch kann diese

8. Modulierte Signale

Restwahrscheinlichkeit außerordentlich klein gehalten werden, so daß PCM-Übertragung weitaus störsicherer ist als andere Übertragungsarten. Freilich ist hierbei sorgfältig auf die schon zuvor angesprochene *Synchronisation* zu achten, die wir hier jedoch nicht weiter besprechen können.

Auch ist der Vorteil, der mit der Möglichkeit der Rückführung auf einen einfachen Entscheidungsprozeß verbunden ist, keineswegs auf die eigentliche Empfangsstation beschränkt. Der gleiche Vorteil läßt sich offensichtlich auch in allen Verstärkerstationen einer längeren Übertragungsstrecke ausnutzen. In diesen läßt sich entsprechend der angedeuteten Vorgehensweise das ursprüngliche Signal praktisch fehlerfrei regenerieren. Die hierzu benötigten Verstärkereinrichtungen sind somit *Repetierer* (Repeater), da sie eine Wiederholung des ursprünglichen Signals erzeugen. Auf diese Weise läßt sich die erwähnte Störsicherheit auch bei sehr langen Übertragungsstrecken beibehalten.

Allerdings bedingt bei PCM die Quantisierung eine andere Art von Störung, die als *Quantisierungsrauschen* bezeichnet wird. Dieses ist aber nur mit dem Vorgang der Quantisierung verbunden, wird also nur bei diesem dem Signal hinzugefügt. Wir wollen hierauf noch kurz eingehen.

Wenn wir von der Möglichkeit eines Überlaufs absehen, dann können wir sagen, daß bei der Quantisierung ein Fehler q entsteht, der zwischen $-\Delta/2$ und $\Delta/2$ liegt. Ist die Zahl der Stufen hinreichend groß, so läßt sich q in der Tat approximativ als ein Rauschsignal auffassen, dessen Wert ziemlich regellos im Intervall $(-\Delta/2, \Delta/2)$ auftritt. Da es insbesondere auf die Leistung dieses Rauschens ankommt, ist der quadratische Mittelwert von Interesse. Es empfiehlt sich, diesen unter Benutzung wahrscheinlichkeitstheoretischer Begriffe herzuleiten, und zwar indem wir q als ein Zufallssignal auffassen, das mit der Wahrscheinlichkeitsdichte $p = 1/\Delta$ über dem Intervall $(-\Delta/2, \Delta/2)$ gleichmäßig verteilt ist (Bild 8.5.3). Der Erwartungswert von q^2 ist dann

$$N = E\{q^2\} = \int_{-\Delta/2}^{\Delta/2} q^2 p\, dq = \frac{\Delta^2}{12}.$$

Um zu einer sinnvollen Beurteilung der Größe des Quantisierungsrauschens zu kommen, ist es zweckmäßig, dieses zur Signalleistung in Bezug zu bringen, also das sogenannte *Signal-Geräusch-Verhältnis* zu bilden, das durch

$$R = S/N$$

definiert ist. Hierbei ist S die mittlere Signalleistung und N die mittlere Störleistung. Üblicherweise wird R in dB gemssen, d.h., daß die üblicherweise angegebenen Zahlenwerte dem Ausdruck $10\log(S/N)$ entsprechen.

8.5 Pulscodemodulierte Signale

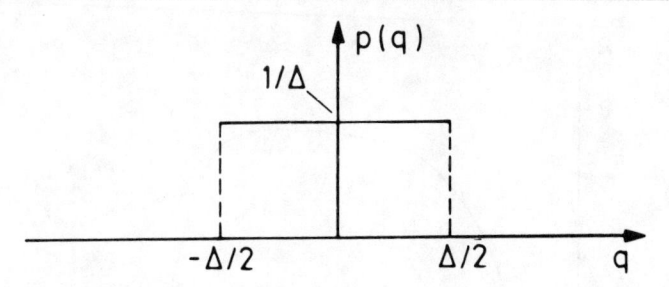

Bild 8.5.3: Wahrscheinlichkeitsverteilung $p(q)$ des Quantisierungsfehlers q.

Aus der Betrachtung der Quantisierungskennlinie (Bild 8.5.2) ergibt sich, daß R für kleine Werte von S sehr klein ist, bei mittleren Werten von S einen größeren Wert annimmt (und zwar um so größer, je feiner die Stufung ist) und nach Erreichen der Sättigung schnell abnimmt. Die sich somit ergebende Kurve (Bild 8.5.4) ist ein wichtiges Kriterium zur Beurteilung der Quantisierungsgüte.

Bisher haben wir angenommen, daß die Stufung innerhalb des Intervalls $(-M, M)$ gleichmäßig erfolgt, oder, wie man in etwas lockerer Ausdrucksweise auch sagt, daß die Quantisierung *linear* sei. Da es aber auf das Verhältnis S/N ankommt, ist klar, daß es bei fester Stufenzahl besser ist, die Stufung bei kleinen Signalwerten feiner, bei großen Signalwerten hingegen gröber zu wählen, also eine *nichtlineare Quantisierung* zu benutzen. Ausschlaggebend für eine Änderung Δy in der Quantisierungskennlinie sollte also nicht der Wert von Δx, sondern derjenige von $\Delta x/x$ sein, d.h., der Zusammenhang zwischen Δx und Δy sollte nach Möglichkeit durch

$$\Delta y = k \, \Delta x / x$$

gegeben sein, wo k eine Konstante ist und wir uns auf den Fall $x > 0$ beschränkt haben. Im Grenzfall ergibt dies den Zusammenhang

$$\frac{dy}{dx} = \frac{k}{x},$$

woraus

$$y = k_0 + k \ln x \qquad (8.5.1)$$

folgt, wo k_0 eine weitere Konstante ist.

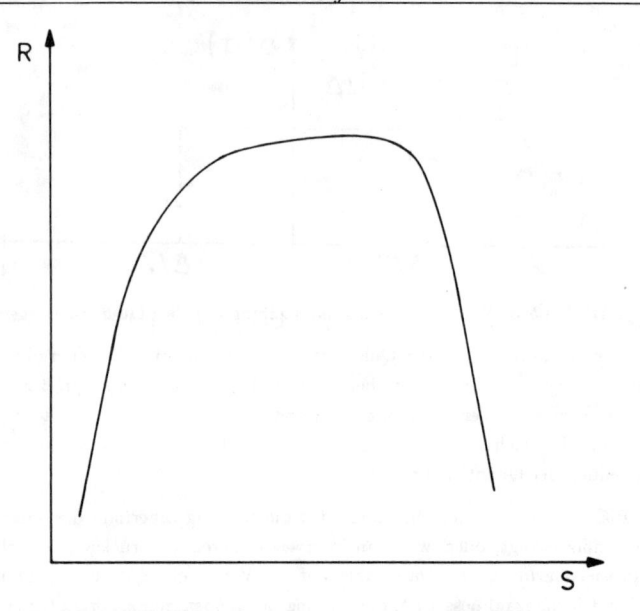

Bild 8.5.4: Schematischer Verlauf des Signal-Geräusch-Verhältnisses $R = S/N$ in Abhängigkeit von der mittleren Signalleistung S.

Ein solcher logarithmischer Zusammenhang ist aber bei kleinen Werten von x nicht mehr sinnvoll. Zum einen geht $\ln x \to -\infty$ für $x \to 0$, zum anderen haben sehr kleine Werte von x keine technische Relevanz. Daher ist es zweckmäßig, den Verlauf (8.5.1) bei kleinem x durch eine einfache Proportionalität zwischen x und y zu ersetzen. Ergänzen wir dann den sich ergebenden Zusammenhang noch durch einen entsprechenden Zusammenhang für $x < 0$, so erhalten wir eine stetige Kennlinie der in Bild 8.5.5 angegebenen Art. Es liegt dann eine *Kompression* vor, die empfangsseitig durch eine dieser angepaßten *Expansion* ausgeglichen werden muß. Die tatsächliche Quantisierungskennlinie ist natürlich wiederum treppenförmig und wird in ihrem Verlauf die Kompressionskennlinie möglichst gut annähern, was ebenfalls in Bild 8.5.5 angedeutet ist. Kompression und Expansion werden zusammen auch als *Kompandierung* bezeichnet.

Eine glatt verlaufende Kompandierungskennlinie der in Bild 8.5.5 gezeigten Art wäre in der Praxis schwer mit der erforderlichen Reproduzierbarkeit zu realisieren und auch den Erfordernissen der Digitaltechnik wenig angepaßt. Man vermeidet diesen Nachteil dadurch, daß die ursprüngliche Kennlinie durch einen *Polygonzug*, der also nur aus Geradenstücken besteht, ersetzt wird. Ein entsprechender Polygonzug ist für das in Europa genormte PCM

System 30/32 in Bild 8.5.6 gezeigt. Da sie aus 13 Geradenstücken besteht, wird sie auch als *13-Segment-Kennlinie* bezeichnet, genauer als A-Kennlinie.

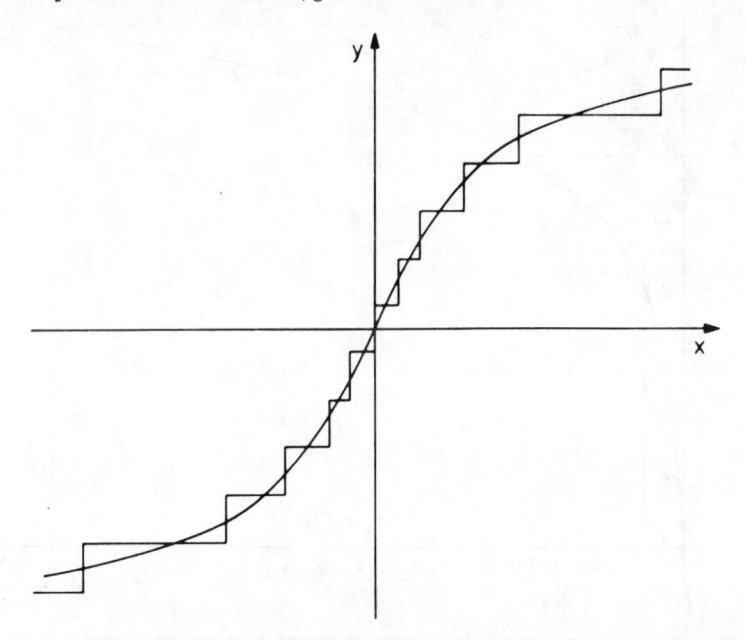

Bild 8.5.5: Schematischer Verlauf einer stetigen Kompandierungskennlinie und der sich daraus ergebenden Quantisierungskennlinie.

Neben den genannten und damit unmittelbar verbundenen Vorzügen der Pulscodemodulation besteht ein weiterer Vorteil darin, daß sich PCM-Signale weitaus besser in ein universelles Kommunikationssystem einpassen lassen (vgl. Abschnitt 8.6). Ein solches muß nämlich neben Sprache auch eine Fülle andersartiger Signale, insbesondere Daten, übertragen können, also etwa Signale, wie sie bei der Kommunikation zwischen Maschinen auftreten. Solche Signale sind aber meist von Natur aus digital und können folglich durch geeignete Kodierung stets mit voller Genauigkeit unter Benutzung von nur endlich vielen, insbesondere also von nur zwei unterschiedlichen Zeichen dargestellt werden. Der Einsatz der PCM-Technik führt folgerichtig zu einem universellen Kommunikationsnetz, das als *diensteintegrierendes digitales Fernmeldenetz* oder kürzer als *diensteintegrierendes Digitalnetz*, abgekürzt ISDN (= integrated services digital network) bezeichnet wird.

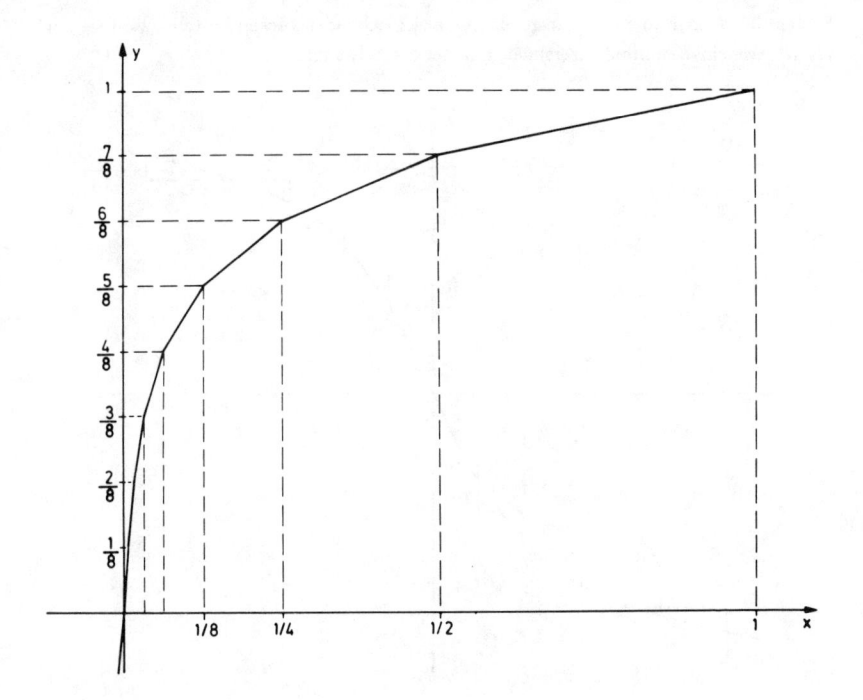

Bild 8.5.6: Kompandierungskennlinie des PCM-Systems 30/32, die aus einem 13-segmentigen Polygonzug besteht (sogenannte A-Kennlinie).

Wie wir gesehen haben, ist der Einsatz von PCM mit einer Erhöhung der Bandbreite verbunden. Dies braucht kein Nachteil zu sein, insbesondere dann nicht, wenn durch entsprechenden Aufwand Bandbreite in ausreichendem Umfang zur Verfügung gestellt werden kann, also etwa bei Einsatz von Glasfaserkabeln.

In anderen Fällen ist aber die Forderung nach Ökonomie der Bandbreite sehr zwingend. Dies ist jedenfalls immer dann der Fall, wenn der freie Raum als Übertragungsmedium benutzt wird, also etwa beim Richtfunk. In solchen Fällen läßt sich eine Verbesserung dadurch erzielen, daß bei den einzelnen Impulsen nicht mehr einfach nur zwischen Vorhandensein und Nichtvorhandensein unterschieden wird, sondern daß jedem Einzelimpuls mehrere mögliche Werte zugeordnet werden. Ist wiederum M der Spitzenwert des Impulses, so können wir ihm z.B. die vier Werte 0, $M/3$, $2M/3$ und M zuordnen, was auf eine

Halbierung der Anzahl benötigter Impulse hinausläuft. Bei Verwendung von Impulsen mit nur zwei unterscheidbaren Werten (etwa 0 und M) benötigen wir nämlich zwei Impulse, um vier unterscheidbare Zustände darstellen zu können $((0,0),(M,0),(0,M),(M,M))$.

Bei solch einer mehrstufigen Codierung geht freilich ein Teil der Vorteile des PCM-Verfahrens wieder verloren. Je größer die Anzahl Stufen ist, desto größer ist nämlich offensichtlich der Einfluß, den Störungen bei der Decodierung ausüben können, und desto größer sind dann auch die Genauigkeitsforderungen an die Schaltungsrealisierung. Dennoch haben sich solche Verfahren bewährt, zumal in Verbindung mit Quadratur-Amplitudenmodulation (QAM).

8.5.2 Spektralanalyse

Die *Kodierung*, also die Umsetzung eines PAM-Signals in ein PCM-Signal kann nur so erfolgen, daß ein sogenanntes *Abtasthalteglied* zwischengeschaltet wird, also daß der jeweils zu kodierende Wert für die Dauer des Kodierungsvorgangs auf einem Kondensator gespeichert wird. Statt eines eigentlichen PAM-Signals wird also in Wirklichkeit eine Ladung auf einem Kondensator erzeugt, und ein einfaches allgemeines Modell für eine entsprechende Schaltung ist in Bild 8.5.7 gezeigt. Die dortige Quelle mit der Urspannung $\xi(t)$ lädt über ein Zweitor N (das z.B. insbesondere einen Operationsverstärker enthält) eine Kapazität C und erzeugt über dieser eine Spannung $u(t)$. Zum Zeitpunkt nT wird der Schalter S geöffnet, so daß anschließend die Spannung $u(nT)$ gehalten wird.

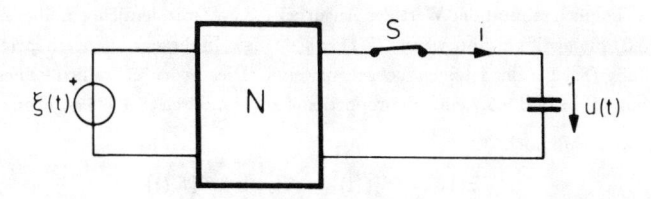

Bild 8.5.7: Allgemeine Anordnung zur Erzeugung eines Abtasthaltegliedes.

Wir wollen hier vereinfachend alle Sekundäreffekte ausschließen, also N als linear ansehen und außerdem annehmen, daß das Öffnen des Schalters S, der in der Praxis selbstverständlich ein elektronischer Schalter ist, ideal erfolgt, also zum Zeitpunkt $t = nT$ der Widerstand von S momentan von 0 auf ∞ ansteigt. Wenn wir dann noch mit $h(t)$ die Impulsantwort des mit C abgeschlossenen Zweitors N bezeichnen, so ist

$$u(nT) = \int_{-\infty}^{\infty} \xi(\tau) h(nT - \tau) d\tau = \int_{-\infty}^{nT} \xi(\tau) h(nT - \tau) d\tau \qquad (8.5.2)$$

Diese Beziehung dürfen wir auch dann noch als ausreichend genau ansehen, wenn der Schalter erst von einem Zeitpunkt $nT - T_0$ an geschlossen war — wie das ja wegen des in Wirklichkeit sich periodisch wiederholenden Öffnens und Schließens von S der Fall ist —, vorausgesetzt, daß alle relevanten Zeitkonstanten hinreichend klein sind. Letzteres bedeutet zum einen, daß $h(t)$ für $t > T_0$ vernachlässigbar klein ist, also

$$\int_{-\infty}^{nT} \xi(\tau)h(nT - \tau)d\tau = \int_{nT-T_0}^{nT} \xi(\tau)h(nT - \tau)d\tau$$

gesetzt werden darf. Zum anderen bedeutet es, daß alle Erscheinungen, die durch Anfangswerte angeregt worden waren, die zum Zeitpunkt des letzten Schließens von S (also zum Zeitpunkt $nT - T_0$) von null verschieden waren, innerhalb der zur Verfügung stehenden Dauer T_0 praktisch völlig abgeklungen sind, denn nur dann darf die tatsächliche Antwort gleich der Grundantwort gesetzt werden.

Aus (8.5.2) ergibt sich für die zum Zeitpunkt nT auf C gespeicherte Ladung

$$Cu(nT) = C \int_{-\infty}^{\infty} \xi(\tau)h(nT - \tau)d\tau. \qquad (8.5.3)$$

Andererseits wollen wir ein PAM-Signal der durch (8.4.11) gegebenen Art betrachten. Dann ist der dem Zeitpunkt nT zugeordnete Impuls durch $\xi(t)q(t-nT)$ und das zugehörige Impulsmoment (das gleich einer Ladung ist, wenn es sich bei $x(t)$ um einen Strom handelt) durch

$$\int_{-\infty}^{\infty} \xi(t)q(t - nT)dt \qquad (8.5.4)$$

gegeben. Folglich stimmt der Wert des Ausdrucks (8.5.4) mit demjenigen überein, der sich aus (8.5.3) für $u(nT)$ ergibt, wenn $Ch(t) = q(-t)$ ist. In diesem Sinne entspricht also die Darstellung (8.4.11) der jetzigen Vorgehensweise. (Dies bedeutet freilich keineswegs, daß der Strom $i(t)$ in Bild 8.5.7 einfach proportional zu dem durch (8.4.11) gegebenen $x(t)$ ist.)

Sei weiterhin noch

$$\Xi(j\omega) = \mathcal{F}\{\xi(t)\}, \quad H(j\omega) = \mathcal{F}\{h(t)\},$$

$$U(j\omega) = \mathcal{F}\{u(t)\}, \quad u(t) = \int_{-\infty}^{\infty} \xi(\tau)h(t - \tau)d\tau, \qquad (8.5.5a,b)$$

wo sich $u(t)$ jetzt auf den Fall bezieht, daß S permanent geschlossen ist. Dann ist

$$U(j\omega) = H(j\omega)\Xi(j\omega).$$

Auch dürfen wir auf (8.5.5a) den allgemeinen Zusammenhang (5.2.15) anwenden und folglich unter Verwendung von $\Omega = 2\pi/T$

$$T \sum_{n=-\infty}^{\infty} u(nT)e^{-jn\omega T} = \sum_{m=-\infty}^{\infty} U(j\omega - jm\Omega)$$

schreiben, also auch

$$T \sum_{n=-\infty}^{\infty} u(nT)e^{-jn\omega T} = \sum_{m=-\infty}^{\infty} H(j\omega - jm\Omega)\Xi(j\omega - jm\Omega), \qquad (8.5.6)$$

wo die aus (8.5.5b) folgenden Werte $u(nT)$ im Rahmen der benutzten Approximation mit denen übereinstimmen, die sich aus (8.5.2) ergeben. Aus den Werten $u(nT)$ entstehen im Quantisierer Werte $v(nT)$, die sich von jenen durch den jeweiligen Quantisierungsfehler

$$\varepsilon(nT) = u(nT) - v(nT) \qquad (8.5.7)$$

unterscheiden. Wie bereits betont, können die Werte $\varepsilon(nT)$ als ein rauschartiges Signal, das als Quantisierungsrauschen bezeichnet wird, aufgefaßt werden.

Bei der *Dekodierung* könnte man grundsätzlich so vorgehen, daß dem Wert $v(nT)$ mittels eines allgemeinen impulsförmigen Signals $g(t)$ ein Impuls $v(nT)g(t-nT)$ zugeordnet wird, insgesamt also ein Signal

$$y(t) = \sum_{n=-\infty}^{\infty} v(nT)g(t - nT) \qquad (8.5.8)$$

erzeugt wird. Mit
$$Y(j\omega) = \mathcal{F}\{y(t)\}, \quad G(j\omega) = \mathcal{F}\{g(t)\}$$
folgt daraus
$$Y(j\omega) = G(j\omega) \sum_{n=-\infty}^{\infty} v(nT)e^{-jn\omega T}. \qquad (8.5.9)$$

Nach Filterung durch einen Tiefpaß mit der Übertragungsfunktion $H_1(j\omega)$ entsteht aus $y(t)$ ein neues Signal $w(t)$, dessen Fouriertransformierte $W(j\omega)$ durch

$$W(j\omega) = Y(j\omega)H_1(j\omega) \qquad (8.5.10)$$

gegeben ist.

Das Quantisierungsrauschen muß als getrenntes Störsignal behandelt werden. Wenn wir von diesem Störsignal absehen, können wir in (8.5.9) $v(nT)$ durch $u(nT)$ ersetzen, was unter Verwendung von (8.5.6) auf

$$W(j\omega) = \frac{1}{T}G(j\omega)H_1(j\omega) \sum_{m=-\infty}^{\infty} H(j\omega - jm\Omega)\Xi(j\omega - jm\Omega) \qquad (8.5.11)$$

führt. Wir nehmen weiterhin wieder an, daß es ein positives $\omega_g < \Omega/2$ gibt derart, daß

$$\Xi(j\omega) = 0 \quad \text{für} \quad |\omega| > \omega_g \tag{8.5.12}$$

ist, daß es sich bei dem Filter um einen idealen Tiefpaß mit der Übertragungsfunktion

$$H_1(j\omega) = \text{rect}\,(\omega/\Omega_g) \tag{8.5.13}$$

handelt und daß für dessen Grenzfrequenz Ω_g die Beziehung

$$\omega_g < \Omega_g < \Omega - \omega_g \tag{8.5.14}$$

erfüllt ist. Dann folgt aus (8.5.11)

$$W(j\omega) = \frac{1}{T}G(j\omega)H(j\omega)\Xi(j\omega). \tag{8.5.15}$$

Bis auf den Faktor $G(j\omega)H(j\omega)/T$ entsteht also wieder das ursprüngliche Spektrum. Dieser Faktor ist in dem interessierenden Frequenzbereich nahezu konstant, wenn die Verläufe von $g(t)$ und $h(t)$ hinreichend schmal sind.

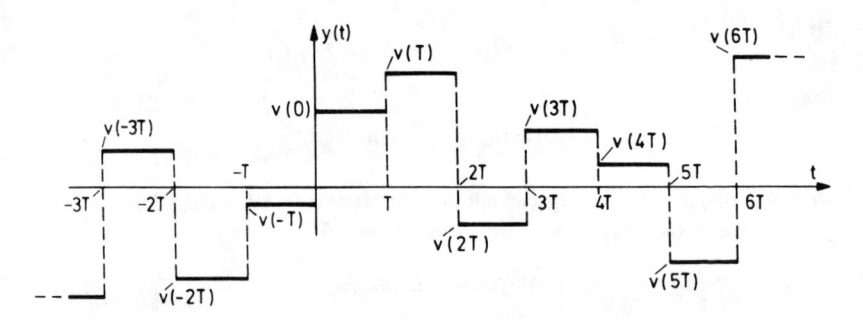

Bild 8.5.8: Ein aus Abtastwerten $v(nT)$ entstehendes stufenförmiges Signal $y(t)$.

Statt $y(t)$ unter Benutzung schmaler Impulse $g(t - nT)$ zu erzeugen, ist es meist günstiger, den jeweiligen Wert von $v(nT)$ für die volle Dauer des Intervalls $nT < t < (n+1)T$ konstant zu halten. Dann ergibt sich für $y(t)$ ein *stufenförmiger* Verlauf wie in Bild 8.5.8 angegeben. Man kann diesen noch stets durch (8.5.8) beschreiben, wenn wir $g(t)$ gemäß

$$g(t) = \text{rect}\,\frac{2}{T}(t - T/2) \tag{8.5.16}$$

definieren, wegen (3.7.2) also gemäß

$$G(j\omega) = Te^{-j\omega T/2}\text{si}(\omega T/2) = Te^{-j\omega T/2}\text{si}(\pi\omega/\Omega).$$

Ist somit ω_g nicht viel kleiner als $\Omega/2$, so entsteht durch den Faktor $\text{si}(\pi\omega/\Omega)$ im relevanten Frequenzbereich $|\omega| < \omega_g$ eine spürbare Verzerrung, die sinngemäß auch als si-Verzerrung oder als $\sin x/x$-Verzerrung bezeichnet wird. Diese muß gegebenenfalls durch einen kompensierenden Verlauf von $H_1(j\omega)$ ausgeglichen (entzerrt) werden (vgl. (8.5.10)).

8.6 Zeitmultiplex

Bei AM- und FM-Signalen haben wir erkannt, daß bei frequenzbegrenztem $\xi(t)$ prinzipiell nur eine beschränkte Bandbreite zur Übertragung erforderlich ist. Hierdurch ergab sich die Möglichkeit, ein eventuell vorhandenes breites Frequenzband gleichzeitig durch eine Vielzahl von modulierten Signalen zu belegen. Alle diese Signale sind zu jedem Zeitpunkt gleichzeitig mit normalerweise von null verschiedenen Werten präsent und ergeben also im Zeitbereich ein völlig undurchsichtig überlagertes Gesamtsignal. Im Frequenzbereich hingegen ergibt sich eine saubere Verschachtelung, die eine einwandfreie Unterscheidung der einzelnen Teilsignale möglich macht.

Bei PAM-Signalen liegen genau umgekehrte Verhältnisse vor. Prinzipiell ist dann eine unendlich große Bandbreite erforderlich (Verwendung von δ-Impulsen). In der Praxis ist die benötigte Bandbreite bei Verwendung geeigneter Funktionen $q(t)$ zwar nicht unendlich, jedoch vergleichsweise groß. Im Zeitbereich hingegen werden durch PAM-Signale wegen der Annahme $\tau \ll T$ nur kleine Ausschnitte aus der insgesamt zur Verfügung stehenden Zeit benötigt. Hierdurch ergibt sich die Möglichkeit, die vorhandenen Lücken zur Übertragung anderer Signale zu verwenden, also durch Verschachtelung im Zeitbereich eine Zeitvielfachausnutzung zu erzielen (Bild 8.6.1). Es treten dann im Frequenzbereich für alle Kanäle gleich gelagerte Seitenbänder auf, so daß eine völlig unauflösbare spektrale Vermaschung entsteht. Dagegen ist nun im Zeitbereich eine klare Trennung der einzelnen Teilsignale möglich. Man spricht in diesem Fall von einem *Zeitvielfachverfahren*, kurz von *Zeitmultiplex*, und man benutzt hierfür die Abkürzung TDM (= time division multiplex).

Die Zahl der Signale, die über den gleichen Kanal übertragen werden können, ist sicherlich um so größer, je schmaler die verwendeten Impulse sind. Schmalere Impulse $q(t)$ bedeuten aber größere Bandbreiten für $Q(j\omega)$ (vgl. (8.4.10)) bzw. langsamere Abnahme der Konstanten Q_m (vgl. (8.4.13)) bei wachsendem $|m|$, in jedem Fall also eine größere Bandbreite für $x(t)$. Ähnlich wie bei Frequenzmultiplex zeigt sich somit auch hier, daß eine Erhöhung der Anzahl zu übertragender Signale eine entsprechende Erhöhung der Bandbreite erfordert.

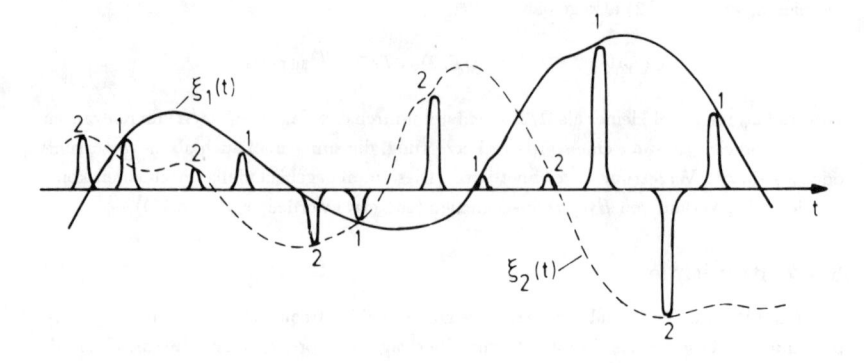

Bild 8.6.1: Prinzip des Zeitmultiplexverfahrens dargestellt für den Fall der Übertragung von 2 Signalen über den gleichen Kanal.

Die Situation ist natürlich ähnlich bei den anderen pulsmodulierten Signalen, die wir erwähnt haben. Insbesondere müssen bei PCM statt eines einzelnen PAM-Impulses jeweils eine größere Anzahl PCM-Einzelimpulse übertragen werden, was zu einer weiteren Erhöhung des Bedarfs an Bandbreite führt.

Bei allen Pulsmodulationsverfahren kann die Übertragung der Einzelimpulse zunächst unmittelbar in der Form erfolgen, in der wir diesen Impulsen bisher begegnet sind. Man spricht dann auch von einer *Basisbandübertragung*, womit ausgedrückt werden soll, daß dann die Impulse im ursprünglichen Frequenzbereich, also im Basisband übertragen werden. Da das Spektrum eines Einzelimpulses bis zur Frequenz null reicht, dort sogar üblicherweise sein Maximum hat, ist eine Basisbandübertragung in strenger Form nur möglich, wenn der ausnutzbare Frequenzbereich des Mediums die Frequenz null einschließt. Eine gewisse Abweichung von dieser strengen Forderung kann durch Umkodierungsmaßnahmen erreicht werden, zumal bei PCM (etwa durch Verwendung einer sogenannten pseudoternären statt einer binären Darstellung). Durch solche Maßnahmen wird auf alle Fälle das Verhalten in unmittelbarer Nachbarschaft der Frequenz null entschärft, doch können wir hier nicht weiter darauf eingehen.

In vielen Fällen (etwa bei Funk, Hohlleitungen, Glasfaserstrecken, aber auch bei Benutzung höherfrequenter Kanäle in Koaxialkabeln usw.) ist allerdings eine Übertragung erst bei entsprechend höheren Frequenzen möglich. In solchen Fällen muß das aus Impulsen bestehende Signal durch ein geeignetes Modulationsverfahren in den gewünschten Frequenzbereich verlagert werden, was z.B. mit Hilfe von Zweiseitenband-AM oder PM bzw. FM möglich ist. Schließlich erkennt man, daß man auf diese Weise auch problemlos zu einer Kombination von FDM und TDM gelangen kann. Da in solchen Fällen nur zwischen wenigen Werten des Modulationsparameters unterschieden werden muß, spricht man auch von *Amplitudenumtastung* (abgekürzt ASK = amplitude shift keying), *Phasenumtastung* (abgekürzt PSK = phase shift keying) und *Frequenzumtastung* (FSK = frequency shift keying).

9. Weitere Eigenschaften von Übertragungssystemen

9.1 Ideale Übertragungseigenschaften von Systemen

9.1.1 Ideale Übertragungskennlinien

Möchten wir erreichen, daß ein Signal $x(t)$, das durch ein System S übertragen wird (Bild 9.1.1), vollständig getreu übermittelt wird, so scheint hierfür zunächst die Forderung

$$y(t) = x(t) \tag{9.1.1}$$

notwendig zu sein. Dies bedeutet im Frequenzbereich

$$Y(j\omega) = X(j\omega),$$

also wegen $Y(j\omega) = H(j\omega)X(j\omega)$ auch

$$H(j\omega) = 1. \tag{9.1.2}$$

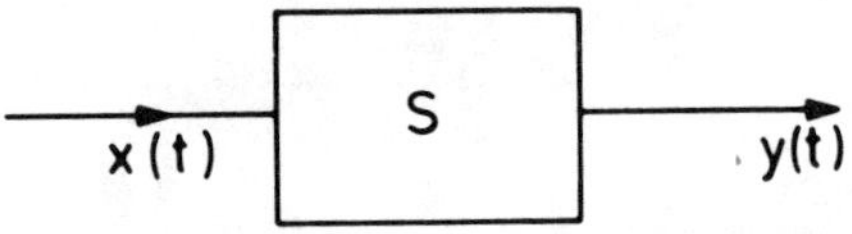

Bild 9.1.1: Ein Übertragungssystem mit Eingangssignal $x(t)$ und Ausgangssignal $y(t)$.

Wenn wir die Forderung (9.1.1) für beliebige Signale aufrecht erhalten wollen, so müßte auch (9.1.2) für alle Frequenzen gelten. Eine solche Forderung erweist sich aber als nicht erfüllbar, da sich wegen der unvermeidlichen Frequenzabhängigkeit der Eigenschaften des Übertragungsweges und der Notwendigkeit, in den eingesetzten Schaltungen reaktive, also in ihrem Verhalten frequenzabhängige Bauelemente zu verwenden, stets eine echte Abhängigkeit der Übertragungsfunktion $H(j\omega)$ von der Frequenz ω ergibt.

Ist das ursprüngliche Signal $x(t)$ frequenzbegrenzt (im allgemeinen also entweder tiefpaß- oder bandpaßbegrenzt) so genügt es allerdings, die Forderung (9.1.2) in dem für $x(t)$ relevanten Frequenzband zu erfüllen. Aber auch die so eingeschränkte Forderung ist mit Sicherheit nicht erfüllbar. Zwar läßt sich eine eventuelle Änderung des gesamten Signalpegels leicht wieder ausgleichen, indem eine geeignete Verstärkung oder Dämpfung des Signals eingebaut wird; mit dem Vorhandensein reaktiver Bauteile (sowohl in konzentrierter als auch in verteilter Form) wie Kapazitäten, Induktivitäten, Leitungen usw. ist jedoch unvermeidlich eine Verzögerung verbunden. Während des Übertragungsvorgangs müssen reaktive Bauteile in beständiger Folge aufgeladen und entladen werden. Hiermit geht aber eine Verzögerung einher, die sich prinzipiell durch kein physikalisches Mittel wieder beseitigen läßt. Gerade hierin liegt einer der tieferen Gründe für das Kausalitätsprinzip.

Für die Praxis ist aber meist eine gewisse Verzögerung ohne Einschränkung tragbar, solange sie nur einen vom jeweiligen Fall abhängigen Höchstwert nicht überschreitet. Durch eine solche Verzögerung wird der eigentliche Informationsinhalt eines Signals nicht angetastet. Wir wollen daher (9.1.1) durch die realistischere Forderung

$$y(t) = Kx(t - t_0) \qquad (9.1.3)$$

ersetzen, wo t_0 und K positive Konstanten sind. Man beachte, daß eine Anhebung oder Senkung des Pegels, wie dies durch K hervorgerufen wird, keinen Informationsverlust bedeutet.

Nach den bekannten Regeln (3.6.9) und (3.6.40) folgt aus (9.1.3)

$$Y(j\omega) = K e^{-j\omega t_0} X(j\omega),$$

also

$$H(j\omega) = e^{-A(\omega) - jB(\omega)} = K e^{-j\omega t_0}. \qquad (9.1.4)$$

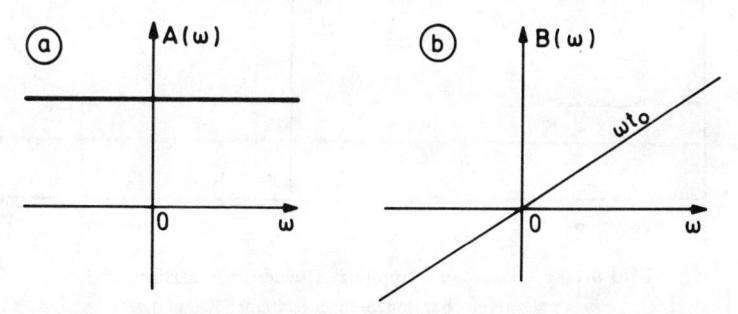

Bild 9.1.2: Verlauf (a) der Dämpfung und (b) der Phase, die der durch (9.1.4) gegebenen idealen Übertragungsfunktion entsprechen.

Eine solche Übertragungsfunktion entspricht einer konstanten Dämpfung

$$A(\omega) = -\ln K \qquad (9.1.5)$$

und einer proportional mit ω ansteigenden Phase (Bild 9.1.2)

$$B(\omega) = \omega t_0. \qquad (9.1.6)$$

Auch hier gilt wieder, daß bei frequenzbegrenzten Signalen die Bedingung (9.1.4) bzw. die hierzu äquivalenten Bedingungen (9.1.5) und (9.1.6) nur im relevanten Frequenzband erfüllt zu sein brauchen.

Von den beiden Bedingungen (9.1.5) und (9.1.6) läßt sich die erste stets mit hinreichender Genauigkeit in einem vorgegebenen Frequenzband durch mehr oder weniger großen gerätemäßigen Aufwand realisieren. Dies ist in Bild 9.1.3a für ein tiefpaßartiges und in Bild 9.1.3b für ein bandpaßartiges System (tiefpaßartiger bzw. bandpaßartiger Kanal) gezeigt, wo $\Delta\omega$ die für das Signal benötigte Bandbreite ist. Bei der zweiten Beziehung hingegen stößt man auf größere Schwierigkeiten. Dies ist aber nicht immer ein Nachteil. Bei der Übertragung menschlicher Sprache sind nämlich Phasenverzerrungen, d.h. Abweichungen vom idealen Phasenverlauf (9.1.6), weitgehend ohne Bedeutung. Unser Ohr hat in der Tat die Eigenschaft, gegen Phasenverzerrungen des ankommenden Sprachsignals weitgehend unempfindlich zu sein, wie wir bereits bei der Behandlung der Einseitenbandmodulation angedeutet haben (vergl. Abschnitt 8.1.4). Dies gilt zumindest dann, wenn diese Verzerrungen sich in einem in der Praxis meist üblichen Rahmen halten. Bei der Übertragung von Sprache kommt es dann nur darauf an, im relevanten Frequenzbereich die Bedingung (9.1.5) hinreichend genau einzuhalten.

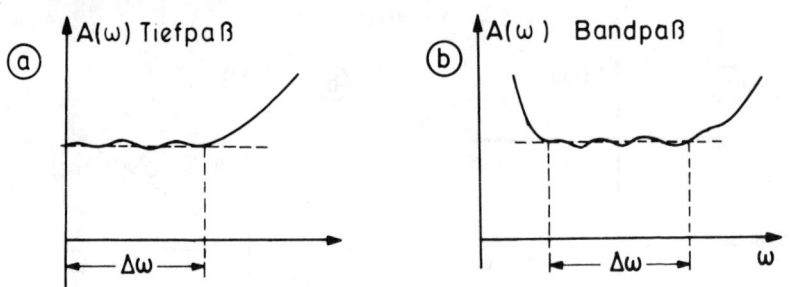

Bild 9.1.3: Verlauf der Dämpfung (a) eines tiefpaßartigen und (b) eines bandpaßartigen Systems (Kanals).

Bei tiefpaßartigen Übertragungskanälen, also bei Kanälen, bei denen eine gute Übertragung von $\omega = 0$ an bis zu mehr oder weniger hohen Frequenzen hin möglich ist, kann allerdings auch die Bedingung (9.1.6) mit hinreichender Genauigkeit in einem gewissen, die Frequenz $\omega = 0$ einschließenden Frequenzband approximiert werden. Solche Übertragungssysteme, zu denen auch Kabelverbindungen gehören, sind somit zur Übertragung von Signalen geeignet, bei denen es auf möglichst genaue Beibehaltung der Signalform ankommt, wie z.B. bei Telegraphie-, Datenübertragungs-, PCM- und Fernsehsignalen.

9.1 Ideale Übertragungseigenschaften von Systemen

Bei Übertragungskanälen mit Bandpaßcharakter ist es zwar auch noch möglich, eine angenähert linear ansteigende Phase zu realisieren. Gemäß (9.1.6) wäre dies allein jedoch nicht ausreichend, da diese Gleichung verlangt, daß die zugehörige Gerade den Nullpunkt enthält (siehe Bild 9.1.2b). Die Bedingung (9.1.6) verlangt somit, daß die Phase $B(\omega)$ in dem interessierenden Übertragungsbereich $\Delta\omega$ des Kanals angenähert wie eine Gerade verläuft, deren Verlängerung durch den Nullpunkt geht (Bild 9.1.4). Diese Forderung ist

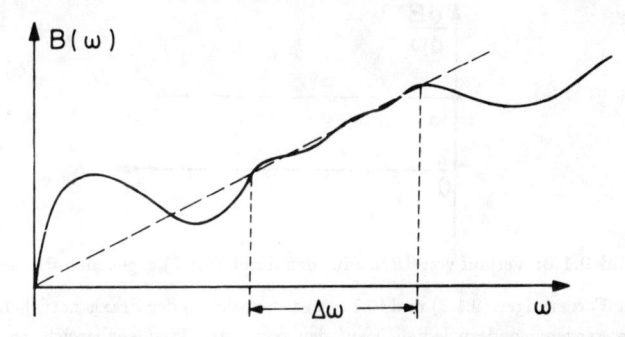

Bild 9.1.4: Phasenverlauf $B(\omega)$, der im relevanten Frequenzbereich angenähert wie eine Gerade verläuft, deren Verlängerung durch den Nullpunkt geht.

jedoch meist nicht zu erfüllen, da man in der Praxis — selbst bei im Übertragungsbereich linear ansteigender Phase — meist überhaupt keine Kontrolle über den Schnittpunkt der verlängerten Geraden mit der Ordinate ausüben kann.

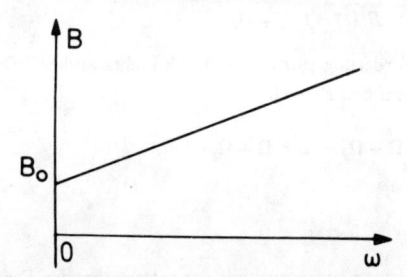

Bild 9.1.5: Gradliniger Phasenverlauf $B(\omega)$, dessen bei $\omega = 0$ angenommener Wert B_0 beliebig ist.

Ohne uns schon jetzt Gedanken über die Folgen für das zu übertragende Signal zu machen, wollen wir daher die Bedingung (9.1.6) durch die schwächere Bedingung

$$B(\omega) = \omega t_0 + B_0 \tag{9.1.7}$$

ersetzen, in der B_0 eine beliebige Konstante ist (Bild 9.1.5). Aus der Bedingung (9.1.7) folgt

$$\frac{dB}{d\omega} = t_0, \tag{9.1.8}$$

d.h., die Ableitung der Phase nach der Frequenz soll eine Konstante sein, die wir mit t_0 bezeichnen (Bild 9.1.6).

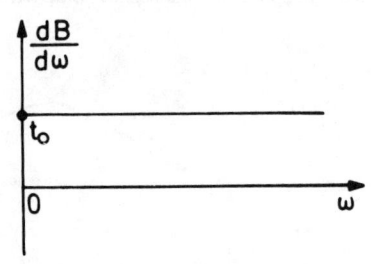

Bild 9.1.6: Verlauf von $dB/d\omega$ für den durch (9.1.7) gegebenen Phasenverlauf.

Die Forderungen (9.1.7) und (9.1.8) beziehen sich in der Praxis natürlich wieder nicht auf den ganzen, sondern lediglich auf den relevanten Frequenzbereich des Kanals. Sei daher Ω die Bandmittenfrequenz des Übertragungskanals. Der Übertragungsbereich dieses Kanals soll sich von $\Omega - \Omega_g$ bis $\Omega + \Omega_g$ erstrecken. Dann können wir die Forderung (9.1.7) auch in der Form

$$B(\omega) = B(\Omega) + (\omega - \Omega)t_0 \tag{9.1.9}$$

mit

$$B(\Omega) = \Omega t_0 + B_0$$

schreiben, während sich an der Forderung (9.1.8) hierdurch nichts ändert. Diese Forderungen beziehen sich also jeweils auf den Bereich

$$\Omega - \Omega_g < \omega < \Omega + \Omega_g \tag{9.1.10}$$

mit

$$0 < \Omega_g < \Omega. \tag{9.1.11}$$

Dies ist in Bild 9.1.7 skizziert, und zwar zusammen mit der entsprechenden Forderung, die sich aus (9.1.5) ergibt.

Übertragungskanäle mit Bandpaßcharakter werden in der Regel zur Übertragung modulierter Signale verwendet, die bekanntlich immer bandpaßbegrenzt sind. Wir wollen daher untersuchen, welchen Einfluß die Erfüllung der Bedingungen (9.1.5) und (9.1.9) (mit $B_0 \neq 0$) auf die Übertragung solcher Signale hat. Dabei ist klar, daß das Ergebnis im allgemeinen keineswegs eine einfache Beziehung der Form (9.1.3) sein kann, da hierzu eine Übertragungsfunktion der Form (9.1.4) erforderlich wäre. Die jetzige Übertragungsfunktion hingegen hat die Form

$$H(j\omega) = Ke^{-jB(\Omega)-j(\omega-\Omega)t_0}$$
$$= Ke^{-j(B_0+\omega t_0)}, \quad (9.1.12)$$

und zwar soll diese Form mindestens in dem durch (9.1.10) und (9.1.11) angegebenen Frequenzbereich gelten.

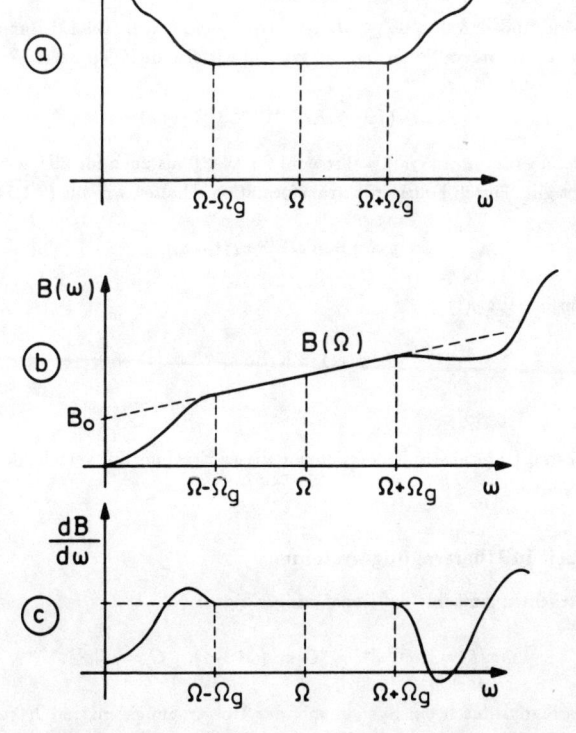

Bild 9.1.7: Verläufe von $A(\omega), B(\omega)$ und $dB(\omega)/d\omega$, die mit (9.1.5) und (9.1.7) in dem durch (9.1.10) festgelegten Frequenzbereich kompatibel sind.

Unter Verwendung von (9.1.12) können wir jetzt einen allgemeinen Ausdruck für das Antwortsignal $y(t)$ bei bandpaßbegrenzten Signalen angeben. Da der Frequenzbereich, für den (9.1.12) gelten soll, nur positive Werte von ω umfaßt, empfiehlt es sich, die zu $x(t)$ und $y(t)$ gehörigen analytischen Signale $x_+(t)$ bzw. $y_+(t)$ zu benutzen (vgl. Abschnitt 5.1).

Für die entsprechenden Fouriertransformierten $X_+(j\omega)$ bzw. $Y_+(j\omega)$ gilt ja (5.1.25), also

$$Y_+(j\omega) = H(j\omega)X_+(j\omega). \tag{9.1.13}$$

Wir wollen weiterhin annehmen, daß $X(j\omega)$ und damit $X_+(j\omega)$ für $\omega > 0$ außerhalb des Intervalls

$$\Omega - \omega_g < \omega < \Omega + \omega_g$$

gleich null sind und daß $0 < \omega_g \leq \Omega_g$ ist. Wenngleich auch (9.1.12) nur in dem durch (9.1.10) gegebenen Intervall gesichert ist, können wir also dennoch unter Verwendung von (9.1.13)

$$Y_+(j\omega) = Ke^{-j(B_0+\omega t_0)}X_+(j\omega) \tag{9.1.14}$$

schreiben, denn es ist ja $X_+(j\omega) = 0$ sowohl für $\omega < 0$ als auch für alle $\omega > 0$, bei denen (9.1.12) nicht gilt. Durch Fourierrücktransformation erhalten wir aus (9.1.14)

$$y_+(t) = Ke^{-jB_0}x_+(t - t_0), \tag{9.1.15}$$

woraus schließlich für $y(t)$

$$y(t) = \text{Re } y_+(t) = K \text{ Re } e^{-jB_0}x_+(t - t_0) \tag{9.1.16}$$

folgt.

Im nächsten Unterabschnitt werden wir dieses Ergebnis auf verschiedene modulierte Signale anwenden.

9.1.2 Laufzeit in Übertragungssystemen

Wir betrachten zunächst ein sinusförmiges Signal

$$x(t) = \text{Re } Ce^{j\omega t} = |C|\cos(\omega t + \gamma), \quad C = |C|e^{j\gamma}.$$

Wenn dieses Signal durch ein System mit der Übertragungsfunktion $H(j\omega)$ übertragen wird, so ist die Antwort bekanntlich

$$y(t) = \text{Re } CH(j\omega)e^{j\omega t} = |CH(j\omega)|\cos[\omega t + \gamma - B(\omega)],$$

wo
$$B(\omega) = -\text{arc} H(j\omega)$$

ist. Mit
$$t_{ph} = \frac{B(\omega)}{\omega}$$

können wir diesen Ausdruck auch in der Form

$$y(t) = |CH(j\omega)|\cos[\omega(t - t_{ph}) + \gamma]$$

schreiben. Somit erscheint die ebenfalls sinusförmige Antwort $y(t)$ gegenüber dem Signal $x(t)$ um eine Zeit t_{ph} verzögert:

$$y(t) = |H(j\omega)|x(t - t_{ph}). \qquad (9.1.17)$$

Diese Verzögerung t_{ph} nennt man auch *Phasenlaufzeit*.

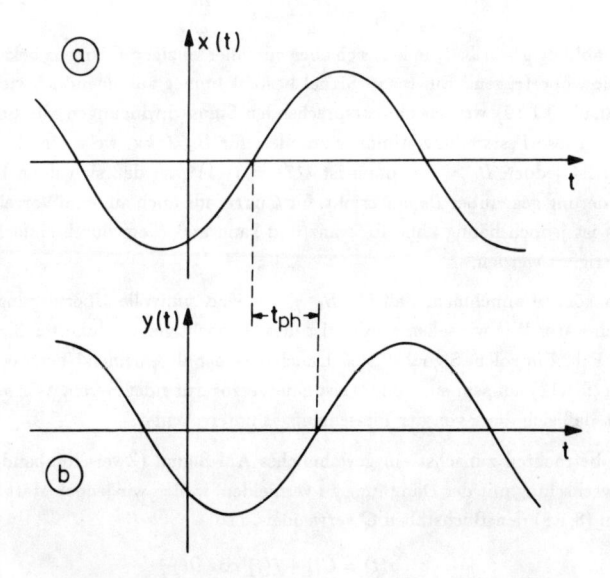

Bild 9.1.8: (a) Ein sinusförmiges Signal.
(b) Das entsprechende Signal, das um die Phasenlaufzeit t_{ph} verzögert ist.

Bei einem idealen Phasengang der Form

$$B(\omega) = \omega t_0$$

ist offensichtlich

$$t_{ph} = t_0.$$

Dann ist also t_{ph} unabhängig von ω. Dies ist der Grund, weshalb dann auch ein beliebiges Signal $x(t)$ am Ausgang unverzerrt, jedoch um eine Zeit gleich der Phasenlaufzeit verzögert erscheint. Dies ist in Bild 9.1.8 erläutert, wobei jedoch zu beachten ist, daß aus einer solchen Darstellung der Wert von t_{ph} wegen der Periodizität der Signale nicht eindeutig entnommen werden kann.

Bei einem Phasengang der Form

$$B(\omega) = \omega t_0 + B_0 \qquad (9.1.18)$$

ist die Phasenlaufzeit

$$t_{ph} = \frac{B(\omega)}{\omega} = t_0 + \frac{B_0}{\omega} \qquad (9.1.19)$$

hingegen abhängig von ω. Nun läßt sich aber mit einer einzigen Frequenz bekanntlich keine Information übertragen. Ein reales Signal besteht immer aus unendlich vielen Frequenzen. Gemäß (9.1.19) werden die entsprechenden Sinusschwingungen alle unterschiedlich verzögert. Diese Feststellung stimmt zumindest für $B_0 \neq k\pi$, wo k eine beliebige ganze Zahl ist. Ist jedoch $B_0 = k\pi$, dann ist $e^{jB_0} = (-1)^k$, so daß sich dann für gerades k keine Änderung gegenüber $B_0 = 0$ ergibt, für k ungerade auch nur eine Vorzeichenumkehr. Letzteres ist jedoch häufig ohne Relevanz und kann außerdem durch einfaches Umpolen leicht korrigiert werden.

Man könnte annehmen, daß für $B_0 \neq k\pi$ eine sinnvolle Übertragung weitgehend unmöglich wäre. Wie wir sehen werden, ist dies bei wichtigen modulierten Signalen jedoch nicht der Fall. Für solche Signale läßt sich auch bei einer allgemeinen Übertragungsfunktion der Form (9.1.12) auf sehr sinnvolle Weise eine Verzögerung definieren. Wir müssen jedoch erwarten, daß sich diese von der Phasenlaufzeit unterscheidet.

Wir betrachten zunächst ein gewöhnliches AM-Signal (Zweiseitenband-AM-Signal). Um Verwechselung mit der Dämpfung zu vermeiden, wollen wir jedoch statt des Buchstabens A in (8.1.8) den Buchstaben C verwenden, also

$$x(t) = C[1 + \xi(t)]\cos(\Omega t)$$

schreiben, wo somit C eine reelle Konstante und $\xi(t)$ ebenfalls reellwertig ist. Gemäß (8.1.11) gilt für das zugehörige analytische Signal

$$x_+(t) = C[1 + \xi(t)]e^{j\Omega t}.$$

9.1 Ideale Übertragungseigenschaften von Systemen

Einsetzen in (9.1.16) ergibt unter Berücksichtigung von (9.1.19)

$$y(t) = CK[1 + \xi(t - t_0)]\cos[\Omega(t - t_{ph})], \qquad (9.1.20)$$

wo t_{ph} die Phasenlaufzeit bei der Trägerfrequenz, also

$$t_{ph} = B(\Omega)/\Omega = t_0 + B_0/\Omega \qquad (9.1.21)$$

ist.

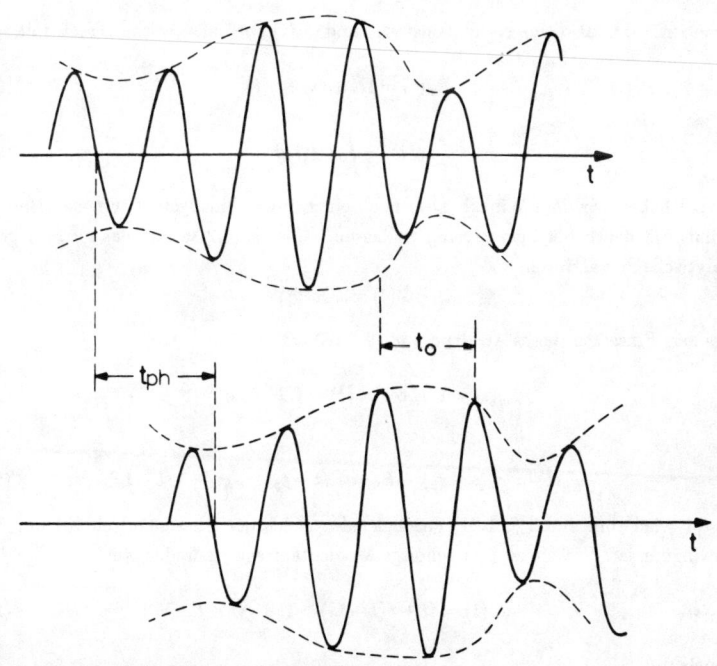

Bild 9.1.9: (a) Ein Zweiseitenband-AM-Signal.
(b) Das Signal, das daraus entsteht, wenn die Gruppenlaufzeit gleich t_0 und die Phasenlaufzeit des Trägers gleich t_{ph} ist.

Die Gleichung (9.1.20) zeigt, daß $y(t)$ noch einem AM-Signal entspricht. Abgesehen von dem Faktor K ist die Trägerschwingung gleich der ursprünglichen Trägerschwingung verzögert um die zugehörige Phasenlaufzeit t_{ph} und die Einhüllende gleich der ursprünglichen Einhüllenden verzögert um t_0 (Bild 9.1.9). Da im allgemeinen $t_{ph} \neq t_0$ ist, ergibt sich insgesamt eine erhebliche Verzerrung des Signals. Der informationstragende Teil, also die Einhüllende, bleibt aber bis auf die Verzögerung um t_0 und die Multiplikation mit K vollständig erhalten. Die Laufzeit t_0 entspricht (aus später zu erläuternden Gründen) der *Gruppenlaufzeit*; sie gibt die Verzögerung der im Signal enthaltenen Information an.

Als nächstes betrachten wir ein FM-Signal der Form (8.2.1). Auch hier wollen wir statt A wieder C verwenden und somit

$$x(t) = C \cos \varphi_x(t) = C \operatorname{Re} e^{j\varphi_x(t)}$$

schreiben, wo C also eine reelle Konstante und $\varphi_x(t)$ ebenfalls reellwertig ist, mit

$$\varphi_x(t) = \Omega t + \varphi_0 + \eta(t), \qquad (9.1.22)$$

$$\eta(t) = \int_{-\infty}^{t} \xi(t) dt. \qquad (9.1.23)$$

Hierbei haben wir dem Winkel $\varphi_x(t)$ noch einen Index hinzugefügt, um den Bezug zum Signal $x(t)$ deutlicher hervortreten zu lassen. Gemäß (8.2.36) ist das zu $x(t)$ gehörige analytische Signal durch

$$x_+(t) = C\, e^{j\varphi_x(t)}$$

gegeben. Einsetzen dieses Ausdrucks in (9.1.16) ergibt

$$y(t) = CK \cos \varphi_y(t) = CK \operatorname{Re} e^{j\varphi_y(t)} \qquad (9.1.24)$$

mit

$$\varphi_y(t) = \varphi_x(t - t_0) - B_0 = \Omega(t - t_{ph}) + \varphi_0 + \eta(t - t_0), \qquad (9.1.25)$$

wo t_{ph} wiederum durch (9.1.21) gegeben, also gleich der Phasenlaufzeit bei der Trägerschwingung ist. Für die zu $y(t)$ gehörige Momentanfrequenz finden wir

$$\dot{\varphi}_y(t) = \Omega + \dot{\eta}(t - t_0) = \Omega + \xi(t - t_0), \qquad (9.1.26)$$

die wir mit

$$\dot{\varphi}_x(t) = \Omega + \dot{\eta}(t) = \Omega + \xi(t) \qquad (9.1.27)$$

vergleichen müssen.

Im vorliegenden Falle ist es zwar nicht möglich, eine Laufzeit für die Einhüllende anzugeben, denn das empfangene Signal hat ebenso wie das gesendete Signal konstante Amplitude. Ein Vergleich von (9.1.26) und (9.1.27) zeigt aber, daß die Verzögerung der im Signal enthaltenen Information wiederum genau um die Gruppenlaufzeit erfolgt. Von dieser Verzögerung abgesehen, bleibt die Information voll erhalten.

Es ist wichtig, die Bedeutung dieses Ergebnisses voll zu verstehen. In vielen Darstellungen wird nämlich der Begriff der Gruppenlaufzeit nur im Zusammenhang mit der Verzögerung einer Einhüllenden gebracht (und im Englischen wird sogar häufig statt "group delay" die Bezeichnung "envelope delay" verwendet). Somit wäre dieser Begriff im Zusammenhang mit der Übertragung von FM-Signalen überhaupt nicht sinnvoll zu verwenden. In Wirklichkeit behält er jedoch auch bei diesen Signalen seine Bedeutung voll bei, wenn man ihn auf das modulierende Signal $\xi(t)$, also auf die im Signal enthaltene Information bezieht. Offensichtlich gelten diese Schlußfolgerungen auch bei phasenmodulierten Signalen, da dann lediglich $\xi(t)$ anstelle von $\eta(t)$ zu betrachten ist.

Aus den erhaltenen Ergebnissen läßt sich schließen, daß es — zumindest bei AM- und FM-Signalen — ausreichend ist, einen linearen Phasengang

$$B(\omega) = B_0 + \omega t_0 \qquad (9.1.28)$$

zu realisieren. Die entscheidende Größe ist dabei t_0, da diese die Verzögerung festlegt. Man beachte, daß wir aber nirgendwo eine Einschränkung bezüglich der zulässigen Bandbreite gemacht haben. Diese darf beliebig groß sein.

Bei einem allgemeinen Übertragungssystem wird die durch

$$t_{gr} = \frac{dB(\omega)}{d\omega} \qquad (9.1.29)$$

definierte Größe t_{gr} als *Gruppenlaufzeit* bezeichnet; diese ist also im allgemeinen eine Funktion von ω, also $t_{gr} = t_{gr}(\omega)$. Offensichtlich läuft die Forderung (9.1.28) auf die (9.1.8) entsprechende Forderung $t_{gr}(\omega) = t_0$ hinaus. Natürlich wird man in der Praxis einen strengen Verlauf der Form (9.1.28) nicht erzielen können. Die Forderung, einen solchen linearen Phasenverlauf möglichst gut zu approximieren, kann jedoch durch die Forderung ersetzt werden, daß $t_{gr}(\omega)$ möglichst gut gleich einer Konstanten sein soll.

Es sei mit Nachdruck darauf hingewiesen, daß die durch (9.1.29) definierte Gruppenlaufzeit t_{gr} nur dann als eine Laufzeit interpretiert werden kann, wenn in dem betrachteten Frequenzbereich nicht nur t_{gr}, sondern auch die Dämpfung $A(\omega)$ nahezu konstant ist. Nur unter diesen Voraussetzungen haben wir die obigen Ergebnisse hergeleitet. Sind diese Voraussetzungen hinreichend erfüllt, so muß aus Kausalitätsgründen

$$t_{gr} > 0 \qquad (9.1.30)$$

sein. Somit ist erklärlich, daß bei Allpaß-Übertragungsfunktionen tatsächlich gilt

$$\frac{dB(\omega)}{d\omega} > 0 \quad \text{für alle} \quad \omega. \qquad (9.1.31)$$

Bei Frequenzen, in deren Nachbarschaft die Dämpfung sich stark ändert, kann jedoch durchaus $dB(\omega)/d\omega < 0$ sein. Entsprechend den Ergebnissen aus Abschnitt 7.1 ist dies offensichtlich immer bei Übertragungs-Nullstellen der Fall, also bei Frequenzen, bei denen die Dämpfung unendlich wird und sich somit extrem schnell ändert. Es lassen sich aber auch wesentlich einfachere Beispiele anführen.

Wir wollen noch kurz den Einfluß der durch (9.1.12) definierten Übertragungsfunktion auf ein Einseitenband-AM-Signal untersuchen. Wir betrachten nur den Fall der Wahl des oberen Seitenbands. Dann braucht (9.1.12) nicht mehr im vollen Intervall (9.1.10) erfüllt zu sein, sondern nur für

$$\Omega < \omega < \Omega + \Omega_g.$$

Andererseits ist das modulierte Signal $x(t)$ gemäß (8.1.23), jedoch unter Verwendung von C statt A, durch

$$x(t) = \operatorname{Re} x_+(t), \quad x_+(t) = \frac{C}{2}\xi_+(t)e^{j\Omega t} \qquad (9.1.32a,b)$$

gegeben, wo $x_+(t)$ das zu $x(t)$ gehörige analytische Signal ist. Einsetzen von (9.1.32b) in (9.1.16) ergibt

$$y(t) = \frac{CK}{2}\operatorname{Re} e^{j\Omega(t-t_{ph})}\xi_+(t-t_0),$$

wo t_{ph} wiederum durch (9.1.21) gegeben ist.

Aus diesem Ergebnis darf man jedoch nicht schließen, daß $t_{ph} \neq t_0$ auch jetzt keine Relevanz hätte. Vielmehr wirkt sich ein Unterschied zwischen t_{ph} und t_0 ähnlich aus wie der Winkel γ, den wir in den auf (8.1.24) folgenden Absätzen besprochen haben.

Wir verstehen jetzt auch leichter, weshalb Phasenfehler, die in den meist üblichen Größenordnungen liegen, bei Sprache keine gravierenden Auswirkungen haben. Die kleinsten Einheiten, aus denen Sprache in gewissem Sinne besteht, sind die sogenannten Phoneme. Unterschiede in der Gruppenlaufzeit sind somit ohne Bedeutung, solange die Unterschiede zwischen den Werten der Gruppenlaufzeit bei den einzelnen Spektralanteilen, die für ein Phonem relevant sind, hinreichend klein sind gegenüber der Dauer dieses Phonems. Genau dies ist in der Praxis meist der Fall. Andererseits wirkt sich eine frequenzunabhängige Phasendrehung praktisch überhaupt nicht aus. Sie erzeugt keine Laufzeitverschiebung, sondern lediglich eine Phasenverschiebung der Schwingungen, die an den einzelnen Bandpaßausgängen des in Abschnitt 8.1.4 besprochenen Ohrmodells auftreten.

9.2 Übertragung impulsförmiger Signale

9.2.1 Minimale Bandbreite

In Abschnitt 5.2 haben wir gesehen, daß ein frequenzbegrenztes Signal fehlerfrei aus den Abtastwerten rekonstruiert werden kann, wenn die Abtastfrequenz F_s der Bedingung

$$F_s > 2\Delta f \quad \text{bzw.} \quad F_s \geq 2\Delta f$$

genügt, wo Δf die Bandbreite des ursprünglichen Signals ist, also $\Delta f = f_g$ bei tiefpaßbegrenzten Signalen. Genau die umgekehrte Beziehung erhält man, wenn man die Bandbreite nicht auf das Signal, sondern auf den Kanal bezieht. Es gilt nämlich folgende Aussage:

Eine Folge von diskret vorliegenden Werten kann genau dann durch eine Folge von Impulsen, die mit einer Rate $F_s = \Omega/2\pi$ auftreten, übertragen werden, wenn für die zur Verfügung stehende Bandbreite B des Kanals die Beziehung

$$2B \geq F_s \qquad (9.2.1)$$

erfüllt ist. (Man beachte, daß der Buchstabe B hier in anderer Bedeutung verwendet wird als z.B. im vorigen Abschnitt.)

Zum Beweis weisen wir zunächst darauf hin, daß die Beziehung (9.2.1) sicher hinreichend ist. Bezeichnen wir nämlich die diskret vorliegenden Werte mit x_n, $n = \cdots -1, 0, 1, 2, \cdots$ und wählen wir für die Form der zu benutzenden Impulse die si-Funktion, so läßt sich die Übertragung mittels des Signals

$$x(t) = \sum_{n=-\infty}^{\infty} x_n \operatorname{si}\left(\pi \frac{t - nT}{T}\right)$$

vornehmen, wo $T = 1/F_s = 2\pi/\Omega$ ist. Wie wir früher (vergl. (5.2.7) und (5.2.9)) gesehen haben, ist für die zugehörige Fouriertransformierte

$$X(j\omega) = 0 \quad \text{für} \quad \omega/2\pi > F_s/2,$$

insbesondere also

$$X(j\omega) = 0 \quad \text{für} \quad \omega/2\pi > B \geq F_s/2.$$

Die Beziehung (9.2.1) ist aber auch notwendig. Um dies zu verdeutlichen, betrachten wir eine Folge, die aus nur zwei abwechselnd auftretenden unterschiedlichen Werten, also etwa nur aus den Werten 0 und 1 oder nur aus +1 und −1 besteht. Unabhängig von der Impulsform, die wir zu Grunde legen, wird der entstehende Impulszug periodisch sein mit der Periode $2T$, also mit der Grundfrequenz $F_s/2$. Die Spektralanteile dieses

Impulszugs, also des zu übertragenden Signals, liegen somit ausschließlich bei Frequenzen $\geq F_s/2$. Ein solches Signal kann also nicht übertragen werden, wenn $B < F_s/2$ wäre, d.h., wenn die zur Verfügung stehende Bandbreite kleiner wäre als die Hälfte der gewünschten Übertragungsrate.

9.2.2 Augendiagramme

Wie wir gesehen haben, kommt es bei der digitalen Übertragung nur darauf an festzustellen, welcher Wertestufe ein Impuls zum Empfangszeitpunkt entspricht. Wir wollen uns hier nur mit dem einfachsten und weitaus wichtigsten Fall befassen, daß lediglich zwischen zwei Stufen zu unterscheiden ist. Konkret wollen wir dabei annehmen, daß es sich um die Stufen 0 und M handelt, daß wir also nur zwischen Vorhandensein und Nichtvorhandensein eines Impulses unterscheiden müssen. Selbstverständlich gehen wir davon aus, daß die Signale im Basisband vorliegen.

Reale Impulse haben eine endliche Dauer, also grundsätzlich ein unendlich ausgedehntes Spektrum. Andererseits wissen wir, daß Erhöhung der Bandbreite immer mit Nachteilen wie Erhöhung der Kosten und Abnahme der Kapazität verbunden ist. Daher interessiert uns insbesondere der durch Bandbreitenbegrenzung entstehende Einfluß. Hierbei wollen wir der Einfachheit halber eine strenge Bandbreitenbegrenzung annehmen. Dies hat dann zwar zur Folge, daß die Impulse theoretisch unendlich ausgedehnt sind, doch ist dies nicht von Bedeutung, wenn nur die Signalwerte hinreichend schnell so klein werden, daß wir sie als vernachlässigbar auffassen können.

In Bild 9.2.1a ist ein Ausschnitt aus einer möglichen Folge idealer Impulse angegeben (Folge von Einsen und Nullen). Wir nehmen also an, daß Impulse (Einsen) zu den Zeitpunkten 0, 2T, 3T, 4T, 6T, 7T, 10T usw. auftreten. Eine einfache Situation ergäbe sich, wenn die tatsächlichen Impulse etwa einen $\cos^2$-Verlauf hätten, also in der Grundstellung (das ist die Stellung, die einem Impuls bei $t = 0$ entspricht) durch

$$q(t) = M \cos^2(\pi t/2T) \text{rect}\,(t/T)$$

gegeben wären, wo M den Maximalwert bezeichnet (vgl. Abschnitt 3.7, Gl. (3.7.5) usw.). Dann wäre zwar eine unendliche Bandbreite erforderlich, doch erkennt man aus Bild 3.7.3b, daß die Spektralanteile außerhalb des mittleren Bereichs, dessen Breite 2Ω beträgt, vernachlässigbar klein sind. Immerhin hat aber dieser mittlere Bereich für $\omega > 0$ eine Breite von Ω (mit $\Omega = 2\pi/T$), was dem Doppelten der in Unterabschnitt 9.2.1 ermittelten minimalen Bandbreite entspricht. Der sich insgesamt ergebende Signalverlauf ist in Bild 9.2.1b gezeigt.

9.2 Übertragung impulsförmiger Signale

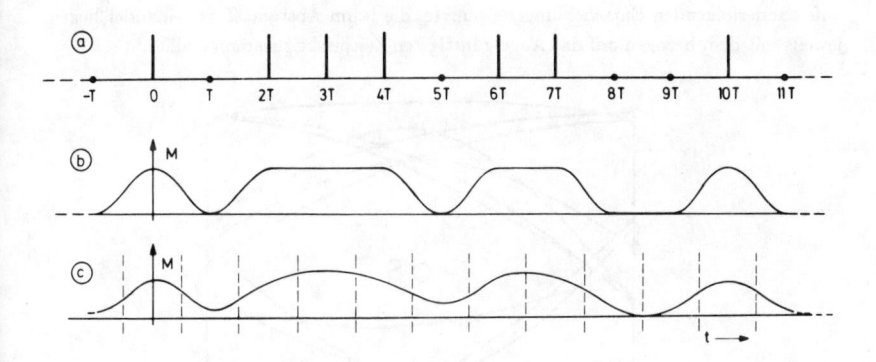

Bild 9.2.1: (a) Ausschnitt aus einer monotonen Folge idealer Impulse.
(b) Zugehörige Folge von cos²-Impulsen.
(c) Entsprechende Folge realer Impulse bei kleineren Bandbreiten bzw. Vorliegen störender Übertragungsverzerrungen.

Bei kleineren Bandbreiten bzw. bei Vorliegen störender Übertragungsverzerrungen wird sich statt Bild 9.2.1b etwa ein Verlauf wie in Bild 9.2.1c ergeben. Um den daraus folgenden Einfluß auf die Signaldetektion zu untersuchen, empfiehlt es sich, den Verlauf von Bild 9.2.1c in Abschnitte der Breite T aufzuteilen und diese in einem Diagramm zu überlagern, wie man es etwa auch bei Darstellung mittels eines Oszilloskops erhält. Das Ergebnis ist (vergrößert) in Bild 9.2.2 gezeigt, wo deutlich zu erkennen ist, daß sich zwar eine Fülle unterschiedlicher Linien überlagern, jedoch eine mittlere Zone, die den Entscheidungsschwellwert S umfaßt, frei bleibt. Man beachte, daß die Zeitangaben in Bild 9.2.2 eigentlich "modulo T" (also bis auf ein Vielfaches von T) zu verstehen sind.

Ein tatsächliches Signal ist natürlich weitaus länger als der in Bild 9.2.1a gezeigte Ausschnitt und umfaßt nahezu jede beliebige Kombination von Einsen und Nullen. Entsprechend würde dann auch das so entstehende *Augendiagramm* weitaus verworrener aussehen, also etwa wie in Bild 9.2.3a gezeigt. Dennoch bleibt auch in diesem Fall noch eine mittlere Zone, das *Auge*, frei und wir können das Zentrum dieses Auges für die Wahl des Schwellwertes S benutzen. Im Innern des Auges kann offensichtlich nie ein Signalwert auftreten, so daß eine Marge vorhanden ist, die es ermöglicht, auf eindeutige Weise eine Entscheidung zu treffen. Dies geschieht dadurch, daß festgestellt wird, ob zu dem betrachteten Abtastzeitpunkt (entsprechend dem Wert $t = 0$ in Bild 9.2.3a) der tatsächliche Signalwert größer oder kleiner ist als der Schwellwert S. Selbstverständlich ist hierbei vorausgesetzt, daß auf geeignete Weise eine richtige Synchronisation vorgenommen worden ist, so daß die aufeinanderfolgenden Entscheidungszeitpunkte, die ja im Abstand T voneinander liegen, jeweils mit dem bezogen auf das Auge günstigsten Zeitpunkt zusammenfallen.

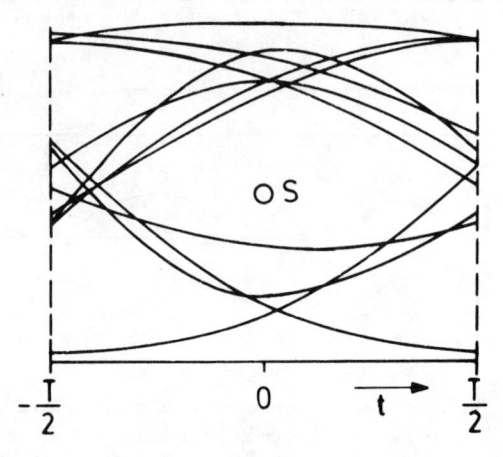

Bild 9.2.2: Diagramm, das durch Überlagerung der Abschnitte aus Bild 9.2.1c entsteht.

Es ist interessant, dem Diagramm aus Bild 9.2.3a dasjenige gegenüberzustellen, das wir unter Verwendung von Bild 9.2.1b anstatt 9.2.1c erhalten (Bild 9.2.3b). In diesem Fall ist das Auge besonders weit *geöffnet*, denn es besitzt sowohl seine maximale *Höhe* M als auch seine maximale *Breite* T. Andererseits ist die *Augenöffnung* im Falle von Bild 9.2.3a erheblich eingeschränkt, so daß dann sowohl der Schwellwert als auch die Lage der Entscheidungszeitpunkte wesentlich genauer gewählt werden müssen. Wir erkennen jedenfalls, daß das Augendiagramm ein gutes Hilfsmittel darstellt, um einen Einblick in die Größe der *Intersymbol-Interferenz* zu gewinnen. Mit diesem letzten Begriff, für den auch Benennungen wie *Intersymbolstörung* und *Nachbarsymbolstörung* verwendet werden, wird der Einfluß erfaßt, den die einzelnen Impulse, in der Praxis also die benachbarten Impulse, aufeinander ausüben.

Im Falle sehr großer Intersymbolstörungen kann es selbstverständlich vorkommen, daß im Augendiagramm keine Zone, der man einen Schwellwert $M/2$ zuordnen könnte, frei bleibt. Man sagt dann, das Auge sei *geschlossen*. In diesem Fall ist ein sinnvoller Empfang nicht mehr möglich.

Auf die Frage, welchen Einfluß die Bandbreite auf das Augendiagramm und damit auf die Intersymbol-Interferenz hat, wollen wir im nächsten Unterabschnitt eingehen. Es sei aber betont, daß sich der Begriff des Augendiagramms auch auf Signale mit mehr als zwei Stufen erweitern läßt. Das Diagramm enthält dann eine entsprechend große Anzahl einzelner Augen.

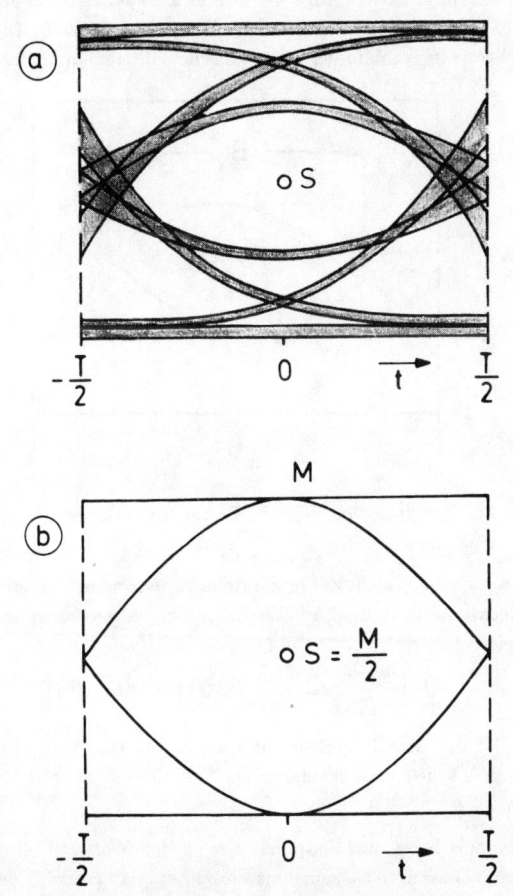

Bild 9.2.3: (a) Augendiagramm bei einem Signal, das sich durch Verlängerung und Verallgemeinerung von Bild 9.2.1c ergibt.

(b) Augendiagramm entsprechend einem Signal wie in Bild 9.2.1b.

9.2.3 Die Nyquist-Bedingungen

Wir betrachten ein geöffnetes Auge wie in Bild 9.2.4 skizziert. Es hat ein *oberes* und ein *unteres Lid (Augenlid)* und somit eine *Höhe H* und eine *Breite B*. Die *Entscheidungsschwelle S* liegt bei $t = 0$ genau in der Mitte zwischen unterem und oberem Augenlid.

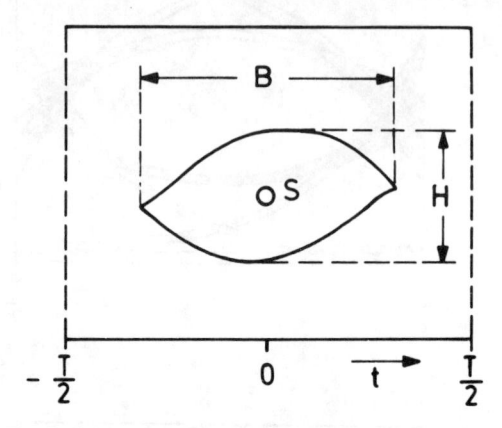

Bild 9.2.4: Zur Definition von Höhe H, Breite B und Entscheidungsschwelle S eines Auges.

Unsere erste Aufgabe besteht darin, die Höhe zu *maximieren*. Hierzu betrachten wir ein Signal $x(t)$, etwa wie in Bild 9.2.1c. Ein solches Signal setzt sich aus Einzelimpulsen $x_n(t)$ gemäß

$$x(t) = \sum_{n=-\infty}^{\infty} x_n(t), \qquad x_n(t) = \varepsilon_n q(t - nT) \qquad (9.2.2a, b)$$

zusammen, wo $q(t)$ der Grundimpuls ist und die ε_n nur die Werte 0 und 1 annehmen können, wenn auch in beliebiger Reihenfolge. Die Funktion $q(t)$ nehmen wir selbstverständlich als stetig an.

Der Grundimpuls habe zum Zeitpunkt $t = 0$ den Wert $q(0) > 0$ (von dem wir zunächst nicht einmal zwingend anzunehmen brauchen, daß er gleich dem Maximum M sei). Grundsätzlich kann sich $q(t)$ wesentlich über das Grundintervall $(-T/2, T/2)$ hinaus erstrecken. Damit H maximal wird, ist es sinnvoll zu verlangen, daß die $x_n(t)$ sich zumindest zu den jeweiligen Entscheidungszeitpunkten nicht gegenseitig stören, d.h., daß

$$q(nT) = 0 \quad \text{für} \quad n \neq 0, \; n \text{ ganzzahlig}. \qquad (9.2.3)$$

ist. Man bezeichnet diese Forderung auch als die *erste Nyquist-Bedingung*.

9.2 Übertragung impulsförmiger Signale

Ist diese erfüllt, dann sind oberes und unteres Lid zum Zeitpunkt $t = 0$ gleich $q(0)$ bzw. 0, somit also

$$H = q(0), \qquad S = q(0)/2, \qquad (9.2.4a,b)$$

wo wir mit S wieder den Wert der Entscheidungsschwelle bezeichnet haben.

Um (9.2.3) auch formell zu rechtfertigen, betrachten wir insbesondere den dem Zeitpunkt $t = 0$ zugeordneten Einzelimpuls $x_0(t) = \varepsilon_0 q(t)$, dessen Wert zum Zeitpunkt $t = 0$ gleich 0 oder $q(0)$ ist. Der Einfluß aller anderen Einzelimpulse auf $x_0(t)$ ist zum Zeitpunkt $t = 0$ durch den Ausdruck

$$\sum_{\substack{n=-\infty \\ n \neq 0}}^{\infty} \varepsilon_n q(-nT) \qquad (9.2.5)$$

gegeben, dessen Maximum und Minimum bezüglich aller möglichen Wertekombinationen der ε_n wir mit a bzw. b bezeichnen wollen. Hierbei ist $a \geq 0$ und $b \leq 0$, genauer

$$a = \sum_{\substack{n=-\infty \\ n \neq 0}}^{\infty} \eta_n q(nT), \qquad b = \sum_{\substack{n=-\infty \\ n \neq 0}}^{\infty} (1-\eta_n) q(nT), \qquad (9.2.6)$$

wo

$$\eta_n = \begin{cases} 1 & \text{für } q(nT) \geq 0 \\ 0 & \text{für } q(nT) < 0 \end{cases}$$

ist. Da aber $(2\eta_n - 1)q(nT) = |q(nT)|$ ist, folgt insbesondere

$$a - b = \sum_{\substack{n=-\infty \\ n \neq 0}}^{\infty} |q(nT)|. \qquad (9.2.7)$$

Andererseits nimmt aber für $t = 0$ das obere Lid den Wert $q(0) + b$ und das untere Lid den Wert a an, so daß H gleich

$$H = q(0) + b - a \qquad (9.2.8)$$

ist. Dieser Ausdruck ist *maximal*, wenn $b - a$ maximal, also $a - b$ minimal ist, was wegen (9.2.7) genau auf (9.2.3) führt. Aus (9.2.6) entnehmen wir weiterhin, daß (9.2.3) auch $a = b = 0$ und damit die in (9.2.4) zum Ausdruck gebrachten Ergebnisse zur Folge hat (vgl. (9.2.8)).

Die Bedingung (9.2.3) läßt sich bekanntlich durch

$$q(t) = q(0)\,\text{si}\,(\pi t/T) \qquad (9.2.9)$$

erfüllen, und die zugehörige Spektralfunktion (vgl. (5.2.2)) ist durch

$$Q(j\omega) = q(0)T\,\text{rect}\,(2\omega/\Omega), \qquad \Omega = 2\pi/T \qquad (9.2.10)$$

gegeben. Sie hat also die Bandbreite $\Omega/2$ (im Bereich $\omega > 0$). Eine Lösung für $q(t)$, die (9.2.3) erfüllt und eine Grenzfrequenz ω_g hätte, die kleiner ist als $\Omega/2$, kann es nicht geben. Verlangen wir nämlich, daß $\omega_g \leq \Omega/2$ ist, so läßt sich $q(t)$ nach dem Abtasttheorem (vgl. (5.2.7)) durch

$$q(t) = \sum_{n=-\infty}^{\infty} q(nT)\text{si}\left(\pi\frac{t-nT}{T}\right)$$

darstellen, woraus unter Verwendung von (9.2.3) in der Tat genau die Beziehung (9.2.9) folgt. Insbesondere hat also $q(t)$ die Bandbreite $\Omega/2$. Oder anders ausgedrückt, wenn wir von der Annahme $\omega_g < \Omega/2$ ausgegangen wären, hätte sich jetzt ein Widerspruch ergeben.

Die gefundene Lösung (9.2.9) erfüllt also die erste Nyquist-Bedingung mit minimaler Bandbreite, und in diesem Sinne ist sie optimal. Sie hat aber auch Nachteile, insbesondere dadurch, daß sie nur wie $1/t$ abnimmt. Dies läßt sich dadurch umgehen, daß man die zulässige Bandbreite erhöht. Um eine allgemeine Bedingung zu finden, die unter solchen Umständen gilt, greifen wir auf die Beziehung

$$T\sum_{n=-\infty}^{\infty} q(nT)e^{-jn\omega T} = \sum_{m=-\infty}^{\infty} Q(j\omega + jm\Omega) = \text{rep}_\Omega Q(j\omega) \qquad (9.2.11)$$

zurück, die zwischen einer Zeitfunktion $q(t)$ und ihrer Fouriertransformierten besteht (vgl. (5.2.15)) und in der wieder $\Omega = 2\pi/T$ ist. Unter Berücksichtigung von (9.2.3) folgt daraus

$$\text{rep}_\Omega Q(j\omega) = T\, q(0) = \text{const.} \qquad (9.2.12)$$

Die Bedingung, daß $\text{rep}_\Omega Q(j\omega)$ konstant ist, ist aber nicht nur notwendig, sondern auch hinreichend, denn wegen (9.2.11) impliziert sie die Konstanz der dort links stehenden Reihe. Diese ist aber eine Fourierreihe in ω und ist also nur dann konstant, wenn alle Terme bis auf den konstanten verschwinden, was in der Tat auf (9.2.3) führt.

Bevor wir auf eine weitere Forderung eingehen, die aus dem Augendiagramm folgt, wollen wir noch kurz den Fall betrachten, daß die Bedingung $a = b = 0$ nicht notwendigerweise erfüllt ist. Für den Schwellwert erhalten wir dann aus (9.2.8)

$$S = a + H/2 = [q(0) + a + b]/2$$

und für den Maximalwert an der Stelle $t = 0$

$$q(0) + a.$$

Letzterer ist also nur dann gleich $2S$, wenn $b = 0$ ist, d.h., wenn keiner der Werte $q(nT)$ negativ ist, was wir in Bild 9.2.2 implizit vorausgesetzt hatten.

9.2 Übertragung impulsförmiger Signale

Neben der Forderung nach maximaler Höhe der Augenöffnung ist die *Maximierung der Augenbreite B* von Bedeutung, da dann größtmögliche Toleranz gegenüber Fehlern bei der genauen Wahl des Entscheidungszeitpunktes besteht. Allerdings müssen wir darüber hinaus verlangen, daß die maximale Breite auf der Höhe von Signalwerten gleich der Entscheidungsschwelle S angenommen wird, denn nur dann kann die volle Breite, die offensichtlich den Wert T erreichen kann, auch tatsächlich genutzt werden. Die sich ergebende zulässige Situation können wir somit zunächst wie in Bild 9.2.5a skizzieren, für die insbesondere gilt

$$B' \geq S \geq A', \quad B'' \geq S \geq A''.$$

Weitere Einschränkungen ergeben sich aber, wenn wir berücksichtigen, daß das Augendiagramm ja aus einer stetigen Kurve (vgl. Bild 9.2.1) entstanden ist. Daher muß der rechte Randwert A' des unteren Lids mindestens gleich dem linken Randwert B'' des oberen Lids ($A' \geq B''$) sein und der rechte Randwert B' des oberen Lids mindestens gleich dem linken Randwert A'' des unteres Lids ($A'' \geq B'$). Insgesamt gilt damit die Forderung

$$A' = B' = A'' = B'' = S.$$

Außerdem soll die erste Nyquist-Bedingung erfüllt sein, insbesondere also für $t = 0$ das untere Lid gleich 0 und das obere Lid gleich $q(0)$, also $S = q(0)/2$ sein, so daß nur ein Verlauf der Lider wie in Bild 9.2.5b möglich ist. Die Gesamtheit der sich daraus ergebenden Forderungen läßt sich offensichtlich erfüllen, wenn wir verlangen, daß

$$q(nT/2) = \begin{cases} q(0)/2 & \text{für } n = \pm 1 \\ 0 & \text{für } n = \pm 2, \pm 3, \pm 4, \cdots \end{cases} \quad (9.2.13)$$

ist. Die hierin zusätzlich gegenüber (9.2.3) enthaltenen Forderungen bezeichnet man auch als die *zweite Nyquist-Bedingung*. Somit stellt (9.2.13) die Vereinigung der ersten und zweiten Nyquist-Bedingung dar.

Auch diesmal läßt sich für dieses Ergebnis wieder ein formeller mathematischer Beweis erbringen. Hierzu müssen wir allerdings die Auswertungen nicht bei $t = 0$, sondern bei $t = T/2$ und $t = -T/2$ vornehmen. Wir beschränken uns zunächst auf den ersten dieser beiden Fälle. Der zu betrachtende Wert von x_0 (vgl. (9.2.2)) ist dann $\varepsilon_0 q(T/2)$, und der Einfluß aller anderen x_n auf diesen Wert ist durch

$$\sum_{\substack{n=-\infty \\ n \neq 0}}^{\infty} \varepsilon_n q\left(\frac{T}{2} - nT\right) \quad (9.2.14)$$

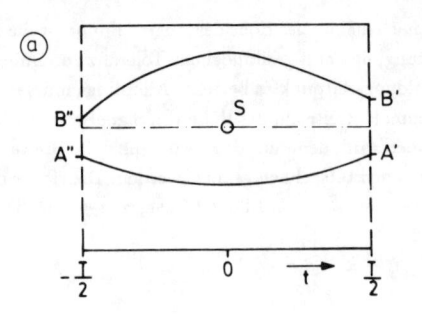

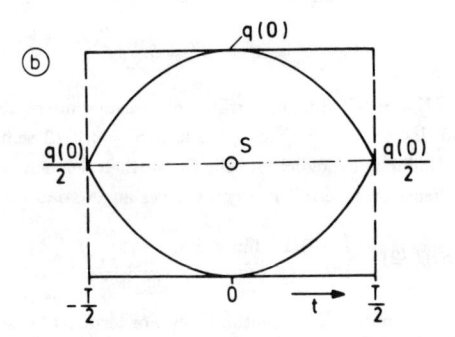

Bild 9.2.5: (a) Zur Erläuterung der Forderung nach maximaler Augenbreite.
(b) Grundsätzlicher Verlauf der Augenlider bei Berücksichtigung der einzelnen Forderungen.

gegeben. Maximum und Minimum dieses Ausdrucks bezüglich aller zulässigen Wertekombinationen der ε_n bezeichnen wir mit a' und b'. Hierbei ist wiederum

$$a' \geq 0 \quad \text{und} \quad b' \leq 0, \tag{9.2.15}$$

genauer jedoch

$$a' = \sum_{\substack{n=-\infty \\ n \neq 0}}^{\infty} \eta'_n \, q\left(\frac{T}{2} - nT\right), \quad b' = \sum_{\substack{n=-\infty \\ n \neq 0}}^{\infty} (1 - \eta'_n) q\left(\frac{T}{2} - nT\right), \tag{9.2.16}$$

9.2 Übertragung impulsförmiger Signale

wo

$$\eta'_n = \begin{cases} 1 & \text{für } q((1-2n)T/2) \geq 0, \\ 0 & \text{für } q((1-2n)T/2) < 0 \end{cases} \qquad (9.2.17)$$

ist. Damit folgt diesmal

$$a' - b' = \sum_{\substack{n=-\infty \\ n \neq 0}}^{\infty} (2\eta'_n - 1)q\left(\frac{T}{2} - nT\right) = \sum_{\substack{n=-\infty \\ n \neq 0}}^{\infty} |q\left(\frac{T}{2} - nT\right)|, \qquad (9.2.18)$$

was wir auch in der Form

$$a' - b' = |q\left(-\frac{T}{2}\right)| + c, \qquad (9.2.19)$$

mit

$$c = \sum_{\substack{n=-\infty \\ n \neq 0 \text{ und } 1}}^{\infty} |q\left(\frac{T}{2} - nT\right)| \qquad (9.2.20)$$

schreiben können.

Da sich die Randwerte des oberen und unteren Augenlids am rechten Rand des Augendiagramms für $\varepsilon_0 = 1$ bzw. $\varepsilon_0 = 0$ ergeben, haben wir

$$B' = q(T/2) + b' \quad \text{bzw.} \quad A' = a' \qquad (9.2.21)$$

(vgl. Bild 9.2.5a). Die Forderung nach vollständiger Öffnung des Auges am rechten Rand ist somit

$$q(T/2) + b' \geq a', \qquad (9.2.22)$$

so daß wir wegen (9.2.19) und (9.2.20) auch

$$q(T/2) - |q(-T/2)| \geq c \geq 0 \qquad (9.2.23)$$

schreiben können.

Auf ähnliche Weise gehen wir für den linken Rand vor. Statt (9.2.14) müssen wir dann

$$\sum_{\substack{n=-\infty \\ n \neq 0}}^{\infty} \varepsilon_n \, q\left(-\frac{T}{2} - nT\right)$$

wählen. Maximum und Minimum dieses Ausdrucks bezüglich aller zulässigen Wertekombination der ε_n bezeichnen wir mit a'' und b''. Dies führt auf ganz ähnliche Ausdrücke wie (9.2.15) bis (9.2.17) und damit statt (9.2.18) auf

$$a'' - b'' = \sum_{\substack{n=-\infty \\ n \neq 0}}^{\infty} |q\left(-\frac{T}{2} - nT\right)|. \qquad (9.2.24)$$

Wenn wir aus der rechten Summe in (9.2.24) den Wert für $n = -1$ abspalten und in der verbleibenden Summe n durch $n - 1$ ersetzen, geht der Ausdruck über in

$$a'' - b'' = |q\left(\frac{T}{2}\right)| + c, \qquad (9.2.25)$$

wo c wiederum durch (9.2.20) gegeben ist. Die Randwerte des oberen und unteren Lids am linken Rand sind durch

$$B'' = q(-T/2) + b'' \quad \text{bzw.} \quad A'' = a'' \qquad (9.2.26)$$

gegeben (vgl. Bild 9.2.5a), und aus der Forderung nach vollständiger Augenöffnung am linken Rand ergibt sich damit

$$q(-T/2) - |q(T/2)| \geq c \geq 0. \qquad (9.2.27)$$

Aus (9.2.23) und (9.2.27) folgt zunächst

$$q(-T/2) \geq 0, \quad q(T/2) \geq 0$$

$$q(-T/2) = q(T/2) \geq 0 \qquad (9.2.28)$$

und damit $c = 0$, also wegen (9.2.20)

$$q\left(\frac{T}{2} - nT\right) = 0 \quad \text{für} \quad n \neq 0 \quad \text{und} \quad n \neq 1. \qquad (9.2.29)$$

Daher folgt aus (9.2.16) und (9.2.17)

$$a' = q(-T/2), \qquad b' = 0.$$

Auf ähnliche Weise finden wir

$$a'' = q(T/2), \qquad b'' = 0.$$

Damit erhalten wir aber aus (9.2.21) und (9.2.26) für alle vier Randwerte den gleichen Wert, nämlich $q(T/2)$. Folglich berühren sich beide Lider genau an beiden Rändern. Wenn wir diese Ergebnisse noch mit (9.2.3) sowie mit der Forderung verknüpfen, daß die größtmögliche Augenbreite auf der Höhe der Entscheidungsschwelle S, für die wir den Wert $q(0)/2$ (vgl. (9.2.4b)) gefunden hatten, erzielt wird, folgt schließlich in der Tat (9.2.13).

9.2 Übertragung impulsförmiger Signale

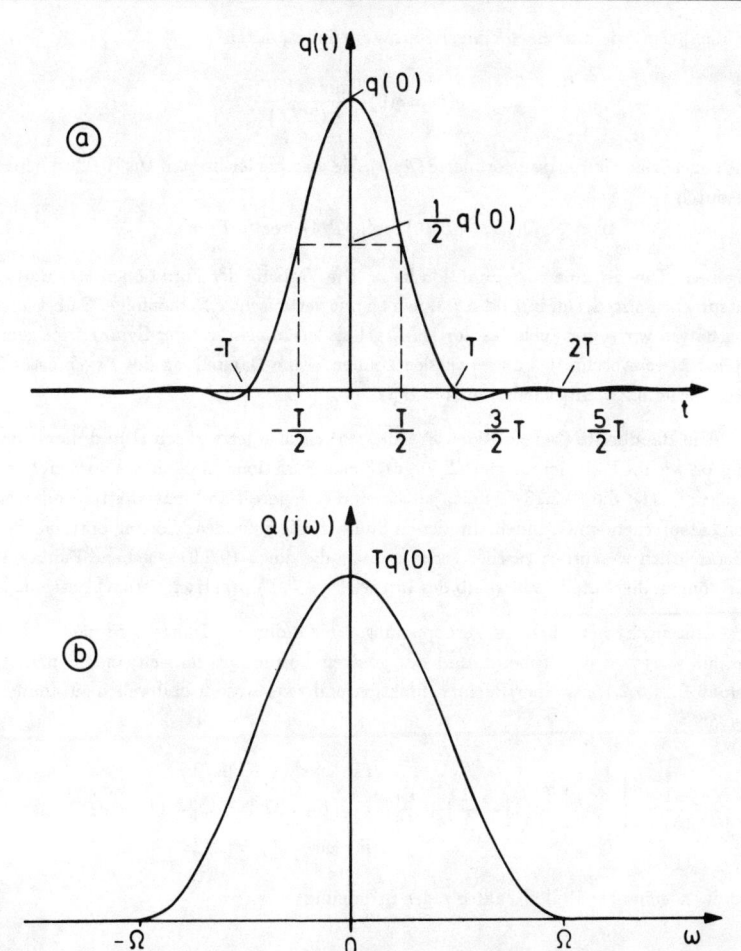

Bild 9.2.6: (a) Zeitfunktion $q(t)$, die die erste und zweite Nyquist-Bedingung erfüllt.
(b) Zugehörige Frequenzfunktion.

Statt durch (9.2.9) (wie im Falle der Forderung (9.2.3)) läßt sich die Bedingung (9.2.13) durch

$$q(t) = q(0) \left[\text{si}\left(\pi \frac{t}{T/2}\right) + \frac{1}{2}\text{si}\left(\pi \frac{t-T/2}{T/2}\right) + \frac{1}{2}\text{si}\left(\pi \frac{t+T/2}{T/2}\right) \right] \qquad (9.2.30)$$

erfüllen, also, wie man nach einiger Rechnung findet, durch

$$q(t) = q(0) \frac{T \sin(2\pi t/T)}{1 - (2t/T)^2}. \tag{9.2.31}$$

Die zugehörige Fouriertransformierte $Q(j\omega)$, die man am leichtesten aus (9.2.30) berechnet, ist durch

$$Q(j\omega) = T q(0) \cos^2(\omega T/4) \cdot \text{rect}(\omega T/2\pi), \tag{9.2.32}$$

gegeben. Dies ist eine $\cos^2$-Funktion in ω. Die Verläufe der Funktionen $q(t)$ und $Q(j\omega)$ entsprechen also denen in Bild 3.7.3, jedoch mit vertauschter Reihenfolge. Selbstverständlich hätten wir somit auch das dortige Ergebnis zusammen mit der Symmetrieeigenschaft (Regel 27 in Abschnitt 3.6) verwenden können. Eine Darstellung des Ergebnisses findet sich in Bild 9.2.6, mit wiederum $\Omega = 2\pi/T$.

Die Bandbreite (bei positiven Frequenzen) ist also jetzt gleich Ω und damit doppelt so groß wie im Falle der durch (9.2.9) gegebenen Funktion. Ähnlich wie dort gibt es keine Funktion $q(t)$, die (9.2.13) erfüllt, jedoch eine geringere Bandbreite hätte, und zwar aus den entsprechenden Gründen. In diesem Sinne ist die gefundene Lösung optimal. Sie geht offensichtlich wesentlich rascher gegen null als die durch (9.2.9) gegebene Funktion, und wir können die Anteile außerhalb des Intervalls $(-T, T)$ praktisch vernachlässigen.

Störend ist natürlich die Verdoppelung der Bandbreite. Daher wird häufig ein Kompromiß zwischen der früheren und der jetzigen Lösung geschlossen, indem man $Q(j\omega)$ gemäß Bild 9.2.7 aus einer Rechteckfunktion und zwei Kosinushalbwellen zusammensetzt gemäß

$$\frac{Q(j\omega)}{T\, q(0)} = \begin{cases} 1 & \text{für } |\omega| < (1-r)\Omega/2 \\ \cos^2\left[\frac{T}{4r}\left(\omega - \frac{\Omega}{2}\right) + \frac{\pi}{4}\right] & \text{für } (1-r)\Omega/2 < |\omega| < (1+r)\Omega/2, \\ 0 & \text{für } |\omega| > (1+r)\Omega/2 \end{cases} \tag{9.2.33}$$

wo der sogenannte Rolloff-Faktor r der Bedingung

$$0 \leq r \leq 1$$

genügt. Für $r = 0$ haben wir den Fall der reinen Rechteckfunktion (9.2.10) und für $r = 1$ denjenigen der reinen $\cos^2$-Funktion (9.2.32). Die Bandbreite ist gleich $(1+r)\Omega/2$. Mit einigem Aufwand findet man für die zu $Q(j\omega)$ gehörige Zeitfunktion $q(t)$

$$q(t) = q(0) \text{si}\left(\pi \frac{t}{T}\right) \frac{\cos(\pi r t/T)}{1 - (2rt/T)^2}. \tag{9.2.34}$$

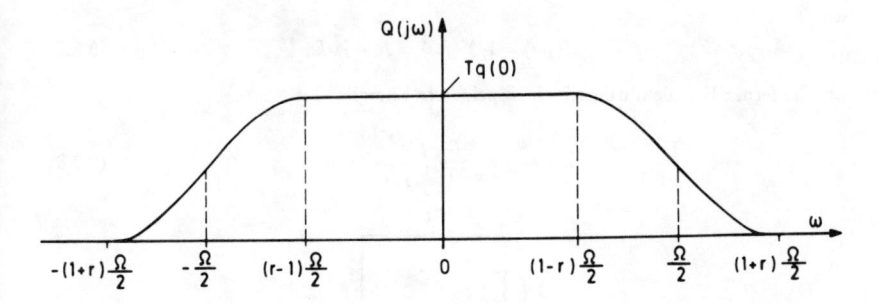

Bild 9.2.7: Frequenzfunktion eines Impulses mit Rolloff-Faktor r.

Aus Bild 9.2.7 entnimmt man leicht, daß $Q(j\omega)$ in der Tat der Forderung (9.2.12) genügt, d.h., daß die erste Nyquist-Bedingung für alle zulässigen r erfüllt ist. Darüber hinaus wird das Verhalten von $q(t)$ zunehmend günstiger, wenn r von 0 nach 1 wächst.

9.3 Thermisches Widerstandsrauschen

9.3.1 Thermisches Rauschen eines Einzelwiderstandes

In der Einführung haben wir bereits darauf hingewiesen, daß bei Nachrichtenverbindungen störendes Rauschen eine wichtige Rolle spielt. Solches Rauschen kann sehr unterschiedliche Ursachen haben. Eine Form, nämlich das thermische Widerstandsrauschen, ist jedoch von grundsätzlicher Bedeutung, da es aus physikalischen Gründen unvermeidlich mit der Anwesenheit von Widerständen verbunden ist und in seiner Stärke ausschließlich durch die absolute Temperatur θ und den Widerstandswert R festgelegt wird. In diesem Sinne können wir das thermische Widerstandsrauschen als eine Eigenschaft eines jeden idealen Systems auffassen.

Um zu einer Berechnung der Rauschspannung zu kommen, gehen wir von der einfachen Reihenschaltung in Bild 9.3.1 aus, die aus einem Widerstand R, einer zugehörigen Rauschspannungsquelle mit der Urspannung $u(t)$ sowie einer Induktivität L besteht. Wir können uns vorstellen, daß zu $u(t)$ über die Autokorrelationsfunktion $\varphi_{uu}(t)$ (vgl. (5.5.21a)) eine Fouriertransformierte $\Phi_{uu}(j\omega)$ (vgl. (5.5.23a)) definiert worden ist, die als Leistungsdichtespektrum (spektrale Leistungsdichte) interpretiert werden kann. Wegen (5.5.37a) muß natürlich $\Phi_{uu}(j\omega) \geq 0$ sein.

Sei i der Strom und sei $\varphi_{ii}(t)$ die zugehörige Autokorrelierte sowie $\Phi_{ii}(j\omega)$ das entsprechende Leistungsdichtespektrum. Unter Benutzung von (5.5.27) finden wir für diese

$$\Phi_{ii}(j\omega) = |Y(j\omega)|^2 \Phi_{uu}(j\omega) \tag{9.3.1}$$

wo
$$Z(j\omega) = 1/Y(j\omega) = R + j\omega L \tag{9.3.2}$$

ist. Sei ferner W_L die mittlere in L gespeicherte Energie, also

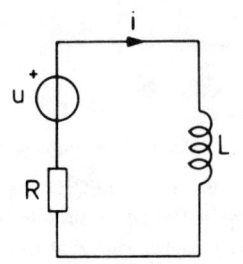

$$W_L = \lim_{T\to\infty} \frac{L}{2T} \int_{-T/2}^{T/2} i^2(t)dt. \tag{9.3.3}$$

Bild 9.3.1: Reihenschaltung eines mit einer Rauschspannungsquelle $u(t)$ behafteten Widerstands R mit einer Induktivität L.

Auf Grund von (5.5.32) finden wir hierfür

$$W_L = \frac{L}{4\pi} \int_{-\infty}^{\infty} \Phi_{ii}(j\omega)d\omega, \tag{9.3.4}$$

also unter Benutzung von (9.3.1) und (9.3.2)

$$W_L = \frac{L}{4\pi} \int_{-\infty}^{\infty} \frac{1}{|j\omega L + R|^2} \Phi_{uu}(j\omega)d\omega. \tag{9.3.5}$$

Andererseits können wir aber auf W_L ein Grundergebnis aus der Thermodynamik, nämlich den Gleichverteilungssatz, anwenden. Dieser besagt, daß in einem thermodynamischen System im thermischen Gleichgewicht jeder energiespeichernde Freiheitsgrad eine mittlere Energie gleich $k\theta/2$ gespeichert hat, wo θ die absolute Temperatur und k die Boltzmannkonstante ist, die bekanntlich den Wert

$$k = 1,381 \quad 10^{-23} J/K$$

hat. Daher ist auch $W_L = k\theta/2$, so daß wir aus (9.3.5) erhalten

$$\int_{-\infty}^{\infty} K(\omega,\alpha)\Phi_{uu}(j\omega)d\omega = 2\pi k\theta R, \tag{9.3.6}$$

also
$$\int_0^\infty K(\omega,\alpha)\Phi_{uu}(j\omega)d\omega = \pi k\theta R \qquad (9.3.7)$$
mit
$$K(\omega,\alpha) = \alpha/\left(1+\omega^2\alpha^2\right), \quad \alpha = L/R. \qquad (9.3.8a,b)$$

Hierbei haben wir beim Übergang von (9.3.6) auf (9.3.7) von der Tatsache Gebrauch gemacht, daß $\Phi_{uu}(j\omega)$ nicht nur reell (vgl. (5.5.36a)), sondern als Fouriertransformierte der reellen Funktion $\varphi_{uu}(t)$ auch gerade in ω ist, also die Bedingung

$$\Phi_{uu}(-j\omega) = \Phi_{uu}(j\omega) \qquad (9.3.9)$$

erfüllt.

In diesen Beziehungen ist der Widerstand R zwar gegeben, doch kann L frei gewählt werden, so daß (9.3.7) für alle (positiven) α gelten muß. Damit stellt (9.3.7) eine sogenannte Integralgleichung (genauer: eine Fredholmsche Integralgleichung erster Art) zur Bestimmung der gesuchten Funktion $\Phi_{uu}(j\omega)$ dar. Die Größe $K(\omega,\alpha)$ wird als der Kern einer solchen Integralgleichung bezeichnet, und die gesuchte Funktion $\Phi_{uu}(j\omega)$ ist also deren Lösung. Man beachte, daß die rechte Seite in (9.3.7) nicht nur eine Konstante bezüglich ω, sondern auch bezüglich α ist.

Wegen der speziellen Natur des durch (9.3.8a) gegebenen Kerns ist im vorliegenden Fall die Lösung der Integralgleichung besonders einfach. Die gesuchte Funktion erweist sich nämlich als eine Konstante, die wir weiterhin mit Φ_{uu} bezeichnen wollen. Da

$$\int_0^\infty \frac{\alpha}{1+\omega^2\alpha^2}d\omega = [\arctan(\omega\alpha)]_0^\infty = \pi/2$$

ist, läßt sich in der Tat nachprüfen, daß eine Lösung von (9.3.7) gegeben ist durch

$$\Phi_{uu} = 2k\theta R. \qquad (9.3.10)$$

Dieses Ergebnis wird auch häufig in der Form $\Phi_{uu} = 4k\theta R$ geschrieben; dies hängt damit zusammen, daß dann ausschließlich positive Frequenzen betrachtet werden, die Integrationen in (9.3.4) bis (9.3.6) somit nur von 0 bis ∞ erstreckt werden (insbesondere also unter Beibehaltung der rechten Seite in (9.3.6)).

Man kann sich natürlich die Frage stellen, ob die gefundene Lösung (9.3.10) eindeutig ist. Seien also etwa Φ_1 und Φ_2 zwei Lösungen von (9.3.7, 9.3.8). Wenn wir dann die beiden Gleichungen, die wir erhalten, wenn wir in (9.3.7) Φ_{uu} durch Φ_1 bzw. Φ_2 ersetzen, voneinander abziehen, so finden wir, daß die Differenz

$$\Phi = \Phi_1 - \Phi_2$$

der Gleichung
$$\int_0^\infty \frac{\Phi(j\omega)}{1+\omega^2\alpha^2}d\omega = 0 \quad \forall \alpha \tag{9.3.11}$$
genügt. Diese Gleichung hat offensichtlich die Lösung $\Phi(j\omega) = 0$, der $\Phi_1 = \Phi_2$ entspricht. Weitere Lösungen kann es aber nicht geben.

Um dies zu zeigen, wollen wir unter Benutzung einer beliebigen positiven Konstante ω_0 mittels
$$\omega/\omega_0 = e^\xi, \qquad \alpha\omega_0 = e^{-\eta}$$
zwei neue Variablen ξ und η einführen. Hierdurch geht (9.3.11) über in
$$\int_{-\infty}^\infty g(\xi)h(\eta-\xi)d\xi = 0 \quad \forall \eta$$
wo g und h durch
$$g(\xi) = \Phi(j\omega_0 e^\xi), \qquad h(\xi) = 1/\cosh\xi$$
definiert sind und die linke Seite ein Faltungsintegral darstellt. Durch Übergang auf die Fouriertransformierte finden wir daraus, daß $\mathcal{F}_\xi\{g\} = 0$ und damit $g = 0$, also $\Phi = 0$ ist. Hierbei haben wir mit dem Index ξ andeuten wollen, daß es sich um die Fouriertransformierte bezüglich ξ (statt t) handelt. Außerdem haben wir implizit vorausgesetzt, daß die Fouriertransformierte
$$H(ju) = \mathcal{F}_\xi\{h(\xi)\} = 2\int_0^\infty \frac{\cos u\xi}{\cosh\xi}d\xi,$$
wo wir die Frequenzvariable mit u bezeichnet haben, keine Bereiche hat, in denen $H(ju)=0$ ist. Dies ist aber tatsächlich der Fall, denn aus (3.7.25) erhält man für $\alpha = 1$
$$H(ju) = \pi/\cosh(\pi u/2).$$

Übrigens war die Frage nach der Eindeutigkeit der Lösung nur dadurch lösbar, daß wir von (9.3.7) statt von (9.3.6) ausgegangen sind, also von (9.3.9) Gebrauch gemacht haben. Ohne eine solche Bedingung hätte (9.3.6) in der Tat unendlich viele Lösungen, wie man leicht einsieht, wenn man beachtet, daß diese Gleichung auch dann erfüllt bleibt, wenn man zu der zunächst gefundenen Lösung (9.3.10) eine beliebige ungerade Funktion in ω hinzuaddiert.

Das in (9.3.10) dargestellte Ergebnis besagt u.a., daß Φ_{uu} eine Konstante ist, die außer von k nur vom Widerstandswert R und von der absoluten Temperatur θ abhängt. Die mittlere verfügbare spektrale Leistungsdichte $\Phi_{uu}/4R$ erweist sich als gleich $k\theta/2$ und ist also unabhängig von R. Es überrascht aber, daß wir für
$$\varphi_{uu}(0) = \frac{1}{2\pi}\int_{-\infty}^\infty \Phi_{uu}(j\omega)d\omega$$

(vgl. (5.5.32)) keinen endlichen Wert erhalten. Dies erklärt sich damit, daß der Gleichverteilungssatz der Thermodynamik in der zitierten Form nicht mehr gilt, wenn wir bis zu Frequenzen vordringen, bei denen quantenmechanisch bedingte Abweichungen eine Rolle spielen. Solange wir aber in Frequenzbereichen wesentlich unterhalb des optischen Bereichs bleiben, wie dies in der üblichen Elektrotechnik (einschließlich der Mikrowellentechnik) der Fall ist, trifft (9.3.10) mit großer Genauigkeit zu. Die Konstanz von Φ_{uu} drückt man auch dadurch aus, daß man sagt, das thermische Widerstandsrauschen sei *weiß*.

9.3.2 Weitere Ergebnisse

Wir gehen von (5.5.30c) aus, können uns allerdings auf den Fall reeller Signale beschränken. Wir betrachten zwei Signale, die wir mit u_1 und u_2 bezeichnen, und benutzen die Definition

$$\varphi_{kl}(t) = \lim_{T \to \infty} \frac{1}{T} \int_{-T/2}^{T/2} u_k(\tau) u_l(t+\tau) d\tau, \quad k, l = 1, 2. \tag{9.3.12}$$

Wenn $\varphi_{12}(t) = \varphi_{21}(t) = 0$ ist, sagt man auch, u_1 und u_2 seien unkorreliert. Wenn Signale wie die im vorigen Unterabschnitt betrachteten Spannungen von unterschiedlichen Widerständen stammen, können wir in der Tat davon ausgehen, daß sie unkorreliert sind. Dann kann nämlich kein Zusammenhang zwischen u_1 und u_2 bestehen, und ein bestimmter Wert von u_1 wird im langfristigen Mittel gleichermaßen mit positiven wie mit entsprechenden negativen Werten von u_2 zusammentreffen; das gilt auch, wenn wir u_1 und u_2 nicht gleichzeitig, sondern in einem festen zeitlichen Abstand voneinander auswerten, wie dies in (9.3.12) für einen Abstand t der Fall ist.

Wir nehmen jetzt insbesondere an, daß

$$u = u_1 + u_2$$

ist. Unter Benutzung von (9.3.12) ist dann

$$\varphi_{uu}(t) = \varphi_{11}(t) + \varphi_{22}(t) + \varphi_{12}(t) + \varphi_{21}(t),$$

also im Falle der Unkorreliertheit

$$\varphi_{uu}(t) = \varphi_{11}(t) + \varphi_{22}(t).$$

Für die zugehörigen Leistungsspektren gilt dann ebenso

$$\Phi_{uu}(j\omega) = \Phi_{11}(j\omega) + \Phi_{22}(j\omega).$$

Diese Beziehungen verallgemeinern sich natürlich für

$$u = u_1 + u_2 + \cdots u_n$$

gemäß

$$\varphi_{uu}(t) = \varphi_{11}(t) + \varphi_{22}(t) + \cdots + \varphi_{nn}(t),$$
$$\Phi_{uu}(j\omega) = \Phi_{11}(j\omega) + \Phi_{22}(j\omega) + \cdots + \Phi_{nn}(j\omega). \tag{9.3.13}$$

Eine unmittelbare Anwendung dieser Überlegungen erhalten wir, wenn wir n Widerstände R_1 bis R_n in Reihe schalten. Dann folgt in der Tat aus (9.3.10) die Beziehung (9.3.13), wenn wir

$$\Phi_{ii}(j\omega) = 2k\theta R_i, \quad i = 1 \text{ bis } n; \quad R = R_1 + R_2 + \cdots + R_n$$

schreiben.

Eine weitere nützliche Beziehung erhalten wir, wenn wir die Schaltung von Bild 9.3.2a betrachten, wo N ein Zweitor darstellt, das aus verlustfreien Bauelementen besteht und mit dem Widerstand R_2 abgeschlossen ist. Neben Kapazitäten, Induktivitäten, gekoppelten Induktivitäten und idealen Übertragern sind in N sogar nichtreziproke Bauelemente wie ideale Gyratoren zugelassen. (Der Leser, der mit diesen nicht vertraut ist, kann im Nachfolgenden diesen Aspekt einfach ignorieren.) Die Eingangsimpedanz

$$Z = U_1/I_1$$

ist gemäß Bild 9.3.2a definiert und die zu N gehörige Spannungsübertragungsfunktion M_{12} gemäß Bild 9.3.2b durch

$$M_{12} = \left. \frac{U_1}{E_0} \right|_{I_1 = 0}$$

Indem wir Z in Real- und Imaginärteil zerlegen, schreiben wir auch genauer

$$Z(j\omega) = R(\omega) + jX(\omega),$$

wobei also etwa $R(\omega)$ durchaus frequenzabhängig sein kann. Nach dem Helmholtzschen Satz können wir die Schaltung von Bild 9.3.2a durch diejenige von Bild 9.3.2c ersetzen mit

$$E = M_{12} E_0.$$

Auf Grund der Verlustfreiheit von N besteht zwischen M_{12} und R die Beziehung

$$|M_{12}(j\omega)|^2 = R(\omega)/R_2. \tag{9.3.14}$$

Ohne auf Einzelheiten einzugehen, wollen wir darauf hinweisen, daß sich (9.3.14) z.B. unter Benutzung der Impedanzgleichungen von N beweisen läßt, denn man findet dann

$$Z = Z_{11} - \frac{Z_{12} Z_{21}}{Z_{22} + R_2}, \quad M_{12} = \frac{Z_{12}}{Z_{22} + R_2},$$

während die Verlustfreiheit

$$Z_{11}^* = -Z_{11}, \quad Z_{22}^* = -Z_{22}, \quad Z_{21}^* = -Z_{12}$$

(im reziproken Fall also auch $Z_{21}^* = -Z_{21}$) beinhaltet. Hierbei sind Z_{11}, Z_{12}, Z_{21} und Z_{22} die Impedanzparameter des Zweitors N.

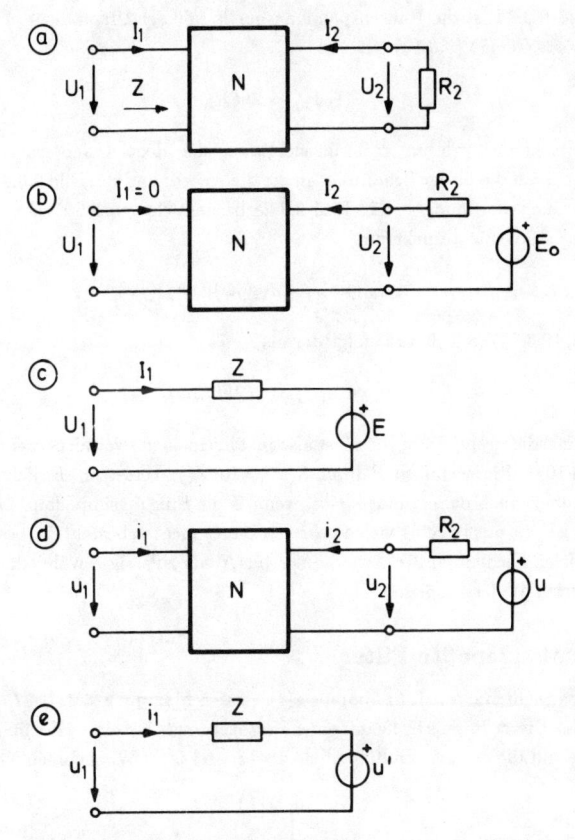

Bild 9.3.2: Zur Herleitung der Beziehung (9.3.16):
  (a) Impedanz Z, die durch ein resistiv abgeschlossenes verlustfreies Zweitor N erzeugt wird.
  (b) Anordnung zur Definition von M_{12}.
  (c) Ersatzschaltung für (b).
  (d) Anordnung wie in b, jedoch mit R_2 ergänzt um die Rauschspannungsquelle u.
  (e) Ersatzschaltung von (d).

In Bild 9.3.2d ist die Rauschspannungsquelle mit der Urspannung u angegeben, die zu R_2 gehört. Gemäß (9.3.10) gilt also

$$\Phi_{uu} = 2k\theta R_2. \qquad (9.3.15)$$

Andererseits können wir unter Berücksichtigung der Regel (5.5.5) sagen, daß sich der Einfluß von u auf die übrige Schaltung, an die die Anordnung von Bild 9.3.2d angeschlossen ist, durch eine Anordnung gemäß Bild 9.3.2e berücksichtigen läßt, wo u' eine Spannung mit dem Leistungsdichtespektrum

$$\Phi_{u'u'}(j\omega) = |M_{12}(j\omega)|^2 \, \Phi_{uu}(j\omega)$$

ist. Wegen (9.3.14) und (9.3.15) folgt daraus

$$\Phi_{u'u'}(j\omega) = 2k\theta R(\omega) \qquad (9.3.16)$$

Das Leistungsdichtespektrum von u' ist also im allgemeinen zwar nicht mehr konstant, doch bleibt (9.3.10) gültig, wenn wir R durch $R(\omega) = \operatorname{Re} Z(j\omega)$ ersetzen. Es läßt sich zeigen, daß dieses Ergebnis auch dann gültig bleibt, wenn Z die Eingangsimpedanz einer allgemeinen Schaltung ist, die aus beliebig vielen passiven Bauelementen besteht, insbesondere also aus beliebig vielen Elementen der Art, die wir für N als zulässig erwähnt hatten, sowie aus beliebig vielen Widerständen.

9.4 Signalangepaßte Filter

Wir betrachten einen Einzelimpuls $x(t)$, dessen Maximum z.B. bei $t = 0$ liegen möge (Bild 9.4.1). Dieser Impuls treffe mit einer Verzögerung t_0 auf ein reelles lineares konstantes System S, und die daraus resultierende Antwort sei $y(t)$. Wir nehmen weiterhin an, daß

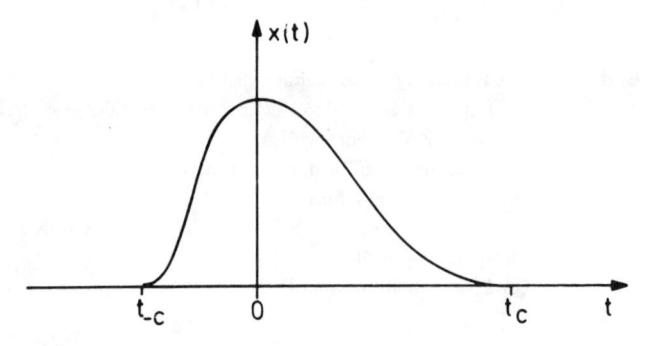

Bild 9.4.1: Ein Impuls $x(t)$ mit Träger (t_{-c}, t_c) und Maximum bei $t = 0$.

$x(t-t_0)$ eine Störung (Rauschen) $\xi(t)$ überlagert ist, so daß das tatsächliche Eingangssignal $x(t-t_0) + \xi(t)$ und das tatsächliche Ausgangssignal $y(t) + \eta(t)$ beträgt, mit

$$y(t) = \int_0^\infty h(\tau)x(t-t_0-\tau)d\tau, \quad \eta(t) = \int_0^\infty h(\tau)\xi(t-\tau)d\tau, \qquad (9.4.1a,b)$$

wo $h(t)$ die Impulsantwort des Systems S ist, das wir selbstverständlich als kausal annehmen (Bild 9.4.2).

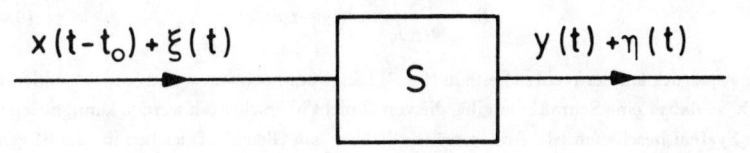

Bild 9.4.2: Ein lineares, konstantes System S mit einem verzögerten Impuls als Eingangssignal (vgl. Bild 9.4.1), dem ein Rauschsignal $\xi(t)$ überlagert ist.

Das Störsignal $\xi(t)$ sei weiß, d.h., das zugehörige Leistungsdichtespektrum $\Phi_{\xi\xi}$ sei konstant, wie das ja zum einen bei thermischem Widerstandsrauschen, jedoch häufig auch bei Rauschsignalen anderen Ursprungs der Fall ist. Entsprechend (5.5.27) und (5.5.32) ist damit der quadratische Mittelwert von $\eta(t)$ durch

$$\bar{\eta}^2 = \frac{1}{2\pi}\int_{-\infty}^{\infty}|H(j\omega)|^2\Phi_{\xi\xi}d\omega = \frac{1}{2\pi}\Phi_{\xi\xi}\int_{-\infty}^{\infty}|H(j\omega)|^2 d\omega$$

gegeben, wo $H(j\omega)$ die Übertragungsfunktion von S ist. Wegen (3.6.60), (4.4.12) und (4.5.1) ist aber

$$\int_0^\infty h^2(t)dt = \frac{1}{2\pi}\int_{-\infty}^\infty |H(j\omega)|^2 d\omega$$

und damit auch

$$\bar{\eta}^2 = \Phi_{\xi\xi}\int_0^\infty h^2(t)dt. \qquad (9.4.2)$$

Wir betrachten jetzt den Wert von $y(t)$ zu einem bestimmten, jedoch noch frei wählbaren Zeitpunkt t_1 und untersuchen das entsprechende Signal-Geräuschverhältnis

$$R = y^2(t_1)/\bar{\eta}^2. \qquad (9.4.3)$$

Aus (9.4.1a) folgt

$$y(t_1) = \int_0^\infty h(\tau)x(t_2-\tau)d\tau \qquad (9.4.4)$$

mit

$$t_2 = t_1 - t_0. \qquad (9.4.5)$$

Unter Benutzung der Schwarzschen Ungleichung (vgl. 3.8.23) finden wir aber aus (9.4.4), wenn wir t statt τ schreiben,

$$y^2(t_1) \leq \int_0^\infty h^2(t)dt \cdot \int_0^\infty x^2(t_2 - t)dt \qquad (9.4.6)$$

und damit unter Benutzung von (9.4.2) und (9.4.3)

$$R \leq \frac{1}{\Phi_{\xi\xi}} \int_0^\infty x^2(t_2 - t)dt. \qquad (9.4.7)$$

Der Ausdruck auf der rechten Seite in (9.4.7) hängt nur noch von x und ξ, nicht jedoch von h ab, so daß er eine Schranke angibt, die von R nicht überschritten werden kann, gleich wie das System beschaffen ist. Andererseits gilt aber das Gleichheitszeichen in (9.4.6) genau dann, wenn (vgl. (3.8.7))

$$h(t) = \begin{cases} Cx(t_2 - t) & \text{für } t > 0 \\ 0 & \text{für } t < 0 \end{cases} \qquad (9.4.8a, b)$$

ist, wo C eine Konstante (notwendigerweise reell, da wir nur mit reellen Signalen zu tun haben) ist. Man beachte jedoch, daß aus der Schwarzschen Ungleichung unmittelbar nur (9.4.8a) folgt, denn (3.8.7) muß nur in dem in (9.4.4) und (9.4.6) auftretenden Integrationsintervall gelten, während (9.4.8b) sich aus der Kausalitätsbedingung ergibt.

Wenn h die Bedingung (9.4.8) erfüllt, wie wir fortan annehmen wollen, so ist

$$R = \frac{1}{\Phi_{\xi\xi}} \int_0^\infty x^2(t_2 - t)dt = \frac{1}{\Phi_{\xi\xi}} \int_{-\infty}^{t_2} x^2(t)dt, \qquad (9.4.9)$$

und dieses ist der höchstmögliche Wert von R bei gegebenem x, ξ, t_0 und t_2. Der letzte Ausdruck in (9.4.9) ist natürlich aus dem mittleren unter Benutzung der Substitution $t_2 - t \to t$ entstanden. Wenn wir noch annehmen, daß

$$x(t) = 0 \quad \text{für} \quad t > t_c \quad \text{und} \quad t < t_{-c} \qquad (9.4.10)$$

ist (vgl. Bild 9.4.1), so folgt aus dem letzten Ausdruck in (9.4.9), daß R seinen Maximalwert

$$R_{\max} = \frac{1}{\Phi_{\xi\xi}} \int_{-t_c}^{t_c} x^2(t)dt \qquad (9.4.11)$$

nur dann annimmt, wenn

$$t_2 \geq t_c \qquad (9.4.12)$$

ist.

9.4 Signalangepaßte Filter

Aus (9.4.8a) erkennen wir, daß $h(t)$ bis auf den konstanten Faktor C im wesentlichen den umgekehrten Verlauf haben muß wie $x(t)$. Ist (9.4.12) erfüllt, d.h., wenn $R = R_{\max}$ ist, so wird der volle umgekehrte Verlauf von $x(t)$ durch $h(t)$ nachgebildet. Zwei entsprechende Situationen für $t_2 > t_c$ sowie für den Grenzfall $t_2 = t_c$ sind in Bild 9.4.3a und 9.4.3b gezeigt. Aus Bild 9.4.3c und 9.4.3d erkennt man, wie bei abnehmendem t_2 der Verlauf von $h(t)$ immer stärker beschnitten wird, während für $t_2 < t_{-c}$ für alle t der Wert $h(t) = 0$ erhalten wird. Filter, die die Bedingungen (9.4.8) und (9.4.12) erfüllen, werden auch als *signalangepaßte* Filter (matched filter) bezeichnet. Die Bezeichnung *Suchfilter* wird ebenfalls benutzt.

Wir wollen jetzt noch umgekehrt annehmen, daß (9.4.8) und (9.4.12) erfüllt sind, und das zugehörige $y(t)$ ausrechnen. Mit (9.4.1a) und (9.4.8) finden wir zunächst

$$y(t) = C \int_0^\infty x(t_2 - \tau) x(t - t_0 - \tau) d\tau$$
$$= C \int_{-\infty}^{t_2} x(\tau) x(t - t_2 - t_0 + \tau) d\tau \qquad (9.4.13)$$

Unter Berücksichtigung von (9.4.10) und (9.4.12) läßt sich dieser Ausdruck auch in der Form

$$y(t) = C\, \varphi_{xx}(t - t_2 - t_0) \qquad (9.4.14)$$

schreiben, wo φ_{xx} die entsprechend (5.5.1a), also durch

$$\varphi_{xx}(t) = \int_{-\infty}^\infty x(\tau) x(t + \tau) d\tau \qquad (9.4.15)$$

definierte Autokorrelationsfunktion von x ist. Wie wir im Anschluß an (5.5.38) erwähnt haben, gilt auch für diese die Beziehung

$$|\varphi_{xx}(t)| \le \varphi_{xx}(0) \quad \forall\, t. \qquad (9.4.16)$$

Dadurch entnimmt man (9.4.14), daß $y(t)$ maximal wird — und zwar diesmal in Abhängigkeit von t —, wenn $t = t_2 + t_0$ ist. Dies entspricht aber dem Zeitpunkt t_1, wenn wir diesen, ausgehend von t_2 und t_0, durch (9.4.5) definieren.

Der sich hieraus ergebende Maximalwert $y_{\max}$ von $y(t)$ ergibt sich aus (9.4.10), (9.4.14) und (9.4.15) zu

$$y_{\max} = y(t_2 + t_0) = C \int_{t_{-c}}^{t_c} x^2(\tau) d\tau \qquad (9.4.17)$$

wegen (9.4.11) also zu

$$y_{\max} = C\, \Phi_{\xi\xi}\, R_{\max}. \qquad (9.4.18)$$

Wenn die Grenzsituation $t_2 = t_c$ vorliegt (Bild 9.4.3b), dann ist selbstverständlich $y_{max} = y(t_c + t_0)$.

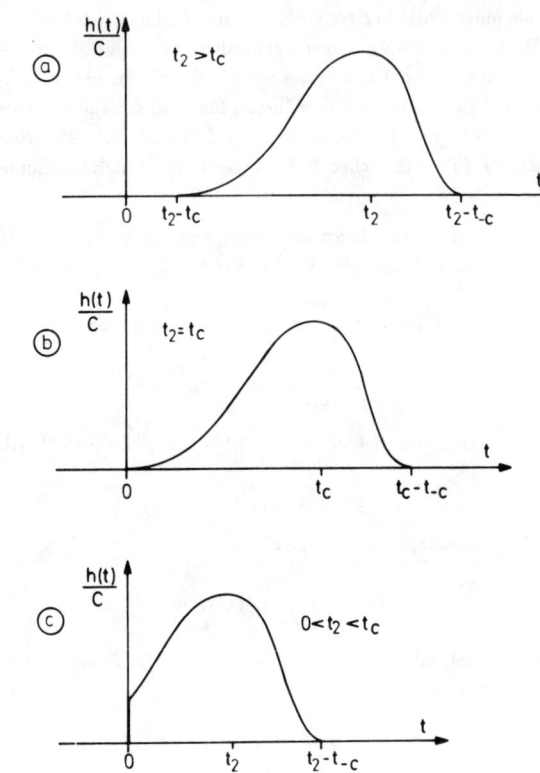

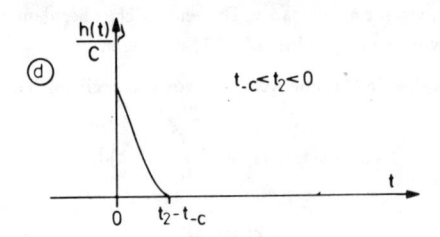

Bild 9.4.3: Verlauf des optimalen $h(t)/C$ für verschiedene Werte von t_2.

10. Zeitvariante lineare Übertragungssysteme

10.1 Einführung

10.1.1 Entstehung zeitvarianter Systeme

Zeitvariante Systeme treten im Bereich der elektrischen Schaltungen z.B. dann auf, wenn

a) Ohmsche Widerstände als Schiebewiderstände ausgeführt sind, deren Läufer nach einer vorgegebenen Zeitfunktion mechanisch verschoben werden,

b) Kapazitäten als Drehkondensatoren ausgeführt sind, deren Kapazitätswerte durch mechanische Rotation verändert werden;

c) infolge von Schwankungen der physikalischen Umgebungsbedingungen elektrische Übertragungseigenschaften verändert werden, z.b. temperaturbedingte Schwankungen des Widerstands- bzw. Dämpfungsbelags von elektrischen Leitungen.

Ein System mit zeitvarianten Übertragungseigenschaften liegt auch vor

d) bei der drahtlosen Signalübertragung von und zu beweglichen Stationen, wie z.b. beim Fernsprechverkehr mit Kraftwagen oder Schiffen.

Bei den Beispielen a) bis d) sind die zeitlichen Änderungen der Systemeigenschaften durch mechanische Bewegungen oder Temperaturschwankungen bedingt und verlaufen daher meist verhältnismäßig langsam, so daß in vielen Fällen bei der Untersuchung der Übertragungseigenschaften quasikonstantes Verhalten zugrunde gelegt werden kann, die entsprechenden Systeme also als quasikonstant aufgefaßt werden können.

Der hauptsächliche Anwendungsbereich einer exakten dynamischen Theorie zeitvarianter Systeme liegt deshalb

e) in der Theorie solcher elektrischer Schaltungen, deren Elementwerte durch elektronische Steuerung schnell verändert werden können. Wenn auch die elektronisch steuerbaren Elemente, wie z.B. Varaktoren (Kapazitätsdioden), meist keineswegs streng linear sind, so ist es doch in vielen Fällen gerechtfertigt, bei der Berechnung entsprechender Schaltungen die Theorie linearer zeitvarianter Systeme zugrunde zu legen. Unterteilt man die Spannungen und Ströme in solchen Schaltungen in Steuervariablen einerseits und Signalvariablen andererseits, so dürfen nämlich oft in sehr guter Näherung die Beziehungen zwischen den Signalvariablen als linear angesehen werden (Kleinsignaltheorie). Dann können für die Signalvariablen das Superpositionsprinzip und alle darauf aufbauenden Theorien angewendet werden.

10.1.2 Grundeigenschaften der Differentialgleichungen linearer zeitvarianter Systeme

Wir betrachten ein Beispiel (Bild 10.1.1).

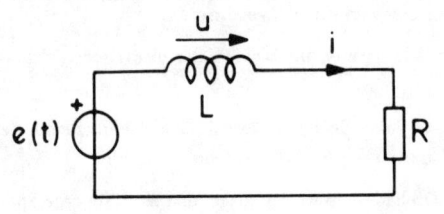

Bild 10.1.1: Beispiel einer einfachen Schaltung.

Zunächst nehmen wir an, daß L und R konstant sind. Dann erhalten wir für die Differentialgleichung, die zu dieser Schaltung gehört,

$$Ri + L\frac{di}{dt} = e(t). \tag{10.1.1}$$

Sind jedoch R und L zeitabhängig, d.h., ist

$$R = R(t) \quad \text{und} \quad L = L(t), \tag{10.1.2}$$

dann ist (10.1.1) nicht mehr gültig. Zur Berechnung der Spannung u über der Induktivität müssen wir dann nämlich von der allgemeinen Beziehung

$$u = \frac{d\Phi}{dt} \tag{10.1.3}$$

ausgehen, in der der magnetische Fluß Φ durch

$$\Phi = Li \tag{10.1.4}$$

gegeben ist. Wir erhalten also anstelle von (10.1.1) nunmehr

$$Ri + \frac{d\Phi}{dt} = e(t), \tag{10.1.5}$$

d.h., unter Verwendung von (10.1.3) und (10.1.4),

$$Ri + \frac{dL}{dt}i + L\frac{di}{dt} = e(t). \tag{10.1.6}$$

Diese Gleichung können wir auch in der Form

$$a_0 i + a_1 \frac{di}{dt} = e(t) \tag{10.1.7}$$

schreiben, wo die Koeffizienten

$$a_0 = a_0(t) \quad \text{und} \quad a_1 = a_1(t) \tag{10.1.8}$$

zeitabhängig und durch

$$a_0 = R(t) + \frac{dL(t)}{dt} \quad \text{bzw.} \quad a_1 = L(t) \tag{10.1.9}$$

gegeben sind. Die Differentialgleichung (10.1.7) hat die gleiche Form wie (10.1.1), nur daß in dieser $a_0 = R$ und $a_1 = L$ gilt.

Die Differentialgleichung (10.1.7) mit den zeitabhängigen Koeffizienten (10.1.8) ist noch stets linear. Die Koeffizienten a_0 und a_1 sind zwar nicht mehr konstant, sie hängen aber nur von der *unabhängigen* Variablen t ab, nicht jedoch von der *abhängigen* Variablen i. Nichtlinearität würde nur dann vorliegen, wenn diese Koeffizienten von der abhängigen Variablen i abhingen.

Für lineare Differentialgleichungen, deren Koeffizienten nicht konstant sind, gelten noch immer die gleichen Superpositionsregeln wie für lineare Differentialgleichungen mit konstanten Koeffizienten. Dies ist aus der Mathematik bekannt und soll hier nur kurz anhand des obigen einfachen Beispiels erläutert werden. Folgende Eigenschaften sind sofort aus (10.1.7) ersichtlich:

1. Wenn $i = i_1$ eine Lösung von (10.1.7) für $e = e_1$ ist und $i = i_2$ eine Lösung der gleichen Differentialgleichung für $e = e_2$, d.h., wenn

$$a_0 i_1 + a_1 \frac{di_1}{dt} = e_1(t) \tag{10.1.10}$$

und

$$a_0 i_2 + a_2 \frac{di_2}{dt} = e_2(t) \tag{10.1.11}$$

gilt, dann ist auch

$$i = k_1 i_1 + k_2 i_2 \tag{10.1.12}$$

eine Lösung von (10.1.7) für

$$e = k_1 e_1 + k_2 e_2, \tag{10.1.13}$$

wo k_1 und k_2 beliebige Konstanten sind. Dies ergibt sich sofort durch Einsetzen von (10.1.12) und (10.1.13) in (10.1.7) und Vergleich mit (10.1.10) und (10.1.11), wenn man dabei berücksichtigt, daß $a_0 = a_0(t)$ und $a_1 = a_1(t)$ nicht von i, sondern nur von t abhängen.

Das durch (10.1.12) und (10.1.13) ausgedrückte Ergebnis können wir auch noch bezüglich der Anfangsbedingungen präzisieren. Seien i_1 und i_2 diejenigen Lösungen, die zum Zeitpunkt t_0 den Anfangsbedingungen

$$i_1(t_0) = i_{10} \quad \text{bzw.} \quad i_2(t_0) = i_{20}$$

genügen, wobei i_{10} und i_{20} Konstanten sind. Dann folgt sofort aus (10.1.12), daß der Gesamtstrom i der Anfangsbedingung

$$i_0 = i(t_0) = k_1 i_{10} + k_2 i_{20}$$

genügt. Das Superpositionsprinzip gilt also auch bezüglich der Anfangsbedingungen. Für den häufig benutzten Sonderfall $i_{10} = i_{20} = 0$ ist somit auch einfach $i_0 = 0$.

2. Sei $i = i'$ eine beliebige partikuläre Lösung von (10.1.7), d.h., es gelte

$$a_0 i' + a_1 \frac{di'}{dt} = e(t); \tag{10.1.14}$$

sei i'' die allgemeinste Lösung der zu (10.1.7) gehörigen homogenen Differentialgleichung, d.h., es gelte

$$a_0 i'' + a_1 \frac{di''}{dt} = 0. \tag{10.1.15}$$

Dann ist

$$i = i' + i'' \tag{10.1.16}$$

die allgemeinste Lösung von (10.1.7). Auch diese Eigenschaft ergibt sich sofort durch Einsetzen von (10.1.16) in (10.1.7) und Vergleich mit (10.1.14) und (10.1.15). Auch hier ist entscheidend, daß $a_0 = a_0(t)$ und $a_1 = a_1(t)$ nicht von i, sondern nur von t abhängen.

Bei der Besprechung dieser allgemeinen Eigenschaften sind wir bisher immer davon ausgegangen, daß wir es nur mit einer einzigen Differentialgleichung erster Ordnung zu tun haben. Ähnlich wie bei linearen Differentialgleichungen mit konstanten Koeffizienten ist jedoch auch im linearen zeitabhängigen Fall leicht einzusehen, daß die gleichen allgemeinen Eigenschaften auch gelten, wenn die Differentialgleichung beliebig hohe Ordnung hat oder wenn statt einer einzigen Differentialgleichung ein System von Differentialgleichungen, die alle beliebige Ordnung haben können, vorliegt. Wegen der erwähnten Analogie ist es nicht erforderlich, auf einen Beweis dieser Tatsache einzugehen. Erwähnt sei auch, daß die obigen allgemeinen Eigenschaften nicht nur bei gewöhnlichen Differentialgleichungen, auf die wir uns bisher beschränkt haben, gelten, sondern auch bei partiellen Differentialgleichungen.

Während die Lösung gewöhnlicher linearer Differentialgleichungen mit konstanten Koeffizienten ganz allgemein bestimmt werden kann, können selbst gewöhnliche lineare Differentialgleichungen mit zeitabhängigen Koeffizienten nur in wenigen Ausnahmefällen analytisch gelöst werden. Es versteht sich, daß wir hierauf an dieser Stelle nicht weiter eingehen können, zumal die explizit lösbaren Fälle nur selten praktische Bedeutung haben.

10.1 Einführung

Trotz dieser Schwierigkeit, eine allgemeine Lösung zu finden, lassen sich für lineare, zeitvariante Systeme einige allgemeine Eigenschaften herleiten, die von erheblicher Bedeutung sind und daher in den folgenden Abschnitten besprochen werden sollen. Wir werden dabei zunächst weiterhin allgemeine lineare zeitabhängige Systeme betrachten und uns anschließend mit dem für die Praxis besonders wichtigen Fall linearer periodisch zeitvarianter Systeme befassen.

10.1.3 Berechnung linearer zeitvarianter Systeme unter Verwendung komplexer Exponentialschwingungen

Bekanntlich ist für die Untersuchung von Schaltungen die Erregung mit sinusförmigen Schwingungen besonders nützlich. Dabei vereinfacht sich die Berechnung konstanter linearer Schaltungen wesentlich, wenn wir anstelle von Sinusschwingungen komplexe Exponentialschwingungen verwenden. Wir werden sehen, daß prinzipiell das gleiche Verfahren auch zur Analyse zeitvarianter linearer Syteme anwendbar ist. Dabei kommt uns entscheidend die Tatsache zu Hilfe, daß die Differentialgleichungen, mit denen wir zu tun haben, nicht nur linear sind, sondern auch ausschließlich *reelle* Koeffizienten haben. *Linearität* der Differentialgleichungen und *Realität* der Koeffizienten sind nämlich die einzigen Eigenschaften, auf denen die Anwendbarkeit des Verfahrens der komplexen Analyse beruht. Im Gegensatz zu einer häufig anzutreffenden Vermutung hat dieses Verfahren mit einer eventuellen Konstanz der Elemente der Schaltung und somit mit einer eventuellen Konstanz der Koeffizienten der Differentialgleichungen nichts zu tun.

Wir erläutern das Verfahren wieder anhand des bereits zuvor benutzten Beispiels. Auch jetzt wird wieder leicht einzusehen sein, daß die allgemeinen Schlußfolgerungen auch bei allgemeineren Systemen gelten, die aus beliebig vielen gewöhnlichen oder partiellen zeitabhängigen linearen Differentialgleichungen beliebiger Ordnung bestehen.

Wir betrachten also wieder die Schaltung von Bild 10.1.1, in der wir die Urspannung, wie in Bild 10.1.2 angegeben, durch $\mathrm{Re}Ee^{j\omega t}$ ersetzen:

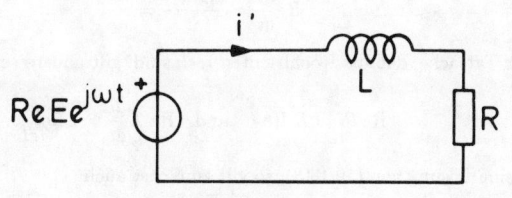

Bild 10.1.2: Die Schaltung von Bild 10.1.1, jedoch mit einer Erregung durch eine Schwingung der Form $\mathrm{Re}Ee^{j\omega t}$.

Den dabei auftretenden Strom bezeichnen wir zur Unterscheidung der später zu verwendenden Stromgröße mit i'.

Wir nehmen zunächst an, daß es sich um ein konstantes lineares System handelt. Dann ist die zu Bild 10.1.2 gehörige Differentialgleichung durch

$$Ri' + L\frac{di'}{dt} = \mathrm{Re} E e^{j\omega t} \tag{10.1.17}$$

gegeben, mit R und L konstant. Anstelle der Schaltung in Bild 10.1.2 und der zugehörigen Differentialgleichung (10.1.17) benützt man bekanntlich auch die Schaltung in Bild 10.1.3, für welche die zugehörige Differentialgleichung lautet:

$$Ri + L\frac{di}{dt} = E e^{j\omega t}. \tag{10.1.18}$$

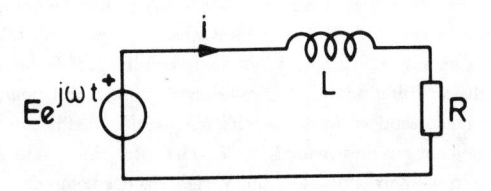

Bild 10.1.3: Schaltung wie in Bild 10.1.2, jedoch mit Erregung durch eine entsprechende komplexe Exponentialschwingung.

Sei nun i irgendeine Lösung von (10.1.18) und sei

$$i' = \mathrm{Re}\, i, \tag{10.1.19}$$

dann erfüllt die so definierte Funktion $i' = i'(t)$ offensichtlich die Differentialgleichung (10.1.17). Der Grund hierfür ist, daß die Differentialgleichungen (10.1.17) und (10.1.18) *linear* sind und *reelle Koeffizienten* haben. *Linearität* beinhaltet z.B.

$$\mathrm{Re}\frac{di}{dt} = \frac{d(\mathrm{Re}\,i)}{dt} = \frac{di'}{dt}. \tag{10.1.20}$$

Wegen der Tatsache, daß die Koeffizienten *reell* sind, gilt andererseits

$$\mathrm{Re}\, Ri = R\,\mathrm{Re}\, i \quad \text{und} \quad \mathrm{Re}\, L\frac{di}{dt} = L\mathrm{Re}\frac{di}{dt}. \tag{10.1.21}$$

Ist also i eine Lösung von (10.1.18), so gilt zunächst auch

$$\mathrm{Re}\left(Ri + L\frac{di}{dt}\right) = \mathrm{Re} E e^{j\omega t}, \tag{10.1.22}$$

10.1 Einführung

woraus sich mit (10.1.19) die Gleichung (10.1.17) ergibt, wenn wir die soeben besprochenen Eigenschaften berücksichtigen, die für den Operator Re gelten.

Es sei ausdrücklich darauf hingewiesen, daß bei Auftreten von Nichtlinearitäten oder von nichtreellen Koeffizienten die benötigten Vertauschbarkeiten nicht gelten. Ist nämlich i komplexwertig, so gilt üblicherweise

$$\text{Re } i^2 \neq (\text{Re } i)^2.$$

Ebenso, wenn K nicht reell ist, gilt üblicherweise

$$\text{Re } Ki \neq K \text{ Re } i.$$

Die Gleichwertigkeit von Bild 10.1.2 und Gleichung (10.1.17) mit Bild 10.1.3 und Gleichung (10.1.18) ist nicht nur in der oben beschriebenen Richtung gültig, d.h., es ist nicht nur jedes durch (10.1.18) und (10.1.19) bestimmte i' eine Lösung von (10.1.17), sondern umgekehrt kann auch jede Lösung von (10.1.17) mit Hilfe von (10.1.19) aus einer Lösung von (10.1.18) gewonnen werden. Sei nämlich $i = i_1(t)$ eine beliebige Lösung von (10.1.18), d.h., sei

$$Ri_1 + L\frac{di_1}{dt} = Ee^{j\omega t}, \tag{10.1.23}$$

dann ist $i' = \text{Re } i_1$ eine Lösung von (10.1.17). Somit kann die allgemeinste Lösung von (10.1.17) in der Form

$$i' = \text{Re } i_1 + i'' \tag{10.1.24}$$

geschrieben werden, wo die reelle Funktion i'' die allgemeinste Lösung der zu (10.1.17) gehörigen homogenen Differentialgleichung

$$Ri'' + L\frac{di''}{dt} = 0 \tag{10.1.25}$$

ist. Dann ist aber auch

$$i = i_1 + i'' \tag{10.1.26}$$

eine Lösung von (10.1.18), denn durch Einsetzen von (10.1.26) in (10.1.18) ergibt sich wegen (10.1.23) für i'' die Bedingung (10.1.25), die ja als erfüllt angenommen wurde. Somit erfüllt i in der Tat die Gleichung (10.1.18), und (10.1.19) ist ebenfalls erfüllt.

Bevor wir nun den Fall zeitvarianter Schaltungen untersuchen, schreiben wir die Differentialgleichungen (10.1.17) und (10.1.18) wiederum in der etwas allgemeineren Form

$$a_0 i' + a_1 \frac{di'}{dt} = \text{Re}Ee^{j\omega t} \tag{10.1.27}$$

bzw.

$$a_0 i + a_1 \frac{di}{dt} = E e^{j\omega t}, \qquad (10.1.28)$$

wo die Koeffizienten durch $a_0 = R$ und $a_1 = L$ gegeben, also konstant sind. Ist die Schaltung jedoch linear und zeitvariant, so können wir die Differentialgleichungen gemäß den Ergebnissen aus Abschnitt 10.1.2 noch stets in der Form (10.1.27) und (10.1.28) schreiben; die Koeffizienten a_0 und a_1 sind dann aber entsprechend (10.1.8) und (10.1.9) zeitabhängig:

$$a_0 = R(t) + \frac{dL(t)}{dt}, \quad a_1 = L(t);$$

sie sind jedoch unabhängig von den abhängigen Variablen i' bzw. i.

Man prüft nun leicht nach, daß unter den angegebenen Bedingungen noch immer jeder Lösung von (10.1.28) gemäß (10.1.19), d.h. gemäß

$$i' = \operatorname{Re} i, \qquad (10.1.29)$$

eine Lösung von (10.1.27) entspricht, und umgekehrt jede Lösung i' von (10.1.27) mit Hilfe von (10.1.29) aus einer Lösung von (10.1.28) gewonnen werden kann. Diese Eigenschaften folgen nämlich aus Gleichung (10.1.20), die offensichtlich unverändert ist, sowie aus den der Gleichung (10.1.21) entsprechenden Beziehungen

$$\operatorname{Re} a_0(t) i = a_0(t) \operatorname{Re} i \quad \text{und} \quad \operatorname{Re} a_1(t) \frac{di}{dt} = a_1(t) \operatorname{Re} \frac{di}{dt}, \qquad (10.1.30)$$

die gültig sind, weil die Zeitfunktionen $a_0(t)$ und $a_1(t)$ nur reelle Werte annehmen.

Auch hier läßt sich wieder sagen, daß das gefundene Ergebnis nicht nur für lineare zeitabhängige Differentialgleichungen erster Ordnung zutrifft, sondern für solche beliebiger Ordnung, denn es gilt ja die Gleichung (10.1.20) verallgemeinernde Beziehung

$$\operatorname{Re} \frac{d^n i}{dt^n} = \frac{d^n \operatorname{Re} i}{dt^n} = \frac{d^n i'}{dt^n}.$$

Ferner sind die Ergebnisse auch für Systeme gültig, die durch beliebig viele lineare, zeitabhängige Differentialgleichungen beschrieben werden, wobei es sich um gewöhnliche oder partielle Differentialgleichungen handeln kann.

Nachdem wir somit festgestellt haben, daß das Rechnen mit komplexen Exponentialschwingungen auch bei linearen, zeitvarianten Systemen zulässig ist, sei noch einmal ausdrücklich auf die nachfolgenden Bedingungen hingewiesen, unter denen das Ergebnis hergeleitet wurde:

1. Es wurden nur die im System auftretenden Signalgrößen durch komplexe Exponentialschwingungen dargestellt. Diese Signalgrößen sind bei elektrischen Schaltungen üblicherweise Ströme und Spannungen. Es können jedoch auch daraus abgeleitete Größen wie Wellengrößen sein.

2. Die zeitabhängigen Elementwerte, wie $R(t)$ und $L(t)$ müssen als reelle Funktionen erhalten bleiben; nur hierdurch war es möglich, Vertauschungen wie in (10.1.30) vorzunehmen. Wäre also z.B. $R(t)$ eine periodische Zeitfunktion der Form

$$R(t) = (1 + \cos \omega t) R_0, \qquad (10.1.31)$$

mit R_0 = konstant, so muß diese Form auch bei Anwendung der Rechnung mit komplexen Exponentialschwingungen erhalten bleiben. Unter keinen Umständen dürfte demnach (10.1.31) durch

$$R(t) = \left(1 + e^{j\omega t}\right) R_0 \qquad (10.1.32)$$

ersetzt werden, also auf eine Weise, wie wir dies mit Signalgrößen getan haben. Das schließt nicht aus, daß wir durchaus von der Darstellung der trigonometrischen Funktionen durch Exponentialfunktionen (Eulersche Beziehungen) Gebrauch machen dürfen, da hierdurch der Wert des betroffenen Ausdrucks nicht verändert wird. Es ist folglich zulässig, (10.1.31) durch den Ausdruck

$$R(t) = \left(1 + \frac{1}{2} e^{j\omega t} + \frac{1}{2} e^{-j\omega t}\right) R_0$$

zu ersetzen, denn dieser ist ja völlig gleichwertig mit (10.1.31). Insbesondere ist er weiterhin reell, im Gegensatz zu (10.1.32).

Ähnliche Verhältnisse liegen vor, wenn die Elementwerte z.B. allgemeine periodische Funktionen der Zeit mit der Periode T sind. Man kann dann die entsprechenden Elementwerte, oder einfacher die Koeffizienten der resultierenden Differentialgleichungen, in Fourierreihen entwickeln. Hierzu darf man durchaus die komplexe Form der Fourierreihe verwenden, da ja deren Summe noch stets gleich der ursprünglichen Zeitfunktion ist und diese Summe noch stets reellwertig ist, wenn die ursprüngliche Zeitfunktion nur reelle Werte annimmt.

Bemerkung: Wir haben das Ergebnis dieses Abschnitts dadurch hergeleitet, daß wir von der Differentialgleichung (10.1.28) durch Nehmen des Realteils auf (10.1.27) übergegangen sind. Da a_0 und a_1 reell sind, hätten wir genauso gut die zu (10.1.28) konjugiert komplexe Gleichung nehmen können, also

$$a_0 i + a_1 \frac{di}{dt} = E e^{-j\omega t}.$$

Überdies würde Addieren dieser Gleichung zu (10.1.28) und anschließendes Teilen durch 2 das gleiche Ergebnis liefern.

10.2 Übertragung von Signalen durch lineare zeitvariante Systeme

10.2.1 Einführende Betrachtungen

Die Betrachtungen aus Abschnitt 4.1 bleiben auch für den zeitvarianten Fall anwendbar. Für die Grundantwort $y(t)$ auf ein Eingangssignal $x(t)$ schreiben wir also wieder

$$x(t) \to y(t). \tag{10.2.1}$$

Auch die Überlegungen aus Abschnitt 4.2 bleiben gültig bis auf die Forderung nach Zeitunabhängigkeit.

Wir wollen daher zunächst die Berechnung im Frequenzbereich vornehmen und dabei grundsätzlich wie in Unterabschnitt 4.3.1 verfahren.

Die Postulate, die wir zu Grunde legen, sind also:

1. *Linearität*. Diese verlangt, daß aus

$$x_1(t) \to y_1(t) \quad \text{und} \quad x_2(t) \to y_2(t) \tag{10.2.2}$$

auch

$$x_1(t) + x_2(t) \to y_1(t) + y_2(t) \tag{10.2.3}$$

und daß weiterhin aus (10.2.1) auch

$$Ax(t) \to Ay(t) \tag{10.2.4}$$

folgt, wo A eine beliebige komplexe Konstante ist.

2. *Realität*. Diese besagt, daß für ein reelles $x(t)$ auch das zugehörige $y(t)$ reell ist und daß bei komplexem $x(t)$ und $y(t)$ die Zusammenhänge

$$\operatorname{Re} x(t) \to \operatorname{Re} y(t), \quad \operatorname{Im} x(t) \to \operatorname{Im} y(t) \tag{10.2.5}$$

bestehen.

10.2.2 Berechnung der Grundantwort durch Betrachtung des Frequenzbereichs

Wir setzen voraus, daß das System streng stabil ist. Wir gehen wiederum von einem Eingangssignal

$$x(t) = e^{j\omega t}$$

aus. Für die zugehörige Antwort $y(t)$ definieren wir eine Funktion H durch

$$H(j\omega, t) = y(t) e^{-j\omega t}. \tag{10.2.6}$$

10.2 Übertragung von Signalen durch lineare zeitvariante Systeme

Somit können wir schreiben

$$e^{j\omega t} \to H(j\omega, t)e^{j\omega t}, \qquad (10.2.7)$$

wobei wir diese Beziehung als Definition der Funktion $H(j\omega, t)$ auffassen können, die wir wiederum als die *Übertragungsfunktion* (Systemfunktion) bezeichnen. Unter Berücksichtigung der Linearität (10.2.4) gilt allgemeiner

$$A\, e^{j\omega t} \to AH(j\omega, t)e^{j\omega t}, \qquad (10.2.8)$$

wo A eine beliebige komplexe Konstante ist (d.h., eine Konstante bezüglich t). Man beachte, daß wir in Unterabschnitt 4.3.1 die Zeitunabhängigkeit von H aus der Zeitunabhängigkeit des Systems hergeleitet hatten. Wir müssen also im allgemeinen damit rechnen, daß unsere jetzige Funktion H sehr wohl von t abhängt.

Zur Berechnung der Antwort $y(t)$ auf ein beliebiges Eingangssignal $x(t)$ gehen wir genauso vor wie in Unterabschnitt 4.3.1. Wir machen also zunächst eine Fourierzerlegung gemäß

$$x(t) = \frac{1}{2\pi} \int_{-\infty}^{\infty} X(j\omega)e^{j\omega t}d\omega, \quad X(j\omega) = \int_{-\infty}^{\infty} x(t)e^{-j\omega t}dt \qquad (10.2.9a, b)$$

und schreiben die erste dieser Gleichungen in der Form

$$x(t) = \lim_{\Delta\omega \to 0} \sum_{\omega} \left[\frac{1}{2\pi}X(j\omega)\Delta\omega\right] e^{j\omega t}.$$

Unter Benutzung von (10.2.8) und der Linearität ergibt sich

$$\sum_{\omega} \left[\frac{1}{2\pi}X(j\omega)\Delta\omega\right] e^{j\omega t} \to \sum_{\omega} \left[\frac{1}{2\pi}X(j\omega)H(j\omega, t)\Delta\omega\right] e^{j\omega t}$$

und damit

$$x(t) \to \lim_{\Delta\omega \to 0} \sum_{\omega} \left[\frac{1}{2\pi}X(j\omega)H(j\omega, t)\Delta\omega\right] e^{j\omega t}. \qquad (10.2.10)$$

Für die Grundantwort erhalten wir also schließlich

$$y(t) = \frac{1}{2\pi} \int_{-\infty}^{\infty} X(j\omega)H(j\omega, t)e^{j\omega t}d\omega \qquad (10.2.11)$$

Hierin ist $H(j\omega, t)$ die durch (10.2.7) definierte Übertragungsfunktion.

Man beachte aber, daß eine (4.3.12) entsprechende Beziehung nicht mehr stimmt. Die Fouriertransformierte $Y(j\omega)$ von $y(t)$ ist im allgemeinen keineswegs gleich $X(j\omega)H(j\omega, t)$, denn dieser Ausdruck ist ja noch zeitabhängig, während $Y(j\omega)$ zeitunabhängig ist. Andererseits haben wir die Funktion $H(j\omega, t)$ gleich im Anschluß an (10.2.7) als Übertragungsfunktion bezeichnet, im Gegensatz zu unserer Vorgehensweise in Abschnitt 4.3. Wir wollen uns nämlich bewußt auf den Fall streng stabiler Systeme beschränken, also nicht etwa auch auf grenzstabile und instabile Systeme (vgl. Unterabschnitte 4.3.2, 4.3.3, 4.4.2 und 4.8.4) eingehen.

10.2.3 Berechnung der Grundantwort durch Betrachtung des Zeitbereichs

Bei einem konstanten Netzwerk hängt die Impulsantwort bekanntlich nur von der Zeit ab, die seit Eintreffen des Impulses verstrichen ist. Bei zeitvarianten Systemen hingegen ist die Impulsantwort eine Funktion des Zeitmoments t', zu dem der Impuls auf das System eingewirkt hat, sowie des Zeitmoments t, zu dem die Wirkung des Impulses am Ausgang des Systems beobachtet wird. Wir schreiben dementsprechend für die einem Einheitsimpuls entsprechende Impulsantwort

$$h = h(t, t'). \qquad (10.2.12)$$

Ansonsten soll die Definition der Impulsantwort wie bei konstanten Systemen erfolgen. Ein zum Zeitpunkt t' auftretender Einheitsimpuls wird bekanntlich durch $\delta(t - t')$ dargestellt. Somit kann der Zusammenhang zwischen diesem Impuls und der zugehörigen Impulsantwort durch

$$\delta(t - t') \rightarrow h(t, t') \qquad (10.2.13)$$

ausgedrückt werden, wie in Bild 10.2.1 erläutert.

Ist das System kausal, was wir stets voraussetzen dürfen, so gilt offensichtlich

$$h(t, t') = 0 \quad \text{für} \quad t < t', \qquad (10.2.14)$$

denn in diesem Fall kann der Impuls ja vor seinem Eintreffen noch keine Wirkung erzeugen.

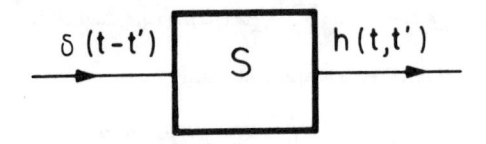

Bild 10.2.1: Zur Erläuterung des Zusammenhangs zwischen δ und h.

Wir nehmen nunmehr an, daß dem System S ein beliebiges Eingangssignal $x(t)$ zugeführt wird. Auch jetzt können wir wiederum genauso vorgehen wie zuvor, also wie in Abschnitt 4.4, so daß wir auf Einzelheiten verzichten können. Wir gehen also von der

10.2 Übertragung von Signalen durch lineare zeitvariante Systeme

Beziehung (4.4.5) aus, die wir durch (4.4.6) ersetzen können, und finden unter Benutzung von (10.2.13) sowie der Linearitätseigenschaft

$$\sum_{t'} x(t')\delta(t-t')\Delta t' \to \sum_{t'} x(t')h(t,t')\Delta t'.$$

Durch Grenzübergang erhalten wir

$$x(t) \to \lim_{\Delta t' \to 0} \sum_{t'} x(t')h(t,t')\Delta t',$$

woraus für die Grundantwort

$$y(t) = \int_{-\infty}^{\infty} x(t')h(t,t')dt' \qquad (10.2.15)$$

folgt oder, wenn wir die Kausalitätsbeziehung (10.2.14) voraussetzen,

$$y(t) = \int_{-\infty}^{t} h(t,t')x(t')dt'. \qquad (10.2.16)$$

Anstelle von t' führen wir jetzt die neue Variable

$$\tau = t - t' \qquad (10.2.17)$$

(Altersvariable) ein. Diese drückt den Zeitabstand aus, der seit Eintreffen des Impulses bis zum Zeitpunkt der Beobachtung der Reaktion verstrichen ist. Einsetzen von $t' = t - \tau$ in (10.2.16) ergibt

$$y(t) = \int_{0}^{\infty} h(t, t-\tau)x(t-\tau)d\tau. \qquad (10.2.18)$$

Wir nehmen jetzt insbesondere an, daß $x(t)$ einer komplexen Schwingung

$$x(t) = Ae^{j\omega t}$$

entspricht, wobei A eine komplexe Konstante ist. Dann folgt aus (10.2.18):

$$y(t) = A \int_{0}^{\infty} h(t, t-\tau)e^{j\omega(t-\tau)}d\tau. \qquad (10.2.19)$$

Unter Verwendung der Definition

$$H(j\omega, t) = \int_{0}^{\infty} h(t, t-\tau)e^{-j\omega\tau}d\tau \qquad (10.2.20)$$

kann (10.2.18) folglich auch in der Form

$$y(t) = AH(j\omega, t)e^{j\omega t} \qquad (10.2.21)$$

geschrieben werden. Die durch (10.2.20) definierte Funktion $H(j\omega, t)$ ist die *Übertragungsfunktion (Systemfunktion)* des Systems. Durch Vergleich mit (10.2.8) erkennen wir, daß sie identisch mit der durch (10.2.7) definierten Funktion ist.

Wegen (10.2.14) und (10.2.17) gilt auch

$$h(t, t - \tau) = 0 \quad \text{für} \quad \tau < 0. \qquad (10.2.22)$$

Somit kann (10.2.20) auch in der Form

$$H(j\omega, t) = \int_{-\infty}^{\infty} h(t, t - \tau) e^{-j\omega \tau} d\tau \qquad (10.2.23)$$

geschrieben werden (was wir allerdings auch ohne Verwendung der Kausalitätsbedingung direkt aus (10.2.15) hätten herleiten können). Hieraus ersehen wir, daß $H(j\omega, t)$ einfach die Fouriertransformierte von $h(t, t - \tau)$ bezüglich der Zeitvariablen τ ist, was wir auch wie folgt ausdrücken können:

$$H(j\omega, t) = \mathcal{F}_\tau\{h(t, t - \tau)\}. \qquad (10.2.24)$$

Dies zeigt, daß die Übertragungsfunktion eines zeitvarianten Systems einfach eine Verallgemeinerung der Übertragungsfunktion eines konstanten Systems ist. Für ein konstantes System ist $h(t, t - \tau)$ unabhängig von t, so daß man dann für die Impulsantwort einfach $h(\tau)$ schreibt. Wie man aus (10.2.23) schließen kann, genügt $H(j\omega, t)$ ähnlich wie $H(j\omega)$ der Bedingung

$$H^*(j\omega, t) = H(-j\omega, t). \qquad (10.2.25)$$

Aus (10.2.24) folgt umgekehrt

$$h(t, t - \tau) = \mathcal{F}_\tau^{-1}\{H(j\omega, t)\}$$

wo $\mathcal{F}_\tau^{-1}$ die inverse Fouriertransformierte bezüglich τ bedeutet, also

$$h(t, t - \tau) = \frac{1}{2\pi} \int_{-\infty}^{\infty} H(j\omega, t) e^{j\omega \tau} d\omega. \qquad (10.2.26)$$

Unter Verwendung von (10.2.17) kann diese letzte Beziehung auch als

$$h(t, t') = \frac{1}{2\pi} \int_{-\infty}^{\infty} H(j\omega, t) e^{j\omega(t - t')} d\omega \qquad (10.2.27)$$

geschrieben werden.

Wir können natürlich umgekehrt auch die Impulsantwort aus den in Unterabschnitt 10.2.2 gefundenen Ergebnissen herleiten. Setzen wir nämlich $x(t) = \delta(t-t')$, also $X(j\omega) = e^{-j\omega t'}$, so ist definitionsgemäß $y(t) = h(t,t')$. Auf diese Weise erhalten wir aus (10.2.11) sofort die Beziehung (10.2.27).

Die Frage der strengen Stabilität läßt sich ebenfalls ganz ähnlich behandeln wie in Unterabschnitt 4.8.1. Wir wollen dies hier nicht im einzelnen tun, sondern nur erwähnen, daß man als notwendige und hinreichende Bedingung statt (4.8.5) die Forderung erhält, daß für jedes feste t_1 das Integral

$$\int_0^\infty |h(t_1, t_1 - t)| dt$$

konvergiert, also endlich ist.

10.3 Periodisch zeitvariante lineare Systeme

10.3.1 Impulsantwort und Übertragungsfunktion

Unter den zeitvarianten Systemen spielen in der Technik diejenigen eine besondere Rolle, bei denen sich die Elemente periodisch ändern. Dann werden sich auch die Koeffizienten der zugehörigen Differentialgleichungen periodisch ändern. Die Periode dieser Änderung bezeichnen wir mit T. Bei dem in Unterabschnitt 10.1.2 besprochenen Beispiel haben wir dann für die Koeffizienten (10.1.8)

$$a_0(t+T) = a_0(t), \qquad a_1(t+T) = a_1(t).$$

Die zu T gehörige Grundfrequenz bezeichnen wir mit F und die entsprechende Kreisfrequenz mit Ω:

$$F = 1/T, \qquad \Omega = 2\pi F = 2\pi/T. \tag{10.3.1}$$

Bei einem periodisch zeitvarianten linearen System mit der Periode T gilt bezüglich der Impulsantwort offenbar folgendes: Zunächst erinnern wir uns daran, daß bei einem solchen System, dessen Energiespeicher zuvor alle entladen sind, ein zum Zeitpunkt t' auftretender Einheitsimpuls zu dem späteren Zeitpunkt $t = t' + \tau$ eine Antwort $h(t,t')$ erzeugt. Wegen der Periodizität muß folglich ein unter gleichen Bedingungen zum Zeitpunkt $t' + T$ auftretender Einheitsimpuls zu dem ebenfalls um T hinausgeschobenen Beobachtungszeitpunkt die gleiche Antwort wie zuvor erzeugen. Es muß somit gelten

$$h(t+T, t'+T) = h(t,t'), \tag{10.3.2}$$

oder, was auf das gleiche hinausläuft,

$$h(t+T,\ t+T-\tau) = h(t, t-\tau). \tag{10.3.3}$$

Wegen (10.2.20) gilt somit auch

$$H(j\omega, t+T) = \int_0^\infty h(t+T,\ t+T-\tau)e^{-j\omega\tau}\,d\tau$$
$$= \int_0^\infty h(t, t-\tau)e^{-j\omega\tau}\,d\tau,$$

d.h.
$$H(j\omega, t+T) = H(j\omega, t). \tag{10.3.4}$$

Folglich ist $H(j\omega, t)$ eine periodische Funktion der Zeit mit der Periode T.

Das gleiche können wir auch aus (10.2.7) schließen, wenn wir aus dieser Beziehung nämlich zunächst

$$e^{j\omega(t+T)} \to H(j\omega, t+T)e^{j\omega(t+T)}$$

herleiten. Wegen der Linearität dürfen wir beide Seiten dieses Ausdrucks mit der zeitunabhängigen Größe $A = e^{-j\omega T}$ multiplizieren, was auf

$$e^{j\omega t} \to H(j\omega, t+T)e^{j\omega t}$$

führt. Durch Vergleich mit (10.2.7) folgt daraus in der Tat (10.3.4).

Wenn wir diese Ergebnisse auf unser Beispiel von Bild 10.1.3 (Unterabschnitt 10.1.3) anwenden, erkennen wir durch Vergleich mit (10.2.23), daß unter der jetzt zusätzlich gemachten Voraussetzung der Periodizität der Strom i die Form

$$i = Ie^{j\omega t} \tag{10.3.5}$$

hat, wo im Gegensatz zu konstanten Netzwerken die Größe I nicht konstant, sondern eine periodische Funktion der Zeit ist:

$$I = I(t), \qquad I(t+T) = I(t) \quad \forall t. \tag{10.3.6}$$

Eine ähnliche Schlußfolgerung würde auch für eine in der Schaltung auftretende Spannung u gelten, für die wir ebenfalls schreiben können:

$$u = Ue^{j\omega t}, \tag{10.3.7}$$

$$U = U(t), \qquad U(t+T) = U(t). \tag{10.3.8}$$

Diese Schlußfolgerungen gelten offensichtlich allgemein. Somit können in periodisch zeitvarianten, linearen Systemen bei Erregung durch eine komplexe Exponentialschwingung die entstehenden Ströme und Spannungen stets in der Form (10.3.5) bzw. (10.3.7) geschrieben werden, wobei jedoch die Amplitudenkoeffizienten I und U nicht konstant, sondern entsprechend (10.3.6) bzw. (10.3.8) periodisch in t mit der Periode T sind. Es zeigt sich jedenfalls, daß bei periodisch zeitvarianten linearen Systemen der Faktor $e^{j\omega t}$ ebenso überflüssig ist wie im konstanten Fall und daher im allgemeinen wiederum fortgelassen werden kann. Demnach können wir auch jetzt wiederum von einem Strom I bzw. einer Spannung U sprechen. Wenn Verwechselung möglich wäre, können wir auch hier die zugehörigen Augenblickswerte i und u benutzen.

10.3.2 Fourierzerlegung der Übertragungsfunktion

Wegen (10.3.4) können wir $H(j\omega, t)$ in eine Fourierreihe zerlegen, die unter Verwendung von (10.3.1) in der Form

$$H(j\omega, t) = \sum_{n=-\infty}^{\infty} H_n(j\omega) e^{jn\Omega t} \tag{10.3.9}$$

geschrieben werden kann, mit

$$H_n = H_n(j\omega) = \frac{1}{T} \int_{-T/2}^{T/2} H(j\omega, t) e^{-jn\Omega t} dt.$$

Die Koeffizienten $H_n = H_n(j\omega)$ sind noch Funktionen von $j\omega$. Wir wollen H_n den Konversionskoeffizienten n-ter Ordnung nennen. Durch Ersetzen von ω durch $-\omega$ erhalten wir

$$H_n(-j\omega) = \frac{1}{T} \int_{-T/2}^{T/2} H(-j\omega, t) e^{-jn\Omega t} dt$$

und andererseits durch Ersetzen von n durch $-n$

$$H_{-n}(j\omega) = \frac{1}{T} \int_{-T/2}^{T/2} H(j\omega, t) e^{jn\Omega t} dt.$$

Wegen (10.2.25) ist somit

$$H_n(-j\omega) = H_{-n}^*(j\omega) \tag{10.3.10}$$

oder auch, was hiermit gleichwertig ist,

$$H_{-n}(-j\omega) = H_n^*(j\omega). \tag{10.3.11}$$

Wir wollen das soeben gefundene Ergebnis zunächst wieder auf den Fall der Erregung durch eine einzelne komplexe Exponentialschwingung anwenden. Aus (10.2.21), d.h. aus

$$y(t) = AH(j\omega, t)e^{j\omega t}, \tag{10.3.12}$$

erhalten wir durch Einsetzen von (10.3.9)

$$y(t) = A \sum_{n=-\infty}^{\infty} H_n(j\omega)e^{j(\omega+n\Omega)t}, \qquad (10.3.13)$$

was wir auch in der Form

$$y(t) = \sum_{n=-\infty}^{\infty} y_n(t), \qquad (10.3.14)$$

$$y_n(t) = AH_n(j\omega)e^{j(\omega+n\Omega)t} \qquad (10.3.15)$$

schreiben können.

Aus (10.3.13) bis (10.3.15) ergibt sich nun eine wichtige Folgerung. Zunächst erkennen wir, daß aus einer einzelnen Frequenz ω am Eingang ein diskretes Spektrum von Frequenzen der Form

$$\omega + n\Omega \qquad (10.3.16)$$

am Ausgang entsteht, mit

$$n = 0,\ \pm 1,\ \pm 2, \cdots, \qquad (10.3.17)$$

wie wir schematisch in Bild 10.3.1 dargestellt haben. Auffallend ist auch, daß in (10.3.15) nur Vielfache von Ω, nicht jedoch Vielfache der Signalfrequenz ω auftreten. Letzteres wäre folglich nur in einem nichtlinearen System möglich. Weiterhin fällt auf, daß die Frequenz Ω und ihre Vielfachen nur in Form einer Summe mit ω auftreten, nicht jedoch allein. Hierauf kommen wir im Abschnitt 10.4 nochmals zu sprechen.

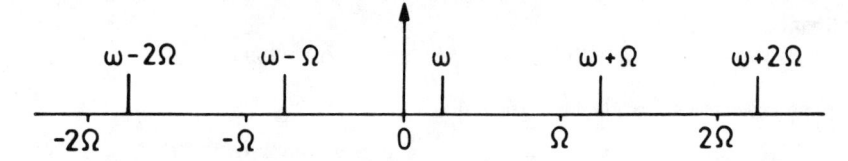

Bild 10.3.1: Schematische Darstellung der Frequenzanteile gemäß (10.3.16).

Entsprechend (10.3.16) und (10.3.17) enthält $y(t)$ sowohl positive als auch negative Frequenzen. Wenn wir auf den Realteil von (10.3.13) übergehen, was ja erforderlich ist, um das tatsächliche Signal zu erhalten, finden wir

$$\operatorname{Re} y(t) = \sum_{n=-\infty}^{\infty} \operatorname{Re} AH_n e^{j(\omega+n\Omega)t},$$

was unter Verwendung der Darstellung

$$AH_n = |AH_n|e^{j\phi_n}$$

10.3 Periodisch zeitvariante lineare Systeme

auch in der Form

$$\text{Re } y(t) = \sum_{n=-\infty}^{\infty} |AH_n| \cos[(\omega + n\Omega)t + \phi_n]$$

geschrieben werden kann, und somit auch in der Form

$$\text{Re } y(t) = \sum_{n=-\infty}^{\infty} |AH_n| \cos[|n\Omega + \omega|t \pm \phi_n]. \tag{10.3.18}$$

In diesem letzten Ausdruck muß das noch unbestimmte Vorzeichen von ϕ_n immer gleich dem Vorzeichen von $\omega + n\Omega$ gewählt werden. Hieraus folgt, daß wir das Ergebnis aus Bild 10.3.1 auch in der für manche Zwecke übersichtlicheren Weise von Bild 10.3.2 darstellen können.

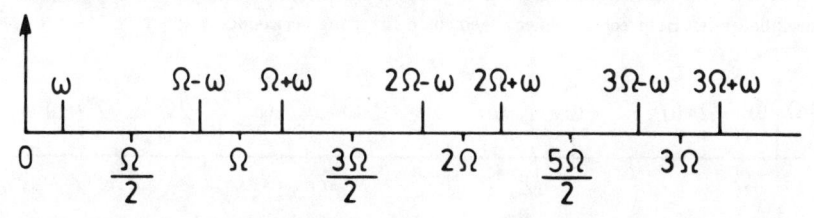

Bild 10.3.2: Verteilung der Frequenzen im Ausgangssignal eines periodisch zeitvarianten Systems, wenn das Eingangssignal sinusförmig ist und die Darstellung nur unter Verwendung positiver Frequenzen erfolgt.

Hieraus sehen wir, daß sich die Frequenzen bis auf ω selbst jeweils zu Paaren $n\Omega \pm \omega$ um die Frequenzen $n\Omega$, $n = 1, 2, \cdots$, gruppieren. Bei der Darstellung von Bild 10.3.1 und 10.3.2 haben wir stillschweigend vorausgesetzt, daß $\omega < \Omega/2$ gilt. Hieraus ergab sich insbesondere in Bild 10.3.2 die übersichtliche Reihenfolge

$$\omega, \ \Omega - \omega, \ \Omega + \omega, \ 2\Omega - \omega, \ 2\Omega + \omega, \ \text{usw.}$$

Selbstverständlich bleiben alle zuvor erwähnten Ergebnisse auch für $\omega > \Omega/2$ gültig, denn wir haben ja zuvor die Signalfrequenz ω keinerlei Beschränkung unterworfen; die Übersichtlichkeit von Bild 10.3.2 würde aber verlorengehen. Wie wir weiter unten sehen werden, hat dies nicht nur anschauliche, sondern auch sehr wichtige physikalische Konsequenzen.

Ein zu Bild 10.3.2 äquivalentes Ergebnis hätten wir statt durch Übergang auf den Realteil auch dadurch gewinnen können, daß wir zu dem Bild 10.3.1 entsprechenden Ergebnis noch das Ergebnis für ein Eingangssignal der Frequenz $-\omega$ hinzugefügt hätten. Dies würde ja insgesamt wieder einem reellen Eingangssignal entsprechen, wenn wir im zweiten Fall für die komplexe Amplitude A^* statt A wählen. Andererseits würde dann dem durch (10.3.16) gegebenen Spektrum noch das Spektrum

$$-\omega + n\Omega$$

$$n = 0, \pm 1, \pm 2, \cdots$$

hinzugefügt werden müssen, wodurch sich insgesamt Bild 10.3.3 ergibt. Zu jeder positiven Frequenz ist dann wieder genau eine spiegelbildliche negative Frequenz vorhanden, und die Beiträge der entsprechenden komplexen Exponentialschwingungen addieren sich zu einer reellen Schwingung, wie man unter Benutzung von (10.3.10) nachprüfen kann. Eine solche Vorgehensweise entspricht derjenigen, die wir im Zusammenhang mit der jetzt anschließenden Besprechung einer allgemeinen Erregung verwenden werden.

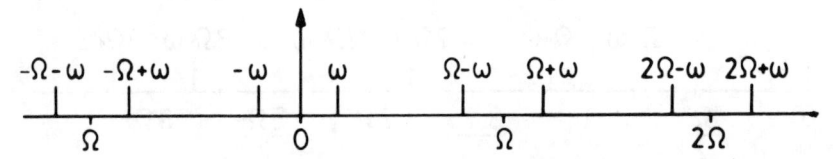

Bild 10.3.3: Verteilung der Frequenzen im Ausgangssignal eines periodisch zeitvarianten Systems, wenn das Eingangssignal sinusförmig ist und die Darstellung unter Verwendung positiver und negativer Frequenzen erfolgt.

10.3.3 Antwort auf ein beliebiges Signalspektrum

Als nächstes wollen wir den Fall einer Erregung durch eine allgemeine Funktion $x(t)$ betrachten, deren Fouriertransformierte $X(j\omega)$ gemäß (10.2.9) vorliegen möge. Einsetzen von (10.3.9) in (10.2.11) ergibt

$$y(t) = \frac{1}{2\pi}\int_{-\infty}^{\infty} X(j\omega)\left[\sum_{n=-\infty}^{\infty} H_n(j\omega)e^{jn\Omega t}\right]e^{j\omega t}d\omega,$$

d.h., wenn wir die Reihenfolge von Summation und Integration vertauschen,

$$y(t) = \sum_{n=-\infty}^{\infty} y_n(t), \qquad (10.3.19)$$

mit

$$y_n(t) = \frac{1}{2\pi}\int_{-\infty}^{\infty} X(j\omega)H_n(j\omega)e^{j(\omega+n\Omega)t}d\omega. \qquad (10.3.20)$$

Die Antwort $y(t)$ setzt sich also aus einer Summe von Einzelsignalen $y_n(t)$ zusammen, die durch (10.3.20) gegeben sind. Jedes Einzelsignal setzt sich seinerseits aus Teilschwingungen der Form

$$\frac{1}{2\pi}Y_n(j\omega)e^{j(\omega+n\Omega)t}\Delta\omega, \tag{10.3.21}$$

mit

$$Y_n(j\omega) = X(j\omega)H_n(j\omega) \quad \text{und} \quad \Delta\omega \to 0, \tag{10.3.22}$$

zusammen, deren jeweilige Frequenz gleich $\omega + n\Omega$ ist.

Um dieses Ergebnis zu verstehen, erinnern wir daran, daß sich das ursprüngliche Signal $x(t)$ aus Teilschwingungen der Form

$$\frac{1}{2\pi}X(j\omega)e^{j\omega t}\Delta\omega \quad \text{mit} \quad \Delta\omega \to 0 \tag{10.3.23}$$

zusammensetzt. Folglich entstehen die Teilschwingungen von $y_n(t)$ aus denjenigen von $x(t)$, indem wir die Frequenz jeweils um $n\Omega$ erhöhen und die komplexe Amplitude mit $H_n(j\omega)$ multiplizieren. Ein Vergleich mit dem Ergebnis von Gl. (10.3.14) und (10.3.15), das ja unter Zugrundelegung eines Eingangssignals

$$x(t) = Ae^{j\omega t} \tag{10.3.24}$$

gefunden worden war, zeigt somit, daß auch zur Untersuchung beliebiger Eingangssignale — genau wie bei konstanten Systemen — von dem Verhalten bei rein komplexen Exponentialschwingungen am Eingang ausgegangen werden darf. Das Gesamtergebnis findet man dann, indem man über die Antworten auf alle Teilschwingungen des Eingangssignals summiert bzw. integriert. Wenn sich also das Signal $x(t)$ aus Schwingungen im Bereich

$$-\omega_g < \omega < \omega_g$$

zusammensetzt, wie in Bild 10.3.4a schematisch dargestellt, dann setzt sich $y_n(t)$ aus Schwingungen im Bereich von $-\omega_g + n\Omega$ bis $\omega_g + n\Omega$ zusammen. Letzteres ist unter Annahme $n = 2$ in Bild 10.3.4b erläutert. In Bild 10.3.4c ist schließlich skizziert, wie das gesamte entstehende Spektrum von $y(t)$ verläuft.

In Bild 10.3.4 fällt auf, daß die zu $+n$ und $-n$ gehörigen Spektren jeweils spiegelbildlich zur Frequenz null liegen. Eine genauere Untersuchung ergibt, daß auch die einander entsprechenden komplexen Amplituden jeweils zueinander konjugiert komplex sind, so daß sich $y_n(t)$ und $y_{-n}(t)$ zu einer reellen Funktion der Zeit ergänzen. Wenn wir nämlich in (10.3.20) n und ω durch $-n$ bzw. $-\omega$ ersetzen, erhalten wir

$$y_{-n}(t) = \frac{1}{2\pi}\int_{-\infty}^{\infty} X(-j\omega)H_{-n}(-j\omega)e^{-j(\omega+n\Omega)t}d\omega$$

und somit aus (10.3.11), da ja aus der Realität von x auch

$$X(-j\omega) = X^*(j\omega) \qquad (10.3.25)$$

folgt, durch Vergleich mit (10.3.20)

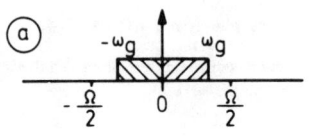

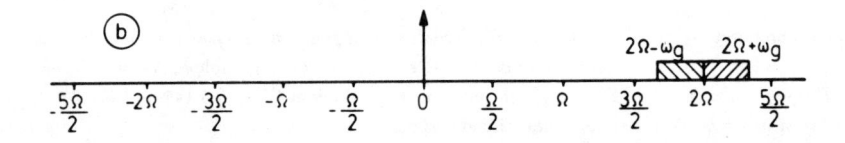

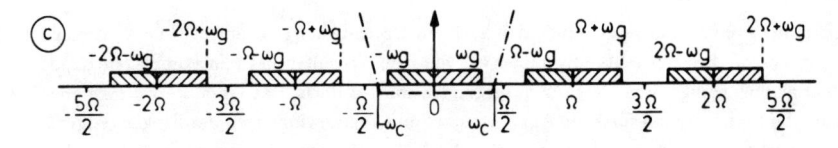

$$y_{-n}(t) = y_n^*(t). \qquad (10.3.26)$$

Bild 10.3.4: Spektralbereiche von Signalen bei periodisch zeitvarianten Systemen:
(a) Darstellung des Spektrums des Eingangssignals x.
(b) Darstellung des Spektrums der Teilantwort y_n, mit $n = 2$.
(c) Darstellung des Gesamtspektrums des Ausgangssignals y.

In Bild 10.3.4 haben wir in Analogie zu Bild 10.3.1 bis 10.3.3 angenommen, daß $\omega_g < \Omega/2$ ist. Nur dadurch wird offensichtlich erreicht, daß sich in Bild 10.3.4c die Spektren der einzelnen Teilantworten $y_n(t)$ nicht überlappen. Hierdurch ergibt sich folgende wichtige *Feststellung*:

Gegeben sei ein periodisch zeitvariantes lineares System S mit der Periode T. Sei $F = 1/T$ und $\Omega = 2\pi F$. Sei ferner das Eingangssignal $x(t)$ bandbegrenzt, und zwar derart, daß es keine Spektralanteile mit Frequenzen $|\omega| > \omega_g$ enthält. Dann kann das ursprüngliche Signal immer dann durch Filterung aus dem Ausgangssignal zurückgewonnen werden, wenn $\omega_g \leq \Omega/2$ ist.

Beweis

Aus Bild 10.3.4 sieht man sofort, daß durch Nachschaltung eines idealen Tiefpasses TP gemäß Bild 10.3.5 mit einer Grenzfrequenz ω_c, die der Bedingung $\omega_g < \omega_c < \Omega - \omega_g$

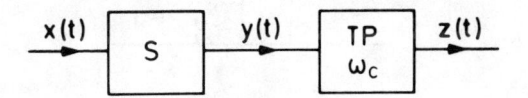

$$x(t) \rightarrow \boxed{S} \xrightarrow{y(t)} \boxed{\begin{array}{c} TP \\ \omega_c \end{array}} \rightarrow z(t)$$

Bild 10.3.5: System S mit nachgeschaltetem Tiefpaß TP, dessen Grenzfrequenz gleich ω_c ist.

genügt, ein Signal $z(t)$ gewonnen werden kann, dessen Spektralfrequenzen wieder mit denjenigen des ursprünglichen Signals übereinstimmen. Der Siebungseffekt dieses Tiefpasses ist in Bild 10.3.4c symbolisch mit Hilfe der gestrichelten Kurve angedeutet (wenngleich auch unter der für die Praxis realistischeren Annahme, daß die Filterflanken nicht unendlich steil sind, wodurch sich allerdings entsprechend stärkere Einschränkungen für die Grenzfrequenz ergeben). Wenn wir jetzt noch eine ergänzende Dämpfungsentzerrung (gegebenenfalls kombiniert mit einer Verstärkung) einbauen, können wir die Amplituden der einzelnen Spektralkomponenten wieder gleich den ursprünglich vorhandenen Werten machen. Schließlich läßt sich durch zusätzliche geeignete Phasen- bzw. Laufzeitentzerrung erreichen, daß das letztlich erhaltene Ausgangssignal bis auf eine konstante Laufzeitverschiebung wieder mit dem ursprünglichen Signal übereinstimmt. In der Praxis sind Filterung sowie Dämpfungs- und Laufzeitentzerrung freilich nie exakt ausführbar. Wie aus der Netzwerktheorie bekannt ist, kann allerdings durch entsprechende Steigerung des Aufwands die Approximation beliebig gut, der verbleibende Restfaktor also beliebig klein gemacht werden.

Die soeben bewiesene Feststellung schließt offensichtlich ein entsprechendes Ergebnis aus dem Abtasttheorem (vergl. Unterabschnitt 5.2.2) als Sonderfall ein. Um dies zu verstehen, brauchen wir nur darauf hinzuweisen, daß ein Abtastvorgang stets als Wirkung eines geeigneten zeitvarianten Systems aufgefaßt werden kann.

Anstelle der beschriebenen Tiefpaßfilterung hätten wir auch eine Filterung mit einem Bandpaß, wie in Bild 10.3.6 angegeben, vornehmen können. Zur besseren Verdeutlichung der Lage der einzelnen Frequenzen haben wir dabei die Teilspektren nach hohen Frequenzen des ursprünglichen Signals hin größer werdend dargestellt; hiermit soll aber keineswegs eine tatsächliche Spektralverteilung angedeutet, sondern — wie in der Praxis häufig üblich — nur ein Hilfsmittel zur leichteren Interpretation der Diagramme gegeben werden. Die Grenzfrequenzen ω_{-c} und ω_c des in Bild 10.3.6 angedeuteten Bandpasses genügen der

Bedingung
$$\Omega/2 < \omega_{-c} < \Omega - \omega_g, \qquad \Omega + \omega_g < \omega_c < 3\Omega/2.$$

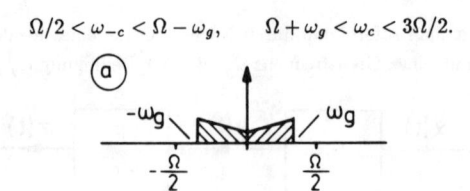

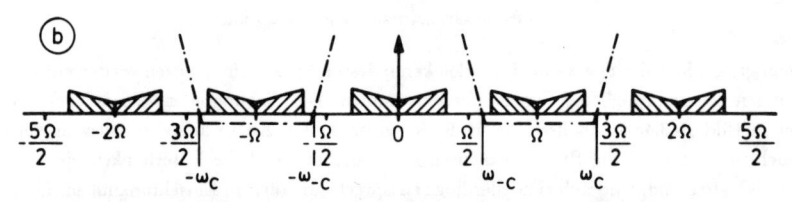

Bild 10.3.6: Spektralbereiche von Signalen bei periodisch zeitvarianten Systemen:
(a) Schematische Darstellung des Eingangsspektrums.
(b) Darstellung des Ausgangsspektrums mit Andeutung der Möglichkeit einer Bandpaßfilterung zur Erzeugung eines AM-Signals mit unterdrücktem Träger.

Wir haben also angenommen, daß — wie für die Praxis besonders wichtig — das der Wahl $n = 1$ entsprechende Spektrum ausgesiebt wird. Das so erhaltene Ausgangsspektrum entspricht einer Zweiseitenband-Amplitudenmodulation mit unterdrücktem Träger (s. Abschnitt 8.1). Es sei darauf hingewiesen, daß selbstverständlich dem Spektralbereich

$$\omega_{-c} < \omega < \omega_c$$

ein ebensolcher Spektralbereich bei den negativen Frequenzen

$$-\omega_c < \omega < -\omega_{-c}$$

entspricht; dieses ergibt sich ja aus der Tatsache, daß wir stets mit reellen Signalen zu tun haben, also u.a. aus den stets gültigen Beziehungen (10.3.10) bzw. (10.3.11).

Als weiteres Beispiel betrachten wir ein Eingangssignal, dessen Spektrum nach oben hin durch eine Frequenz ω_g und nach unten durch eine Frequenz ω_{-g} begrenzt wird. Hierbei soll

$$0 < \omega_{-g} < \omega < \omega_g < \Omega/2$$

gelten; insbesondere soll also bei niedrigen Frequenzen eine Spektrallücke vorhanden sein. Unter Verwendung einer ähnlichen Symbolik wie in Bild 10.3.6 erhalten wir somit die in Bild 10.3.7 veranschaulichten Spektren. Wie wir hieraus ersehen, ergibt sich die Möglichkeit, durch ein entsprechendes Bandpaßfilter nur eines der zu einem Vielfachen von Ω gehörigen Seitenbänder herauszusieben. Dies ist mit $n = 1$ in Bild 10.3.7b für das untere Seitenband und in Bild 10.3.7c für das obere Seitenband gezeigt. Von dieser Möglichkeit wird bei der Einseitenbandmodulation (vergl. Unterabschnitt 8.1.4) häufig Gebrauch gemacht, insbesondere in der Trägerfrequenztechnik. Als zeitvariante Systeme werden hierbei geeignete Modulatoren benutzt.

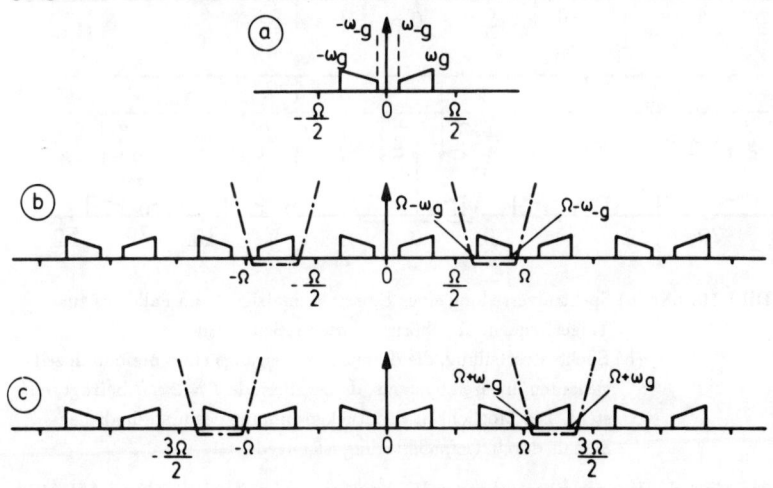

Bild 10.3.7: Zur Erläuterung der Erzeugung von AM-Einseitenbandsignalen mit Hilfe von periodisch zeitvarianten Systemen:
(a) Spektralverteilung eines Eingangssignals mit einer Spektrallücke bei sehr niedrigen Frequenzen.
(b) Spektralverteilung des Ausgangssignals mit Andeutung der Aussiebung des zur Trägerfrequenz Ω gehörigen unteren Seitenbandes.
(c) Entsprechende Spektralverteilung mit Andeutung der Aussiebung des oberen Seitenbandes.

Wir wollen noch zeigen, daß grundsätzlich auch umgekehrt aus einem Einseitenbandsignal, das in einem Frequenzintervall der Form $\left((n - \frac{1}{2})\Omega, n\Omega\right)$ oder $\left(n\Omega, (n + \frac{1}{2})\Omega\right)$ liegt, stets durch ein mit der Frequenz Ω periodisch zeitvariantes lineares System das ursprüngliche Niederfrequenzsignal zurückgewonnen werden kann, wenn die Periode dieses Systems durch $T = 2\pi/\Omega$ gegeben ist. Wir erläutern dies für den Fall, daß das zur Trägerschwingung Ω gehörige untere Seitenband vorliegt (Bild 10.3.8). Entsprechend Bild 10.3.7b müssen wir hierbei natürlich berücksichtigen, daß bei einem reellen Signal zu jedem Spektralanteil bei positiven Frequenzen stets ein spiegelbildlicher Spektralanteil bei negativen Frequenzen gehört. Man erkennt, daß als Ausgangsfilter wieder ein Tiefpaß verwendet werden kann. Ähnliche Verhältnisse liegen vor, wenn wir von einem oberen Seitenband ausgehen.

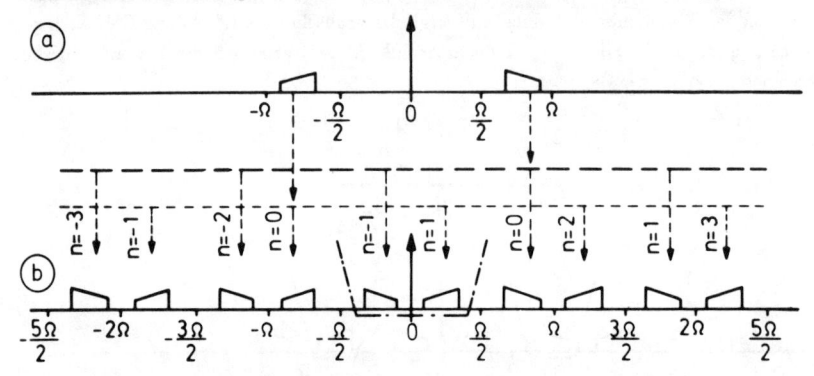

Bild 10.3.8: (a) Spektralverteilung eines Einseitenbandsignals im Falle des zur Trägerfrequenz Ω gehörigen unteren Seitenbandes.
(b) Spektralverteilung, die daraus am Ausgangs eines periodisch zeitvarianten linearen Systems, dessen Periode $T = 2\pi/\Omega$ beträgt, entsteht. Die Möglichkeit der Rückgewinnung des ursprünglichen Signals durch Tiefpaßfilterung ist angedeutet.

Die Möglichkeit einer entsprechenden Rückgewinnung bei Zweiseitenband-AM ist in Bild 10.3.9 erläutert. Hierbei sind die jeweiligen oberen und unteren Seitenbänder mit 2 bzw. 1 bezeichnet. In Bild 10.3.9b sind die Spektren angegeben, die aus dem bei positiven Frequenzen liegenden Teil des Spektrums des Zweiseitenbandsignals (Bild 10.3.9a) entstehen, und in Bild 10.3.9c findet man die entsprechenden Angaben für den bei negativen Frequenzen liegenden Teil. Da aber die Spektren gemäß Bild 10.3.9b und 10.3.9c gleichzeitig auftreten, sieht man, daß mit 1 und 2 bezeichnete Spektren sich überlagern, wie in Bild 10.3.9d dargestellt. Trotzdem braucht hierdurch keine Störung zu entstehen, da wir ja angenommen haben, daß die Spektralbereiche 1 und 2 entsprechend Bild 10.3.6 aus dem gleichen niederfrequenzten Signal entstanden sind. Voraussetzung für eine solche störungsfreie Rückgewinnung ist allerdings, daß die richtige Phasenlage gesichert ist (worauf wir hier aber nicht weiter eingehen werden).

10.3 Periodisch zeitvariante lineare Systeme

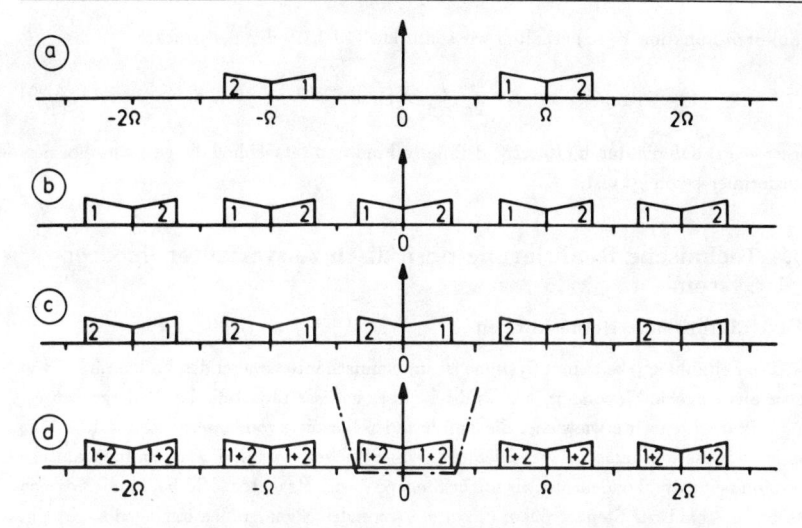

Bild 10.3.9: Zur Erläuterung der Rückgewinnung bei Zweiseitenband-AM:
(a) Spektralverteilug des Zweiseitenband-Signals.
(b) Spektralbereiche, die aus der rechten Hälfte in (a) entstehen.
(c) Spektralbereiche, die aus der linken Hälfte in (a) entstehen.
(d) Überlagerung aus (b) und (c).

10.3.4 Bestimmung der Fouriertransformierten des Ausgangssignals

Wir hatten darauf hingewiesen, daß trotz der Analogie zu der bei konstanten Systemen geltenden Beziehung das Produkt

$$H(j\omega, t)X(j\omega)$$

in (10.2.11) nicht die Fouriertransformierte $Y(j\omega)$ von $y(t)$ sein kann. Um dies weiter zu verdeutlichen, wollen wir noch kurz einen allgemeingültigen Ausdruck für die Fouriertransformierte $Y(j\omega)$ bei periodisch zeitvarianten linearen Systemen herleiten. Hierzu bemerken wir zunächst, daß mittels der Substitution $\omega + n\Omega \to \omega$ die Gl. (10.3.20) auch in der Form

$$y_n(t) = \frac{1}{2\pi} \int_{-\infty}^{\infty} X(j\omega - jn\Omega) H_n(j\omega - jn\Omega) e^{j\omega t} d\omega \qquad (10.3.27)$$

geschrieben werden kann. Mit Hilfe der durch

$$Y(j\omega) = \sum_{n=-\infty}^{\infty} X(j\omega - jn\Omega) H_n(j\omega - jn\Omega) \qquad (10.3.28)$$

definierten Funktion $Y(j\omega)$ erhalten wir somit aus (10.3.19) den Ausdruck

$$y(t) = \frac{1}{2\pi} \int_{-\infty}^{\infty} Y(j\omega)e^{j\omega t} d\omega. \qquad (10.3.29)$$

Dieser zeigt, daß die durch (10.3.28) definierte Funktion tatsächlich die gesuchte Fouriertransformierte von $y(t)$ ist.

10.4 Technische Realisierung periodisch zeitvarianter linearer Systeme

10.4.1 Einführende Bemerkungen

Die Zeitabhängigkeit eines Systems ist in technisch interessierenden Fällen nicht "von Natur aus eingebaut", sondern wird indirekt über gewisse physikalische Steuergrößen erzeugt. Betrachten wir etwa wieder die einführenden Beispiele von Unterabschnitt 10.1.1, so können wir die mechanische Verschiebung beim Schiebewiderstand oder die mechanische Rotation beim Drehkondensator als solche Steuergrößen betrachten. Hierbei handelt es sich also um mechanische Steuergrößen; die interessierenden Signalgrößen hingegen sind beim Schiebewiderstand Spannung und Strom, beim Drehkondensator Spannung und Ladung. In den für die Praxis weit wichtigeren, weiter unten betrachteten Beispielen sind nicht nur die interessierenden Signalgrößen, sondern auch die die Zeitabhängigkeit verursachenden Steuervariablen elektrische Größen.

Für die korrekte systemtheoretische Behandlung solcher Anordnungen ist folgendes zu beachten: Fassen wir beim Schiebewiderstand den Strom i als Funktion der Spannung u *und* der Schieberstellung x auf, so interpretieren wir durch diese Betrachtungsweise den Schiebewiderstand als ein System S_0, das erklärt ist durch *zwei* Eingangsvariablen (nämlich u und x) und eine Ausgangsvariable (nämlich i). Für die folgenden Überlegungen ist es zweckmäßiger, als zweite Eingangsvariable statt der Schieberstellung x den Leitwert G zu nehmen und demgemäß ein System S_0' durch

$$S_0' : (u, G) \to i$$

zu definieren. Dieses System S_0' mit den zwei Eingangsvariablen u und G und der Ausgangsvariablen i könnte oberflächlich als ein *nichtlineares* System aufgefaßt werden, denn die Ausgangsvariable

$$i = u \cdot G$$

ist gleich dem *Produkt* der beiden Eingangsvariablen.

Fassen wir hingegen die Schieberstellung x als eine *fest vorgegebene* Steuerfunktion $x(t)$ auf (und damit den Leitwert als eine fest vorgegebene Steuerfunktion $G(t)$), so ordnen wir dem Schiebewiderstand ein *neues* System S zu, das nur *eine* Eingangsvariable umfaßt, nämlich u:

$$S : u \to i.$$

Bei dieser Betrachtungsweise ist die Steuerfunktion $G(t)$ fest in das System S "eingebaut". S ist offensichtlich ein *lineares* System, denn

$$i = G(t) \cdot u$$

ist linear in den Feldgrößen i und u; die Größe $G(t)$ spielt jetzt die Rolle eines (zeitvarianten) Systemkoeffizienten.

Ein anderer Aspekt betrifft das Vorhandensein von Schaltern (die wir uns zunächst als mechanisch betätigt vorstellen können). Es stellt sich dann nämlich die Frage, ob ein plötzlich von null auf unendlich oder umgekehrt springender Widerstand — was ja im idealen Fall der Wirkung des Schalters entspricht — noch in unsere Theorie paßt, da diese auf einer einheitlichen Beschreibung mit Differentialgleichungen beruht. Ein elektrischer Kreis, der einen solchen idealen Schalter enthält, kann aber sicherlich im allgemeinen nicht mehr durch eine für alle relevanten Zeiten unverändert gültige Differentialgleichung beschrieben werden. Wohl ist es in solchen Fällen möglich, die Zeit so in Abschnitte aufzuteilen, daß für die gesamte Dauer eines einzelnen Abschnitts eine gleiche Differentialgleichung gültig bleibt.

Eine solche eigene Vorgehensweise ist für unsere Zwecke aber nicht erforderlich, denn ein idealer Schalter ist per Definition als Grenzfall eines realen Schalters aufzufassen. Für einen solchen könnten wir z.B. annehmen, daß der Schalterwiderstand sich in zwar sehr kurzer, jedoch von null verschiedener Zeit kontinuierlich von einem sehr kleinen auf einen sehr großen Wert verändert oder umgekehrt. Somit sehen wir, daß wir uns bei der weiter unten zu entwickelnden Theorie auf Systeme beschränken können, die durch Differentialgleichungen beschrieben werden, die unverändert für alle relevanten Zeiten vorliegen. Alle allgemeinen Ergebnisse, die man aus einer solchen Theorie entnehmen kann, müssen auch für Systeme mit Schaltern zutreffen. (Das bedeutet allerdings nicht, daß es nicht möglich wäre, die Theorie auch unter expliziter Einbeziehung idealer Schalter zu entwickeln, also ohne auf die soeben benutzten Grenzbetrachtungen zurückzugreifen; eine solche Vorgehensweise hätte zwar gewisse mathematische Vorzüge, wäre aber weitaus umständlicher.)

Bei einem Relais haben wir es mit einem mechanisch gesteuerten elektrischen Kontakt zu tun, jedoch ist hier die eigentliche steuernde Größe elektrisch. Allerdings ist in diesem Fall der elektrische Steuerkreis rückwirkungsfrei mit dem gesteuerten verbunden, also von diesem entkoppelt, so daß die Zeitabhängigkeit der elektrischen Steuergröße vollständig die Zeitabhängigkeit der Parameter des gesteuerten Kreises bestimmt.

10. Zeitvariante lineare Übertragungssysteme

Bei elektronischen Bausteinen liegt häufig keine strenge Entkopplung von Steuerkreis und gesteuertem Kreis vor. Man könnte hieraus schließen, daß in solchen Fällen keine zeitvarianten linearen Systeme hergestellt werden können. Man kann diese Schwierigkeit jedoch einfach dadurch umgehen, daß man die vorgegebene Steuergröße hinreichend groß gegenüber der ansonsten beliebigen Signalgröße wählt. Hierdurch kann das Problem in zwei Teilprobleme aufgespalten werden. Das erste ist wesentlich nichtlinearer Natur und betrifft Berechnungen bezüglich der Steuergröße allein. Das zweite bezieht sich auf die Berechnung der überlagerten Signalgrößen mit Hilfe einer Störungsrechnung. Diese Störungsrechnung ergibt dann zur Berechnung der Signalgrößen ein lineares zeitvariantes System, dessen Zeitabhängigkeit durch die Ergebnisse der ersten Rechnung bekannt ist. Dies sei im nachfolgenden an Hand eines einfachen Beispiels kurz erläutert. Es sei jedoch betont, daß bei elektronischen Schaltern, die mit Hilfe von Feldeffekttransistoren realisiert werden, eine nahezu perfekte Entkopplung erzielt werden kann.

10.4.2 Näherungsdarstellung eines gesteuerten nichtlinearen Systems durch ein zeitvariantes lineares System mit Hilfe einer Störungsrechnung

Wir betrachten gemäß Bild 10.4.1 eine Reihenschaltung aus einer Spannungsquelle mit Urspannung $e(t)$, einer linearen Induktivität L und einem nichtlinearen Widerstand $R = R(i)$; wir nehmen also an, daß R nicht konstant, sondern eine Funktion des Stroms i ist. Somit haben wir

$$L\frac{di}{dt} + Ri = e(t) \tag{10.4.1}$$

wo die Spannung über dem Widerstand, d.h.

$$u = Ri, \tag{10.4.2}$$

eine nichtlineare Funktion des Stromes ist.

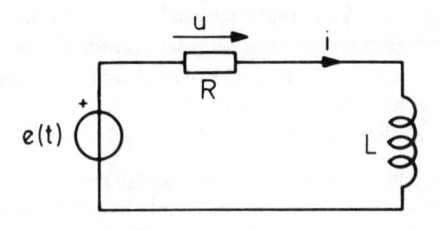

Bild 10.4.1: Ein einfacher Schaltkreis der einen nichtlinearen Widerstand $R = R(i)$ enthält.

10.4 Technische Realisierung periodisch zeitvarianter linearer Systeme

Ein Beispiel für einen nichtlinearen Widerstand ist in Bild 10.4.2 dargestellt. Für den dort angegebenen Punkt P der Kennlinie

$$u = u(i) \tag{10.4.3}$$

ist

$$R = \operatorname{tg} \alpha = u/i \tag{10.4.4}$$

der Wert des Widerstandes, während

$$r = \operatorname{tg} \beta = \frac{du}{di} \tag{10.4.5}$$

der Wert des *differentiellen Widerstandes* im gleichen Punkt ist. Auch dieser differentielle Widerstand ist noch stets eine Funktion des Stromes i, denn sonst nähme ja u linear zu mit i (wäre also proportional zu i, wenn die Kennlinie durch den Nullpunkt geht).

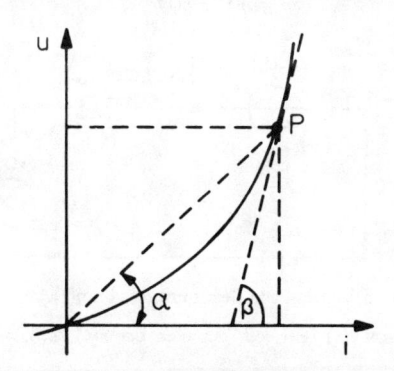

Bild 10.4.2: Zur Erläuterung von Widerstand R und differentiellem Widerstand r.

Für die weitere Rechnung ist es einfacher, nicht mit der Größe R, sondern direkt mit der Funktion $u = u(i)$ zu rechnen. Demnach ersetzen wir (10.4.1) durch

$$L\frac{di}{dt} + u = e(t). \tag{10.4.6}$$

Auch nehmen wir an, daß statt der einzigen Spannungsquelle $e(t)$ zwei Spannungsquellen auf die Schaltung wirken (Bild 10.4.3). Von diesen sei die Urspannung der einen, nämlich $x = x(t)$, wie üblich eine beliebige Signalfunktion, während die Urspannung der anderen, nämlich $\xi = \xi(t)$, eine ebenfalls vorgegebene Funktion der Zeit sei, z.B. die periodische Funktion

$$\xi(t) = A\cos\Omega t, \qquad \Omega = 2\pi/T, \tag{10.4.7}$$

wo A eine reelle Konstante ist. Hierbei sei gleich bemerkt, daß wir zur Zeit nur mit reellwertigen Zeitfunktionen rechnen dürfen, da ja das Rechnen mit komplexen Exponentialschwingungen bei nichtlinearen Schaltungen keineswegs gerechtfertigt ist.

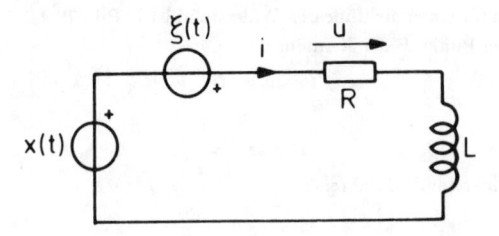

Bild 10.4.3: Schaltkreis wie in Bild 10.4.1, jedoch mit zwei Spannungsquellen.

Den auf diese Weise in der Schaltung entstehenden Strom i zerlegen wir in eine Summe

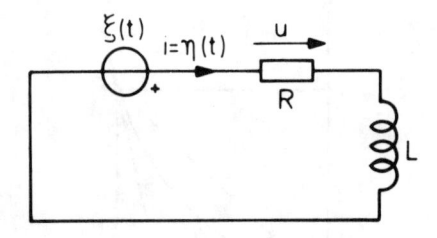

$$i = \eta(t) + y(t), \tag{10.4.8}$$

Bild 10.4.4: Schaltung zur Bestimmung von $\eta(t)$ bei $x(t) \equiv 0$.

wo $\eta(t)$ derjenige Wert von $i(t)$ sein soll, der sich bei $x(t) \equiv 0$, also entsprechend der Differentialgleichung

$$L\frac{d\eta(t)}{dt} + u[\eta(t)] = \xi(t) \tag{10.4.9}$$

ergibt (vgl. Bild 10.4.4). Wir nehmen an, daß die Schaltung schon seit beliebig langer Zeit unverändert vorliegt und stabil ist. Dann wird auch der gemäß (10.4.9) entstehende stationäre Strom $\eta(t)$ im allgemeinen genauso wie $\xi(t)$ (vgl. (10.4.7)) eine periodische Funktion der Zeit sein, jedoch im allgemeinen keineswegs eine einfache sinusförmige Funktion. Wir können demnach schreiben

$$\eta(t + T) = \eta(t). \tag{10.4.10}$$

Im übrigen setzen wir von nun an diese Funktion $\eta(t)$ als bekannt voraus, d.h., wir nehmen fortan an, daß die periodische, stationäre Lösung von (10.4.9) bereits bekannt ist.

Wir betrachten jetzt den allgemeinen Fall von Bild 10.4.3, für dessen Differentialgleichung gilt

$$L\frac{d(\eta + y)}{dt} + u(\eta + y) = \xi + x, \tag{10.4.11}$$

10.4 Technische Realisierung periodisch zeitvarianter linearer Systeme

wo wir der Übersichtlichkeit halber die Zeitabhängigkeit von η, y, ξ und x nicht explizit angegeben haben. Wir nehmen an, daß

$$|x| \ll |\xi| \qquad (10.4.12)$$

gilt, woraus aus Stabilitätsgründen im allgemeinen auch

$$|y| \ll |\eta| \qquad (10.4.13)$$

folgt. Dabei wollen wir davon absehen, daß (10.4.12) und (10.4.13) sicherlich nicht in der Nähe der Nulldurchgänge von $\xi(t)$ bzw. $\eta(t)$ zuzutreffen braucht; die eventuell hierdurch entstehende zusätzliche Störung sei jedenfalls vernachlässigbar. Wir setzen also

$$u(\eta + y) = u(\eta) + y \frac{\partial u(\eta)}{\partial \eta}, \qquad (10.4.14)$$

so daß (10.4.11) auch in der Form

$$L\frac{d\eta}{dt} + L\frac{dy}{dt} + u(\eta) + y\frac{\partial u(\eta)}{\partial \eta} = \xi + x$$

geschrieben werden kann. Wegen (10.4.9) folgt hieraus auch

$$a_1 \frac{dy}{dt} + a_0 y = x, \qquad (10.4.15)$$

wo a_1 und a_0 durch

$$a_1 = L, \qquad a_0 = \frac{\partial u(\eta)}{\partial \eta} \qquad (10.4.16a, b)$$

definiert sind.

Aus (10.4.16a) folgt zunächst, daß a_1 einfach eine reelle Konstante ist. Da nun aber $\eta = \eta(t)$ eine bereits bekannte reellwertige Funktion der Zeit ist, ist auch $a_0 = a_0(t)$ eine bekannte reellwertige Funktion der Zeit, und zwar ist sie gemäß (10.4.16b) jeweils gleich dem durch den Wert von η festgelegten differentiellen Widerstand. Diese Funktion $a_0(t)$ ist sogar periodisch, denn wegen (10.4.10) gilt auch

$$a_0(t + T) = a_0(t). \qquad (10.4.17)$$

Schließlich können wir auch eine reelle Konstante wie a_1 als einen Sonderfall einer periodisch zeitvarianten reellwertigen Funktion auffassen. Also ist die durch (10.4.15) gegebene Beziehung eine Differentialgleichung mit periodisch zeitabhängigen reellwertigen Koeffizienten der Periode T.

Die Rechnung verläuft ganz ähnlich, wenn wir auch die Induktivität L als nichtlinear annehmen. Wir dürfen dann allerdings für die Spannung über der Induktivität nicht mehr den Ausdruck $L\, di/dt$ gebrauchen, sondern müssen den allgemeinen Ausdruck

$$\frac{d\Phi}{dt}$$

zu Grunde legen. Hierin soll also der magnetische Fluß

$$\Phi = \Phi(i)$$

eine nichtlineare Funktion des Stromes i sein. Die Induktivität L ist noch stets durch

$$L = \Phi/i$$

definiert und ist abhängig vom Strom i, d.h.,

$$L = L(i).$$

Die *differentielle Induktivität*

$$l = \frac{d\Phi}{di}$$

ist analog dem früher definierten differentiellen Widerstand und ist ebenfalls stromabhängig, d.h.

$$l = l(i).$$

Die Gleichung (10.4.9) muß jetzt durch

$$\frac{d\Phi[\eta(t)]}{dt} + u[\eta(t)] = \xi(t)$$

ersetzt werden. Unter Verwendung von (10.4.14) und der zusätzlichen Näherung

$$\Phi(\eta + y) = \Phi(\eta) + y\frac{\partial \Phi(\eta)}{\partial \eta}$$

sowie unter Berücksichtigung der jetzt statt (10.4.9) für η geltenden Differentialgleichung

$$\frac{d\Phi(\eta)}{dt} + u[\eta(t)] = \xi(t)$$

erhalten wir somit noch stets für y die Differentialgleichung (10.4.15), wo allerdings jetzt

$$a_1 = \frac{\partial \Phi(\eta)}{\partial \eta} \quad \text{und} \quad a_0 = \frac{\partial u(\eta)}{\partial \eta} + \frac{d}{dt}\frac{\partial \Phi(\eta)}{\partial \eta}$$

10.4 Technische Realisierung periodisch zeitvarianter linearer Systeme

gilt. Also ist jetzt auch a_1 nicht mehr konstant, sondern ist ebenso wie a_0 eine periodisch zeitabhängige reellwertige Funktion der Zeit:

$$a_0(t+T) = a_0(t), \qquad a_1(t+T) = a_1(t), \qquad \forall\, t.$$

Zur Lösung der Differentialgleichung (10.4.15) darf natürlich von nun an das Verfahren unter Zugrundelegung komplexer Exponentialschwingungen verwendet werden. Sei x demnach durch

$$x(t) = \text{Re}\, A e^{j\omega t} \tag{10.4.18}$$

gegeben, wo A eine im allgemeinen komplexwertige Konstante ist. Dann hat y die Form

$$y = \text{Re}\, A H(j\omega, t) e^{j\omega t} \tag{10.4.19}$$

und enthält nur Frequenzen der Form

$$\pm\omega + n\Omega, \qquad n = 0,\ \pm 1,\ \pm 2, \cdots, \tag{10.4.20}$$

nicht jedoch Frequenzen der Form $n\omega$ mit $n \neq \pm 1$. Für den gesamten Strom i gilt jedoch

$$i = \eta(t) + y(t), \tag{10.4.21}$$

und da $\eta(t)$ gemäß (10.4.10) eine periodische Funktion in t mit der Periode T ist, sehen wir ohne weiteres ein, daß der Gesamtstrom nicht nur Frequenzen der Form (10.4.20), sondern auch der Form

$$n\Omega, \qquad n = 0,\ \pm 1,\ \pm 2, \cdots, \tag{10.4.22}$$

umfaßt. Dies mag als ein Widerspruch zu der im Anschluß an (10.3.17) gemachten Behauptung erscheinen, daß Ω und seine Vielfachen nur in Verbindung mit einem Summanden der Form $\pm\omega$ auftreten können. Ein Widerspruch liegt jedoch nicht vor, da diese frühere Behauptung sich auf ein rein lineares System mit einem Eingangssignal der Form (10.4.18) bezog, während Frequenzen der Form (10.4.22) durch $\eta(t)$ entstehen, also durch das Zusammenwirken des periodischen Steuersignals $\xi(t)$ und der Nichtlinearitäten des Systems erzeugt werden.

10.4.3 Schaltungen mit besonderen Symmetriebedingungen

Es ist leicht einzusehen, daß Verhältnisse ähnlich denen, die wir im vorigen Unterabschnitt besprochen haben, auch bei allgemeineren Schaltungen vorliegen. Allerdings läßt sich das Auftreten der Frequenzen der Form (10.4.22) vielfach durch eine geeignete Symmetrie der Schaltung unterdrücken. Ein einfaches Beispiel hierfür liefert der Shuntmodulator, auch unter dem Namen Cowan-Modulator bekannt, der in Bild 10.4.5a abgebildet ist.

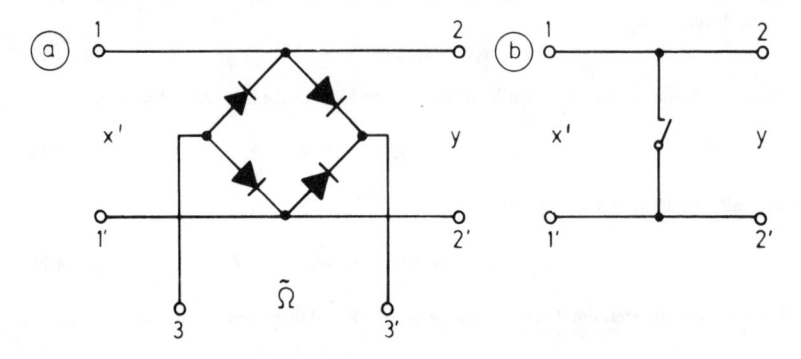

Bild 10.4.5: (a) Als Shuntmodulator bezeichnete Schaltung.
(b) Ersatzschaltung für (a).

Wird diesem an den Klemmen $3 - 3'$ ein gegenüber x' und y hinreichend großes periodisches Steuersignal der Grundfrequenz $\Omega = 2\pi/T$ zugeführt, so sind alle vier Gleichrichter stets leitend, wenn die Spannung an Klemme 3 positiv ist gegenüber derjenigen an Klemme $3'$, und alle vier gesperrt im umgekehrten Fall. Wegen der Symmetrie der Anordnung kann das auch als Träger bezeichnete Steuersignal aus sich alleine heraus keine Spannung an den Toren 1 und 2 erzeugen. Die Schaltung aus Bild 10.4.5a verhält sich im idealen Fall wie diejenige aus Bild 10.4.5b, die lediglich einen periodisch betätigten Schalter enthält.

In Bild 10.4.5a haben wir implizit angenommen, daß das Eingangssignal nahezu direkt am Tor 1 anliegt (etwa über eine widerstandsbehaftete Quelle) und das Antwortsignal am Tor 2 abgenommen wird (etwa über einen einfachen Widerstand). In diesem Fall verhält sich die Schaltung rein resistiv, und die Analyse wird dann besonders einfach. In Wirklichkeit sind aber häufig vor Tor 1 und nach Tor 2 Filter angebracht. Die Elemente dieser Filter sind zwar konstant, das gesamte System, bestehend aus Filter und Modulator, muß aber als eine Einheit betrachtet werden. Da es periodisch zeitvariant ist, kann es nur mit Hilfe der allgemeinen Theorie beschrieben werden, deren Grundzüge wir in diesem Kapitel

10.4 Technische Realisierung periodisch zeitvarianter linearer Systeme

dargelegt haben. Ähnlich wie beim Shuntmodulator liegen auch die Verhältnisse bei dem für die Praxis wichtigeren und in Bild 10.4.6a gezeigten Ringmodulator. Dieser enthält zwei (ideale) Übertrager, und die Trägerschwingung wird über die Mittenanzapfungen der nach innen gerichteten Wicklungen zugeführt. Folglich stellt der Ringmodulator während der positiven Trägerhalbwelle eine direkte Durchverbindung zwischen den Toren 1 und 2 dar und während der negativen Halbwelle eine über Kreuz geschaltete Durchverbindung, so daß die Ersatzschaltung wie in Bild 10.4.6b angegeben werden kann. Die jetzt erzielbare Symmetrie ist besonders groß, da auch eine Symmetrie zwischen den Einflüssen der positiven und der negativen Trägerhalbwellen besteht. Wenn wir von den schon beim Shuntmodulator erwähnten Filtern absehen und vereinfachend annehmen, daß am Tor 1 eine Quelle mit Urspannung $x(t)$ und Innenwiderstand R und am Tor 2 einfach ein Widerstand R anliegen, läßt sich $y(t)$ durch

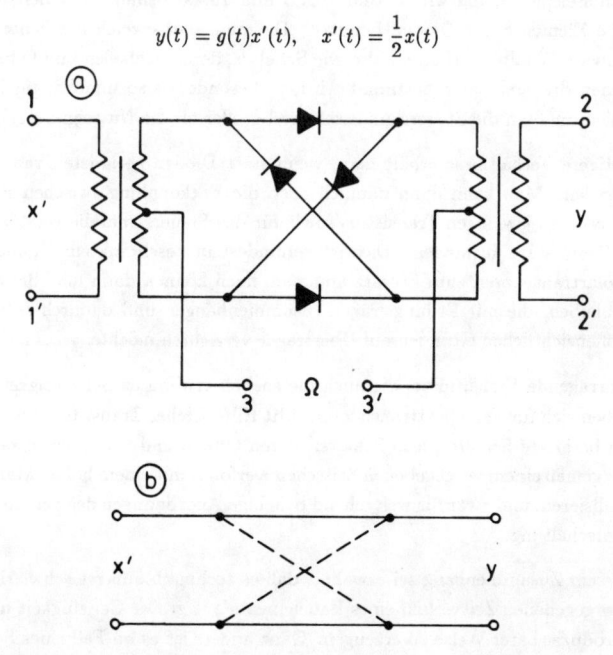

$$y(t) = g(t)x'(t), \quad x'(t) = \frac{1}{2}x(t)$$

Bild 10.4.6: (a) Schaltung eines zwischen den Toren 1 und 2 liegenden Ringmodulators.
(b) Zugehörige Ersatzschaltung.

bestimmen, wo $g(t)$ die bereits durch Bild 8.1.7a bekannte periodische Rechteckfunktion ist. Für diese gilt

$$g(t) = \frac{2}{\pi} \sum_{m=-\infty}^{\infty} \frac{(-1)^m}{2m+1} e^{j(2m+1)\Omega t}$$

so daß wir mit (10.3.24)

$$y(t) = \frac{A}{\pi} \sum_{m=-\infty}^{\infty} \frac{(-1)^m}{2m+1} e^{j[\omega+(2m+1)\Omega]t}$$

erhalten, bzw. den Realteil dieses Ausdrucks, wenn wir entsprechend (10.4.18) und (10.4.19) vorgehen. Es treten also jetzt nur ungerade Vielfache von Ω auf.

In den Beispielen, die wir in Bild 10.4.5 und 10.4.6 behandelt haben, wurden als nichtlineare Elemente nur Dioden benutzt. Da man aber erreichen möchte, daß diese sich wie lineare Schalter verhalten, also wie Schalter, deren Schließen und Öffnen nur von vorgegebenen Steuersignalen bestimmt wird, insbesondere also unabhängig ist von den Nutzsignalen, müßten die Steuersignale sehr viel größer als die Nutzsignale sein.

Günstigere Verhältnisse erhält man, wenn statt Dioden geeignete Transistoren verwendet werden. Man kann dann nämlich noch die Entkopplung zwischen Primär- und Sekundärkreis des jeweiligen Transistors sowie für das Steuersignal die verstärkende Wirkung des Transistors ausnutzen. Dies ist zumindest in beschränktem Umfang möglich, wenn Bipolartransistoren zum Einsatz kommen, doch können dann u.a. Schwierigkeiten bestehen bleiben, die mit Erdungsfragen zusammenhängen und dadurch entstehen, daß man aus offensichtlichen Gründen auf Übertrager verzichten möchte.

Hervorragende Verhältnisse, die auch die soeben erwähnten Schwierigkeiten ausräumen, ergeben sich für Feldeffekttransistoren. Mit Hilfe solcher Transistoren ist es möglich, periodisch betätigte Schalter, also Schalter, deren Öffnen und Schließen in periodischem Rhythmus gemäß einem vorgegebenen Zeitschema erfolgt, mit einem hohen Maß an Perfektion zu realisieren, und zwar für weitgehend beliebige Anordnungen der Schalter innerhalb der Gesamtschaltung.

In diesem Zusammenhang sei erwähnt, daß es technisch äußerst schwierig ist, einen beliebig vorgegebenen Zeitverlauf eines Bauelements mit großer Genauigkeit und in industriell reproduzierbarer Weise zu erzeugen. Ganz anders ist es im Fall eines Schalters, da dann in dem einen Zustand nur ein hinreichend kleiner, ansonsten aber beliebiger Widerstand erzeugt werden muß, in dem anderen Zustand hingegen nur ein hinreichend großer, ansonsten aber wiederum beliebiger Widerstand. Daher sind in der Praxis die weitaus meisten periodisch zeitvarianten linearen Schaltungen solche, bei denen als zeitvariante

Elemente ausschließlich periodisch betätigte Schalter verwendet werden. Im Rahmen des vorliegenden Textes ist es jedoch nicht möglich, genauer auf diese Fragen einzugehen.

Es sei schließlich aber noch erwähnt, daß wir im vorliegenden Abschnitt die Störungsrechnung zur Linearisierung der Schaltung speziell im Hinblick auf die Realisierung *periodisch* zeitvarianter linearer Systeme angewandt haben. Ähnliche Verfahren wären prinzipiell auch zur Realisierung zeitvarianter linearer Systeme anwendbar, die nicht periodisch sind. Solche Systeme sind aber für die Praxis nicht entfernt von gleicher Bedeutung wie diejenigen mit periodischer Zeitvarianz. Dies hängt schon damit zusammen, daß man eine eventuell genau gewünschte Zeitvarianz immer nur mit Hilfe endlich vieler Angaben, also unter Ausnutzung endlich vieler Freiheitsgrade festlegen kann. Will man also die Zeitvarianz über größere Zeiträume kontrollieren, ohne die Anzahl benötigter Freiheitsgrade ins Unermeßliche wachsen zu lassen, so ist man gezwungen, sich auf periodische Zeitverläufe zu beschränken.

Nichtperiodische Zeitvarianz tritt insbesondere dann auf, wenn das Übertragungssystem sich auf Grund nicht kontrollierbarer äußere Umstände beständig ändert. Dann liegt aber meist der Fall langsamer Änderung vor, den wir schon in Unterabschnitt 10.1.1 unter Punkt d) erwähnt haben. Sind die Änderungen jedoch sehr schnell, so helfen wiederum nur wahrscheinlichkeitstheoretische Verfahren, worauf wir aber ebenfalls nicht weiter eingehen können.

11. Nichtlineare Systeme

11.1 Nichtreaktive nichtlineare Systeme

In der Übertragungstechnik interessieren uns Nichtlinearitäten in den Schaltungen vor allem als störende, wenn auch prinzipiell unvermeidliche Begleiterscheinungen. Sie treten dadurch auf, daß einige Bauelemente wie Spulen und Übertrager stets eine gewisse Nichtlinearität aufweisen. Auch Widerstände und Kondensatoren sind nie perfekt linear, wenn auch deren Nichtlinearität meist so gering ist, daß sie keinerlei Rolle spielt. Eine wichtige Ursache für das Auftreten von Nichtlinearitäten sind die aktiven Bauelemente wie Transistoren und Röhren. Diese sind im Prinzip sehr wesentlich nichtlinear. Sie werden jedoch in Übertragungsschaltungen - wie z.B. in Verstärkern - stets durch Einstellen eines geeigneten Arbeitspunktes linearisiert. Es verbleibt dann in der Praxis trotzdem eine mehr oder weniger große Nichtlinearität, die man gegebenenfalls durch weitere Kunstgriffe wie Verwendung von Gegenkopplung verringern kann.

In den soeben erwähnten aktiven Schaltungen wird die Linearisierung auf statische Weise vorgenommen, d.h., der jeweilige Arbeitspunkt bleibt für die ganze Dauer des Betriebs fest eingestellt. Die Einstellung des Arbeitspunkts nichtlinearer Bauelemente kann jedoch auch dynamisch erfolgen. Anstatt einer Gleichspannungs- oder Gleichstromversorgung verwendet man dann z.B. eine geeignete Wechselspannungs- oder Wechselstromversorgung. Hierdurch läßt sich erreichen, daß der Arbeitspunkt im Rhythmus einer vorgegebenen Spannung oder eines vorgegebenen Stroms schwankt. Die Schaltung bleibt vom Standpunkt des Signals aus weiterhin linear; sie ist jedoch nicht mehr konstant, sondern ändert sich in Abhängigkeit der Zeit. So erhaltene zeitvariante Systeme haben wir bereits im letzten Kapitel untersucht.

Wir wollen hier zunächst die einfachsten Fälle von Nichtlinearitäten besprechen. Hieraus läßt sich bereits alles Wesentliche erkennen. Der elementarste Fall liegt vor, wenn zur Beschreibung des Systems keine Differentialgleichungen, sondern nur gewöhnliche Gleichungen erforderlich sind, d.h., wenn das System keine reaktiven Teile enthält. Wir sprechen dann auch von einem *nichtreaktiven* System, im vorliegenden Fall also von einem nichtreaktiven nichtlinearen System. Für solche läßt sich die Antwort $y(t)$ als eine einfache Funktion der Erregung $x(t)$ auffassen.

Da uns, wie erwähnt, vom Standpunkt der Übertragung aus nur schwach nichtlineare Systeme, auch *quasilineare* Systeme genannt, interessieren, können wir y durch eine Taylor-Reihe darstellen gemäß

$$y = a_1 x + a_2 x^2 + a_3 x^3 + \cdots. \tag{11.1.1}$$

Man beachte, daß wir in diesen Ausdruck kein konstantes Glied aufgenommen haben, denn ein solches würde dem Vorhandensein von Quellen (d.h. unabhängigen Quellen)

11.1 Nichtreaktive nichtlineare Systeme

entsprechen, im Gegensatz zu unserer generellen Annahme, daß die betrachteten Systeme quellenfrei seien. Für $a_2 = a_3 = a_4 = \cdots = 0$ erhalten wir den linearen Fall $y = a_1 x$. Im quasilinearen Fall können wir die Koeffizienten a_n für $n > 1$ als klein und für wachsendes n als rasch abnehmend auffassen.

Wir betrachten zunächst ein einfaches sinusförmiges Signal

$$x(t) = A\cos\omega t, \qquad (11.1.2)$$

wo A eine reelle Konstante ist. Dann ergibt sich das Ausgangssignal y, wenn wir in (11.1.1) nur die drei ersten Glieder berücksichtigen, zu

$$\begin{aligned}y(t) &= a_1 A\cos\omega t + a_2 A^2 \cos^2\omega t + a_3 A^3 \cos^3\omega t + \cdots \\ &= a_1 A\cos\omega t + a_2 \frac{A^2}{2}[\cos 2\omega t + 1] + a_3 \frac{A^3}{4}[\cos 3\omega t + 3\cos\omega t] + \cdots \\ &= \left(\frac{1}{2}a_2 A^2 + \cdots\right) + \left(a_1 + \frac{3}{4}a_3 A^2 + \cdots\right) A\cos\omega t \\ &\quad + \left(\frac{1}{2}a_2 A^2 + \cdots\right)\cos 2\omega t + \left(\frac{1}{4}a_3 A^3 + \cdots\right)\cos 3\omega t + \cdots \end{aligned} \qquad (11.1.3)$$

Durch die Nichtlinearität tritt nicht nur ein konstantes Glied hinzu, sondern wir finden jetzt auch Glieder, deren Frequenzen Vielfache der ursprünglichen Frequenz ω sind, die also Oberschwingungen darstellen. Diese sind besonders störend, wenn sie in den Nutzbereich des Signalspektrums fallen, da dann eine Elimination durch Filterung nicht möglich ist.

Es fällt auf, daß das Glied $a_2 x^2$ weder einen Einfluß auf die Stärke der übertragenen Grundschwingungen noch auf die Oberschwingung 3. Ordnung hat. Andererseits hat das Glied $a_3 x^3$ weder Einfluß auf den Gleichanteil noch auf die 2. Oberschwingung des Ausgangssignals. In der Praxis kann man sich meist darauf beschränken, in der Taylor-Entwicklung (11.1.1) neben dem Grundglied $a_1 x$ die Glieder in x^2 und x^3 zu berücksichtigen. Die Einflüsse dieser beiden Glieder lassen sich dann mit Hilfe einer Sinusschwingung getrennt feststellen.

Als nächstes wollen wir untersuchen, welche Auswirkungen sich bei gleichzeitiger Anwesenheit von zwei Sinusschwingungen ergeben; hierbei wollen wir uns auf die Glieder in x^2 und x^3 beschränken. Wir haben also

$$x(t) = A_1 \cos(\omega_1 t + \alpha_1) + A_2(\omega_2 t + \alpha_2) \qquad (11.1.4)$$

und erhalten für das Ausgangssignal

$$\begin{aligned}y(t) &= a_1 A_1 \cos(\omega_1 t + \alpha_1) + a_1 A_2 \cos(\omega_2 t + \alpha_2) \\ &\quad + a_2[A_1^2 \cos^2(\omega_1 t + \alpha_1) + 2A_1 A_2 \cos(\omega_1 t + \alpha_1)\cos(\omega_2 t + \alpha_2) + A_2^2 \cos^2(\omega_2 t + \alpha_2)] \\ &\quad + a_3[A_1^3 \cos^3(\omega_1 t + \alpha_1) + 3A_1^2 A_2 \cos^2(\omega_1 t + \alpha_1)\cos(\omega_2 t + \alpha_2) \\ &\quad + 3A_1 A_2^2 \cos(\omega_1 t + \alpha_1)\cos^2(\omega_2 t + \alpha_2) + A_2^3 \cos^3(\omega_2 t + \alpha_2)]. \end{aligned}$$

$$(11.1.5)$$

Es treten also zunächst Oberschwingungen mit den Frequenzen $2\omega_1$, $2\omega_2$, $3\omega_1$ und $3\omega_2$ auf, wie auf Grund der vorhergehenden Überlegungen zu erwarten war. Uns interessieren aber vor allem die neu hinzugekommenen Glieder, die aus den Produkten mit unterschiedlichen Frequenzen entstehen:

$$2a_2 A_1 A_2 \cos(\omega_1 t + \alpha_1)\cos(\omega_2 t + \alpha_2)$$
$$= a_2 A_1 A_2 \{\cos[(\omega_1 + \omega_2)t + \alpha_1 + \alpha_2] + \cos[(\omega_1 - \omega_2)t + \alpha_1 - \alpha_2]\},$$
(11.1.6)

$$3a_3 A_1^2 A_2 \cos^2(\omega_1 t + \alpha_1)\cos(\omega_2 t + \alpha_2)$$
$$= \frac{3}{2} a_3 A_1^2 A_2 [1 + \cos(2\omega_1 t + 2\alpha_1)]\cos(\omega_2 t + \alpha_2)$$
$$= \frac{3}{2} a_3 A_1^2 A_2 \{\cos(\omega_2 t + \alpha_2) + \frac{1}{2}\cos[(2\omega_1 + \omega_2)t + 2\alpha_1 + \alpha_2]$$
$$+ \frac{1}{2}\cos[(2\omega_1 - \omega_2)t + 2\alpha_1 - \alpha_2]\},$$
(11.1.7)

$$3a_3 A_1 A_2^2 \cos(\omega_1 t + \alpha_1)\cos^2(\omega_2 t + \alpha_2)$$
$$= \frac{3}{2} a_3 A_1 A_2^2 \{\cos(\omega_1 t + \alpha_1) + \frac{1}{2}\cos[(\omega_1 + 2\omega_2)t + \alpha_1 + 2\alpha_2]$$
$$+ \frac{1}{2}\cos[(2\omega_2 - \omega_1)t + 2\alpha_2 - \alpha_1]\}.$$
(11.1.8)

Wegen des Gliedes in x^2 treten also Kombinationsschwingungen mit den Frequenzen $\omega_1 \pm \omega_2$ auf (vgl. (11.1.6)), und zwar mit einer für $A_1 = A_2$ doppelt so großen Amplitude wie die der einfachen Oberschwingungen 2. Ordnung (vgl. (11.1.3)). Ebenso treten wegen des Gliedes in x^3 Kombinationsschwingungen mit den Frequenzen $2\omega_1 \pm \omega_2$ (vgl. (11.1.7)) und $2\omega_2 \pm \omega_1$ (vgl. (11.1.8)) auf, und zwar jeweils mit einer für $A_1 = A_2$ dreimal so großen Amplitude wie die der einfachen Oberschwingungen 3. Ordnung (vgl. (11.1.3)). Die Schädlichkeit dieser Kombinationsfrequenzen liegt aber nicht nur an der erhöhten Amplitude, sondern vor allem daran, daß Differenzfrequenzen wie z.B. $2\omega_1 - \omega_2$ von vergleichbarer Größe wie ω_1 und ω_2 sein können und ihre Elimination durch Filterung somit selbst dann unmöglich sein kann, wenn $3\omega_1$ und $3\omega_2$ durchaus außerhalb des interessierenden Frequenzbereichs liegen.

Da in einem realen Signal nicht nur zwei, sondern im Prinzip sogar unendlich viele Frequenzen enthalten sind, ist leicht einzusehen, daß der tatsächliche Vorgang noch wesentlich komplizierter ist. Auf jeden Fall wird deutlich, daß eine Trennung der durch die Nichtlinearität erzeugten störenden Schwingungen prinzipiell unmöglich ist.

Bei einem allgemeinen durch Fourierintegral darstellbaren Signal, läßt sich der Einfluß der Nichtlinearitäten ebenfalls berechnen. Hierzu betrachten wir die gemäß

$$x(t) \circ\!\!-\!\!\bullet X(j\omega), \quad y(t) \circ\!\!-\!\!\bullet Y(j\omega)$$

definierten Spektralfunktionen $X(j\omega)$ und $Y(j\omega)$. Bekanntlich lassen sich die z.B. zu x^2 und x^3 gehörigen Spektralfunktionen durch Faltung im Frequenzbereich mit Hilfe der Spektralfunktion $X(j\omega)$ ausdrücken. Auf diese Weise erhalten wir aus (11.1.1) die Reihenentwicklung

$$\begin{aligned}Y(j\omega) = {}& a_1\, X(j\omega) + \frac{a_2}{2\pi} \int_{-\infty}^{\infty} X(j\omega - ju)X(ju)du \\ &+ \frac{a_3}{(2\pi)^2} \int_{-\infty}^{\infty}\int_{-\infty}^{\infty} X(j\omega - jv)X(jv - ju)X(ju)du\, dv \\ &+ \frac{a_4}{(2\pi)^3} \int_{-\infty}^{\infty}\int_{-\infty}^{\infty}\int_{-\infty}^{\infty} X(j\omega - jw)X(jw - jv)X(jv - ju)X(ju)du\, dv\, dw \\ &+ \cdots\cdots\end{aligned} \qquad (11.1.9)$$

Sachverzeichnis

Die unmittelbar hinter einem Stichwort stehenden Zahlen sind Seitenangaben. Falls ein ganzer Abschnitt oder Unterabschnitt einem Stichwort gewidmet ist, ist die zugehörige Nummer in Klammern hinzugefügt.

A-Kennlinie 287
Abszisse absoluter Konvergenz 178
Abtastbedingung 160
Abtasthalteglied 289
Abtastrate 160
Abtasttheorem für bandpaßbegrenzte Signale 162 (5.3)
Abtasttheorem für tiefpaßbegrenzte Signale 160
— Herleitung 157 (5.2.2)
Abtasttheorem für zeitbegrenzte Signale 166 (5.4)
Allpaß 226
Amplitudenmodulation 240 (8.1)
— Einseitenband-AM 249 (8.1.4)
— Quadratur-AM 249
— Restseitenband-AM 252 (8.1.5)
— Zweiseitenband-AM 244
Analog-Digital-Wandlung 282
analytisches Signal 150 (5.1)
— Übertragungseigenschaften 154 (5.1.2)
— zum AM-Signal 245
— zum FM-Signal 271
Anfangswertproblem 202 (6.5)
Anfangswertsatz 194
Anfangszustand 107
Antwort 106 (4.1)
Augendiagramme 310 (9.2.2)
Ausblendeigenschaft 24 (2.6), 31 (2.7.2)
Ausgangssignal 106
Autokorrelationsfunktion 70, 167
— für stationäre stochastische Signale 170

Bandbreite des idealen Bandpasses 235
Bandbreite eines Signals 83
— von AM-Signalen 245
— von FM-Signalen 262, 268
— von PAM-Signalen 293
— von PCM-Signalen 283, 288, 293, 309
Bandpaß s. idealer Bandpaß
bandpaßbegrenzte Signale 164
Basisbandübertragung 294

Bessel-Funktionen 264
BIBO-Eigenschaft 141
Bildbereich 178

Cauchyscher Hauptwert 54
Cosinusschwingung
   — Fouriertransformationspaar 91
   — Laplacetransformierte 180
$\cos^2$-Impuls
   — Fouriertransformationspaar 73
Cowan-Modulator 370

Dauer eines Signals 83
Dämpfung 211
   — idealer Übertragungssysteme 297
Dekodierung 282, 291
Deltafunktion 12 (2.4)
   — Ableitungen und Integrale 20
   — Ausblendeigenschaft 24 (2.6), 31 (2.7.2)
   — Darstellung durch Funktionenfolgen 16, 27 (2.7.1)
   — Faltung zweier Deltafunktionen 98 (3.9.6)
   — Fouriertransformationspaar 90 (3.9.2)
   — Laplacetransformierte 182
Demodulation 1
Demodulationsverfahren für AM-Signale 246 (8.1.3)
   — Hüllkurvendetektion 246
   — synchrone Demodulation 248
Demodulationsverfahren für FM-Signale 273
Differentialgleichungen linearer zeitvarianter Systeme
   — Berechnung mit komplexer Exponentialschwingung 339 (10.1.3)
   — Grundeigenschaften 336 (10.1.2)
Differentiationsregel
   — bei Fouriertransformation 63, 64, 102
   — bei Laplacetransformation 187, 191
differentielle Induktivität 368
differentieller Widerstand 365
Digitalisierung 282
Distribution 10, 12
Dreiecksfunktion 16
   — Fouriertransformationspaar 72
Dreizehn-Segment-Kennlinie 287
Duhamel-Integral 127

e-Funktion
— Fouriertransformationspaar 75
Eingangssignal 106
eingeschwungener Zustand 115, 119
Einheitssprung s. Sprungfunktion
Einhüllende 240
Einseitenband-Amplitudenmodulation 249 (8.1.4)
Endwertsatz 191
Energie 33
Energie eines Signals 67
Entscheidungsschwelle 283, 314
Erregung 106
Exponentialschwingung 7
— Bedeutung 43
— Fouriertransformationspaar 90
— Laplacetransformierte 180

Faltung 65
— als Grundantwort 127
Faltungsregel
— bei Fouriertransformation 66, 102
— bei Laplacetransformation 185
Filter
— ideale 231 (7.4)
— signalangepaßte 330 (9.4)
Fourierreihe 44 (3.2)
Fouriertransformation
— Beispiele 71 (3.7)
— Definition des Transformationspaares 55
— Eigenschaften 55 (3.6), 81 (3.8), 100 (3.9.7), 101 (3.9.8)
— Herleitung 46 (3.3), 52 (3.5)
— hinreichende Bedingung für Existenz 52
— von verallgemeinerten Funktionen 89 (3.9)
Frequenzbegrenzung
— Abtasttheorem 154 (5.2)
— Unvereinbarkeit mit Zeitbegrenzung 81 (3.8.1)
Frequenzfunktion s. Fouriertransformation 47
Frequenzhub 259
Frequenzmodulation 258
— breitbandige 262
— schmalbandige 262
— Spektralanalyse 260 (8.2.2)
— Übertragung von FM-Signalen 272 (8.2.3)
Frequenzmultiplex 273 (8.3)
Funktionenfolgen 9

Gaußscher Impuls 76
— Fouriertransformationspaar 78
Grenzfrequenz 154
Grenzstabilität s. Stabilität
Grundantwort 106 (4.1)
Grundantwort bei linearen periodisch zeitvarianten
— streng stabilen Systemen, im Frequenzbereich 354 (10.3.3)
Grundantwort bei linearen zeitinvarianten
— grenzstabilen Systemen, im Frequenzbereich 119 (4.3.2)
— instabilen Systemen, im Frequenzbereich 124 (4.3.3), 144 (4.8.4)
— streng stabilen Systemen, im Frequenzbereich 114 (4.3.1)
— Systemen, im Zeitbereich 125 (4.4)
— Systemen mittels Laplacetransformation 197 (6.4)
Grundantwort bei linearen zeitvarianten streng stabilen Systemen
— im Frequenzbereich 344 (10.2.2)
— im Zeitbereich 346 (10.2.3)
Grundfrequenz 44
Grundzustand 107
Gruppenlaufzeit 306

Hilberttransformation 153
Holomorphie der Laplacetransformierten 188
Hub 259
Hüllkurvendetektion 246
Hyperbelsekans-Impuls
— Fouriertransformationspaar 80

idealer Bandpaß 235 (7.4.2)
— Bandbreite 235
— Impulsantwort 236
— Sprungantwort 236
— Übertragungsverhalten 236 (7.4.3)
idealer Tiefpaß 231 (7.4.1)
— Anstiegzeit 234
— Impulsantwort 231
— Sprungantwort 234
idealisierte Signale 6
idealisierter Bandpaß 239
Impulsantwort
— bei linearen periodisch zeitvarianten Systmen 349
— bei linearen zeitinvarianten Systemen 125, 137 (4.7)
— bei linearen zeitvarianten Systemen 346
Impulsantwortmatrix 149
Impulsfunktion s. Deltafunktion 12 (2.4)

Impulsmoment 12, 33
Instabilität s. Stabilität
Integrationsregel
— für Fouriertransformation 63, 65, 100 (3.9.7), 102
Intersymbol-Interferenz 312
ISDN 287

Jordansches Lemma 181

Kausalität 107
— bei linearen zeitinvarianten Systemen 132 (4.5)
— bei linearen zeitvarianten Systemen 346
Kodierung 283, 289
Kompandierung 286
komplexes System 113
Konstanz von Systemen 111
Korrelationsfunktionen 168 (5.5)
Kreuzkorrelationsfunktion 70, 167
— für stationäre stochastische Signale 170
Kreuzleistungsspektrum 173
kritische Stelle 35

Laplacetransformation 177 (6.)
— Behandlung von Anfangswertproblemen 202 (6.5)
— Eigenschaften 185 (6.3)
— einseitige 177 (6.1)
— Übertragungseigenschaften 197 (6.4)
— zweiseitige 183 (6.2)
Laufzeit 302 (9.1.2)
— Gruppenlaufzeit 306
— Phasenlaufzeit 303
— von Einseitenband-AM-Signalen 308
— von FM-Signalen 306
— von Zweiseitenband-AM-Signalen 304
Leistungsspektrum 172
lineare periodisch zeitvariante Systeme
— als Demodulatoren 359
— als Modulatoren 358
— als Näherungslösung eines gesteuerten nichtlinearen Systems 364 (10.4.2)
— Fouriertransformierte des Ausgangssignals 361 (10.3.4)
— Grundantwort 354 (10.3.3)
— Impulsantwort 349
— Übertragungsfunktion 350, 351 (10.3.2)

lineare zeitinvariante Systeme 106 (4.)
— Eigenschaften 212 (7.)
— Eigenschaften von Übertragungssystemen 292 (9.)
— Grundantwort 114 (4.3), 125 (4.4), 144 (4.8.4), 197 (6.4)
— Impulsantwort 125, 137 (4.7)
— Kausalität 132 (4.5)
— mit mehreren Ein- und Ausgängen 148 (4.9)
— Stabilität 138 (4.8)
— Übertragungsfunktion 115, 119, 124, 127, 129, 199
lineare zeitvariante Systeme 335 (10.)
— Grundantwort 344 (10.2)
— Impulsantwort 346
— Kausalität 346
— Stabilität 346, 349
— Übertragungsfunktion 345, 348
Linearität der Fouriertransformation 56
Linearität von Systemen 111

Minimalphasigkeit 219 (7.2), 230
— Zusammenhang zwischen Dämpfung und Phase 225
Modell, mathematisches 106
Modulation 1, 240 (8.)
— Amplitudenmodulation 240 (8.1)
— Pulsamplitudenmodulation 274 (8.4)
— Pulscodemodulation 281 (8.5)
— Winkelmodulation 256 (8.2)
Modulationsgrad 241
Modulationsindex 241, 263
Modulator 241
— Cowan-Modulator (Shuntmodulator) 370
— Ringmodulator 371
momentaner Phasenwinkel 258
Momentanfrequenz 258

Nachbarsymbolstörung 312
Nachrichtentechnik 1
Nachrichtenverbindung 1
nichtlineare Systeme 374 (11.)
— nichtreaktive 374 (11.1)
Nichtminimalphasigkeit 225 (7.3)
Nyquist-Bedingungen 314 (9.2.3)
— erste Nyquist-Bedingung 314
— zweite Nyquist-Bedingung 317

Ohrmodell 251, 308

Parsevalsche Gleichung 67
Periode 44
periodische Funktionen 44
— Fouriertransformation 95 (3.9.4)
Phase 211
— genaue Definition 211 (7.1)
— idealer Übertragungssysteme 297, 299
Phase von winkelmodulierten Signalen 256
Phasenhub 259
Phasenlaufzeit 303
Phasenmodulation 258
Pulsamplitudenmodulation 274 (8.4)
Pulscodemodulation 281 (8.5)
— Spektralanalyse 289 (8.5.2)

Quadratur-Amplitudenmodulation 249
Quantisierer 281
Quantisierung 281
Quantisierungskennlinie 282
Quantisierungsrauschen 284
quasistatische Methode 272
Quellenfreiheit von Systemen 108

Rauschen
— thermisches Widerstandsrauschen 320 (9.3)
— weißes 327
reale Signale 4
Rechteckfunktion 16
— Fouriertransformationspaar 72
reelles System 111
Repetierer 284
Restseitenband-Amplitudenmodulation 252 (8.1.5)
Ringmodulator 371
Rolloff-Faktor 322
Ruhezustand 107

Schwarzsche Ungleichung 87
Seitenbandschwingungen 242
Seitenbänder 245
Shuntmodulator 370
si-Funktion 27
— Fouriertransformationspaar 72
Si-Funktion 30
Signal-Geräusch-Verhältnis 284

Signale
- AM 240 (8.1)
- analytische 150 (5.1)
- aperiodisch 46
- Bandbreite 83
- bandpaßbegrenzte 164
- Dauer 83
- deterministische 168
- digitale 282
- Energie 67
- externe 107
- fastperiodische 242
- FM 258
- idealisierte 6
- im Frequenzbereich 43 (3.)
- im Zeitbereich 4 (2.)
- impulsförmige 309
- interne 107
- kodierte 283
- modulierende 241
- modulierte 240 (8.), 241
- PAM 274 (8.4)
- PCM 281 (8.5)
- periodische 44
- PM 258
- reale 4
- stationäre 168
- stochastische 168
- tiefpaßbegrenzte 154
- tiefpaßgeformte 84
- unkorrelierte 173
- wertdiskrete 282
- zeitdiskrete 282

Signalvariable 335

Signumfunktion 11
- Fouriertransformationspaar 92, 93

Sinusschwingung 7
- Bedeutung 43 (2.2)
- Fouriertransformationspaar 91
- Laplacetransformierte 180

Spannungsimpuls 34

Spektraldichte 49

spektrale Energiedichte 67

Spektralfunktion s. Fouriertransformation 47

Sprungantwort 136
Sprungfunktion 8
— Ableitung und Integrale 20
— Darstellung durch Funktionenfolgen 10
— Fouriertransformationspaar 92, 93
— Laplacetransformierte 180
Stabilität 110
Stabilität bei linearen zeitinvarianten Systemen
— BIBO-Eigenschaft 141
— Grenzstabilität 120
— Instabilität 124 (4.3.3), 130, 144 (4.8.4)
— strenge Stabilität 138 (4.8.1), 141
Stabilität bei linearen zeitvarianten Systemen 346, 349
stationärer Zustand 119, 124, 144
Steuervariable 335
Stromimpuls 33
stückweise glatt 34
Suchfilter 320 (9.4)
symbolische Darstellung von Funktionen 50
synchrone Demodulation 248
Synchronisation 284
System 106
— grenzstabiles 199
— Grundantwort 108
— instabiles 124
— kausales 107
— komplexes 113
— lineares 111
— minimalphasiges 219 (7.2), 230
— mit mehreren Ein- und Ausgängen 147 (4.9)
— nichtlineares 374 (11.)
— nichtminimalphasiges 225 (7.3)
— nichtreaktives 374
— quasilineares 374
— quellenfreies 108
— reelles 111
— streng stabiles 110
— zeitunabhängiges (konstantes) 111
— zeitvariantes lineares 335 (10.)
— Zustand 107
Systemfunktion s. Übertragungsfunktion

Tiefpaß s. idealer Tiefpaß
tiefpaßbegrenzte Signale 154

tiefpaßgeformte Signale 84
Trägerfrequenz 241
Trägerschwingung 242

Unkorreliertheit 173
Unschärfebeziehungen 83 (3.8.2)
Übertragungsfunktion bei linearen periodisch zeitvarianten Systemen 350, 351 (10.3.2)
Übertragungsfunktion bei linearen zeitinvarianten
— grenzstabilen Systemen 119, 129
— idealen Übertragungssystemen 297, 299
— instabilen Systemen 124, 130, 144
— streng stabilen Systemen 115, 127
— Systemen als Laplacetransformierte der Impulsantwort 199
Übertragungsfunktion bei linearen zeitvarianten Systemen 345, 348
Übertragungsmaß 211
Übertragungsmatrix 149
Übertragungssysteme
— für impulsförmige Signale 309 (9.2)
— ideale Übertragungskennlinien 296 (9.1.1)
— Laufzeit in Übertragungssystemen 302 (9.1.2)
— signalangepaßte Filter 330 (9.4)
— thermisches Widerstandsrauschen 323 (9.3)
Übertragungstechnik 1

verallgemeinerte Funktion 10
— Addition 19
— Differentiation 19
— Differentiationsregel 102
— Faltungsregel 102
— Fouriertransformation 89 (3.9)
— Integration 14
— Integrationsregel 102
— mit Sprungstellen und δ-Anteilen 34 (2.9)
— Multiplikation mit gewöhnlicher Funktion 19
— Multiplikation zweier verallgemeinerter Funktionen 20, 97 (3.9.5)
Vermittlungstechnik 1
Verschiebungsregel für Fouriertransformation 61, 62

Wechselstromrechnung 113
Wiener-Khinchin-Theorem 172
Winkelmodulation 256 (8.2)
— Frequenzmodulation 258
— Phasenmodulation 258
Wirkungsfunktion s. Übertragungsfunktion

Zeitbegrenzung
— Abtasttheorem 166 (5.4)
— Unvereinbarkeit mit Frequenzbegrenzung 81 (3.8.1)
Zeitbereich 178
Zeitmultiplex 293 (8.6)
Zeitunabhängigkeit von Systemen 111
Zustand
— eingeschwungener 115, 119
— stationärer 124, 144
Zustand eines Systems 107